国家“十二·五”规划重点图书
中国地质调查局
青藏高原1∶25万区域地质调查成果系列

中华人民共和国

# 区域地质调查报告

比例尺 1∶250 000

帕度错幅

(I45C004003)

项目名称：1∶25万帕度错幅区域地质调查
项目编号：200313000018
项目负责：王永胜 曲永贵
图幅负责：王永胜
报告编写：王永胜 张树岐 谢元和 李存直 于喜文
郑春子 冯德臣 王忠恒 段建祥 孙中纲
李庆武 鲁宗林 姜雪飞 吕 鹏 李学彬
刘贵忠 王洪双
编写单位：吉林省地质调查院
单位负责：郭文秀（院长）
曲永贵（院总工程师）

中国地质大学出版社
ZHONGGUO DIZHI DAXUE CHUBANSHE

### 内容提要

调查区位于青藏高原腹地羌塘盆地南部，俗称南羌塘，面积约15 650km²。本次调查主要成果：厘定了测区地层分区，建立了测区的地层划分系统，合理解体了肖茶卡群、木嘎岗日岩群，在南羌塘北缘首次采到早三叠世牙形刺化石，新建孜狮桑组，在上三叠统姜钟组中采到南方型植物群的重要分子（*Otozamites nalajingensis*），属西藏首次发现；将早白垩世花岗岩解体为5个侵入岩填图单元，记录了班怒洋俯冲消减-碰撞造山的构造演化过程，初步确定了班怒带的北界，提出了区内班怒洋曾在中侏罗世末一度闭合，最终闭合于早白垩世末期的新认识；加强了矿产调查工作，新发现金铜矿点2处、锑矿点1处、砂金矿点1处，各类矿化点8处，对测区生态环境、草场环境进行了概略评价，提出了保护利用的建议。

**图书在版编目（CIP）数据**

中华人民共和国区域地质调查报告·帕度错幅（I45C004003）：比例尺1：250 000/王永胜等著.—武汉：中国地质大学出版社，2012.10
ISBN 978-7-5625-2530-1

Ⅰ.①中…
Ⅱ.①王…
Ⅲ.①区域地质-地质调查-调查报告-中国②区域地质-地质调查-调查报告-西藏
Ⅳ.①P562

中国版本图书馆CIP数据核字（2012）第228670号

**中华人民共和国区域地质调查报告**
**帕度错幅**（I45C004003）　**比例尺** 1：250 000　　王永胜　**等著**

责任编辑：刘桂涛　　责任校对：张咏梅

出版发行：中国地质大学出版社（武汉市洪山区鲁磨路388号）　邮编：430074
电　　话：（027）67883511　传真：（027）67883580　**E-mail**：cbb@cug.edu.cn
经　　销：全国新华书店　**http**：//www.cugp.cn

开本：880毫米×1230毫米 1/16　字数：460千字　印张：13　图版：23　附图：1
版次：2012年11月第1版　印次：2012年11月第1次印刷
印刷：武汉中远印务有限公司　印数：1—1 500册

ISBN 978-7-5625-2530-1　定价：468.00元

# 前　言

青藏高原包括西藏自治区、青海省及新疆维吾尔自治区南部、甘肃省南部、四川省西部和云南省西北部，面积达 260 万 $km^2$，是我国藏民族聚居地区，平均海拔 4 500m 以上，被誉为地球第三极。青藏高原是全球最年轻、最高的高原，记录着地球演化最新历史，是研究岩石圈形成演化过程和动力学的理想区域，是“打开地球动力学大门的金钥匙”。

青藏高原蕴藏着丰富的矿产资源，是我国重要的资源后备基地。青藏高原是地球表面的一道天然屏障，影响着中国乃至全球的气候变化。青藏高原也是我国主要大江大河和一些重要国际河流的发源地，孕育着中华民族的繁生和发展。开展青藏高原地质调查与研究，对于推动地球科学研究、保障我国资源战略储备、促进边疆经济发展、维护民族团结、巩固国防建设具有非常重要的现实意义和深远的历史意义。

1999 年国家启动了“新一轮国土资源大调查”专项，按照温家宝总理“新一轮国土资源大调查要围绕填补和更新一批基础地质图件”的指示精神。中国地质调查局组织开展了青藏高原空白区 1∶25 万区域地质调查攻坚战，历时 6 年多，投入 3 亿多，调集 25 个来自全国省（自治区）地质调查院、研究所、大专院校等单位组成的精干区域地质调查队伍，每年近千名地质工作者，奋战在世界屋脊，徒步遍及雪域高原，完成了全部空白区 158 万 $km^2$ 共 112 个图幅的区域地质调查工作，实现了我国陆域中比例尺区域地质调查的全面覆盖，在中国地质工作历史上树立了新的丰碑。

西藏 1∶25 万 I45C004003（帕度错）幅区域地质调查项目，由吉林省地质调查院承担，工作区位于藏北羌塘高原南部。目的是对测区不同地质单位、不同的构造-地层单位采用不同的填图方法进行全面的区域性地质调查。最终通过对沉积建造、变质变形、岩浆作用的综合分析，反演区域地质演化史，建立构造模式。

I45C004003（帕度错）幅地质调查工作时间为 2003—2005 年，累计完成地质填图面积为 15 650$km^2$，实测地质剖面 73.23km。地质路线 2 016km，1∶2 千～1∶5 万矿点地质草测 132.28$km^2$，采集薄片样品 756 件，硅酸盐、稀土、微量元素分析 63 件，大化石 434 件，孢粉 7 件，微体化石 9 件，基本分析 155 件，全面完成了设计工作量。主要成果有：①厘定了测区地层分区，首次将测区北部以含煤线为特征的海陆交互相晚三叠世地层分布区划归左贡地层分区；南部以浅海相为特征的晚三叠世—侏罗纪地层分布区仍划归多玛地层分区，提高了测区地层的研究程度，为羌塘地区的构造单元划分提供了地层依据。②建立了测区的地层划分系统，合理解体了肖茶卡群、木噶岗日群，建立了三叠纪-侏罗纪生物地层序列。③在中央隆起带南缘首次发现早三叠世牙形刺化石 *Neospathodus. delicatulus*，*Neospathodus homeri* 等，新建孜狮桑组，对研究该地区古生代与中生代的构造体制转换及地史演化具有重要的意义。④在晚三叠世姜钟组中采集到南方型植物群的重要分子之一 *Otozamites nalajingensis*，说明本区晚三叠世植物群应属我国南方型植物区，对恢复晚三叠世大地构造格局具有重要的意义，该发现为西藏自治区的首次发现。⑤将早白垩世花岗岩解体为 5 个侵入岩填图单位，其构造环境为消减带型-同碰撞型，记录了班公湖-怒江洋俯冲消减-碰撞造山的构造演化过程。⑥对帕度错-昂达尔错油气、油页岩远景区进行了专题调查，提出早侏罗世曲色组、中侏罗世布曲组为该地区最重要的含油气层位。⑦新发现金铜矿点2处、锑矿点1处、砂金矿点1处，各类矿化点8处，其中南措金铜矿点和走岗桑金铜矿点地表具有一定规模和矿化强度，剥蚀程度较浅，蚀变特征与斑岩型铜矿床类似，找矿潜力较大。⑧对测区生态环境做了初步调查，对草场环境进行了概略评价，提出了保护利用的建议。

2005年6月，中国地质调查局组织专家对项目进行最终成果验收，评审认为，成果报告资料齐全，工作量达到（或超过）设计规定，技术手段、方法、测试样品质量符合有关规范、规定。报告章节齐备，论述有据，在地层、古生物、岩石、矿产等方面取得了较突出的进展和重要成果，反映了测区地质构造特征和现有研究程度，经评审委员会认真评议，一致建议项目报告通过评审，帕度错幅成果报告被评为优秀级。

参加报告编写的有王永胜、张树岐、谢元和、李存直、于喜文、郑春子、冯德臣、王忠恒、段建祥、孙中纲、李庆武、鲁宗林、姜雪飞、吕鹏、李学彬、刘贵忠、王洪双，由王永胜定全稿，曲永贵教授级高级工程师对全稿进行了审阅并提出许多宝贵意见。图幅的遥感地质解译由吉林省地质调查院遥感中心吕鹏完成，刘贵忠同志参加野外验证和报告编写。1∶25万地质图由王永胜、张树岐、王忠恒编稿，1∶25万矿产图由于喜文、段建祥编稿，数字地质图初稿由姜雪飞、张斌、刘振宇完成，正式稿及数据库由吉林省地质调查院信息发展中心孙丽梅同志完成，其他图件由相应专题工作人员编稿，由姜雪飞、李庆武、李学彬微机制图，资料归档由孙中纲完成。先后参加野外工作的还有：曲永贵、孙继龙、郭忠义、周建荣、杨宝义、刘文生、旦增。

在整个项目实施和报告编写过程中，得益于许多单位和领导的大力协助、支持，尤其要感谢的是：中国地质调查局、成都地质矿产研究所、中国科学院南京地质古生物研究所、中国地质大学地层古生物教研室、吉林大学地层古生物与地层学研究中心、中国地质大学岩石教研室；潘桂堂研究员、王大可研究员、王义昭教授级高工、莫宣学教授等专家给予了热心的指导和帮助，在此表示诚挚的谢意。

为了充分发挥青藏高原1∶25万区域地质调查成果的作用，全面向社会提供使用，中国地质调查局组织开展了青藏高原1∶25万地质图的公开出版工作，由中国地质调查局成都地调中心与项目完成单位共同组织实施。出版编辑工作得到了国家测绘局孔金辉、翟义青及陈克强、王保良等一批专家的指导和帮助，在此表示诚挚的谢意。

鉴于本次区调成果出版工作时间紧、参加单位较多、项目组织协调任务重以及工作经验和水平所限，成果出版中可能存在不足与疏漏之处，敬请读者批评指正。

**“青藏高原1∶25万区调成果总结”项目组**

**2010年9月**

# 目 录

# 第一章　绪　论

## 一、目的任务

根据中国地质调查局地质调查工作内容任务书（2003）002—16号，I45C004003（帕度错幅）、I45C004004（昂达尔错幅）1∶25万区域地质调查项目由吉林省地质调查院承担。工作性质：基础地质调查。工作内容编码：200313000018。工作年限：2003年1月—2005年12月。

总体目标任务：按照《1∶25万区域地质调查技术要求（暂行）》、《青藏高原艰险地区1∶25万区域性地质调查技术要求（暂行）》及其他有关规范、指南，参照造山带填图的新方法，应用遥感等新技术手段，以区域构造调查与研究为先导，合理划分测区的构造单元。对测区不同地质单位、不同构造-地层单位采用不同的填图方法进行全面的区域性地质调查。最终通过对沉积建造、变质变形、岩浆作用的综合分析，反演区域地质演化史，建立构造模式。

本着图幅带专题的原则，在区域性地质调查的基础上，进一步加强含油气性的特殊岩类、地表油气标志和盖层条件的调查，研究中新生代沉积盆地性质与演化及其与油气的成生联系；进行新生代岩浆活动、新构造活动和第四纪地质的调查研究，探讨青藏高原环境变化趋势和隆升过程及其对油气成藏条件的影响；对测区南部班公湖-怒江蛇绿岩带的地质特征、构造组成、形成与演化过程进行研究，为探讨特提斯构造演化提供新的基础地质资料；采用有效的技术方法和方法组合，注意对生态环境、旅游资源、矿产资源和灾害地质的调查研究。

## 二、位置与交通

工作区北起达杂迪扎错、朋彦错，南至祝曲错、赛布错北岸，西起佣钦错，东至北雷错。总填图面积15 650km$^2$。行政区划隶属双湖特别区管辖。地理坐标：

东经：87°00′00″—88°30′00″

北纬：32°00′00″—33°00′00″

工作区交通极为不便，除那曲-阿里公路于图幅南侧从东到西通过部分地区外，还有南措镇至双湖特别区简易公路斜穿测区（图1-1），其余广大地区只能在封冻季节方能强行探索前进。

## 三、自然地理及经济概况

工作区位于羌塘高原南部，俗称南羌塘。为多年冻土及湖盆区。地貌景观比较简单，为近东西向的高山与盆地相间，属高原湖盆地貌类型。挺拔陡峻的木嘎岗日山峰位于图幅的中南部，海拔超过6 000m的高大孤立雪峰有木嘎日各坡、莫格岗穹、么娃各坡、鲁伯日抗等。其中的木嘎日各坡海拔6 289m，为测区内的最高峰。区内最低湖面赛布错，海拔4 522m，相对高差多在500m以下，最大高差为1 600m。区内有帕度错、诺尔玛错等大小湖泊30余个，均为陆内咸水湖，产硼砂等矿产。测区内水系不甚发育，河流全部属于内流流域，多以湖泊为中心的单独闭塞向心水系。河流短小，绝大多数为间歇性河流。

测区内由于地势特高，气候分区为羌塘高原亚寒带半干旱气候区，属典型大陆性气候，具有干燥、寒冷、低压、风大、日照时间长、降水量集中、蒸发量大于降水量和严重缺氧的特点。区内年平均气温0℃以下，最低气温－33.8℃，最热为7月，年平均气温12℃。月平均气压596.3mbar（相当于0.604标准大气压）。年降水量为127mm，6～7月约占全年降水量的93%，平均年蒸发量为2 427.90mm。年

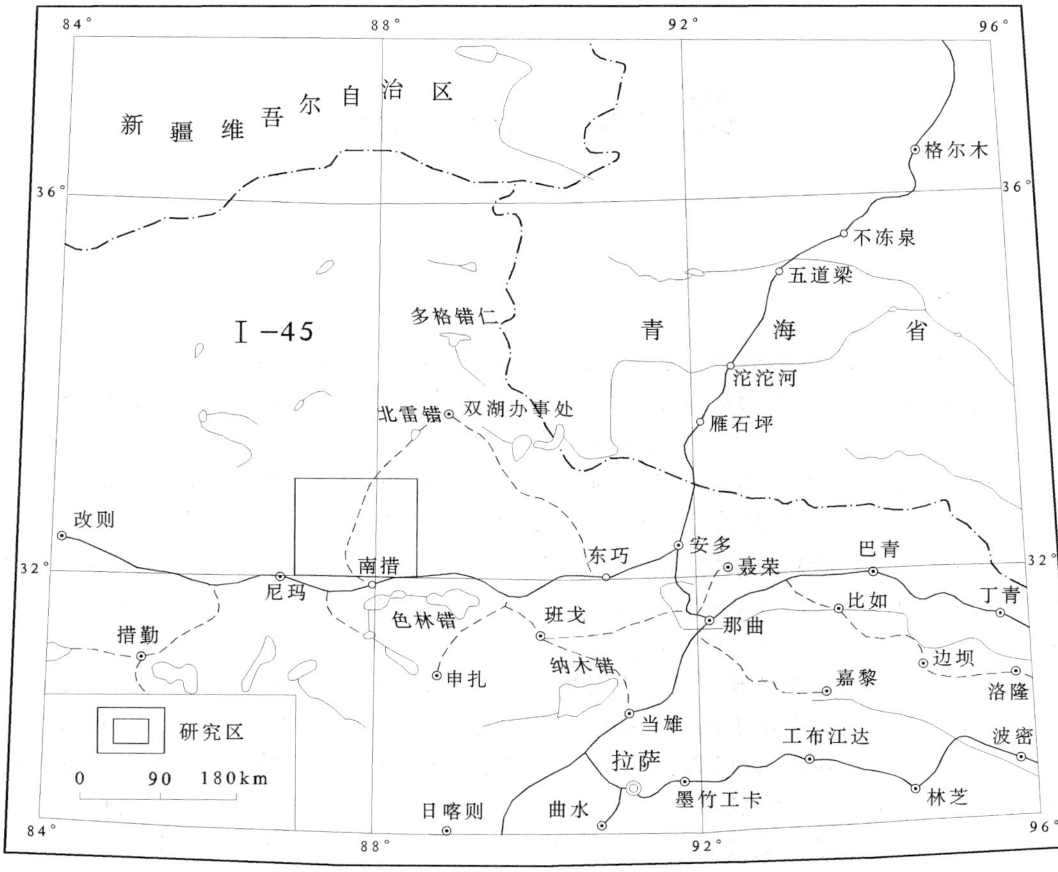


图1-1 交通位置图

平均风速为4.6m/s，每年风速等于或大于17m/s的日数超过200天。天气变化无常，时而晴空万里，时而浓云密布，狂风大作，冰雪交加。

区内基岩裸露不佳，除部分高山陡崖外，大部分为残坡积覆盖。

区内人烟稀少，游牧民散居，牲畜以牦牛及羊为主，产肉、皮、毛及酥油，没有工业，围绕湖区阶段性有硼砂等矿产品勘查开发，近年来局部有小型砂金开采业。

## 四、地质调查研究历史及研究程度

本区地质调查研究历史始于1951年，1951—1955年，中国科学院西藏工作队地质组李璞等人在测区南部伦坡拉盆地进行了路线地质调查，将区内伦坡拉盆地的第三纪（古近纪—新近纪）地层统称第三系（古近纪—新近纪）。1956—1958年，地质矿产部石油地质局柴达木石油普查大队黑河中队632队，在该区东南部进行过石油普查工作，相应地进行了1∶100万地质测量，将伦坡拉盆地的第三纪地层划分为宗曲口层、的欧层、牛堡层、丁青层。1957年国家计委地质局在本区进行高原1∶50万航磁测量试验。1966—1974年，西藏自治区地质局第四普查大队开展了以伦坡拉盆地为中心（包括班戈盆地）的石油地质普查及勘探工作，工作中进行了1∶5万—1∶10万地质草测，并将该区第三纪地层划分并命名为牛堡组和丁青组。1969—1971年，地质矿产部航空物探大队在本区进行了1∶50万航磁测量。1980年西藏自治区地质五队在该区做过航磁异常检查，化探分队也进行了1∶50万那曲幅地球化学测量工作。1982年地质矿产部高原地质研究所11分队在该区查桑-西亚尔岗地区进行过1∶50万的路线地质调查。

本区研究历史见表1-1，工作程度见图1-2。

**表 1-1　测区地质调查历史简表**

| 序号 | 调查时间（年） | 项目名称 | 作者单位 | 提交时间（年） |
|---|---|---|---|---|
| 1 | 1956—1958 | 1∶100 万石油普查 | 地质矿产部石油地质局柴达木石油普查大队黑河中队 632 队 | 1960 |
| 2 | 1966—1974 | 西藏伦坡拉盆地石油综合研究工作初步小结 | 西藏自治区地质局第四大队 | 1970 |
| 3 | 1969—1971 | 1∶50 万航磁测量 | 地质矿产部航空物探大队 | 1971 |
| 4 | 1982 | 查桑-西亚尔岗地区 1∶50 万路线地质调查 | 地质矿产部高原地质研究 11 分队 | 1985 |
| 5 | 1979—1986 | 1∶100 万改则幅区域地质调查报告 | 西藏自治区地质矿产局区调队 | 1986 |
| 6 | 1986—1989 | 青藏高原北部地区含油条件及前景预测 | 地质矿产部 562 综合地质大队 | 1990 |
| 7 | ？—1993 | 西藏自治区区域地质志 | 西藏自治区地质矿产局 | 1993 |
| 8 | ？—1997 | 西藏自治区岩石地层 | 西藏自治区地质矿产局 | 1997 |

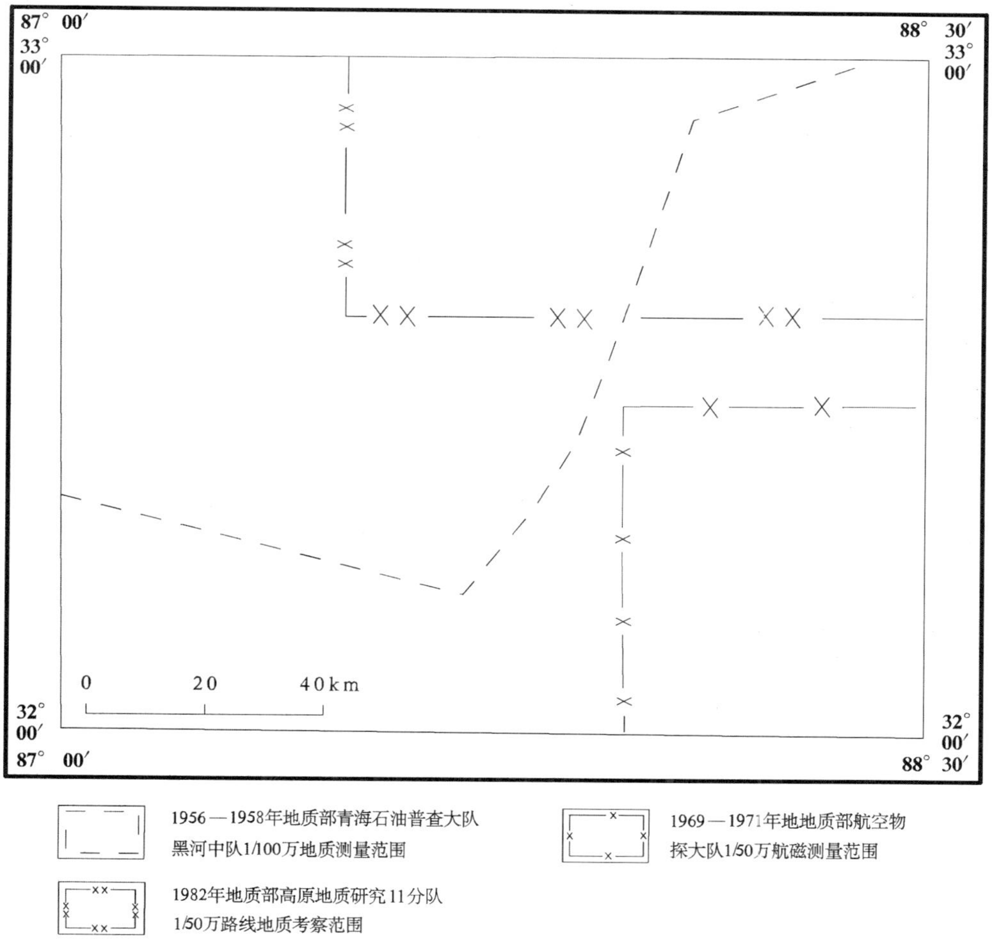


图 1-2　测区研究程度

上述各单位虽然不同程度地在地层、构造、岩浆岩及矿产方面收集了部分资料可供利用和参考，但由于条件所限，研究程度较低，涉及的范围较小。

1979—1986年，西藏自治区地质矿产局区域地质调查大队（以下简称西藏自治区区调队）开展了1∶100万改则幅区域调查工作，在充分收集研究前人资料基础上，通过路线地质调查和剖面测制，建立了本区的地层单位及构造格架，利用板块观点对区内构造环境进行了分析与探讨，为本次工作提供了较全面系统的资料。

在西藏自治区区调队进行1∶100万改则幅区域地质调查过程中，先后采用和建立了早二叠世鲁谷组、晚三叠世肖茶卡群、侏罗纪雁石坪群、木嘎岗日群、早白垩世去申拉组、古近纪牛堡组、新近纪康托组。其中鲁谷组由西藏自治区区调队于1986年创名，1983年前吴瑞忠等将双湖一带此套地层称为角木日茶卡组，1989年成都地质矿产研究所张正贵将改则-班戈一带此段地层改称鲁谷组，并与角木日茶卡组进行对比。1990年西藏自治区区调队李才等将该组和下伏地层上部新建绒马组。《西藏自治区岩石地层》采用了章炳高、何国雄（1976）创名的吞龙共巴组代表此套地层。肖茶卡群是由西藏自治区区调队在本区进行区调时所建，用以代表羌塘地区晚三叠世沉积，《西藏自治区区域地质志》和《西藏自治区岩石地层》则将本区羌南分区的原肖茶卡群用日干配错群代替，羌北分区保留了肖茶卡群。侏罗纪地层1∶100万改则幅时称为雁石坪群，对于该套地层，在不同的地段、不同的单位和个人，对此命名和划分差别较大，主要是与工作程度和划分标准不同有关，沿班公湖错-怒江断裂带分布的侏罗纪木嘎岗日岩群，是文世宣于1979年在本区内的木嘎岗日主峰木格各波日东南命名，之后西藏自治区区调队、《西藏自治区区域地质志》、《西藏自治区岩石地层》均沿用此名。但其所代表的年代地层各异。去申拉组为西藏自治区区调队1986年所建，代表分布于木嘎岗日地层分区的早白垩世中、酸性火山岩，其下与木嘎岗日岩群为角度不整合接触，上未见顶。区内第三纪地层，为西藏自治区地质局第四普查大队在伦坡拉盆地建立的牛堡组，地质时代为古—始新世。区内的康托组为西藏自治区区调队1986年创名，用以代表区内新近纪山间河湖沉积，该组不整合于不同时代的老地层之上。测区内的第四纪地层分布广泛，成因类型复杂，主要为湖积，次为残积、坡积、冲积、洪积、风积、沼泽堆积、冰碛及冰水堆积、泉华堆积等。

区内的侵入岩主要分布于虾别错-甲日阿布错一带，为燕山早期基性、超基性分布区和燕山晚期酸性岩分布区，岩体总的呈东西向分布，与区域构造一致。

火山岩分布较广，以印支期火山活动为主，主要分布在帕度错-朋彦错一带，为一套具有海相-陆相裂隙式喷溢特点的中-基性火山岩。华力西期火山岩分布在达杂迪扎错北，产于二叠系地层中，燕山期火山活动表现为以凝灰岩与砂岩互层夹中-基性熔岩的海相喷发为主，兼有陆相的酸性-基性火山岩喷发。

区内的构造研究主要是西藏自治区区调队运用板块构造观点进行的，将区内划分为一条缝合带和一个陆块，从南而北是：改则-色哇缝合带、羌塘陆块。改则-色哇缝合带为班公湖-怒江缝合带西段一部分，由侏罗纪复理石建造及硅质岩组成，内有二叠纪、三叠纪灰岩的外来岩块，区内蛇绿岩套构造定位其中。羌塘陆块挟持于改则-色哇缝合带与大横山-黑熊山缝合带之间，属华南—东南亚板块的一部分，由晚古生代至中生代地层组成盖层，并有早二叠纪及晚三叠纪中基性火山岩。该陆块进一步划分为康托-昂达尔错弧前盆地、冈玛错-西亚尔岗岛弧及布若错-多格仁错弧后盆地。

1993年出版的《西藏自治区区域地质志》及1997年出版的《西藏自治区岩石地层》，运用现代地层学新理论、新方法，结合本区的具体情况，在前人工作资料的基础上，对前人的划分方案进行了系统研究与清理，合理地划分了地层分区，建立了各地层区的岩石地层单元系列，并予以对比，为本次工作的顺利开展奠定了基础。

## 五、任务完成情况

测区填图面积15 650km$^2$，本图幅的工作分4个阶段进行：

第一阶段，2003年3月—2003年5月，为资料收集及物资设备准备阶段；

第二阶段，2003 年 6 月—2003 年 12 月，为野外踏勘，遥感地质解译，主干剖面测制，主干路线调查，填图单元确立及设计编写阶段，2003 年 12 月 31 日在长春通过了中国地质调查局西南项目办组织的设计评审，评分 88 分，为良好级；

第三阶段，2004 年 1 月—2005 年 3 月，为面积性填图、专题调查及综合整理阶段；

第四阶段，2005 年 4 月—2005 年 12 月，为野外调查、野外验收、野外补遗及报告编写阶段。

23 位同志（表 1 - 2）在 3 年的时间里，按照任务书的要求，分阶段全面地完成了设计工作量（表 1 - 3），2005 年 6 月 10～20 日在拉萨通过了中国地质调查局西南项目办组织的野外资料验收，评分 91.5 分，为优秀级。

**表 1 - 2 项目工作人员一览表**

| 姓名 | 职务 | 职称 | 主要工作 | 工作时间（年．月） | 备注 |
|---|---|---|---|---|---|
| 曲永贵 | 队长、技术负责 | 教授级高工 | 全面负责 | 2003.03—2004.03 | |
| 王永胜 | 技术负责<br>队长、技术负责 | 高工 | 基础地质全面负责 | 2003.03—2004.03<br>2004.03—2005.12 | |
| 段建祥 | 技术负责 | 高工 | 矿产地质 | 2003.03—2005.03 | |
| 张树岐 | 副技术负责<br>技术负责 | 高工 | 基础地质（地层） | 2003.03—2004.03<br>2004.03—2005.12 | |
| 王忠恒 | 岩石组长<br>技术负责 | 高工 | 蛇绿岩<br>基础地质（岩石） | 2003.03—2004.03<br>2004.03—2005.03 | |
| 冯德臣 | 地层组员<br>地层组长 | 高工 | 三叠系、侏罗系、白垩系 | 2003.03—2004.03<br>2004.03—2005.03 | |
| 李学彬 | 专题负责 | 高工 | 第三系、<br>第四系 | 2003.03—2005.03 | |
| 李庆武 | 专题负责兼卫生员 | 高工 | 二叠系 | 2003.03—2005.12 | |
| 姜雪飞 | 专题负责 | 工程师 | 旅游及灾害地质、微机操作 | 2003.03—2005.03 | |
| 郑春子 | 古生物鉴定及生物地层划分 | 教授级高工 | 古生物鉴定及生物地层划分 | 2003.03—2005.12 | |
| 谢元和 | 岩石组员<br>岩石组长兼综合员 | 工程师 | 花岗岩 | 2003.03—2004.03<br>2004.03—2005.12 | |
| 孙中纲 | 专题负责 | 工程师 | 变质岩 | 2003.03—2005.12 | |
| 鲁宗林 | 专题负责 | 高工 | 火山岩 | 2003.03—2005.03 | |
| 李存直 | 构造组长 | 高工 | 区域构造 | 2003.03—2005.12 | |
| 于喜文 | 矿产组长 | 高工 | 矿产地质 | 2003.03—2005.12 | |
| 吕鹏 | 遥感组长 | 高工 | 遥感解译、生态地质 | 2003.03—2005.12 | |
| 刘贵忠 | 专题负责 | 高工 | 遥感解译 | 2003.03—2005.03 | |
| 王洪双 | 后勤组长综合员 | 工程师 | 财务、后勤 | 2003.03—2004.11 | |
| 孙继龙 | | 高级工 | 采样兼报务 | 2003.03—2005.12 | |
| 郭忠义 | 司机、车辆管理 | 高级工 | 运输管理 | 2003.03—2005.12 | |
| 周建荣 | 司机 | 中级工 | 一般事务性工作 | 2003.03—2005.12 | |
| 杨宝义 | 司机 | 中级工 | 一般事务性工作 | 2004.03—2005.03 | |
| 刘文生 | 司机 | 中级工 | 一般事务性工作 | 2004.03—2005.03 | |
| 旦增 | 司机 | 中级工 | 司 机 | 2003.03—2005.12 | |

**表 1 - 3　帕度错幅、昂达尔错幅完成工作量一览表**

| 工作项目 | 单位 | 完成实物工作量 | 设计 | 完成设计百分数（%） | 昂达尔错幅实物工作量 |
|---|---|---|---|---|---|
| 1∶25 万地质填图 | $km^2$ | 31 300 | 31 300 | 100 | 15 650 |
| 1∶25 万路线地质调查 | km | 4 113 | 4000 | 102.8 | 2 097 |
| 1∶5 万地质草测（解剖区） | $km^2$ | 96 | 50 | 192 | 96 |
| 1∶10 万地质填图（解剖区） | $km^2$ | 996 | | | 996 |
| 1∶5 万矿点地质草测 | $km^2$ | 100 | | | |
| 1∶5 千矿点地质草测 | $km^2$ | 30 | | | 30 |
| 1∶2 千矿点地质草测 | $km^2$ | 2.4 | | | |
| 1∶5 千实测地层剖面 | km | 59.76 | 80 | 74.70 | 40.13 |
| 1∶5 千实测岩石剖面 | km | 86.22 | 70 | 123 | 32.62 |
| 1∶5 千实测构造剖面 | km | 68.95 | 50 | 137.9 | 68.95 |
| 1∶10 万遥感地质解译 | $km^2$ | 31 300 | 31 300 | 100 | 15 650 |
| 矿点检查 | 点 | 12 | 13 | 92.31 | 6 |
| 槽探 | $m^3$ | 1 550.7 | 1 500 | 103.4 | |
| 浅井 | m | 33.7 | | | |
| 光片 | 件 | 17 | 20 | 100 | 2 |
| 薄片 | 件 | 1 889 | 2 500 | 76 | 1 133 |
| 人工重砂 | 件 | 13 | 30 | 43.33 | 3 |
| 硅酸盐分析 | 件 | 131 | 140 | 93.6 | 63 |
| 稀土分析 | 件 | 131 | 140 | 93.6 | 63 |
| 微量元素 | 件 | 131 | 140 | 93.6 | 63 |
| U - Pb（锆石） | 件 | | 2 | | |
| K - Ar 测年 | 件 | 8 | 15 | 53.3 | 8 |
| Sharmp 离子探针测年 | 件 | 1 | 1 | 100 | 1 |
| $^{39}Ar-^{40}Ar$ 测年 | 组 | 1 | | | 1 |
| 大化石 | 件 | 1 336 | 1 300 | 102.8 | 1 123 |
| 孢粉 | 件 | 15 | 20 | 75 | 8 |
| 微体化石 | 件 | 22 | 20 | 110 | 13 |
| 热释光 | 件 | 3 | 5 | 60 | 3 |
| 电子自旋共振（ESR） | 件 | 2 | 3 | 66.67 | 3 |
| 基本分析 | 件 | 198 | 100 | 198 | 43 |
| 光谱分析 | 件 | 18 | 100 | 84 | 1 |
| 自然重砂 | 件 | 115 | 50 | 236 | |

地形图质量评估：

地质调查工作中所使用的手图为中国人民解放军总参谋部测绘局1969年航摄，1973年调绘的1∶10万的地形图，使用中国地质调查局信息中心提供的1∶25万数字化地形图做地理底图，精度均符合工作要求。

地质调查工作质量评述：

项目工作中严格执行了三级质量检查制度，检查数量均达到和超过了有关规定的要求，对调查工作的顺利完成起到了重要作用。西南地区项目管理办公室的领导及成都地质矿产研究所高原室的有关专家，先后两次对项目进行了野外实地检查和野外资料检查。2004年7月在拉萨对项目进展情况进行了野外资料检查，肯定了工作成果，对存在问题提出了进一步工作意见。

2003年6月潘桂棠研究员、王立全研究员等专家对调查区进行了野外实地检查，对项目中的重要地质问题提出了宝贵建议。为了提高图幅的研究程度，项目组注意与科研院所进行合作，先后与中科院南京地质古生物研究所、中国地质大学古生物教研室、吉林大学古生物研究中心合作进行化石鉴定和地层研究、与中国地质大学岩石教研室、成都地质矿产研究所高原室合作，进行岩浆岩同位素地质学研究，通过合作弥补了测试经费不足的实际困难，提高了图幅的研究程度。

报告编写人员及分工：

第一章：王永胜编写；第二章：张树岐、冯德臣、李学彬、李庆武、王永胜、郑春子编写，郑春子统稿；第三章：王忠恒、谢元和、鲁宗林编写，谢元和统稿；第四章：孙忠刚编写；第五章：李存直、王永胜编写；第六章：段建祥、于喜文编写，于喜文统稿；第七章：吕鹏、刘贵忠编写。最后由王永胜定全稿，曲永贵教授级高工对全稿进行了审阅并提出众多宝贵意见。图幅的遥感地质解译由吉林省地质调查院遥感中心吕鹏完成，刘贵忠同志参加野外验证和报告编写。1∶25万地质图由王永胜、张树岐、王忠恒编稿，1∶25万矿产图由于喜文、段建祥编稿，数字地质图初稿由姜雪飞、张斌、刘振宇完成，正式稿及数据库由吉林省地质调查院信息发展中心孙丽梅同志完成，其他图件由相应专题工作人员编稿，由姜雪飞、李庆武、李学彬微机制图，资料归档由孙忠纲完成。

# 第二章　地　层

测区地层属滇藏大区羌南-保山地层区和班公湖-怒江地层区（依照1997年《西藏自治区岩石地层》、2005年《青藏高原及邻区地质图说明书1：150万》及本次工作成果）。根据构造属性及沉积环境和岩石组合类型、生物群面貌的差异，可划分为3个地层分区，即左贡地层分区（北部）、多玛地层分区（中部）和木嘎岗日地层分区（南部）（图2-1）（表2-1）。经过本次工作可将区内地层划分如下地层填图单元，上石炭统-下二叠统擦蒙组、中二叠统鲁谷组、下三叠统孜狮桑组、上三叠统弄佰组、姜钟组、角木日茶卡组、扎那组、日干配错群、上三叠统-下侏罗统索布查组、下侏罗统曲色组、中侏罗统色哇组、莎巧木组、布曲组、夏里组、上侏罗统索瓦组、下-中侏罗统木嘎岗日岩群、上侏罗统沙木罗组、吐卡日组、下白垩统去申拉组、古-始新统牛堡组、渐新统纳丁错组、中-上新统康托组、第四系包括冰碛及冰水沉积、盐水湖积、冲积、洪冲积、洪积、硅华沉积、钙华沉积、沼泽堆积。

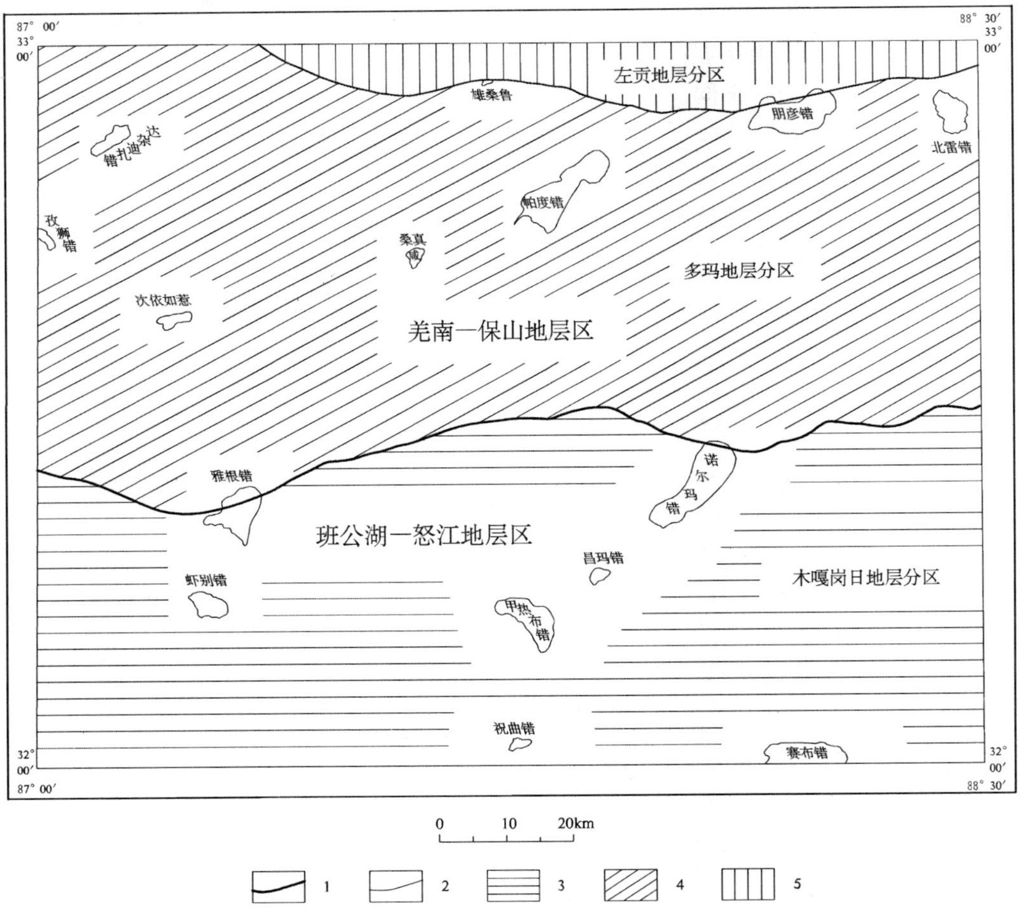


图2-1　帕度错幅地层区划图

1. 地层区界线；2. 地层分区界线；3. 木嘎岗日地层分区；4. 多玛地层分区；5. 左贡地层分区

表 2-1 岩石地层单元序列表

| 地质年代 代 | 纪 | 世 | 地层大区：滇藏大区<br>地层区：班公湖-怒江<br>地层分区：木嘎岗日 | 地层区：羌南-保山<br>地层分区：多玛 | 地层分区：左贡 |
|---|---|---|---|---|---|
| 新生代 | 第四纪 | 全新世 | 盐水湖积、冲积、洪冲积、洪积、钙华沉积物、沼泽堆积 | | |
| | | 更新世 | 冰碛及冰水积、盐水湖积、洪冲积、硅华沉积物、钙华沉积物 | | |
| | 新近纪 | 上新世 | 康托组 $Nk$ 上段 $Nk^2$ | 康托组 $Nk$ 上段 $Nk^2$ | 康托组 $Nk$ 上段 $Nk^2$ |
| | | 中新世 | 下段 $Nk^1$ | 下段 $Nk^1$ | 下段 $Nk^1$ |
| | 古近纪 | 渐新世 | | 纳丁错组 $E_3n$ | |
| | | 始新世 | 牛堡组 $E_{1-2}n$ | | |
| | | 古新世 | | | |
| 中生代 | 白垩纪 | 晚世 | | | |
| | | 早世 | 去申拉组 $K_1q$ | | |
| | 侏罗纪 | 晚世 | 吐卡日组 $J_3t$<br>沙木罗组 $J_3\hat{s}$ | 索瓦组 $J_3s$ | |
| | | 中世 | 木嘎岗日岩群 $J_{1-2}M$ | 夏里组 $J_2x$<br>布曲组 $J_2b$<br>莎巧木组 $J_2\hat{s}q$<br>色哇组 $J_2s$ | |
| | | 早世 | | 曲色组 $J_1q$<br>索布查组 $T_3J_1s$ | |
| | 三叠纪 | 晚世 | | 日干配错群 $T_3R$ | 扎那组 $T_3\hat{z}$<br>角木日茶卡组 $T_3j$<br>姜钟组 $T_3j\hat{z}$<br>弄佰组 $T_3n$ |
| | | 中世 | | | |
| | | 早世 | | 孜狮桑组 $T_1z$ | |
| 古生代 | 二叠纪 | 晚世 | | | |
| | | 中世 | | 鲁谷组 $P_2l$ | |
| | | 早世 | | | |
| | 石炭纪 | 晚世 | | | 擦蒙组 $C_2P_1c$ |
| | | 早世 | | | |

# 第一节 古生界

区内古生界分布于多玛地层分区和左贡地层分区（图 2－1）（表 2－1）。

左贡地层分区地层单元为上石炭统-下二叠统擦蒙组。

多玛地层分区地层单元为中二叠统鲁谷组。

## （一）左贡地层分区

### ——上石炭统-下二叠统擦蒙组（$C_2P_1c$）

（1）岩石地层特征

擦蒙组由梁定益 1982 年创名。该组创名地点位于日土县多玛区吉普村北擦蒙。原义指岩性由砂岩、板岩、含砾板岩、含砾粉砂岩及辉绿岩组成的一套地层。1993 年《西藏自治区区域地质志》、1997 年《西藏自治区岩石地层》沿用此名，其地质时代为晚石炭世早期。2001 年《青藏高原地层》仍用此名，其地质时代为晚石炭世—早二叠世。现定义指整合于展金组碎屑岩夹火山岩之下的一套以含砾板岩为主的地层。岩性以含砾砂质板岩为主，夹含砾粉砂岩、砂砾岩、板岩，局部夹薄层基性火山岩，下未见底。本幅沿用其含义。但提出其下部可能有早石炭世顶部层位。

该组在幅内主要分布于朋彦错西节拉日一带，出露面积约 12.06km$^2$。

2004 年中国地质调查局成都地质矿产研究所在双湖特别区艾日一带孔孔茶卡南所测上石炭统-下二叠统擦蒙组剖面：

上覆地层：上三叠统 弄佰组灰色中厚层状复成分砾岩

~~~~~~角度不整合~~~~~~

| | |
|---|---|
| **擦蒙组（$C_2P_1c$）：** | **＞96.82m** |
| 8. 灰黄色含砾不等粒长石岩屑砂岩，本层见两条辉绿玢岩脉 | 10.67m |
| 7. 灰黄色中厚层状细砂质中粒长石石英砂岩 | 7.23m |
| 6. 灰色薄中层状冰水杂砾岩。砾石无分选，呈次圆状、棱角状，砾石成分复杂。砾石具穿层、压裂面、熨斗石现象。 | 24.93m |
| 鱼牙化石：Gen. et sp. inet B（nov.）<br>Gen. et sp. inet C<br>Gen. et sp. inet D<br>Gen. et sp. inet E | |
| 5. 灰绿色泥质粉砂岩、粉砂质泥岩互层。岩石中含少量（1%～3%）冰筏落石。 | 6.57m |
| 4. 灰色中薄层状长石岩屑砂岩。岩石中具冰筏落石以及压裂面、熨斗石现象。 | 11.43m |
| 3. 灰色粉砂质泥岩与泥质粉砂岩互层。岩石中含少量（2%～3%）冰筏落石 | 6.09m |
| 2. 灰色中薄层不等粒砂质、泥质砂岩， | 16.91m |
| 牙形刺：*Adetognathus lautus*（Gunneu）或 *Adetognathus paralautus* Orchara<br>*Lonchodina* sp. | |
| 1. 灰色含砾不等粒砂屑泥晶球粒灰岩 | 12.99m |

（未见底）

擦蒙组厚度大于 96.82m。该组与上覆上三叠统弄佰组呈角度不整合，下未见底。岩性由灰黄色含砾长石岩屑砂岩，灰色冰水杂砾岩，灰绿色泥质粉砂岩、粉砂质泥岩互层，灰色泥晶球粒灰岩等组成。其中冰水杂砾岩有两层。其砾石可见压裂面、熨斗石等典型的冰川沉积特征，说明该组可能与冰川粗碎
~~~~~~

屑岩沉积有关。

（2）生物地层及时代讨论

2004年中国地质调查局成都地质矿产研究所在上述剖面采集到牙形刺 *Adetognathus lautus*（Gunneu）或 *Adetognathus paralautus* Orchara，*Lonchodina* sp.。其中，*Adetognathus lautus* 为早石炭世末期谢尔普霍夫阶（Serpukhovian）牙形刺带化石（表2-2）。因此本幅认为该组底部可能存在早石炭世顶部层位或该剖面下部两层可能应归其下地层单元。该组可能仅限于冰碛含砾砂泥岩层。从区域上看冈瓦纳冰川的地质时代通常认为是晚石炭世—早二叠世，故本幅暂将该组置于晚石炭世—早二叠世。

此外，上述鱼牙化石 Gen. et sp. inet.，属不能详细鉴定化石，目前尚不具备详细地层划分作用。

**表2-2 帕度错幅石炭—二叠纪生物地层划分表**

<table>
<tr><th colspan="3">年代地层</th><th rowspan="2">石地层</th><th colspan="3">主要化石类群组合序列</th></tr>
<tr><th>系</th><th>统</th><th>阶</th><th>牙形刺、有孔虫</th><th>腕足类</th><th>苔藓虫</th></tr>
<tr><td rowspan="11">二叠系</td><td rowspan="2">乐平</td><td>长兴阶</td><td rowspan="2"></td><td rowspan="2"></td><td rowspan="4"></td><td rowspan="4"></td></tr>
<tr><td>吴家坪阶</td></tr>
<tr><td rowspan="3">瓜德鲁普</td><td>卡匹敦阶</td><td rowspan="3">鲁谷组**<br>$P_2l$</td><td rowspan="2">有孔虫：<br>Shanita-Hemigordiopsis<br>组合</td></tr>
<tr><td>沃德阶</td></tr>
<tr><td>罗德阶</td><td></td><td>Martinia 组合<br>Linoproductus cf. sulcata<br>Martinia cf. orbicularis<br>Waagenites convexa</td><td>Fistulipora-Fenestella 组合<br>Tabulipora sp.<br>Polypora sp.</td></tr>
<tr><td rowspan="4">乌拉尔</td><td>空谷阶</td><td rowspan="2"></td><td rowspan="2"></td><td rowspan="2"></td><td rowspan="2"></td></tr>
<tr><td>亚丁斯克阶</td></tr>
<tr><td>萨克马尔阶</td><td rowspan="6">擦蒙组*<br>$C_2P_1c$</td><td rowspan="9">牙形刺：<br>Adetognathus lautus 或<br>Adetognathus paralautus<br>Lonchodina sp.</td><td rowspan="9"></td><td rowspan="9"></td></tr>
<tr><td>阿瑟尔阶</td></tr>
<tr><td rowspan="7">石炭系</td><td rowspan="4">上</td><td>格舍尔阶</td></tr>
<tr><td>卡西莫夫阶</td></tr>
<tr><td>莫斯科阶</td></tr>
<tr><td>巴什基尔阶</td></tr>
<tr><td rowspan="3">下</td><td>谢尔普霍夫阶</td><td rowspan="3"></td></tr>
<tr><td>维宪阶</td></tr>
<tr><td>杜内阶</td></tr>
</table>

*左贡地层分区；**多玛地层分区

## （二）多玛地层分区

### ——中二叠统鲁谷组（$P_2l$）

（1）岩石地层特征

鲁谷组一名是由西藏自治区区调队（1986）在改则县察布区鲁谷创名。该组岩性为一套灰岩夹碎屑岩的地层。其地质时代为中二叠世（原早二叠世早期）。该组产石炭纪—二叠纪常见的䗴科、珊瑚和腕足类等化石。

1946 年诺林将日土县多玛区的二叠系称拉克湖群，1983 年梁定益等称脱塔拉组。1983 年吴瑞忠等称角木茶卡组。1986 年西藏自治区区调队在改则一带称鲁谷组，在日土一带称财那哈组。1989 年成都地质矿产研究所改称鲁谷组，并与双湖角木日茶卡组进行对比。1990 年西藏自治区区调队将该组和下伏地层上部新建绒马组。1997 年《西藏自治区岩石地层》采用吞龙共巴组，其地质时代为原晚石炭世—早二叠世。2001 年《青藏高原地层》改称鲁谷组，其地质时代为原早二叠世晚期。本幅沿用鲁谷组，其岩性以灰岩为主夹少量碎屑岩，产腕足类、苔藓虫和有孔虫化石。其地质时代定为中二叠世（原早二叠世晚期）。

本幅鲁谷组仅分布于图幅西北的达杂迪扎错北西孜师加波日一带。其北部和西部与邻幅相接壤，面积约 86.56km²。

尼玛县维多乡孜师加波日中二叠统鲁谷组实测剖面（图 2-2）：

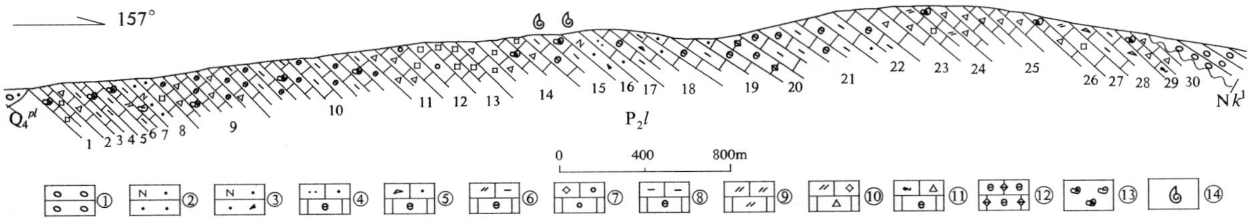


图 2-2　尼玛县维多乡孜师加波日中二叠统鲁谷组实测剖面图

①中砾岩；②细粒长石砂岩；③岩屑长石砂岩；④含生物碎屑粉屑、砂屑灰岩；⑤含生物碎屑碎裂砂屑灰岩；⑥含生物碎屑白云石化泥屑灰岩；⑦亮晶砾屑灰岩；⑧含生物碎屑泥质灰岩；⑨白云质灰岩；⑩白云质角砾状微晶、细晶灰岩；⑪含生物碎屑条带状角砾状灰岩；⑫含生物碎屑泥晶灰岩；⑬铁质、泥质、硅质结核；⑭动物化石；$P_2l$. 鲁谷组；$Nk^1$. 康托组下段；$Q_4^{pl}$. 第四系洪积相沉积物

上覆地层：新近系康托组紫红色中层状中砾岩

～～～～～～角度不整合～～～～～～

| | |
|---|---|
| **鲁谷组（$P_2l$）：** | **3 475.14m** |
| 30. 紫红色薄层状角砾状灰岩 | 43.85m |
| 29. 灰白色中层状含硅质结核及条带角砾状灰岩 | 29.45m |
| 28. 灰白色中层状碳酸岩化碎裂泥屑灰岩 | 369.15m |
| 27. 紫红色薄层状白云质细晶灰岩 | 107.08m |
| 26. 灰白色中层状含硅质结核角砾状灰岩 | 181.62m |
| 25. 浅黄色薄层状角砾状灰岩 | 166.81m |
| 24. 灰白色中层状含硅质结核中细晶白云质灰岩 | 267.35m |
| 23. 灰白色薄层状角砾状灰岩 | 71.06m |
| 22. 灰黄色薄层状生物碎屑砂屑泥屑灰岩 | 173.78m |
| 21. 灰黑色中层夹薄层状含生物碎屑粉屑泥质灰岩 | 120.45m |

20. 灰黑色极薄层状含生物碎屑泥晶灰岩 26.90m
19. 土黄色薄层状含生物碎屑亮晶砂屑灰岩与灰黑色薄层状生物碎屑泥屑灰岩互层 62.02m

腕足类：*Linoproductus* cf. *sulcata* Zeng

*Martinia* cf. *orbicularis* Gemmellaro

*Waagenites convexa* Yang et Fang

苔藓：*Fistulipora* sp.

*Fenestella* sp.（图版Ⅰ，4，7；图版Ⅱ，6）

*Polypora* sp.

*Tabulipora* sp.（图版Ⅰ，3，8；图版Ⅱ，1，2，5）

18. 灰黑色中层状碳酸岩化碎裂含生物碎屑泥质砂屑灰岩 161.68m

苔藓：*Fistulipora* sp.（图版Ⅰ，6；图版Ⅱ，3，4，7）

*Tabulipora* sp.

17. 灰白色中层状含砂屑粉屑灰岩 271.10m
16. 粉红色中薄层状中粒岩屑长石砂岩 28.51m
15. 灰色薄层状含硅质结核生物碎屑泥屑灰岩 163.51m
14. 紫红色厚层状含硅质结核角砾状细晶灰岩 57.08m
13. 灰白色薄层状细晶灰岩 186.94m
12. 灰白色中层状亮晶砾屑灰岩 143.93m
11. 灰色中层状角砾状灰岩 152.26m
10. 灰黑色薄层状含生物碎屑硅质结核泥屑灰岩 314.41m
9. 灰黑色中层状含铁质结核生物碎屑角砾状灰岩 65.52m
8. 浅灰色极薄层状细粒长石砂岩夹灰黑色薄层状含生物碎屑鲕粒亮晶砂屑灰岩 47.25m
7. 灰色薄层状泥屑灰岩 34.73m
6. 黑灰色薄层状含硅质结核白云石化泥屑灰岩 11.58m
5. 灰黑色薄层状泥屑灰岩 47.38m
4. 黑灰色中-薄层状含黄铁矿硅质结核泥屑灰岩 20.31m
3. 灰黑色中-薄层状泥屑灰岩 41.43m
2. 灰黑色薄层角砾状灰岩 70.18m
1. 灰黑色中-薄层状含铁质结核微晶灰岩 37.82m

（未见底）（第四系洪积相沉积物覆盖）

幅内鲁谷组厚度为3 475.14m。未见顶底。其岩性以灰白色—灰色—灰黑色中薄层含硅质结核泥屑、粉屑、砂屑、砾屑灰岩，角砾状灰岩，泥质灰岩，结晶、泥晶、微晶灰岩为主，夹少量岩屑长石砂岩、长石砂岩及白云质灰岩。含腕足类、苔藓虫、牙形刺等化石。其沉积环境以温暖浅水—极浅水滨浅海碳酸盐沉积为主。

此外，鲁谷组的岩性、沉积厚度在区域上有以下差异：

改则鲁谷一带厚度为600m，岩性为灰岩夹碎屑岩，其灰岩厚度略多于碎屑岩，产石炭纪—二叠纪常见的䗴科、珊瑚和腕足类，其中底部产晚石炭世䗴类化石 *Triticites*。

日土县多玛区吞龙共巴西沟一带厚度为721m，岩性为一套碎屑岩夹多层灰岩或泥质灰岩。其碎屑岩厚度略大于灰岩。产中二叠世栖霞期 *Monodiexodina*，*Parafusulina* 等䗴类化石及腕足类、苔藓虫化石。

本幅尼玛县维多乡孜师加波日鲁谷组厚度为3 475.14m。岩性以灰岩为主夹少量的碎屑岩，其中产中二叠世栖霞期腕足类、苔藓虫、有孔虫化石。

综上鲁谷组的岩性、沉积厚度在区域上虽有差异，但根据所产化石，除改则鲁谷组底部产晚石炭世 *Triticites* 䗴科岩层外，其地层时代均以中二叠世栖霞期沉积为主。故本幅认为该组横向上的变化可能与沉积环境有关，即西部陆源物质较丰富，沉降速率较慢，岩性以碎屑岩为主夹多层碳酸盐岩，其厚度较小；而东部陆源物质较贫乏，沉降速率较快，岩性以碳酸盐岩为主夹少量碎屑岩，其厚度较大。因此，本幅认为该组有自西向东碎屑岩相对减少，碳酸盐岩增多的特点。

（2）生物地层及时代讨论

本幅在鲁谷组中采集了一定数量的腕足类、苔藓虫、有孔虫化石。其中腕足类、苔藓虫产于尼玛县维多乡孜师加波日剖面，有孔虫化石产于该剖面以南。

腕足类化石经中国科学院南京地质古生物研究所孙东立研究员鉴定，其属种有 *Linoproductus* cf. *sulcata* Zeng，*Martinia* cf. *orbicularis* Gemmellaro，*Waagenites convexa* Yang et Fang。其中，*Martinia* 为栖霞期（相当于罗德阶（Roadian））*Cancrinella cancriniformis*，*Marginifera typica*，*Martinia* 组合化石之一。

苔藓虫由中国科学院南京地质古生物研究所胡兆珣研究员鉴定，其属种有 *Fistulipora* sp.（图版 I，6；图版 II，3，4，7），*Fenestella* sp.（图版 I，4，7；图版 II，6），*Polypora* sp.（图版 I，3，8），*Tabulipora* sp.（图版 I，3，8；图版 II，1，2，5）。其中，*Fistulipora* 与我国南方栖霞期 *Fistulipora sinensis* 标准化石相似。

剖面顶部附近有孔虫由中国科学院南京地质古生物研究所张遴信研究员鉴定，其属种为 *Hemigordiopsis* sp.（图版 I，1，2，5），此属在西藏阿里、滇西地区常与 *Shanita* 共生，是华南地层区茅口期（相当于沃德阶（Wordian）—卡匹敦阶（Capitanian））和阿里地区中二叠世龙格组 *Shanita*—*Hemigordiopsis* 有孔虫组合化石。

根据上述生物地层研究，本幅认为尼玛县维多乡孜师加波日剖面的鲁谷组可能相当于我国南方栖霞期沉积，而该剖面以南的鲁谷组可能相当于我国南方茅口期沉积。故鲁谷组的地质时代应为中二叠世沉积产物。依据上述生物群特征本幅建立栖霞期 *Martinia* 腕足类组合，*Fistulipora*-*Fenestella* 苔藓虫组合，茅口期 *Hemigordiopsis* 有孔虫组合（表 2-2）。

此外，为便于国际间的对比，近年来我国的二叠纪研究将我国的原晚石炭世顶部的 *Properrinites plummeri*-*Eoasianites subhanieli* 菊石带及与之相当的 *Robustoschwagerina schellwieni*-*R. ziyunensis* 䗴带、*Sphaeroschwagerina moelleri* 䗴带、*Sphaeroschwagerina*- *Pseudoschwagerina fusiformis* 䗴带划为早二叠世最底部，原早二叠世的栖霞、茅口两阶升为中二叠世。故前人将鲁谷组置于早二叠世是无疑的，而本幅将鲁谷组改定在中二叠世也是正确的。

## 第二节　中生界

区内中生界分布于左贡地层分区、多玛地层分区和木嘎岗日地层分区（图 2-1）（表 2-1）。

左贡地层分区地层单元有上三叠统弄佰组、姜钟组、角木日茶卡组、扎那组（表 2-1）（表 2-3）。

多玛地层分区地层单元有下三叠统孜狮桑组、上三叠统日干配错群、上三叠统-下侏罗统索布查组、下侏罗统曲色组、中侏罗统色哇组、莎巧木组、布曲组、夏里组、上侏罗统索瓦组（表 2-1）（表 2-3）。

木嘎岗日地层分区地层单元有下-中侏罗系木嘎岗日岩群、上侏罗统沙木罗组、吐卡日组、下白垩统去申拉组。

### 一、三叠系

区内的三叠系分布于左贡地层分区和多玛地层分区（图 2-1）（表 2-1）。

多玛地层分区地层单元有下三叠统孜狮桑组、上三叠统日干配错群（表 2-1）（表 2-3）。

左贡地层分区地层单元有上三叠统弄佰组、姜钟组、角木日茶卡组、扎那组（表 2-1）（表 2-3）。

该系出露面积约 839.20km$^2$。

#### （一）多玛地层分区

多玛地层分区地层单元有下三叠统孜狮桑组、上三叠统日干配错群。

表 2-3　帕度错幅中生代岩石地层划分沿革表

| 年代地层 | | 西藏自治区区调队1986 | | 西藏自治区区域地质志1993 | | 西藏自治区岩石地层1997 | | | 西南区区域地层1999 | | 青藏高原地层2001 | | 本文 | | |
|---|---|---|---|---|---|---|---|---|---|---|---|---|---|---|---|
| 地层区 | | 岗-念 | 羌塘 | 岗-念 | 羌-昌 | 羌南-保山 | | 羌-思 | 羌南-保山 | | 班公湖-怒江缝合带 | 羌塘-昌都 | 班公湖-怒江 | 羌南-保山 | |
| 系 | 统 | 木嘎岗日 | 康托-昂达 | 木嘎岗日 | 羌南 | 木嘎岗日 | 多玛 | 赤步张错 | 木嘎岗日-东巧 | 双湖-安多 | | 南羌塘 | 木嘎岗日 | 多玛 | 左贡 |
| 白垩系 | 上 | | | | | | 阿布山组 | | | 风火山组 | | | | | |
| | 下 | 去申拉组 | | | 阿布山组 | | | | | | 沙木罗组 | 阿布山组 | 去申拉组 | | |
| 侏罗系 | 上 | 木嘎岗日岩群 | | 沙木罗组 | | 沙木罗组 | | | | 雪山组、索瓦组 | 木嘎岗日岩群 | 雁石坪群（雪山组、索瓦组） | 吐卡日组、沙木罗组 | 索瓦组 | |
| | 中 | | 雁石坪群、色哇组 | 木嘎岗日岩群 | 佣钦错群、色哇组 | 木嘎岗日岩群 | 莎巧木组 | 雁石坪群 | 沙木罗组、木嘎岗日群、莎巧木组 | 夏里组、布曲组、雀莫错组 | | 夏里组、布曲组、雀莫错组 | 木嘎岗日岩群 | 夏里组、布曲组、莎巧木组、色哇组 | |
| | 下 | | 曲色组 | | 曲色组 | | 色哇组 | | 色哇组 | | | 曲色组 | | 曲色组、索布查组 | |
| 三叠系 | 上 | | 肖茶卡群 | | 日干配错群 | | 日干配错群 | 肖茶卡群 | 日干配错群 | 上组、中组、下组 | | 日干配错组 | | 日干配错群 | 扎那组、角木日茶卡组、弄佰组、姜钟组 |
| | 中 | | | | | | 欧拉组 | 硬水泉组 | | | | | | | |
| | 下 | | | | 欧拉群 | | | 康鲁组 | | | | 欧拉组 | | 孜狮桑组 | |

## 1. 下三叠统孜狮桑组（$T_1z$）

（1）岩石地层特征

羌塘盆地的早三叠世地层，最早是由文世宣于 1979 年报导的，该地层分布于羌北地区的康鲁山、热觉茶卡一带。并建立了下三叠统康鲁组、硬水泉组。之后再无发现和报导。羌南地区目前尚无下三叠统的发现和报导。2004 年本队在达杂迪扎错北面尼玛县维多乡孜师加波日测制了两条吞龙共巴组剖面。其中北部剖面牙形刺的地质时代为中二叠世，南部剖面牙形刺的地质时代为早三叠世，两剖面之间为新近系康托组紫红色中层砾岩，现已无法确定两剖面地质体之间的关系，但南部剖面为新发现的早三叠世地层是无疑的。该早三叠世地层的发现不仅解决了羌塘南部早三叠世地层缺失问题，而且对羌塘盆地的三叠纪演化历史的研究有着极其重要的意义。故本幅新建了羌南地区下三叠统孜狮桑组（表 2-3）。建组剖面位于尼玛县维多乡孜师加波日。其岩性以灰岩为主，下部夹基性火山岩，产早三叠世牙形刺。下部未见底，但其北面不远处即出露了中二叠世鲁谷组，两者之间关系尚需确定；上部与康托组紫红色砂质中砾岩呈角度不整合接触。其地质时代为早三叠世。

孜狮桑组仅见于达杂迪扎错北西尼玛县维多乡孜师加波日一带。出露面积约 25.63km$^2$。

尼玛县维多乡孜师加波日下三叠统孜狮桑组实测剖面（图 2-3）：

上覆地层：新近系康托组紫红色中—薄层状砂质中砾岩

～～～～～～角度不整合～～～～～～

**孜狮桑组（$T_1z$）：** **239.33m**

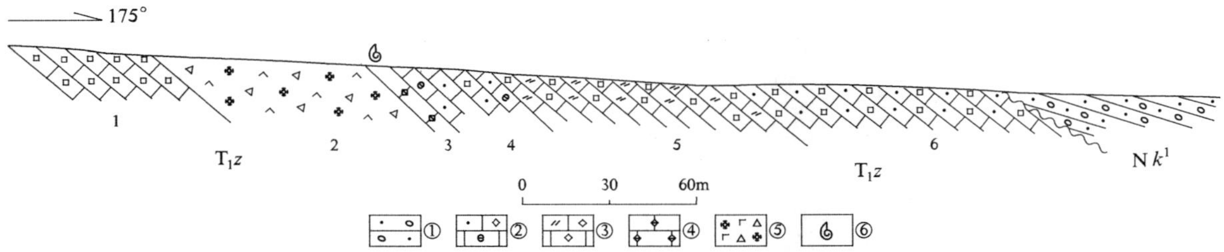


图 2-3　尼玛县维多乡孜师加波日下三叠统孜狮桑组实测剖面图

①砂质砾岩；②含生物亮晶砂屑灰岩；③白云质细晶灰岩；④泥晶灰岩；⑤硅化角砾状玄武岩；⑥动物化石；$T_1z$. 孜狮桑组；$Nk^1$. 康托组下段

6. 灰黑色薄层状亮晶砂屑灰岩　59.89m
5. 灰白色中层状含硅质结核白云质细晶灰岩　57.18m
4. 灰白色、灰黑色薄层状含生物亮晶砂屑灰岩　27.25m
3. 黑灰色薄层状泥晶灰岩，产牙形刺。　5.75m

牙形刺：*Neospathodus triangularis*
*Neospathodus homeri*（图版 IV，1，2，3，4）
*Enantiognathus delicatulus*（图版 IV，11，12，13）
*Hibbardella tricornigera*（图版 IV，9）
*Ellisonia* sp.（图版 IV，6）
*Ellisonia* Sa element（图版 IV，7）
*Prioniodella ctenoides*（图版 IV，5，8，10）
*Hindeodella* sp.
*Ozarkodina* sp.

2. 黑灰色强硅化角砾状玄武岩　53.91m
1. 灰白色中层状含方解石脉细晶灰岩　35.35m

（未见底）（新近系康托组下段覆盖）

上述孜狮桑组剖面控制厚度为 239.33m。其岩性以灰黑色—灰白色亮晶砂屑灰岩、白云质细晶灰岩、泥晶灰岩及角砾状玄武岩，产早三叠世牙形刺。下未见底，但该组与北部不远处出露的中二叠世鲁谷组之间为新近系康托组紫红色中层砾岩、砂砾岩所覆盖，其关系有待进一步确定。上部与康托组紫红色中-薄层状砂质中砾岩呈角度不整合接触。其沉积环境以浅海碳酸盐岩沉积为主，并伴有基性火山活动。

（2）生物地层及时代讨论

在上述孜狮桑组剖面中本幅采集了一定数量的微体化石样品。经中国地质科学院地质研究所纪占胜研究员和中国科学院南京地质古生物研究所王成源研究员鉴定，其属种有 *Neospathodus triangularis*，*Neospathodus homeri*（图版 IV，1，2，3，4），*Enantiognathus delicatulus*（图版 IV，11，12，13），*Hibbardella tricornigera*（图版 IV，9），*Ellisonia* sp.（图版 IV，6），*Ellisonia*，Sa element（图版 IV，7），*Prioniodella ctenoides*（图版 IV，5，8，10）*Hindeodella* sp.，*Ozarkodina* sp.，。其中有 *Neospathodus triangularis* 和 *Neospathodus homeri* 的时代意义较大。*Neospathodus homeri-Neospathodus triangularis* 牙形刺组合带在我国华南许多地区的下三叠统上部都有广泛分布，如广西西部田东作登地区的下三叠统北泗组（杨守仁等，1986）、贵州望谟下三叠统紫云组上部至中三叠统新苑组第一段的下部、贵阳地区青岩剖面下三叠统紫云组至中三叠统青岩组第一段的小山灰岩段（姚建新等，2004）等，相当于 Sweet 等（1971）的三叠纪牙形刺第 10—12 带。在欧洲、亚洲和北美，*Neospathodus homeri* 出现于早三叠世晚期。*Neospathodus homeri* 与 *Neospathodus triangularis* 分子的出现，表明上述岩石地层所处的层位位于 *Neospathodus homeri-Neospathodus triangularis* 牙形石组合带中，时限为史密斯阶（Smithian）顶部—司帕斯阶（Spathian）上部。*Enantiognathus delicatulus* 和 *Hibbardella tricornigera* 为早三叠世常见分子。*Ellisonia* sp.，*Prioniodella ctenoides* 等为二叠纪—三叠纪的常见分子，地层时代意义不明显。

从上述化石面貌来看，该地层属于早三叠世应该没有问题。故孜狮桑组的地质时代确定为早三叠世。并建立 *Neospathodus homeri-Neospathodus triangularis* 牙形刺组合带（表 2-4）。

**表 2-4 帕度错幅多玛地层分区三叠系生物地层划分表**

| 年代地层 | | | 岩石地层 | 主要化石类群组合序列 | |
|---|---|---|---|---|---|
| 系 | 统 | 阶 | | 牙形刺 | 双壳类 |
| 三叠系 | 上 | 瑞替阶 | 日干配错群<br>$T_3R$ | | *Trigonia* (*Kumatrigonia*)<br>*huhxilensis* Lu |
| | | 诺利阶 | | | |
| | | 卡尼阶 | | | |
| | 中 | 拉丁阶 | | | |
| | | 安尼阶 | | | |
| | 下 | 奥伦尼克阶 | 孜狮桑组<br>$T_1z$ | *Neospathodus homeri-Neospathodus triangularis* 组合<br>*Enantiognathus delicatulus*<br>*Hibbardella tricornigera*<br>*Ellisonia* sp.<br>*Prioniodella ctenoides*<br>*Ozarkodina* sp. | |
| | | 印度阶 | | | |

### 2. 上三叠统日干配错群（$T_3R$）

（1）岩石地层特征

1986 年西藏自治区区调队①将该套地层划入肖茶卡群，并确定其为三叠纪地层。1993 年《西藏自治区区域地质志》、1997 年《西藏自治区岩石地层》和 2001 年《青藏高原地层》亦将其称为日干配错群（表 2-3）。本幅对该套地层进了详细的研究，并根据古生物化石和岩石地层学特征，将其划归上三叠统，并沿用日干配错群。其岩性以泥岩、粉砂岩和砂岩为主夹少量灰岩，其与上三叠统—下侏罗统索布查组呈整合接触，下未见底，与下伏地层关系不清。

日干配错群主要分布于戈么那勒、纠恪等地。出露面积 528.50$km^2$。

Ⅰ. 昂达尔错幅双湖区巴岭乡贡巴日其香错北索布查温泉上三叠统日干配错群—下侏罗统曲色组实测剖面（图 2-4）：

上覆地层：上三叠统—下侏罗统索布查组灰色泥质灰岩和含生物碎屑灰岩

————整合————

**日干配错群（$T_3R$）： 75.01m**

4. 深灰色薄层状晶屑砾屑玄武质熔凝灰岩，夹灰色薄层状砂岩、深灰色薄层状含生物亮晶鲕粒灰岩 17.82m
3. 灰黄色薄层状泥质粉砂岩，夹紫红色薄层状中细粒长石砂岩、灰色薄层状含生物碎屑泥质泥屑灰岩。粉砂岩中水平纹层发育，灰岩中含双壳类化石 7.13m

① 西藏自治区地质矿产局区域地质调查大队.1986，改则幅区域地质调查报告（1∶100 万）

2. 灰色薄层状细粒长石岩屑砂岩，水平层理发育　　14.26m

1. 灰黄色薄层状粉砂质泥岩与灰色薄层状粗粉砂岩韵律层　　35.80m

（未见底）（第四系洪积相沉积物覆盖）

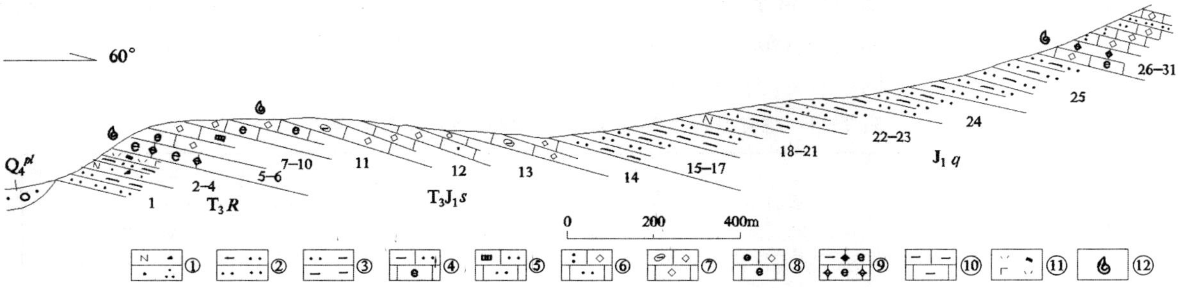


图 2-4　双湖区巴岭乡贡巴日其香错北索布查温泉上三叠统日干配错群—下侏罗统曲色组实测剖面图

①岩屑长石石英砂岩；②泥质粉砂岩；③粉砂质泥岩；④含生物碎屑泥质粉屑灰岩；⑤含黄铁矿粉屑灰岩；⑥含粉砂屑凝灰质微晶灰岩；⑦含泥质团块微晶灰岩；⑧含生物碎屑亮晶鲕粒灰岩；⑨含生物碎屑泥质泥晶灰岩；⑩泥质灰岩；⑪晶屑玄武质熔凝灰岩；⑫动物化石；

$T_3R$. 日干配错群；$T_3J_1s$. 索布查组；$J_1q$. 曲色组；$Q_4^{pl}$. 第四系洪积相沉积物

Ⅱ.1986 年西藏自治区区调队①在班戈县北部色哇区其香错北岸之北约 6km 的索布查温泉上三叠统日干配错群（原为肖茶卡群上部）—下侏罗统曲色组剖面：

上覆地层：上三叠统-下侏罗统索布查组黑色微晶灰岩和灰黑色含生物泥质灰岩

————整合————

**日干配错群（$T_3R$）：　　165.24m**

2. 灰黄色轻变质泥钙质粉砂岩，夹黑色薄层微晶灰岩及钙质页岩。下部可见 3 层厚约 15～20cm 的藻粒灰岩。产腕足类、双壳类化石　　119.34m

腕足类：*Mentzeliopsis* sp.

*Caucasorhynchia*? sp.

*Pseudhatorella*? sp.

*Cirpinae* sp.

*Adygella* sp.

双壳类：*Chlamys* sp.

*Plagiostoma*? sp.

*Meleagrinella*? sp.

*Gervillella*? sp.

*Thracia*? sp.

*Ostrea*? sp.

*Plicatula*? sp.

1. 浅绿灰色、灰黄色页岩夹薄层变质钙泥质长石岩屑粉砂岩　　>45.90m

（未见底）

通过上述剖面我们可以看出日干配错群的厚度大于 165.24m，其岩性以灰黄色—灰色薄层状粉砂质泥岩、泥质粉砂岩、长石岩屑砂岩及火山碎屑岩为主，夹少量灰黑色、深灰色薄层状含生物亮晶鲕粒灰岩和泥屑灰岩。其灰岩夹层中产腕足类和双壳类化石。其沉积环境以滨岸浅海相沉积为主。

① 西藏自治区地质矿产局区域地质调查大队．1986，改则幅区域地质调查报告（1∶100 万）

（2）生物地层及时代讨论

本幅在诺尔玛错东北 7591 地质点日干配错群中采集了一定数量的双壳类化石。经中国科学院南京地质古生物研究所文世宣、陈楚震研究员鉴定，其属种为 *Trigonia*（*Kumatrigonia*）*huhxilensis* Lu，其地质时代为晚三叠世（表 2-4）。

此外，西藏自治区区调队（1986）在班戈县北部色哇区其香错北约 6km 的索布查温泉剖面采到腕足类：*Mentzeliopsis* sp.，*Caucasorhynchia*? sp.，*Pseudohatorella*? sp.，*Cirpinae* sp.，*Adygella* sp.；双壳类：*Chlamys* sp.，*Plagiostoma*? sp.，*Meleagrinella*? sp.，*Gervillella*? sp.，*Thracia*? sp.，*Ostrea*? sp.，*Plicatula*? sp. 等。其中 *Mentzeliopsis* sp.，*Caucasorhynchia*? sp. 的地质时代为晚三叠世，因此该套地层的地质时代应为晚三叠世。

## （二）左贡地层分区

左贡地层分区地层单元有上三叠统弄佰组、姜钟组、角木日茶卡组、扎那组。该地层均由肖茶卡群解体而来（表 2-3）。

### 1. 上三叠统弄佰组（$T_3n$）

（1）岩石地层特征

弄佰组由肖茶卡群解体而来，为本图幅新建立的岩石地层单元，相当于原肖茶卡群下组。1986 年西藏自治区区调队①将该套地层定为肖茶卡群下组；1993 年《西藏自治区区域地质志》及 1997 年《西藏自治区岩石地层》将其划分为日干配错群（表 2-3）。本次通过对肖茶卡群的研究，结合其上覆地层及区域上横向对比，将其单独建组，建组剖面位于帕度错北的弄佰，其岩性以基性海底火山岩喷发岩为主，局部有少量玄武质角砾熔岩及玄武安山岩。未见底。与其上覆地层角木日茶卡组呈整合接触，时代为晚三叠世。

弄佰组主要分布于雄桑鲁北、克多、赖玛日艾一带。出露面积约 187.44km²。

Ⅰ. 双湖区帕度错北节拉日上三叠统弄佰组实测剖面（图 2-5）：

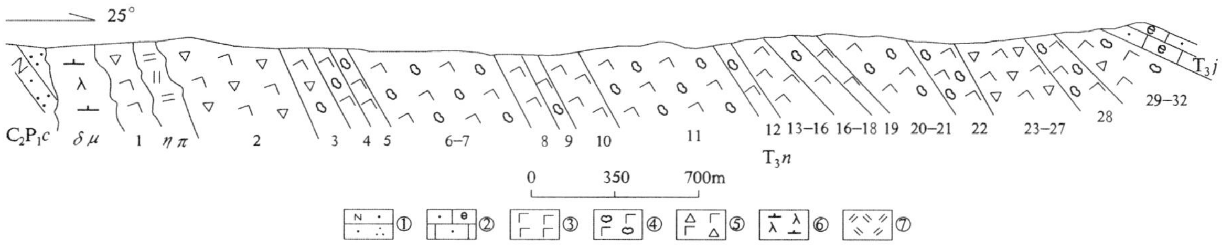


图 2-5 双湖区帕度错北节拉日上三叠统弄佰组实测剖面图

①长石石英砂岩；②生物碎屑砂屑灰岩；③玄武岩；④杏仁状玄武岩；⑤角砾状玄武岩；⑥闪长玢岩；⑦二长斑岩；$C_2P_1c$. 擦蒙组；$T_3n$. 弄佰组；$T_3j$. 角木日茶卡组

上覆地层：上三叠统角木日茶卡组灰色中薄层状含生物碎屑砂屑灰岩

————整合————

| | |
|---|---|
| **弄佰组（$T_3n$）：** | **＞2 113.19m** |
| 32. 深灰色杏仁状玄武岩 | 15.37m |
| 31. 灰紫色含杏仁角砾状玄武岩 | 35.89m |
| 30. 灰绿色杏仁状玄武岩 | 8.45m |

① 西藏自治区地质矿产局区域地质调查大队．1986，改则幅区域地质调查报告（1∶100 万）

29. 灰紫色杏仁状玄武质角砾熔岩　12.13m
28. 灰绿色含杏仁状玄武岩　73.20m
27. 紫色玄武质角砾熔岩　77.41m
26. 灰绿色玄武岩　2.44m
25. 深灰色杏仁状玄武岩　8.96m
24. 深灰色玄武岩　2.44m
23. 紫色含角砾玄武岩　53.78m
22. 灰紫色杏仁状玄武岩　109.36m
21. 浅灰绿色杏仁状玄武岩　107.79m
20. 灰绿色杏仁状玄武岩　71.42m
19. 深灰色玄武岩　29.94m
18. 灰绿色含杏仁状玄武岩　12.61m
17. 灰紫色杏仁状玄武岩　18.12m
16. 灰绿色杏仁状玄武岩　51.22m
15. 深灰色玄武岩　22.09m
14. 灰绿色杏仁状玄武岩　13.96m
13. 深灰色玄武岩　49.70m
12. 深灰色杏仁状玄武岩　54.42m
11. 灰绿色杏仁状玄武岩　309.42m
10. 深灰色玄武岩　125.66m
9. 灰色杏仁状玄武岩　27.85m
8. 灰绿色玄武岩　90.13m
7. 灰绿色含杏仁状玄武岩，底部见一条宽 8m 的细粒辉长岩侵入　110.81m
6. 灰绿色杏仁状玄武岩　145.12m
5. 灰紫色含杏仁状玄武岩　21.53m
4. 灰绿色含杏仁状玄武岩　40.06m
3. 灰绿色含角砾杏仁状玄武岩　63.46m
2. 深灰色玄武质角砾熔岩，底部见二长斑岩侵入　264.62m
1. 灰绿色玄武质角砾熔岩　88.22m

（未见底）（闪长玢岩侵入）

Ⅱ. 双湖区朋彦错北香钦上三叠统弄佰组实测剖面（图 2－6）：

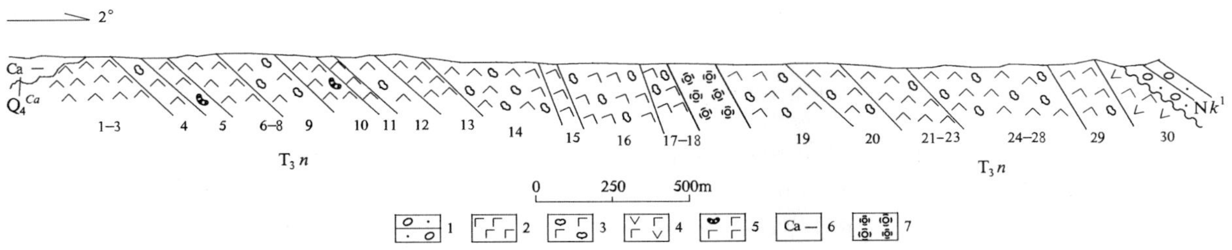


图 2－6　双湖区朋彦错北香钦上三叠统弄佰组实测剖面图

1. 砂砾岩；2. 玄武岩；3. 杏仁状玄武岩；4. 玄武安山岩；5. 枕状玄武岩；6. 钙华；7. 蚀变岩；$T_3n$. 弄佰组；$Nk^1$. 康托组下段；$Q_4^{Ca}$. 第四系钙华

上覆地层：新近系康托组下段紫红色砾岩

～～～～～～角度不整合～～～～～～

**弄佰组（$T_3n$）：**　**＞2 133.82m**

30. 深灰色玄武安山岩　54.99m
29. 灰色、灰紫色玄武岩，局部含少量杏仁　103.48m

| | |
|---|---|
| 28. 灰紫色杏仁状玄武岩 | 162.50m |
| 27. 灰绿色杏仁状蚀变玄武岩 | 13.22m |
| 26. 灰色杏仁状玄武岩 | 95.25m |
| 25. 灰紫色蚀变玄武岩 | 16.30m |
| 24. 灰绿色杏仁状玄武岩 | 22.83m |
| 23. 灰绿色玄武岩 | 79.21m |
| 22. 灰绿色杏仁状玄武岩 | 8.37m |
| 21. 灰紫色玄武岩，局部含少量杏仁 | 35.88m |
| 20. 灰绿色含杏仁状玄武岩 | 77.61m |
| 19. 灰绿色杏仁状玄武岩 | 240.48m |
| 18. 灰绿色含杏仁状玄武岩 | 36.34m |
| 17. 灰色杏仁状玄武岩 | 42.01m |
| 16. 灰紫色杏仁状玄武岩 | 202.10m |
| 15. 灰色玄武岩 | 33.26m |
| 14. 灰色、灰绿色杏仁状玄武岩 | 197.83m |
| 13. 灰绿色玄武岩 | 88.01m |
| 12. 灰绿—紫色杏仁状玄武岩 | 155.34m |
| 11. 灰绿色玄武岩 | 30.57m |
| 10. 灰—灰绿色杏仁状枕状玄武岩 | 89.47m |
| 9. 灰绿色绿帘石化含杏仁状玄武岩，局部含少量角砾 | 109.87m |
| 8. 灰紫色玄武岩 | 36.31m |
| 7. 构造角砾岩、角砾岩岩性为深灰色玄武岩 | 10.21m |
| 6. 深灰色玄武岩 | 38.26m |
| 5. 灰紫色杏仁状枕状玄武岩 | 35.06m |
| 4. 灰绿色杏仁状玄武岩 | 52.58m |
| 3. 深紫色玄武岩 | 29.32m |
| 2. 灰绿色玄武岩 | 23.01m |
| 1. 紫色玄武岩 | 12.00m |

（未见底）（第四系钙华掩盖）

上述弄佰组厚度大于 2 133.82m。岩性以基性海底火山喷发岩为主，其岩石主要由灰绿色—灰紫色—紫色杏仁状玄武岩、玄武岩、玄武质角砾熔岩、枕状玄武岩组成。在双湖区帕度错北节拉日剖面岩石类型有杏仁状玄武岩、玄武岩、玄武岩质角砾熔岩及少量角砾熔岩。在双湖区朋彦错北香钦剖面岩石类型有杏仁状玄武岩、玄武岩、枕状玄武岩及顶部玄武安山岩。该组以火山溢流相岩石为主，有少量火山爆发相岩石。该组下未见底，上与角木日茶卡组呈整合接触。

（2）时代讨论

1986 年西藏自治区区调队曾在肖茶卡北西所测的该组（原肖茶卡群下部）剖面，其岩性主要为玄武质岩屑火山角砾岩、玄武质角砾熔岩、强蚀变中性火山岩（安山岩），厚度大于 64.56m。在肖茶卡正南所测的该组（原肖茶卡群下部）剖面，其岩性主要为杏仁状玄武岩，厚度大于 40m。并将该组置于晚三叠世。其地质时代主要是依据上覆地层时代和区域地层特征而定。

2005 年成都地质矿产研究所对距本幅北侧 1km 处的阿日艾（江爱达日那幅）一带的弄佰组火山岩进行了测年，K－Ar 同位素年龄样值为 223±5Ma。其地质时代相当于晚三叠世卡尼期（Camian）。故将弄佰组的地质时代置于晚三叠世卡尼期（Camian）。

### 2. 上三叠统姜钟组（$T_3jẑ$）

（1）岩石地层特征

姜钟组由肖茶卡群解体而来，为本幅所建立的岩石地层单位（表 2－3），建组剖面位于帕度错东北的姜钟，其岩性组合以岩屑石英砂岩、石英砂岩、岩屑砂岩、泥质细粒石英砂岩、石英杂砂岩为主，夹细砂质粉砂岩、泥质石英粉砂岩。下部产植物化石，上部产腕足类化石。与上覆角木日茶卡组呈整合接触，下未见底。地质时代为晚三叠世。其组合特征和生物群面貌，与区内的其他岩石地层单元存在明显差异，出露连续，层位清楚，故建立新的岩石地层填图单元。

本幅姜钟组主要分布于帕度错北雄桑鲁北东、姜钟北一带。出露面积约 22.94km$^2$。

双湖特别区蒋庄日东上三叠统姜钟组实测剖面（图 2－7）：

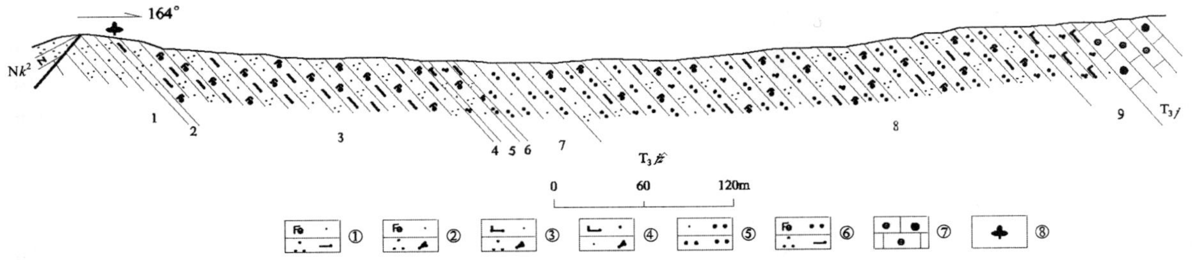


图 2－7　帕度错幅双湖特别区蒋庄日东上三叠统姜钟组实测剖面图

①含铁泥质石英砂岩；②含铁岩屑石英砂岩；③含钙岩屑石英砂岩；④钙质岩屑砂岩；⑤细砂质粉砂岩；⑥含铁泥质石英粉砂岩；⑦含生物碎屑鲕粒灰岩；⑧植物化石；

$T_3jź$. 姜钟组；$T_3j$. 角木日茶卡组；$Nk^2$. 康托组上段

上覆地层：上三叠统角木日茶卡组灰色中薄层状含生物碎屑鲕粒灰岩

————整合————

| | |
|---|---|
| **姜钟组（$T_3jź$）：** | **515.10m** |
| 9. 灰色薄层状钙质中细粒岩屑砂岩，产腕足类化石<br>腕足类化石：*Pamirothyris xinxiongensis* Jin，Sun et Ye | 28.35m |
| 8. 灰色、灰褐色薄层状含铁质中细粒岩屑石英砂岩、灰色薄层状含铁泥质石英粉砂岩、浅灰绿色中薄层状细砂质粉砂岩韵律 | 242.89m |
| 7. 浅灰绿色中薄层状细砂质粉砂岩，发育有槽模 | 32.16m |
| 6. 灰色薄层状含铁泥质石英粉砂岩，见有植物碎片 | 5.72m |
| 5. 灰色薄层状含铁质中细粒岩屑石英砂岩 | 10.36m |
| 4. 灰褐色薄层状钙质中细粒岩屑石英砂岩 | 1.79m |
| 3. 灰色薄层状含铁泥质细粒石英砂岩 | 134.62m |
| 2. 灰绿色薄层状泥质细粒石英砂岩<br>植物化石：*Otozamites nalajingensis* Tsao et Guo（图版 X，1－9，11－13；图版 XI，1－9；图版 XII，2－8）<br>*Otozamites* sp.（图版 X，10；图版 XII，1） | 3.88m |
| 1. 灰绿色中薄层状中细粒石英砂岩，含炭质 | 55.33m |

（未见底）（断层）

通过上述剖面我们可以看出姜钟组厚度大于 515.10m 。其岩性组合以灰色—灰褐色—灰紫色—灰黄色—灰绿色薄层状—中层状细粒岩屑石英砂岩、石英砂岩、岩屑砂岩、泥质细粒石英砂岩、石英杂砂岩为主，夹灰绿色中薄层状细砂质粉砂岩、灰色薄层状泥质石英粉砂岩，岩石发育有槽模及水平纹层，还可见少量定向排列的砾石或泥质团块。该组下部含一定数量的植物化石，上部产少量腕足类化石。其中，*Otozamites nalajingensis* 代表了晚三叠世时期较为炎热—潮湿的热带—亚热带气候条件。故其沉积环境可能为热带—亚热带气候条件下的三角洲相—滨海相沉积。此外，从岩性特征来看姜钟一带该组出露较全，下部以石英砂岩、泥质石英细砂岩为主，产植物化石，上部以岩屑石英砂岩、岩屑砂岩为主，产腕足类化石，而昂达尔错幅的仁玛一带该组以岩屑石英砂岩、石英杂砂岩为主，其岩性可与姜钟一带的该组上部相当。

(2) 生物地层及时代讨论

本幅在姜钟一带该组中采集了一定数量的植物及腕足类化石。植物化石经吉林大学古生物与地层学研究中心孙革教授鉴定为 *Otozamites nalajingensis* Tsao et Guo (图版X, 1-9, 11—13; 图版XI, 1-9; 图版XII, 2-8), *Otozamites* sp. (图版X, 10; 图版XII, 1)。其中, *Otozamites nalajingensis* 是我国晚三叠世"南方型"植物群的重要分子之一，故本区晚三叠世植物群应属我国南方型植物区。腕足类化石经中国科学院南京地质古生物研究所孙东立研究员鉴定为 *Pamirothyris xinxiongensis* Jin, Sun et Ye，其地质时代为晚三叠世（表2-5）。因此，综合上述植物及腕足类化石的地质时代，姜钟组应为晚三叠世沉积产物。

### 3. 上三叠统角木日茶卡组 ($T_3j$)

(1) 岩石地层特征

角木日茶卡组由肖茶卡群解体而来，为本图幅新建立的岩石地层单元，相当于原肖茶卡群上组下段。1986年西藏自治区区调队①将该套地层划为雁石坪群；1997年《西藏自治区岩石地层》亦将其划为雁石坪群，通过本次工作在该组采集到一定数量的晚三叠世化石，并结合其上下地层，将其定为晚三叠世（表2-3），并与测区北部成都地质矿产研究所承担的江爱达日那幅共同将其命名为角木日茶卡组。建组剖面位于帕度错北东的蒋庄日山，其岩性主要由灰色—灰白色—深灰色砂屑灰岩，泥晶、微晶灰岩，鲕粒灰岩组成，夹少量石英砂岩、泥岩及硅质岩，产珊瑚、腹足类、双壳类、海参等化石。该组与其下伏弄佰组、姜钟组均呈整合接触，其上在剖面所在位置未见接触关系，但在填图过程中在姜钟、蒋庄日等地，可见角木日茶卡组与其上覆扎那组的整合接触关系。

角木日茶卡组主要分布于达杂迪扎错北东、姜钟一带。呈近东西向展布。出露面积约72.31km²。

Ⅰ. 双湖特别区帕度错北东蒋庄日上三叠统角木日茶卡组实测剖面（图2-8）:

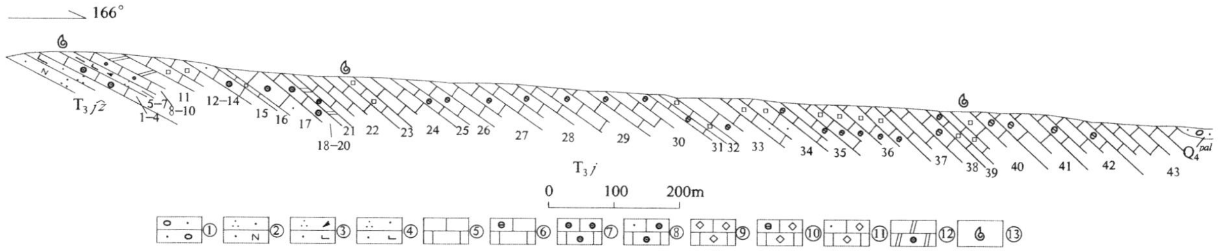


图2-8 双湖特别区帕度错北东蒋庄日上三叠统角木日茶卡组实测剖面图

①砂砾岩；②长石石英砂岩；③钙质岩屑石英砂岩；④钙质石英砂岩；⑤灰岩；⑥含鲕粒灰岩；⑦鲕粒灰岩；⑧砂屑鲕粒灰岩；⑨微晶灰岩；⑩含鲕粒微晶灰岩；⑪砂屑微晶灰岩；⑫含鲕粒白云岩；⑬动物化石；$T_3jž$. 姜钟组；$T_3j$. 角木日茶卡组；$Q_4^{pal}$. 第四系洪冲积相沉积物

| | | |
|---|---|---|
| **角木日茶卡组 ($T_3j$):** | （未见顶）（第四系洪冲积相沉积物覆盖） | **984.28m** |
| 43. 灰色中厚层状砂屑灰岩 | | 101.91m |
| 42. 灰色中厚层状含生物碎屑灰岩 | | 55.39m |
| 41. 灰白色中厚层状含生物碎屑亮晶砂屑灰岩 | | 40.80m |
| 40. 灰白色中厚层状含生物碎屑砾屑砂屑质粉晶灰岩 | | 48.17m |

珊瑚化石: *Pseudoretiophyllia* cf. *nazhacunensis* Deng et Zhang

① 西藏自治区地质矿产局区域地质调查大队. 1986, 改则幅区域地质调查报告 (1:100万)

| | |
|---|---|
| 39. 灰色中厚层状含生物碎屑微晶灰岩 | 12.92m |
| 38. 灰白色中薄层状含生物碎屑亮晶砂屑灰岩 | 18.40m |
| 37. 灰色中厚层状碳酸盐化碎裂泥晶灰岩 | 27.41m |
| 36. 灰白色中厚层状含生物碎屑微晶灰岩 | 67.94m |
| 35. 灰色中厚层状含生物碎屑灰岩 | 29.17m |
| 34. 灰色中薄层状含砂屑微晶灰岩 | 41.23m |
| 33. 灰色中厚层状含生物碎屑中细粒砂屑灰岩 | 35.70m |
| 32. 灰色中薄层状含泥质团块含生物碎屑砂屑微晶灰岩 | 10.20m |
| 31. 深灰色中薄层状含生物碎屑亮晶砾屑灰岩 | 8.25m |
| 30. 灰白色中厚层状含生物碎屑砂屑灰岩 | 46.69m |
| 29. 灰色中厚层状含生物碎屑砂屑灰岩 | 36.53m |
| 28. 灰色中厚层状含生物碎屑亮晶砂屑灰岩 | 46.19m |
| 27. 灰白色中薄层状含生物碎屑内碎屑泥晶灰岩 | 37.56m |
| 26. 灰黑色中厚层状碳酸盐化碎裂含生物碎屑泥晶灰岩 | 19.20m |
| 25. 灰白色中薄层状含生物碎屑亮晶砾屑灰岩 | 8.23m |
| 24. 灰色中薄层状亮晶中细粒砂屑灰岩 | 37.40m |
| 23. 灰黑色中厚层状含生物碎屑微晶灰岩 | 12.12m |
| 牙形石化石：*Ozarkodina* sp. | |
| *Neospathodus* sp. | |
| *Pachycladina* sp. | |
| *Cratognathodus* sp. | |
| *Enantiognathus* sp. | |
| 22. 灰色中厚层状亮晶中细粒砂屑灰岩 | 44.83m |
| 21. 浅灰色中薄层状含鲕粒细晶白云岩 | 6.69m |
| 20. 浅灰紫色薄层状含生物碎屑砾屑亮晶鲕粒灰岩 | 8.24m |
| 19. 灰色中薄层状含生物碎屑亮晶鲕粒灰岩 | 6.69m |
| 18. 灰色中薄层状藻粒灰岩 | 4.12m |
| 17. 灰色薄层状含石英砂屑鲕粒灰岩 | 30.28m |
| 16. 灰黑色中薄层状含生物碎屑砂屑微晶灰岩 | 6.70m |
| 15. 灰色薄层状含生物碎屑含石英砂屑鲕粒灰岩 | 24.01m |
| 14. 浅灰紫色中薄层状碎裂化微晶灰岩 | 5.28m |
| 13. 灰色中薄层状粉屑微晶灰岩 | 42.27m |
| 12. 灰白色薄层状含砾砂屑微晶灰岩 | 5.28m |
| 11. 灰白色中薄层状细晶白云岩 | 15.98m |
| 10. 灰色薄层状含泥质粉砂质粉屑灰岩 | 4.11m |
| 9. 浅紫灰色薄层状含生物碎屑灰岩 | 2.74m |
| 8. 灰黑色薄层状含生物碎屑亮晶鲕粒灰岩 | 11.42m |
| 7. 紫红色薄层状钙质细粒岩屑石英砂岩 | 0.91m |
| 6. 浅紫红色薄层状含生物碎屑钙质岩屑石英细砂岩 | 3.65m |
| 5. 灰黄色薄层状含生物砂屑灰岩 | 2.28m |
| 海参化石：*Theelia variabilis* Kozur et Mock | |
| 4. 浅灰紫色薄层状鲕粒灰岩 | 4.57m |
| 3. 灰紫色中薄层状鲕粒灰岩 | 2.56m |
| 2. 深灰色中薄层状亮晶鲕粒灰岩 | 6.41m |
| 1. 灰紫色中层状含砾生物碎屑亮晶鲕粒砂屑灰岩 | 3.85m |

————整合————

下伏地层：姜钟组浅紫红色中薄层状钙质石英细砂岩

Ⅱ. 昂达尔错幅双湖特别区仁玛上三叠统角木日茶卡组实测剖面（图 2-9）：

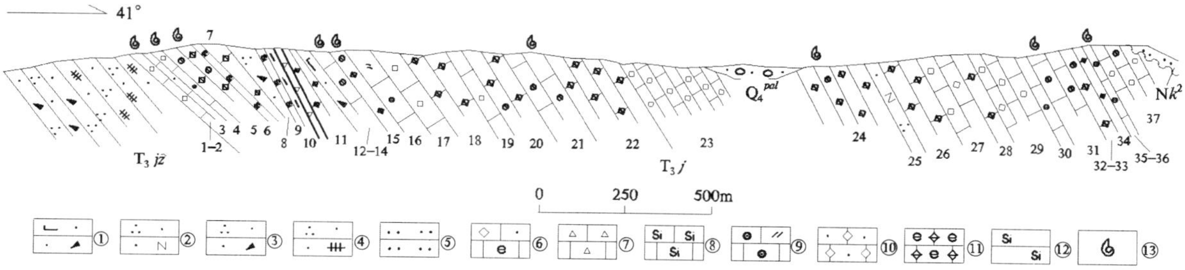

图 2-9 双湖特别区仁玛上三叠统角木日茶卡组实测剖面图

①钙质岩屑砂岩；②长石石英砂岩；③岩屑石英砂岩；④石英杂砂岩；⑤粉砂岩；⑥生物碎屑结晶砂屑灰岩；⑦角砾灰岩；⑧硅质灰岩；⑨白云石化鲕状灰岩；⑩砂屑微晶、结晶灰岩；⑪生物碎屑泥晶灰岩；⑫硅质岩；⑬动物化石；$T_3j\check{z}$. 姜钟组；$T_3j$. 角木日茶卡组；$Nk^2$. 康托组上段；$Q_4^{pal}$. 第四系洪冲积相沉积物

上覆地层：新近系康托组上段紫红色中薄层状粗粉砂岩

～～～～～～角度不整合～～～～～～

**角木日茶卡组（$T_3j$）： 1 913.76m**

37. 深灰色薄层状生物碎屑细晶灰岩 89.36m
36. 灰色薄层状微晶灰岩 4.57m
35. 灰色中层状含生物碎屑鲕粒微晶灰岩 13.70m
34. 紫灰色中层状泥晶灰岩 34.71m
33. 黄色中薄层状细晶灰岩 10.96m
32. 灰色中层状含生物碎屑泥晶灰岩 27.40m
31. 灰色薄层状含生物碎屑微晶灰岩 83.63m
30. 灰色中薄层状鲕粒灰岩 36.30m
29. 灰白色中层状微晶灰岩 118.66m
28. 深灰色中薄层状泥晶灰岩 42.4m
27. 灰色中层状微晶灰岩 88.28m
26. 灰色薄层状泥晶灰岩 104.41m
25. 灰色薄层状细粒长石石英砂岩 25.76m
24. 灰黑色中薄层状含生物碎屑泥晶灰岩 152.08m

双壳类化石：*Lycettia* ? sp.

*Modiolus* (*M.*) *imbricatus* J. Sowerby

*Modiolus* (*M.*) sp.

23. 灰色薄层状微晶灰岩 93.77m
22. 灰黑色薄层状泥晶灰岩 144.77m
21. 灰色薄层状生物碎屑细晶灰岩 84.86m

双壳类化石：*Gervillella* ? sp.

*Liostrea* ? sp.

cf. *P. beyrichi* (Eckform)

腹足类化石：*Anoptychia supraplecta* Munster

20. 深灰色中层状含生物碎屑泥晶灰岩 88.33m
19. 灰色中薄层状砂屑灰岩 39.99m
18. 灰黑色中层状泥晶灰岩 105.66m
17. 灰色中层状微晶灰岩 48.74m
16. 灰色薄层状鲕粒灰岩 48.95m
15. 深灰色薄层状含生物碎屑泥晶灰岩 39.48m

| | |
|---|---|
| 14. 黄灰色含硅质角砾灰岩 | 8.13m |
| 13. 灰色中薄层状含生物碎屑砂屑灰岩 | 31.78m |
| 12. 黄色薄层状钙质细粒岩屑砂岩 | 8.31m |
| 11. 深灰色中薄层状泥晶灰岩 | 30.10m |
| 10. 灰色泥岩 | 24.05m |
| 9. 深灰色中层状硅质岩 | 12.30m |
| 8. 紫褐色薄层状细粒岩屑石英砂岩 | 69.29m |
| 7. 灰黑色薄层状泥晶灰岩 | 43.68m |
| 6. 灰白色薄层状硅质灰岩 | 19.09m |
| 5. 灰黑色中层状含生物碎屑泥晶灰岩 | 68.73m |
| 4. 灰黑色薄层状结晶鲕粒灰岩 | 23.80m |
| 腹足类化石：*Anoptychia supraplecta* Munster | |
| 3. 深灰色中层状砂屑灰岩 | 26.67m |
| 2. 灰色中薄层状微晶灰岩 | 7.02m |
| 1. 灰黑色中层状生物碎屑泥晶灰岩 | 14.04m |
| 双壳类化石：*Pteria*? sp. | |

————整合————

下伏地层：上三叠统姜钟组灰黄色薄层状细粒石英杂砂岩

通过上述剖面研究，角木日茶卡组岩性主要由灰色—灰白色—深灰色含生物碎屑砂屑灰岩，泥晶、微晶灰岩，鲕粒灰岩组成，夹少量石英砂岩、泥岩及硅质岩，产珊瑚、腹足类、双壳类、海参等化石。控制最大厚度为 1 913.76m。其沉积环境可能为开阔碳酸盐台地。昂达尔错幅双湖特别区仁玛剖面岩性以灰色—灰白色—深灰色含生物碎屑泥晶、微晶、细晶灰岩为主，夹鲕粒灰岩、砂屑灰岩及少量石英砂岩、泥岩和硅质岩，产双壳类和腹足类化石。其沉积环境以滨浅海临滨沉积为主，伴有滨浅海前滨沉积。

根据上述岩石学特征，本幅认为角木日茶卡组形成时期从纵向上看其沉积环境应为滨浅海前滨—临滨沉积，从横向上看帕度错北东蒋庄日一带水体较浅，昂达尔错幅双湖特别区仁玛一带水体较深，即西部水体可能较浅，东部水体可能较深。

（2）生物地层及时代讨论

本幅在上述双湖特别区帕度错北东蒋庄日剖面的角木日茶卡组中采集了一定数量的珊瑚、牙形刺、海参化石。珊瑚化石经中国科学院南京地质古生物研究所廖卫华研究员鉴定，其属种有 *Pseudoretiophyllia* cf. *nazhacunensis* Deng et Zhang，其地质时代为晚三叠世。牙形石经中国科学院南京地质古生物研究所王成源研究员鉴定，其属种有 *Ozarkodina* sp.，*Neospathodus* sp.，*Pachycladina* sp.，*Cratognathodus* sp.，*Enantiognathus* sp.，其地质时代为三叠纪。海参化石经中国科学院南京地质古生物研究所王成源研究员鉴定，其属种有 *Theelia variabilis* Kozur et Mock，其地质时代为晚三叠世。在帕度错北弄佰剖面角木日茶卡组中采集到珊瑚 *Distichophyllia*? sp.，经中国科学院南京地质古生物研究所廖卫华研究员鉴定，其地质时代为晚三叠世。

在朋彦错西（Hs L 2004－1）该组中采集的珊瑚化石，经中国科学院南京地质古生物研究所廖卫华研究员鉴定，其属种有 *Retiphyllia* cf. *yalungensis*（Yoh），*Retiphyllia subdichotoma*（Muenster），*Karatchastraca karatchensis* Cuif，*Margarphyllia* sp.，其地质时代为晚三叠世诺利期（Norian）（表 2－5）。

此外，昂达尔错幅仁玛剖面的角木日茶卡组双壳类经中国科学院南京地质古生物研究所沙金庚研究员鉴定，其属种有 *Lycettia* ? sp.，*Modiolus*（*M.*）*imbricatus* J. Sowerby，*Modiolus*（*M.*）sp.，*Gervillella* ? sp.，*Liostrea* ? sp.，*Pteria*? sp.。腹足类经中国科学院南京地质古生物研究所朱祥根研究员鉴定，其属种有 *Anoptychia supraplecta* Munster。其地质时代为三叠纪—侏罗纪。

因此，根据上述生物群特征，角木日茶卡组应为晚三叠世沉积（表 2－5）。

**表 2-5　帕度错幅右贡地层分区三叠系生物地层划分表**

<table>
<tr><th colspan="3">年代地层</th><th rowspan="2">岩石地层</th><th colspan="3">主要化石类群组合序列</th></tr>
<tr><th>系</th><th>统</th><th>阶（期）</th><th>牙形刺</th><th>珊瑚、腕足类、海参</th><th>植物</th></tr>
<tr><td rowspan="8">三叠系</td><td rowspan="4">上</td><td>瑞替阶</td><td>扎那组<br>$T_3\hat{z}$</td><td></td><td></td><td></td></tr>
<tr><td>诺利阶</td><td>角木日茶卡组<br>$T_3j$</td><td>Ozarkodina sp.<br>Neospathodus sp.<br>Pachycladina sp.<br>Cratognathodus sp.<br>Enantiognathus sp.</td><td>珊瑚：<br>Pseudoretiophyllia<br>cf. nazhacunensis<br>Retiphyllia cf. yalungensis<br>Retiphyllia subdichotoma<br>Karatchastraca karatchensis<br>Margarphyllia sp.<br>海参：Theelia variabilis</td><td rowspan="3">Otozamites nalajingensis<br>Otozamites sp.</td></tr>
<tr><td rowspan="2">卡尼阶</td><td>姜钟组<br>$T_3j\hat{z}$</td><td rowspan="2"></td><td rowspan="2">腕足：<br>Pamirothyris xinxiongensis</td></tr>
<tr><td>弄佰组<br>$T_3n$</td></tr>
<tr><td rowspan="2">中</td><td>拉丁阶</td><td rowspan="4"></td><td rowspan="4"></td><td rowspan="4"></td><td rowspan="4"></td></tr>
<tr><td>安尼阶</td></tr>
<tr><td rowspan="2">下</td><td>奥伦尼克阶</td></tr>
<tr><td>印度阶</td></tr>
</table>

### 4. 上三叠统扎那组（$T_3\hat{z}$）

（1）岩石地层特征

扎那组由肖茶卡群解体而来，为本次工作新建立的岩石地层单元，相当于原肖茶卡群上组上段（表 2-3）。1986 年西藏自治区区调队①将该套地层划为雁石坪群；1997 年《西藏自治区岩石地层》亦将其划为雁石坪群，通过本次工作在其中采集到一定数量的晚三叠世化石，并结合其上下地层，将其定为晚三叠世。建组剖面位于昂达尔错幅鄂纵错北的多普勒乃。其岩性组合主要由泥质粉砂岩、粉砂质泥岩、泥岩与含海绿石长石石英砂岩、石英砂岩韵律组成，其间夹有数层煤线。产双壳类、植物化石。其地质时代为晚三叠世。在剖面所在位置，未见扎那组的顶底。在填图过程中在姜钟、蒋庄日等地，可见到扎那组整合覆盖于晚三叠世角木日茶卡组之上。

① 西藏自治区地质矿产局区域地质调查大队．1986，改则幅区域地质调查报告（1∶100 万）

扎那组主要分布于帕度错北蒋庄日一带。近东西向展布。出露面积约 2.38km$^2$。

昂达尔错幅双湖特别区多普勒乃上三叠统扎那组实测剖面（图 2－10）：

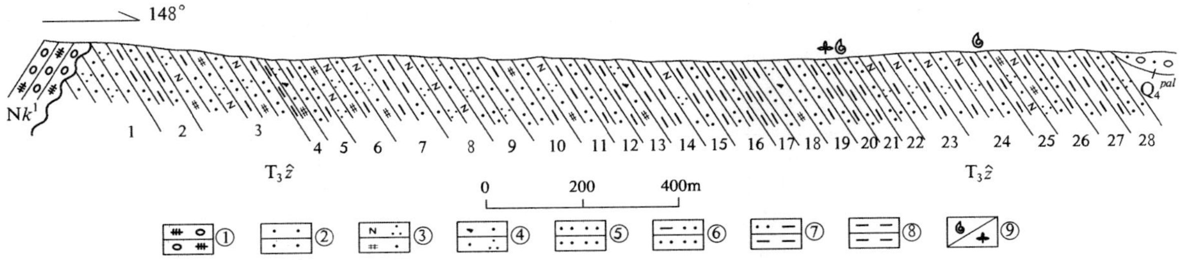


图 2－10　昂达尔错幅双湖特别区多普勒乃上三叠统扎那组实测剖面图
①复成分砾岩；②细砂岩；③海绿石长石石英砂岩；④岩屑石英砂岩；
⑤粉砂岩；⑥泥质粉砂岩；⑦粉砂质泥岩；⑧泥岩；⑨动植物化石；
$T_3\hat{z}$. 扎那组；$Nk^1$. 康托组下段；$Q_4^{pal}$. 第四系洪冲积相沉积物

**扎那组（$T_3\hat{z}$）：**　　（未见顶）（第四系洪冲积相沉积物覆盖）　　**1 352.21m**

28. 灰黑色极薄层状泥岩、灰色薄层状粉砂岩与灰褐色薄层状细粒石英砂岩韵律，泥岩层层面具重荷模构造，粉砂岩中含植物化石碎片　　29.41m
27. 灰黑色极薄层状粉砂质泥岩　　35.52m
26. 浅灰色中薄层变质细粒海绿石长石石英砂岩与土黄色薄层状泥质粉砂岩韵律，泥质粉砂岩中夹 30cm 厚的煤线　　41.16m
25. 下部为灰黑色薄层状粉砂质泥岩，产双壳类化石；上部为灰色中层状变质中粒海绿石长石石英砂岩，含少量植物化石碎片　　30.23m

双壳类化石：*Thracia prisca* Healey
? *Palaeocardita mansuyi* Reed
*Protocardia jianchuanensis* Chen
*Pleuromya shuanghuensis* sp. nov.
*Pleuronectites* sp.

24. 褐灰色中层状变质中粒长石石英砂岩与灰色极薄层状泥质粉砂岩韵律，局部含炭化植物化石碎片，夹数层煤线　　80.81m
23. 灰绿色极薄层状含粉砂质泥岩，夹 20cm 厚的煤线和灰色石英砂岩透镜体　　66.66m
22. 灰绿色薄层状泥质粉砂岩、浅灰色薄层状粗粉砂岩及变质灰色中层状变质细粒海绿石岩屑石英砂岩、灰色中层状变质细粒长石石英砂岩。含植物化石碎片　　30.62m
21. 灰黄色极薄层—薄层状含粉砂质泥岩　　30.62m

双壳类化石：*Cardium*（*Tulongcardium*）*xizangense* Zhang
*Cardium*（*Tulongcardium*）*martini* Bottger

植物化石：*Anthrophyopsis* sp.

20. 灰绿色薄层状粉砂质泥岩　　29.20m
19. 灰色极薄层状泥质粉砂岩与灰绿色泥质粉砂岩韵律，夹长石石英砂岩透镜体　　30.69m
18. 灰绿、灰黄色薄层—极薄层状泥质粉砂岩，局部见有变质细粒海绿石岩屑石英砂岩透镜体。局部含植物化石碎片　　71.61m
17. 灰黑色极薄层状泥岩　　22.32m
16. 灰色极薄层状含粉砂质泥岩　　41.23m
15. 褐灰、灰褐色中层状变质细粒长石石英砂岩与褐灰、灰绿色极薄—薄层状泥质粉砂岩韵律。长石石英砂岩中水平层理发育，局部见重荷模构造和硅质结核，并含植物化石碎片　　39.78m
14. 灰黑色极薄层状泥岩　　49.21m

13. 下部为灰黑色极薄层状泥岩，夹 15 cm 厚的煤线，具不对称波；中部为灰色极薄层—薄层状泥质粉砂岩（夹煤线）与灰色中薄层状变质细粒海绿石石英砂岩韵律；上部为灰色中薄层状变质细粒岩屑石英砂岩，具雹痕和不对称波痕。泥岩、变质细粒海绿石石英砂岩中含大量的炭化严重的植物化石碎片和极少的双壳类化石碎片 33.71m
12. 黄绿色极薄层状泥质粉砂岩，上部夹灰色细粒长石石英砂岩透镜体 42.13m
11. 灰黑色极薄层状泥岩、灰色薄层状含粉砂质泥岩、浅灰绿色极薄层状泥质粉砂岩与灰色中薄层状变质细粒海绿石石英杂砂岩、灰黄色中层状变质细粒海绿石长石石英砂岩韵律。在变质细粒海绿石石英杂砂岩中局部可见炭化严重的植物化石碎片 58.91m
10. 灰色极薄层状泥质粉砂岩与灰色、紫灰色中层状变质细粒海绿石石英砂岩韵律 73.13m
9. 灰色极薄层状粉砂岩与灰色薄层状细粒石英砂岩韵律 61.64m
8. 灰绿色中薄层状变质中细粒长石石英砂岩，局部发育雨痕 67.08m
7. 浅灰色极薄层粉砂质泥岩，底部见厚 2.17m 灰色中层状变质细粒海绿石长石石英砂岩 77.30m
6. 下部为灰白色中层状变质细粒海绿石长石石英砂岩，发育水平层理，含植物化石碎片；上部为灰色极薄层状泥质粉砂岩 54.34m
5. 灰色薄层状含泥质粉砂岩 33.36m
4. 下部为黑色极薄层状泥岩，上部为灰褐色中薄层状变质细粒海绿石岩屑石英砂岩 26.54m
3. 灰色极薄层—薄层状泥质粉砂岩与浅灰绿色薄层状变质细粒海绿石长石石英砂岩韵律，层面上发育龟裂 124.94m
2. 灰绿色极薄层状含粉砂质泥岩 43.37m
1. 灰色中层状细粒石英砂岩，含少量植物化石碎片，发育槽状交错层理和对称波痕 26.69m

（未见底）（新近系康托组下段覆盖）

通过上述剖面，我们控制扎那组厚 1 352.21m。岩性主要由灰—灰褐色—灰黄色—灰绿色薄层—极薄层状泥质粉砂岩、粉砂质泥岩、泥岩与含海绿石长石石英砂岩、石英砂岩韵律组成，其间夹有数层煤线。产海相双壳类和植物化石，即 *Anthrophyopsis* 植物化石与海相双壳类同层产出。故沉积环境应为温暖潮湿气候条件下的海陆交互相沉积。

扎那组在区域上比较稳定，其上部层位在昂达尔错幅昂达尔错东北角岩性有所变粗，其中未见煤线及植物化石，将其作为一个非正式单位，命名为赛公药长石石英砂岩。

（2）生物地层及时代讨论

本次工作中在昂达尔错幅多普勒乃的扎那组中采集了一定数量的双壳类和植物化石，其中双壳类化石经中国科学院南京地质古生物研究所沙金庚研究员鉴定，其属种有 *Thracia prisca* Healey，? *Palaeocardita mansuyi* Reed，*Protocardia jianchuanensis* Chen，*Pleuromya shuanghuensis* sp. nov.，*Pleuronectites* sp.，*Cardium*（*Tulongcardium*）*xizangense* Zhang，*Cardium*（*Tulongcardium*）*martini* Bottger，其地质时代为晚三叠世（表 2－4）。其中植物化石由吉林大学古生物与地层学研究中心孙革教授鉴定为 *Anthrophyopsis* sp.，该属为双扇蕨科植物，是我国华南、东北晚三叠世瑞替期（Rhaetian）*Ptilozamites-Anthrophyopsis* 组合化石之一。

因此，根据上述生物群特征，本幅认为扎那组为晚三叠世沉积产物（表 2－5）。

### （三）三叠系地层综述

左贡地层分区以上三叠统地层为主，显示了沉积的多样性。晚三叠世早期，发生了小规模的海侵，在帕度错北姜钟-朋彦错一带沉积了滨浅海相以中碎屑岩为主的姜钟组；并在帕度错北弄佰-嘎二村一带形成了基性海底火山岩喷发沉积为主的弄佰组；而后发生了大规模的海侵，在帕度错北东蒋庄日、姜钟一带沉积了浅海相以碳酸盐岩为主的角木日茶卡组；随后发生了一定范围的海退，帕度错北姜钟、蒋庄日一带沉积了一套海陆交互相以细碎屑岩为主的扎那组；随后则出现了大规模海退。而多玛地层分区的三叠系地层分布面积较小，但除上三叠统地层外，沉积了下三叠统地层。早三叠世在达杂迪扎错北西泥玛县维多乡孜师加波日一带形成了浅海碳酸盐岩相的孜狮桑组。晚三叠世在于么娃各波、戈么那勒、卓地、扎不桑石牙赖等地形成了滨浅海相的以细碎屑岩为主，并伴有少量火山岩的日干配错群。从区内晚三叠世沉积环境来看南部水体可能较北部水体深。

此外，从本幅上三叠统地层的岩石学特征来看左贡地层分区的上三叠统地层与其北的吐错幅和其东的兹格塘错幅（西藏自治区地调院 2003）上三叠统地层应属同一地层分区，同时与昌都、杂多、江达一带、玉树的上三叠统地层（2001 年《青藏高原地层》）也较少相似。

## 二、侏罗系

区内的侏罗系广泛分布于多玛地层分区和木嘎岗日地层分区（表 2-1）。

多玛地层分区地层单元有上三叠统—下侏罗统索布查组、下侏罗统曲色组、中侏罗统色哇组、莎巧木组、布曲组、夏里组、上侏罗统索瓦组。

木嘎岗日地层分区地层单元有下—中侏罗统木嘎岗日岩群、上侏罗统沙木罗组、吐卡日组。

该系出露面积约 5 312.15km$^2$。

### （一）多玛地层分区

多玛地层分区地层单元有上三叠统—下侏罗统索布查组，下侏罗统曲色组，中侏罗统色哇组、莎巧木组、布曲组、夏里组，上侏罗统索瓦组。

#### 1. 上三叠统—下侏罗统索布查组（$T_3J_1s$）

（1）岩石地层特征

索布查组为本次新建立的岩石地层单元，相当于原肖茶卡群上组上段。1986 年西藏自治区区调队将该套地层划为肖茶卡群；1993 年《西藏自治区区域地质志》亦将其划为日干配错群；1997 年《西藏自治区岩石地层》亦将其划为日干配错群；2001 年《青藏高原地层》划为日干配错组（表 2-3）。本次在其中采集到一定数量的化石，并结合其上下地层，确定其地质时代为晚三叠世—早侏罗世。建组剖面位于昂达尔错其香错北索布查温泉。其岩性主要为灰色、深灰色含泥质团块微晶灰岩，深灰色含生物碎屑微晶灰岩，灰色、深灰色含生物碎屑灰岩及泥质灰岩，与下伏上三叠统日干配错群呈整合接触，与上覆下侏罗统曲色组呈整合接触。其中产菊石类、腕足类、双壳类、珊瑚、海绵化石。其地质时代为晚三叠世—早侏罗世。

索布查组主要分布于迪布莫帘、沙色郎弄巴、鄂尔根查那、扎虾勒一带，呈明显的东西向展布。其出露面积约 423.38km$^2$。

Ⅰ. 昂达尔错幅双湖特别区巴岭乡贡巴日其香错北索布查温泉上三叠统日干配错群—下侏罗统曲色组实测剖面（见图 2-4）：

上覆地层：下侏罗统曲色组土黄色极薄层状细粉砂质泥岩

————整合————

| | |
|---|---|
| **索布查组（$T_3J_1s$）：** | **275.94m** |
| 14. 灰色中薄层状含泥质团块微晶灰岩 | 40.16m |
| 13. 灰色中薄层状含砂屑微晶灰岩 | 28.28m |
| 12. 深灰色中薄层状含泥质团块微晶灰岩 | 39.07m |
| 11. 深灰色中层状含生物碎屑微晶灰岩，产双壳类、菊石<br>菊石化石：*Dumortieria* sp. | 53.11m |
| 10. 灰色中薄层状含黄铁矿粉屑灰岩 | 2.92m |
| 9. 深灰色中层状含生物碎屑微晶灰岩，产双壳类化石碎片 | 32.24m |
| 8. 深灰色厚层状含生物碎屑微晶灰岩 | 2.87m |
| 7. 深灰色中薄层状含生物碎屑微晶灰岩 | 20.69m |
| 6. 深灰色中薄层状含生物碎屑泥晶灰岩与灰色中薄层状含生物碎屑含泥质泥晶灰岩韵律层 | 35.59m |

腕足类化石：*Crurirhynchia* cf. *baqenae* Ching，Sun et Ye
*Eoseptaliphoria* cf. *prolongata* Ching，Sun et Ye
*Cincta* sp.
双壳类化石：*Lima* cf. *chinensis* Loczy
*Enantiostreon* sp.
*Mysidiopteria* cf. *qinghaiensis* Chen et Zhang
珊瑚化石：*Tiaradendron*? sp.
*Aulastraea*? sp.
*Margarophyllia*? sp.
海绵化石：*Hodsia* cf. *caucasica* Moisseiev

5. 灰色极薄—薄层状泥质灰岩与灰色中薄层状含生物碎屑灰岩韵律层 21.01m

——————整合——————

下伏地层：上三叠统日干配错群深灰色薄层状晶屑砾屑玄武质熔凝灰岩，夹灰色薄层状砂岩、深灰色薄层状含生物亮晶鲕粒灰岩

Ⅱ.1986 年西藏自治区区调队在班戈县北部色哇区其香错北岸之北约 6km 的索布查温泉上三叠统日干配错群（原为肖茶卡群上部）—下侏罗统曲色组剖面：

上覆地层：下侏罗统曲色组黄灰色泥岩夹薄层粉砂岩及变质钙泥质粉砂岩透镜体

——————整合——————

**索布查组（$T_3J_1s$）：** **461.71m**

7. 灰色深灰色中厚层硅质灰岩夹黑色厚层微晶灰岩 118.75m
6. 灰黑色厚层状微晶灰岩 252.51m
5. 浅灰色、黄灰色厚层石英岩 13.53m
4. 黑色微晶灰岩、含生物碎屑微晶灰岩。近底部夹 3cm 厚的介壳层 50.28m
3. 黑色薄层微晶灰岩，夹灰黑色中厚层状含生物介壳泥质灰岩及薄层钙质页岩 26.64m

双壳类化石：*Plagiostoma*? sp.
*Tancredia* (*Palaeomya*)? sp.
腕足类化石：*Caucasorhynchia*? sp.
*Euxinella*? sp.
*Adygella* sp.

——————整合——————

下伏地层：上三叠统日干配错群灰黄色轻变质泥钙质粉砂岩，夹黑色薄层微晶灰岩及钙质页岩

通过上述剖面可以看出索布查组的厚度约为 461.71m。其岩性以灰色—深灰色含泥质团块微晶灰岩、深灰色含生物碎屑微晶灰岩，灰色、深灰色含生物碎屑灰岩为主。下部夹有少量的泥质灰岩，上部夹有少量的灰色含黄铁矿粉屑灰岩。产菊石、腕足类、双壳类、珊瑚、海绵等化石。其下与上三叠统日干配错组呈整合接触，上与下侏罗统曲色组呈整合接触。其岩石组合特征和生物地层特征均显示了典型的浅海相沉积环境特征。

此外，从该组的岩石地层及区域分布来看也具有较强的可比性。

（2）层序地层特征

索布查组层序地层学研究主要是根据双湖区巴岭乡贡巴日其香错北索布查温泉剖面建立，该剖面由Ⅰ层序组成，且具较完整有序的层序，底界面下部地层是玄武质熔凝灰岩，界面之上为灰岩，两者之间发生的变化是下为火山碎屑岩，上为泥质灰岩与含生物碎屑灰岩韵律层。第 5 层的泥质灰岩与含生物碎屑灰岩韵律层属低水位楔（LWT）。第 6 层含大量的生物，底栖的有腕足类、双壳类、珊瑚，浮游的有海绵，是海侵体系域初始海泛面同时形成产物，之上为海侵体系域（TST）代表。第 10 层为凝缩层

(CS)，具还原条件。第 11—12 层、第 13—14 层是两个进积型副层序构成副层序组，代表了高水位体系域 HST 沉积，顶界面可能由 SB2 型组成，其上是一套粉砂质泥岩。其层序地层显示浅海相沉积环境(图 2-12)。

(3) 生物地层及时代讨论

西藏自治区区调队(1986)曾将本幅的索布查组划归上三叠统肖茶卡组，并在该套地层的下部采集到 *Mentzeliopsis* sp.，*Caucasorhynchia*? sp. 等晚三叠世的化石，并将该套地层划归上三叠统。本次工作中我们在昂达尔错幅该套地层的上部采集到了 4 块保存较好的菊石。这些菊石经中国地质大学阴家润教授鉴定，其属种为 *Dumortieria* sp.，其地质时代为早侏罗世土阿辛期(Toarcian)。此外，在该套地层的下部又采集到了一定数量的腕足类、双壳类、珊瑚、海绵等化石。其中，腕足类化石经中国科学院南京地质古生物研究所孙东立研究员鉴定，其属种有 *Crurirhynchia* cf. *baqenae* Ching, Sun et Ye，*Eoseptaliphoria* cf. *prolongata* Ching, Sun et Ye，*Cincta* sp.，其地质时代为晚三叠世。双壳类经中国科学院南京地质古生物研究所文世宣研究员鉴定，其属种有 *Lima* cf. *chinensis* Loczy, *Enantiostreon* sp.，*Mysidiopteria* cf. *qinghaiensis* Chen et Zhang 等，其地质时代为似晚三叠世。珊瑚由中国科学院南京地质古生物研究所廖卫华研究员鉴定，其属种有 *Tiaradendron*? sp.，*Aulastraea*? sp.，*Margarophyllia*? sp.，其地质时代为晚三叠世。海绵由中国科学院南京地质古生物研究所邓占球研究员鉴定，其属种有 *Hodsia* cf. *caucasica* Moisseiev，其地质时代为三叠纪—侏罗纪。因此，根据本次的研究认为该套地层的下部应属上三叠统地层，上部应属下侏罗统地层，该套地层的地质时代应为晚三叠世—早侏罗世，并认为该套地层可能存在三叠系与侏罗系的界线，且该界线可能在上述其香错北索布查温泉剖面的第 7—10 层之间，也就是说从该套地层的岩石地层和生物地层特征来看该区的三叠系与侏罗系可能为整合接触。

1986 年西藏自治区区调队在索布查组下部采集到了双壳类、腕足类化石。双壳类属种有 *Plagiostoma*? sp.，*Tancredia* (*Palaeomya*)? sp. 等；腕足类属种有 *Mentzeliopsis* sp.，*Caucasorhynchia*? sp.，*Euxinella*? sp.，*Adygella* sp. 等。其地质时代为晚三叠世，其结论与本次工作中认为索布查组下部的地质时代为晚三叠世是一致的。

**2. 下侏罗统曲色组 ($J_1q$)**

(1) 岩石地层特征

曲色组由西藏自治区区调队 1986 年①创名，刘世坤 1988 年于《地层学杂志》正式发表。该组创名地点位于色哇区其香错北 6km 的索布查温泉。原义指 1979—1982 年，西藏自治区区调队在色哇附近原文世宣发现的色哇区莎巧木山北坡剖面东北 20km 的曲色、巴尔杂及索布查温泉等地，发现了一套深灰—黑色泥页岩为主夹灰岩的地层，产菊石、腕足类等化石，当时初步鉴定为下侏罗统，并将这套地层命名为下侏罗统曲色组。曲色组未见顶部，下与原上三叠统肖茶卡群(现为上三叠统—下侏罗统索布查组)黑色细晶灰岩为整合接触。1997 年《西藏自治区岩石地层》因色哇组与下伏地层原曲色组或则松组的岩性近似而难以划分，将色哇组含义扩大，包括下伏的曲色组(或则松组)。2001 年《青藏高原地层》采用曲色组(表 2-2-1)。2003 年伊海生等在毕洛错东发现了相当于曲色组的地层。本次工作我们仍采用西藏自治区区调队 1986 年原定义，其岩性以深灰—黑色泥页岩为主夹灰岩，产早侏罗世菊石、腕足类等化石的一套地层。其下和上分别与上三叠统—下侏罗统索布查组和色哇组均呈整合接触。

曲色组主要分布于则布龚日、沙色郎弄巴一带。分布面积约 363.19km²。

Ⅰ. 1986 年西藏自治区地质矿产局区域地质调查大队在班戈县北部色哇区其香错北岸之北约 6km 的索布查温泉上三叠统日干配错群(原为肖茶卡群上部)—下侏罗统曲色组剖面：

① 西藏自治区地质矿产局区域地质调查大队. 1986，改则幅区域地质调查报告(1∶100 万)

**曲色组 ($J_1q$)**： （未见顶） **836.74m**

16. 灰色千枚状泥灰岩间夹黑色泥页岩，泥页岩中含菱铁质结核 130.11m

菊石化石：*Lytoceras* cf. *fimbriatum*

? *Pelyplectus* sp.

15. 灰色—黄褐色轻变质含粉砂质泥灰岩，粉砂质泥岩，间夹灰色薄层粗砂岩 93.30m
14. 黑色—灰黑色—黄褐色钙泥质粉砂岩夹灰绿色石英砂岩 74.72m
13. 灰黑色中厚层状微晶灰岩 28.94m
12. 灰黑色厚层至块状微晶灰岩 28.28m
11. 上部灰黑色板状泥质灰岩；中部为黑色含粉砂质泥岩；下部为灰色黄灰色泥灰岩 226.12m

菊石化石：*Ptycharietites* sp.

Schlotheimiidae

Arietitidea

双壳类化石：*Inoceramus* (*Inoceramus*) sp.

10. 深灰色泥灰岩含灰色微晶灰岩透镜体 44.54m
9. 浅灰色泥岩，上部夹薄层泥灰岩，中下部夹钙质岩屑砂岩及黑色页岩 86.10m
8. 黄灰色泥岩夹薄层粉砂岩及变质钙泥质粉砂岩透镜体 124.63m

————整合————

下伏地层：上三叠统—下侏罗统索布查组灰色深灰色中厚层硅质灰岩夹黑色厚层微晶灰岩

Ⅱ. 1986 年西藏自治区地质矿产局区域地质调查大队①在班戈县北部色哇区曲色之巴尔杂—郭仓班马日下侏罗统曲色组剖面：

**曲色组 ($J_1q$)**： （未见顶） **1 732.00m**

5. 灰黑色微晶灰岩 350.00m
4. 灰黑色含粉砂质、泥质灰岩夹灰黑色微晶灰岩，产菊石和腕足类化石 390.00m

菊石化石：Psiloceratacae

腕足类化石：*Piarorhynchia* sp.

3. 灰黑色含菱铁矿泥质灰岩夹黑色页岩，产菊石和腕足类化石 330.00m

菊石化石：Oxynoticeratidae，Hildoceratacae

腕足类化石：*Cirpa* sp.

? *Homocorhynchia* sp.

2. 灰黑、黄灰色页岩与黄灰色砂岩，细粒石英砂岩互层，夹薄层菱铁矿及菱铁矿结核 362.00m
1. 黑色页岩夹薄层粉砂岩 300.00m

═══断层═══

下伏地层：上三叠统肖茶卡群

Ⅲ. 双湖区巴岭乡贡巴日其香错北索布查温泉上三叠统日干配错群—下侏罗统曲色组实测剖面（图 2-4）：

**曲色组 ($J_1q$)**： （未见顶） **641.03m**

31. 深灰色中层状微晶灰岩 25.02m
30. 灰色中薄层状微晶灰岩与灰色极薄层状细粉砂岩韵律层 36.84m
29. 灰色极薄—薄层状含粉砂屑凝灰质粉晶灰岩 30.59m
28. 砖黄色厚层状凝灰质粉晶灰岩 3.19m
27. 灰绿色厚层状微晶灰岩。底部为浅肉红色花岗闪长斑岩质混染岩侵入 2.56m
26. 灰色中层状含生物碎屑微晶灰岩 74.03m

---

① 西藏自治区地质矿产局区域地质调查大队．1986，改则幅区域地质调查报告（1：100 万）

双壳类化石：*Nicaniella*? sp.

25. 灰色极薄层状泥质细粉砂岩　149.60m
24. 灰色极薄层状泥质细粉砂岩　71.04m
23. 土黄色极薄层状泥质细粉砂岩夹紫褐色极薄—薄层状石英细砂岩　23.19m
22. 土黄色极薄层状泥质细粉砂岩　6.98m
21. 土黄色极薄层状泥质细粉砂岩夹紫褐色极薄—薄层状细粒长石石英砂岩　40.49m
20. 黄灰色极薄层状粉砂质泥岩　37.01m
19. 土黄色极薄层状泥质细粉砂岩夹紫褐色薄—极薄层状细粒长石石英砂岩　37.89m
18. 土黄色极薄层状泥岩与灰紫色极薄层状泥质细粉砂岩韵律层　33.46m
17. 黄灰色极薄层状泥质细粉砂岩　10.26m
16. 土黄色—褐紫色极薄层状泥质细粉砂岩与紫褐色薄层状粗粉砂岩韵律　9.52m
15. 土黄色极薄层状细粉砂质泥岩　49.36m

————整合————

下伏地层：上三叠统—下侏罗统索布查组灰色中薄层状含泥质团块微晶灰岩

Ⅳ. 帕度错幅帕度错北上三叠统—下侏罗统索布查组—中侏罗统色哇组实测剖面（图 2－11）：

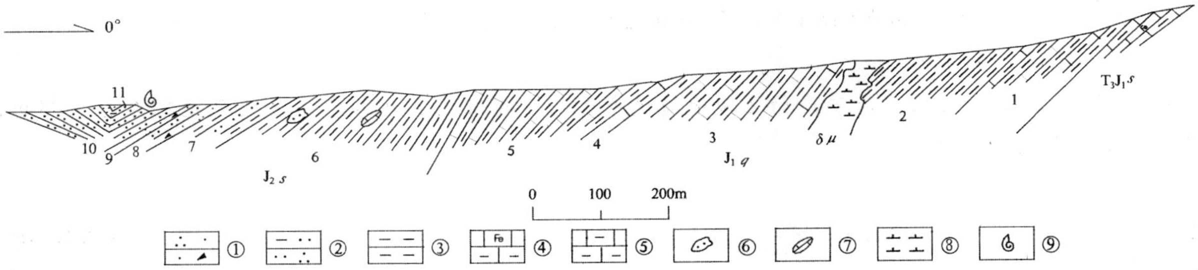


图 2－11　帕度错北下侏罗统曲色组—中侏罗统色哇组实测剖面图

①岩屑石英砂岩；②泥质石英粉砂岩；③泥岩；④含铁质泥屑灰岩；⑤泥质灰岩；⑥粉砂岩团块；⑦灰岩透镜体；⑧闪长玢岩；⑨动物化石；$T_3J_1s$. 索布查组；$J_1q$. 曲色组；$J_2s$. 色哇组

上覆地层：中侏罗统色哇组灰黑色薄层状泥岩

————整合————

**曲色组（$J_1q$）：　587.50m**

5. 灰黑色薄层状泥岩、灰黑色中薄层状粉屑灰岩韵律层　202.50m
4. 灰黑色中薄层状泥质灰岩　11.04m
3. 灰黑色薄层状泥岩夹泥质灰岩，底部见闪长玢岩侵入　162.79m
2. 灰黑色薄层状泥岩　128.48m
1. 灰黑色薄层状泥岩、灰色中薄层状泥质灰岩韵律层　82.69m

————整合————

下伏地层：上三叠统—下侏罗统索布查组灰黑色含铁质泥屑灰岩

上述色哇区其香错北约 6km 的索布查温泉剖面和色哇区曲色之巴尔杂—郭仓班马日剖面是 1986 年西藏自治区区调队所测，曲色组厚 1 732.00m，岩性以深灰—黑色泥页岩为主夹灰岩及薄层菱铁矿和菱铁矿结核，产菊石和腕足类化石。其中，生物化石显示海相特征，菱铁矿层显示与陆源有机物的输入有关，可能属还原环境。故其沉积环境可能为滨浅海泻湖相或海湾沉积。

双湖特别区巴岭乡贡巴日其香错北索布查温泉剖面该组厚 641.03m。岩性以灰色—土黄色—黄灰色极薄层状粉砂质泥岩、泥质粉砂岩、中厚层状微晶灰岩、粉晶灰岩为主，下部夹少量长石石英砂岩、石英细砂岩，上部深灰色中厚层状微晶灰岩、粉晶灰岩较多。其沉积环境可能与滨浅海极浅水有关。

帕度错北剖面该组厚 587.50m。岩性由灰黑色中薄层状泥岩、泥质灰岩组成。其沉积环境可能与滨浅海极浅水有关。

据 1986 年西藏自治区地质矿产局区域地质调查大队①资料及综上所述曲色组区域厚度为1 732.00 m，岩性以深灰—黑色泥页岩为主夹灰岩。其沉积环境以滨浅海泻湖相泥页岩相沉积环境为主。但由于毕洛错一带该组下部有大套的石膏层（图 2－13）的出现，表明沉积环境是一个闭塞的海盆。海平面降低的时候，沉积盆地内的水体和外界的交流被破坏，随着该地干旱炎热气候，逐渐产生蒸发岩形成的条件。内生类型双壳类的出现和海侵造成的海平面上升有关，一些广适类型的浅内生的双壳类，如 *Protocardia*，*Cuspidaria* 等得以发育生存。中部厚层的油页岩有可能表明当海平面升高时，海水侵入，形成泻湖沉积环境，海盆底部水流和外海交流仍然不畅，大量的陆源有机物的输入，形成沉积基底的缺氧环境，导致油页岩的产生。当海平面在该地区达到相对最大时，毕洛错一带和外海的交流达到比较通畅的程度，垂挂式的双壳类 *Bositra* 和菊石类 *Cleviceras* 得以繁衍。所以，根据曲色组沉积和生物相表明，用海平面变化控制下的闭塞泻湖沉积模式来解释可能更加贴切一些。

从该组的岩石地层及区域分布来看也具有较强的可比性。

曲色组与色哇组的关系是一个重要的问题，当年因色哇组与曲色组未在同一个剖面出现，有人推测曲色组可能部分相当于色哇组下部，但未找到含化石的层位。经本幅的研究认为 1988 年刘世坤的分析是正确的，曲色组中多见黑色中、厚层—块状微晶灰岩，而色哇组中没有。曲色组中多黑色粉砂岩、粗砂岩及灰绿色石英砂岩也与色哇组不同，曲色组与色哇组呈整合接触。此外，1986 年西藏自治区区调队②在测制色哇则松剖面时也认为曲色组与色哇组呈连续沉积。

（2）层序地层特征

曲色组层序地层学研究主要是根据双湖特别区巴岭乡贡巴日其香错北索布查温泉剖面建立。该剖面由 II 层序（图 2－12）组成，具较完整有序的层序，底界面可能由 SB2 型组成，界面之下是含泥质团块微晶灰岩，界面之上为粉砂质泥岩。第 15—25 层为海侵体系域（TST）代表，由一系列极薄层的、不断向陆呈阶梯状后退的粉砂质泥岩和泥质粉砂岩准层序组成退积准层序组，具有水体向上加深的特征，其层序地层显示了浅海陆棚沉积特征。第 26—31 层为高位体系域（HST）代表，其底界面凝缩层不明显，但显示了海平面的突然下降，形成了准层序的边界，界面之下为极薄层状泥质粉砂岩，界面之上为具高位体系域特征的以中薄层状微晶灰岩为主的地层，其层序地层显示了滨海前滨沉积特征（图 2－12）。

（3）生物地层及时代讨论

本次工作在昂达尔错幅双湖特别区巴岭乡贡巴日其香错北索布查温泉剖面该组中采集到双壳类。经中国科学院南京地质古生物研究所文世宣研究员鉴定为 *Nicaniella*? sp.。其地质时代为中侏罗世（?）—古新世。

在昂达尔错幅毕洛错索日卡石膏盐岩剖面采集到大量双壳类及鱼化石。双壳类经中国科学院南京地质古生物研究所文世宣研究员鉴定，其属种有 *Anisocardia*（*Anisocardia*?）*caudata*（Lycett），*Anisocardia*（*Anisocardia*?）*minima*（J. Sowerby），*Anisocardia* sp.，*Bakevellia* sp.，*Camptonectes* sp.，*Corbula*（*Bicorbula*）*yanshipingensis* Wen，*Corbula* sp.，*Cuspidaria*? *ibbetsoni*（Morris），*Cuspidaria*? sp. nov.，*Gervillella* cf. *orientalis*（Douville），*Grammatodon*（*Grammatodon*）*minimus*（Lackenby），*Grammatodon*（*Grammatodon*）sp.，*Liostrea birmanica*（Reed），*Lucina cardioides* d'Archiac，*Nicaniella* sp.，*Protocardia*（*Protocardia*）*linkaensis* Wen，*Protocardia*（*Protocardia*）*lingulata*（Lycett），*Protocardia*（*Protocardia*）*stricklandi*（Morris et Lycett），*Protocardia*（*Protocardia*）sp.，*Rollierella tenuidentata*（Wellnhofer），*Rollierella*? sp.，*Tancredia* sp.，*Thracia* sp.。其地质时代为中侏罗世。但中国地质大学（北京）阴家润教授认为上述 *Cuspidaria*，*Protocardia* 等的地质时代为早侏罗世，并认为曲色组膏盐位于下侏罗统黑色页岩层之下。故曲色组膏盐的时代置于早侏罗世。鱼化石

---

① 西藏自治区地质矿产局区域地质调查大队．1986，改则幅区域地质调查报告（1∶100 万）

② 西藏自治区地质矿产局区域地质调查大队．1986，改则幅区域地质调查报告（1∶100 万）

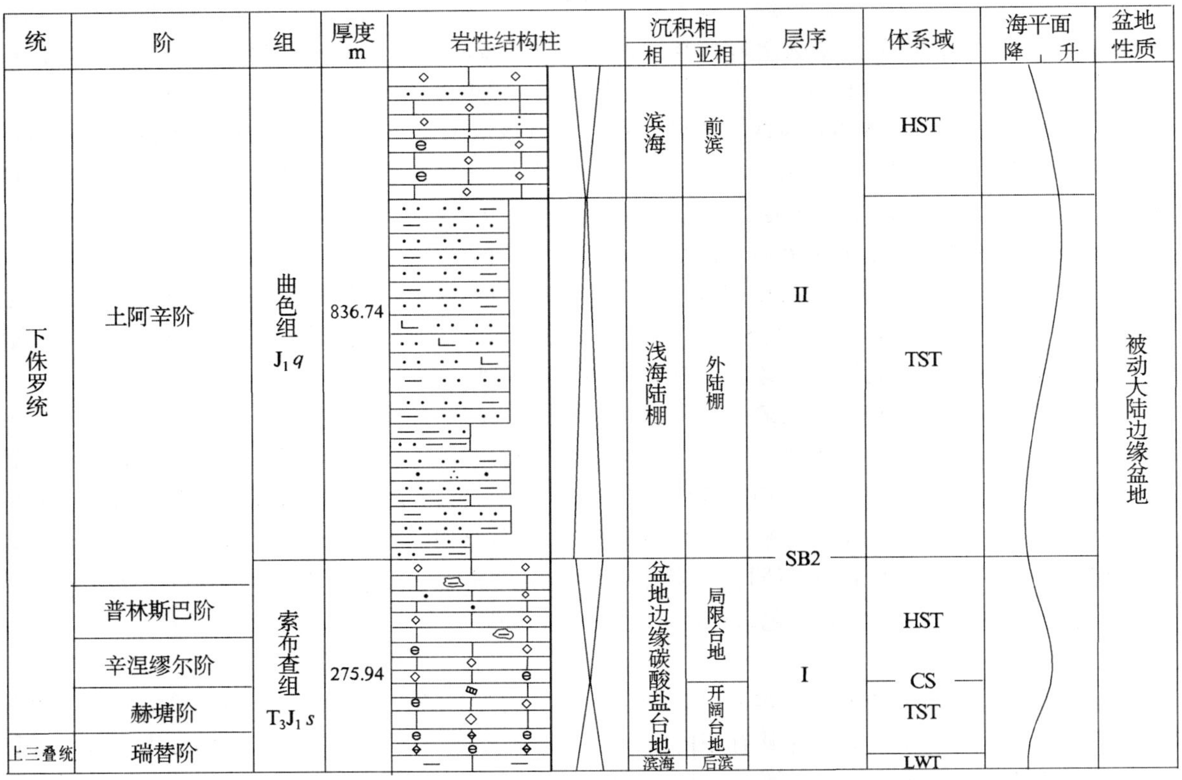


图 2-12　下侏罗统地层沉积相、层序地层划分及海平面变化特征图

经中国科学院北京古脊椎动物与古人类研究所张弥曼研究员鉴定为 Actinoptorygii 。该鱼化石为羌塘盆地中生代地层中首次发现。

本次工作在昂达尔错幅毕洛错东南 2557 地质点曲色组黑色页岩中的泥质结核中采集到大量菊石。经中国地质大学（北京）阴家润教授鉴定，其属种有 *Cleviceras* sp.，*Phylloceras* sp.，*Dactylioceras* sp.。其中 Cleviceras 是下土阿辛阶（Toarcian）*Harpoceras falciferum* 菊石带的属，该属在早侏罗世晚期的 *Falciferum* 菊石带中部（即 *Exaratum* 菊石亚带的顶部）消亡（Haworth，1992）。*Dactylioceras* 属的地质历程为下土阿辛阶（Toarcian）的 *Tenuicostatum* 至 *Bifrons* 带。故曲色组黑色油页岩的地质时代为早侏罗世土阿辛期（Toarcian）。

1986 年西藏自治区地质矿产局区域地质调查大队①在昂达尔错幅曲色组采集了菊石、双壳和腕足类。其菊石类有 *Lytoceras* cf. *fimbriatum*，? *Pelyplectus* sp.，*Ptycharietites* sp.，Schlotheimiidae，Arietitidea，Psiloceratacae，Oxynoticeratidae，Hildoceratacae。并认为曲色组中所含的菊石 Schlotheimiidae，Psiloceratacae，*Lytoceras* cf. *fimbriatum* 等在藏南下侏罗统普普嘎组、日当组亦有丰富的产出。这些菊石在欧洲南部亦属于特提斯早侏罗世较典型的菊石动物分子，曲色组中含有相当多的 Hildoceratacae，Schlotheimiidae 科的分子，在欧洲南部地区，Hildoceratacae 科主要出现在土阿辛阶（Toarcian）和普林斯巴阶（Pliensbachian），Schlotheimiidae 科菊石主要出现在赫塘阶（Hettangian）和辛涅缪尔阶（Sinemurian），很少延到普林斯巴阶（Pliensbachian）。曲色组的菊石层位主要产在中部，其下 300m 左右的地层中未采到化石，故当时认为曲色组中上部含菊石的地层可能只相当于普林斯巴阶（Pliensbachian）—土阿辛阶（Toarcian）的沉积。而下部未发现化石的地层可能相当于赫塘阶（Hettangian）—辛涅缪尔阶（Sinemurian）的地层。曲色组中除上述菊石外当时还采到腕足类 *Piaro-*

① 西藏自治区地质矿产局区域地质调查大队.1986，改则幅区域地质调查报告（1∶100 万）

rhynchia sp.，*Cirpa* sp.，?*Homocorhynchia* sp.。并将 *Cirpa* sp. 与藏南吉隆县贡当区老虎嘴下侏罗统的 *Cirpa* sp. 相比较。此外双壳类有 *Inoceramus*（*Inoceramus*）sp.。

本幅曲色组的生物地层及时代讨论主要根据本次工作采集的菊石化石确定其地质时代为早侏罗世土阿辛期（Toarcian），并建立 *Cleviceras-Dactylioceras* 菊石组合、*Homocorhynchia* 腕足组合。

### 3. 中侏罗统色哇组（$J_2s$）

（1）岩石地层特征

色哇组由文世宣 1979 年命名，创名地点位于色哇区莎巧木山北坡及加玉马头一带。原义指“中区”线（玛尔盖茶卡一线于木嘎岗日北坡至其香错一线之间）岩性和化石都有别于雁石坪群的下部地层。其下部为钙质泥岩（未见底）；中部为灰色灰岩、泥灰岩；上部为灰黑、深灰及灰色泥页岩夹泥灰岩。其地质时代定为中侏罗世巴柔期（Bajocian）。色哇组自创名以来，多家沿用（表 2-3）。1979 年孙东立等认为该组与其下的下侏罗统格那龙巴群接触关系不清，其地质时代为中侏罗世巴柔期（Bajocian）。1986 年吴瑞忠等认为该组与其上的莎巧木组呈整合接触和其下的原则松组呈连续沉积，其地质时代为中侏罗世早期。1986 年西藏自治区区调队认为该组与其下的下侏罗统曲色组连续沉积。其地质时代为中侏罗世。1993 年《西藏自治区区域地质志》将该组上覆地层莎巧木组更名为佣钦错群。1997 年《西藏自治区岩石地层》因该组与下伏地层曲色组或则松组的岩性近似而难以划分，将色哇组含义扩大，包括下伏地层曲色组（或则松组）。2001 年《青藏高原地层》将该地层划入中侏罗世雀莫错组（主要分布在羌北地层区），同时认为南北羌塘的雀莫错组在岩性组合上有一定差异，并认为该组与其下的下侏罗统曲色组为连续沉积。本幅沿用色哇组原定义，指岩性以深灰色—灰色泥页岩、粉砂质泥页岩、粉砂岩为主，夹灰岩的地层。下与曲色组连续沉积，上与莎巧木组呈整合接触。其地质时代为中侏罗世巴柔期（Bajocian）。

色哇组主要分布于帕度错北齐钟莫包、索巴跌萨北西、孜师错南、查岗木一带。分布面积约 183.63km²。

Ⅰ. 双湖特别区朋彦错南登琼多中侏罗统色哇组—布曲组实测剖面（图 2-13）：

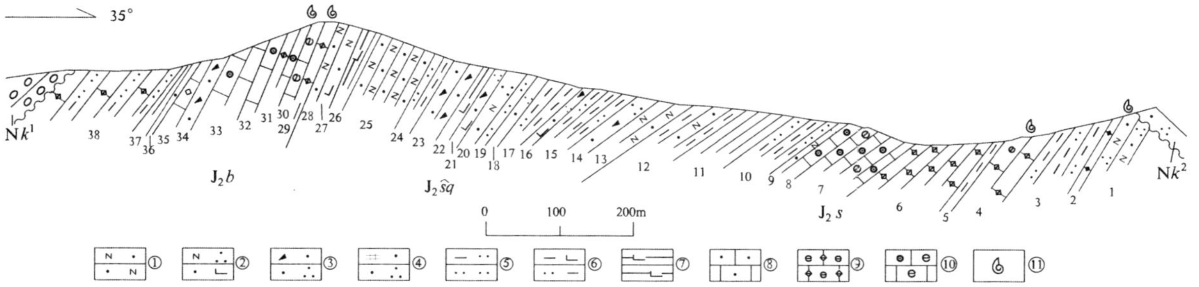

图 2-13　双湖特别区朋彦错南登琼多中侏罗统色哇组—布曲组实测剖面图

①长石砂岩；②钙质长石石英砂岩；③岩屑石英砂岩；④海绿石石英砂岩；⑤泥质粉砂岩；⑥粉砂质、钙质泥岩；⑦钙质页岩；⑧砂屑灰岩；⑨生物碎屑泥晶灰岩；⑩生物碎屑鲕粒灰岩；⑪动物化石；$J_2s$. 色哇组；$J_2\hat{s}q$. 莎巧木组；$J_2b$. 布曲组；$Nk^1$. 康托组下段；$Nk^2$. 康托组上段

上覆地层：中侏罗统莎巧木组灰色中薄层状中细粒长石砂岩

——————整合——————

| | |
|---|---|
| **色哇组（$J_2s$）：** | **454.85m** |
| 12. 深灰色极薄层状泥岩与灰色薄层状长石石英细砂岩。<br>下部厚 1.29m 为灰黄色中层状细粒长石石英砂岩 | 45.00m |
| 11. 黄灰色薄层状泥质粗粉砂岩与灰色极薄层状泥岩韵律 | 45.69m |
| 10. 灰绿色极薄层状钙质泥岩 | 40.92m |

9. 灰色薄层状中细粒长石石英砂岩　6.60m
8. 灰色中薄层状含生物碎屑砂屑鲕粒灰岩　15.85m
7. 黄绿色薄层状含生物碎屑鲕粒灰岩　56.77m
6. 深灰色薄层状泥晶灰岩　95.00m
5. 灰色极薄层状含粉砂质泥岩　15.06m
4. 深灰色薄层状含黄铁矿含生物碎屑泥晶灰岩　52.72m

腕足类化石：*Moquella arcuata* Jin, Sun et Ye（图版 VI，9，10，11，12）
*Zeilleria* sp.
双壳类化石：*Eutolium*（*E.*）sp.
*Propeamusium*（*P.*）*laeviradiatum*（Waagen）？

3. 深灰色极薄层状粉砂质泥岩　62.18m
2. 灰黑色极薄层—薄层状泥晶灰岩。顶部厚 0.54m 为深灰色中层状含生物碎屑灰岩　5.44m

腕足类化石：*Rhynchonelloidella platiloba*（Muir-Wood）
*Rhynchonelloidella trigonalis*（Muir-Wood）（图版 V，5，6，7，8）
*Rhynchonelloidella wattonensis*（Muir-Wood）
双壳类化石：*Enotolium*（*E.*）*coneolum*（Young and Bird）
*Propeamusium*（*P.*）*laeviradiatum*（Waagen）？
*Propeamusium*（*P.*）*pumilium* Lamarck

1. 浅灰紫色中薄层状细粒长石石英砂岩　13.62m

（未见底）（新近系康托组上段覆盖）

Ⅱ. 帕度错北上三叠统—下侏罗统索布查组—中侏罗统色哇组实测剖面（见图 2-11）：

**色哇组（$J_2s$）：**　（未见顶）（向斜另一翼）　**280.41m**

11. 灰绿色—灰色薄层状粉砂岩、灰色中薄层状细粒长石石英砂岩、深灰色薄层状粉砂质泥岩韵律层　11.63m
10. 灰黑色薄层状粉砂岩　23.28m

菊石化石：*Stephanoceras* cf. *boffmanni* Schmidtili（图版 VII，1，2，3；图版 VIII，1，2，3，图版 IX，1，3）
*Callyphylloceras* cf. *disputabilis*（Zittel）（图版 VII，7；图版 IX，4）
*Fonntanesia* sp. （图版 VII，4，5）
*Sonninia* cf. *pseudotuberculata* Dorn
*Sonninia* cf. *mesacantha* Waagen（图版 VII，6）
*Sonninia* cf. *adicra* Waagen（图版 VIII，4，5，图版 IX，2）
*Lytoceras* sp.
双壳类化石：*Propeamussium* cf. *pumilum*（Lamarck）
*Pseudolimea* sp.
*Lopha* sp.
*Corbula* sp.

9. 灰绿色薄层状细粒岩屑石英砂岩　6.59m
8. 灰绿色薄层状细粒岩屑石英砂岩、灰绿色薄层状粉砂岩韵律层　18.48m
7. 灰黑色极薄层状泥岩、灰黑色薄层状粉砂岩韵律层　46.13m
6. 灰黑色薄层状泥岩夹灰色粉砂岩团块或灰色薄层状灰岩透镜体　174.30m

————整合————

下伏地层：下侏罗统曲色组灰黑色泥岩与粉屑灰岩韵律层

Ⅲ. 昂达尔错幅双湖区巴岭乡多得巴地中侏罗统色哇组实测剖面（图 2-14）：

上覆地层：中侏罗统莎巧木组灰色中层状细粒石英砂岩

————整合————

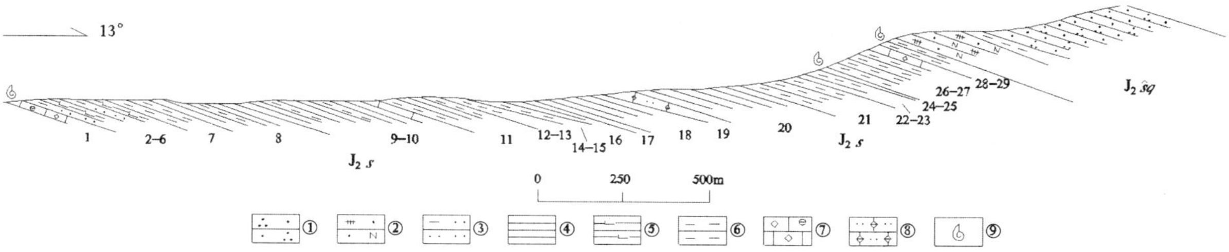


图 2－14　双湖区巴岭乡多得巴地中侏罗统色哇组实测地层剖面

①石英砂岩；②长石杂砂岩；③泥质粉砂岩；④页岩；⑤钙质页岩；⑥泥岩；⑦生物碎屑微晶灰岩；⑧粉砂质泥晶灰岩；⑨动物化石；$J_2s$. 色哇组；$J_2\hat{s}q$. 莎巧木组

| | |
|---|---|
| **色哇组（$J_2s$）：** | **959.98m** |
| 29. 灰绿色薄层状泥岩 | 33.09m |
| 28. 灰色中薄层状含生物碎屑泥晶灰岩 | 1.93m |
| 双壳类化石：*Actinostreon* ? sp. | |
| 腕足类化石：? *Holcothyris luchiangensis* Reed | |
| 27. 土黄色中薄层状含砂屑微晶灰岩，产双壳类化石碎片 | 3.22m |
| 26. 灰色极薄层状泥岩 | 96.57m |
| 25. 灰色中层状含生物碎屑泥晶灰岩 | 2.52m |
| 双壳类化石：*Actinostreon* sp. | |
| *Pseudolimea* sp. | |
| *Pseudolimea duplicata*（J. de C. Sowerby） | |
| 24. 灰黑色页岩 | 10.54m |
| 23. 黄绿色极薄层状泥岩 | 7.90m |
| 22. 灰黑色页岩 | 34.24m |
| 21. 灰色极薄层状—薄层状泥岩 | 82.51m |
| 20. 灰黑色页岩 | 104.28m |
| 19. 灰色薄层—中层状含粉砂质泥晶灰岩 | 33.14m |
| 18. 灰黑色页岩 | 76.59m |
| 17. 深灰色极薄—薄层状泥岩 | 18.09m |
| 菊石化石：*Sonninia* cf. *mesacantha* Waagen | |
| *Callyphylloceras* cf. *disputabilis*（Zittel） | |
| 16. 灰色极薄层泥岩与灰色中薄层状微晶灰岩韵律 | 21.13m |
| 15. 灰色中层状微晶灰岩 | 3.79m |
| 14. 灰色极薄层状泥岩 | 17.92m |
| 13. 灰黑色极薄层状泥岩 | 15.07m |
| 12. 灰色薄—中层状微晶灰岩 | 11.62m |
| 11. 深灰色极薄层状泥岩与深灰色页岩韵律层 | 117.61m |
| 10. 紫红色页岩 | 9.70m |
| 9. 黄绿色极薄层状泥岩与灰色页岩韵律 | 69.34m |
| 8. 深灰色极薄层状泥岩与页岩韵律层 | 82.06m |
| 7. 黄绿色极薄层状泥岩 | 26.95m |
| 6. 灰—深灰色钙质页岩 | 43.56m |
| 5. 黄绿色极薄层状含泥质粉砂岩 | 7.79m |
| 4. 灰色钙质页岩 | 20.25m |
| 3. 灰色中层状钙质中粒海绿石长石砂岩 | 1.17m |
| 2. 黄绿色极薄层状泥质粉砂岩 | 7.40m |

1. 灰色中厚层状生物碎屑微晶灰岩　　25.7m

腕足类化石：*Rhynchonelloidea* cf.
*pararuthenensis* Sun et Zhang
*Cererithyris richardsoni*（Muir-Wood）
*Cererithyris lingularis*（Jin，Sun er Ye）
*Holcothyris concava* Buckman

床板珊瑚化石：*Chaetetes*（*Pseudoseptifer*）sp.

（未见底）

Ⅳ. 昂达尔错幅双湖区多玛乡曲瑞恰乃中侏罗统色哇组—布曲组实测剖面（图2－15）：

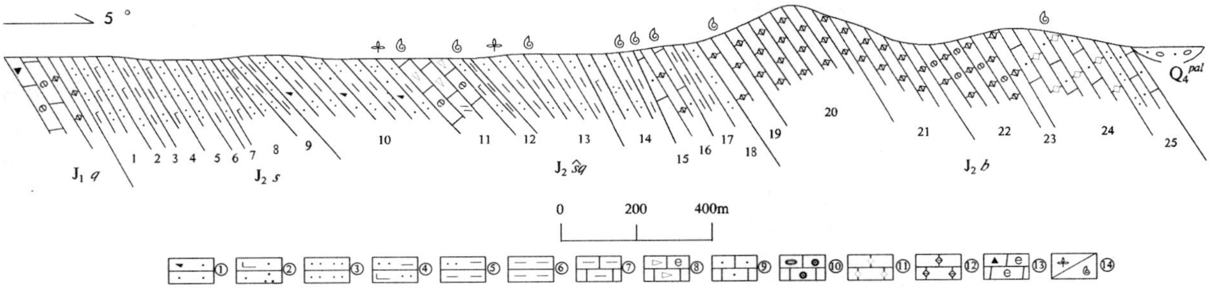


图2－15　双湖区多玛乡曲瑞恰乃中侏罗统色哇组—布曲组实测剖面图

①岩屑砂岩、细砂岩；②长石石英砂岩；③粉砂岩；④泥质、钙质粉砂岩；⑤粉砂质泥岩；⑥泥岩；⑦泥质灰岩；⑧生物碎屑砾屑灰岩；⑨砂屑、粉屑灰岩；⑩鲕状灰岩；⑪微晶灰岩；⑫泥晶灰岩；⑬生物碎屑泥灰岩；⑭动植物化石；

$J_1q$. 曲色组；$J_2s$. 色哇组；$J_2\check{s}q$. 莎巧木组；$J_2b$. 布曲组；$Q_4^{pal}$. 第四系洪冲积相沉积物

上覆地层：中侏罗统莎巧木组灰色薄层状细粒岩屑石英砂岩

————整合————

**色哇组（$J_2s$）：　　442.53m**

9. 灰绿色薄层状泥质粉砂岩　　41.50m
8. 灰色、深灰色极薄层—薄层状钙质粉砂岩，发育水平层理和交错层理　　81.87m
7. 灰色薄层状细粒泥质粉砂岩，发育水平层理和交错层理　　26.86m
6. 灰色极薄层状泥岩　　34.19m
5. 灰色薄层细粒粉砂岩　　61.28m
4. 灰色薄层状细粒钙质粉砂岩，发育水平层理和交错层理。底部见灰绿色薄层状泥质粉砂岩　　56.43m
3. 灰色极薄层状泥岩　　24.18m
2. 灰绿色薄层状钙质粉砂岩　　32.86m
1. 灰色薄层状钙质粉砂岩　　83.36m

————整合————

下伏地层：下侏罗统曲色组紫灰色中薄层状泥晶灰岩

Ⅴ. 昂达尔错幅双湖区多玛乡哈尔托贡玛中侏罗统色哇组—布曲组实测剖面（图2－16）：

上覆地层：中侏罗统莎巧木组灰绿色薄层状含海绿石细粒石英长石砂岩

————整合————

**色哇组（$J_2s$）：　　56.31m**

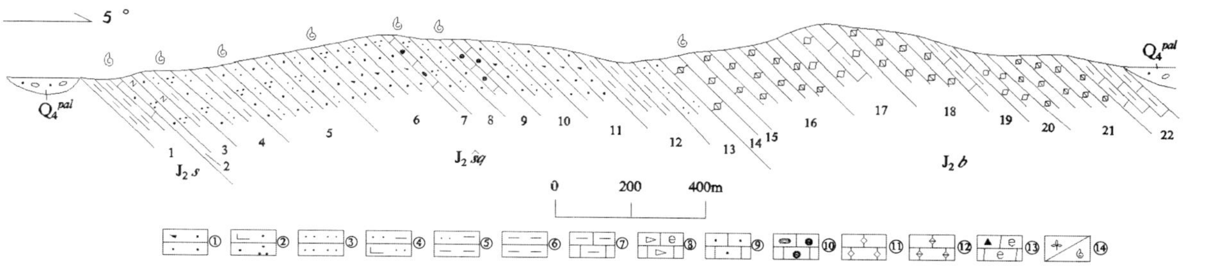


图 2-16 双湖区多玛乡哈尔托贡玛中侏罗统色哇组—布曲组实测剖面图

①岩屑砂岩、细砂岩；②长石石英砂岩；③粉砂岩；④泥质、钙质粉砂岩；⑤粉砂质泥岩；⑥泥岩；⑦泥质灰岩；⑧生物碎屑粒屑灰岩；⑨砂屑、粉屑灰岩；⑩鲕状灰岩；⑪微晶灰岩；⑫泥晶灰岩；⑬生物碎屑泥灰岩；⑭动植物化石；

$J_2s$. 色哇组；$J_2\hat{s}q$. 莎巧木组；$J_2b$. 布曲组；$Q_4^{pal}$. 第四系洪冲积相沉积物

1. 灰黑色极薄层状泥岩，上部夹 2.11m 厚的灰色中薄层状生物碎屑砂屑灰岩，其中砂屑灰岩产菊石、双壳类、腹足类化石 56.31m

菊石化石：*Sonninia* sp.

*Dosetensia* sp.

双壳类化石：*Anisocardia* (A) *rostrata* (Sowerby)

*Anisocardia* sp.

*Actinostreum gregareum* (J. Sowerby)

*Actinostreum* sp.

*Astarte* cf. *elegans* Sowerby

*Ceratomya wimmisensis* (Gillieron)

*Corbula* sp.

*Liostrea* cf, *birmanica* (Reed)

*Meleagrinella braamburiensis* (Phillips)

*Meleagrinella* sp.

*Myopholas multicostata* (Agassiz)

*Pholadomya* (*Bucardioga* ) *lirata* (J. Sowerby)

*Pholadomya* (*Bucardiomya* ) sp.

*Pholadomya* sp. nov.

*Plagiostoma amdoense* Wen

*Pleuromya uniformis* (J. Sowerby)

*Pleuromya* sp.

*Pleuromya* sp. nov.

*Propeamusium* (*P.* ) *heptacostatum* Wen

*Propeamussium* (*P.* ) sp. nov.

*Pseudotrapegium cardiforme* (Deshayes)

*Pseudopecten* (*Echinopecten* ) *barbatus* (J. Sowerby)

*Trigonia*? sp. ,

腹足类化石：*Cylindrobbullina kirlingtonnensis* (lycett)

（未见底）（第四系洪冲积相沉积物覆盖）

通过上述剖面，我们可以看出色哇组下与曲色组、上与莎巧木组均呈整合接触，是一套以灰—灰黑色页岩、泥岩为主，夹灰岩的地层。在幅内岩性较为稳定。但因其地理位置的不同横向上略有以下变化（图 2-17）：

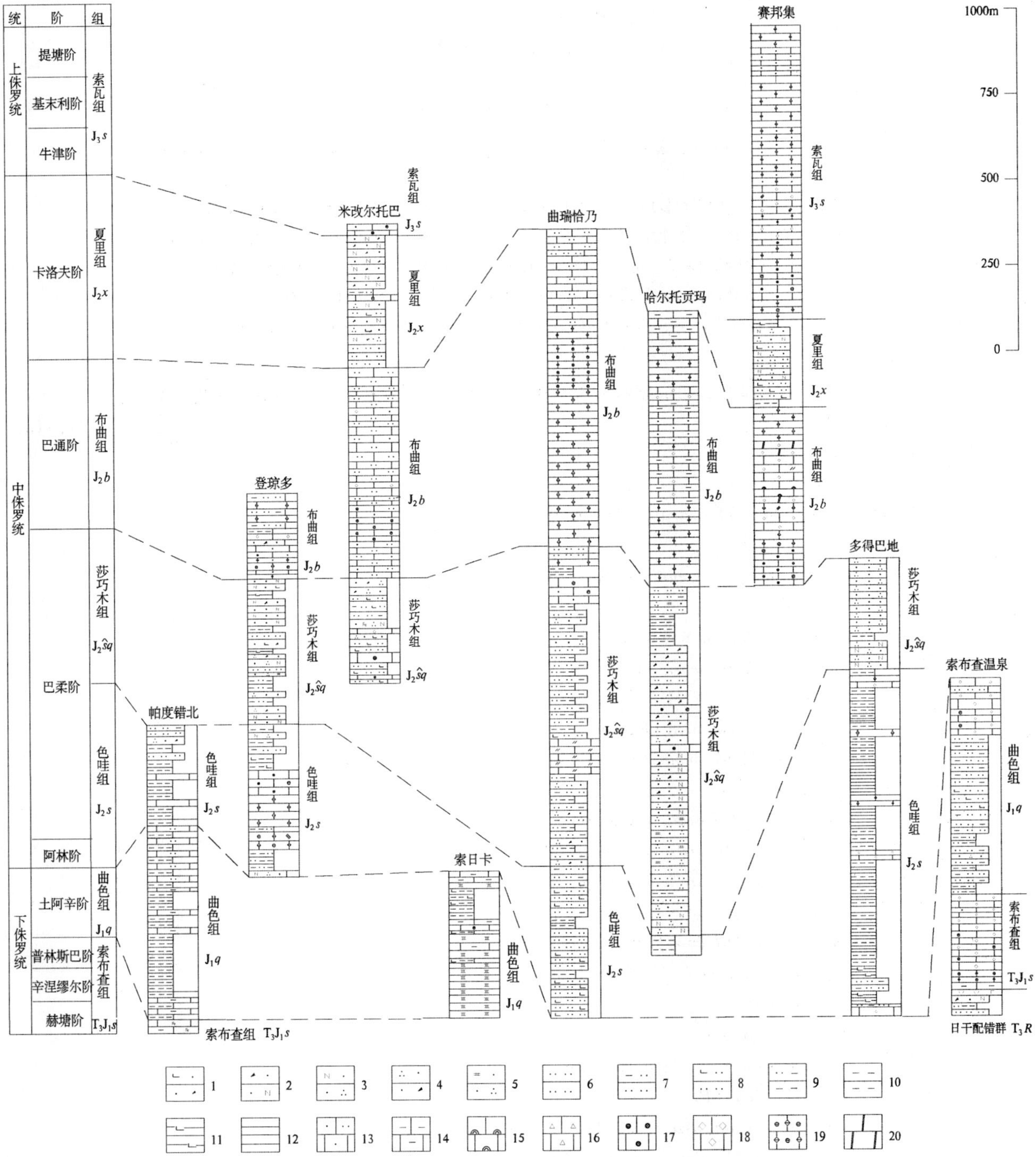

图 2-17　多玛地层分区侏罗纪地层柱状对比图

1. 钙质岩屑砂岩；2. 岩屑长石砂岩；3. 长石石英砂岩；4. 岩屑石英砂岩；5. 海绿石石英砂岩；6. 粉砂岩；7. 泥质粉砂岩；8. 钙质粉砂岩；9. 粉砂质泥岩；10. 泥岩；11. 钙质页岩；12. 页岩；13. 粉屑、砂屑灰岩；14. 泥质灰岩；15. 藻礁灰岩；16. 角砾状灰岩；17. 鲕粒灰岩；18. 细晶、微晶灰岩；19. 生物碎屑泥晶灰岩；20. 白云岩双湖特别区朋彦错南登琼多剖面该组厚454.85m。岩性由极薄层状—薄层状粉砂质泥岩、泥岩粉砂岩、泥岩、鲕粒灰岩、泥晶灰岩及长石石英砂岩组成。泥晶灰岩中有黄铁矿，其沉积环境可能与浅海陆棚较深水还原条件有关，但鲕粒灰岩的出现则说明其有时可能为浅海较浅水沉积环境。

帕度错北剖面该组厚280.41m 。岩石为一套灰黑色泥岩，灰色、灰绿色粉砂岩，灰绿色细粒岩屑石英砂岩为主的地层体，其沉积环境可能为浅海陆棚较深水沉积。

昂达尔错幅双湖特别区巴岭乡多得巴地剖面该组厚959.98m。岩性为灰黑色—深灰色—灰绿色—黄绿色极薄层状—薄层状泥岩、页岩、泥晶、微晶灰岩及粉砂岩的地层体，产腕足类、双壳类、菊石及海绿石。其沉积环境以浅海陆棚较深水还原条件的泥岩相沉积环境为主，但有时水体较浅，形成滨浅海临滨较浅水灰岩相沉积环境。

昂达尔错幅双湖特别区多玛乡曲瑞恰乃剖面该组厚442.53m。岩性由极薄层状—薄层状泥质粉砂岩、钙质粉砂岩、泥岩组成。其沉积环境以浅海陆棚泥质沉积为主。

昂达尔错幅双湖特别区多玛乡哈尔托贡玛剖面该组厚56.31m 。岩性以灰黑色极薄层状泥岩为主夹少量砂屑灰岩，产菊石、双壳类及腹足类。其沉积环境以浅海陆棚泥质沉积为主。

综上所述，色哇组厚959.98m。岩性以粉砂质泥页岩、泥页岩、泥质粉砂岩为主夹少量灰岩。其沉积环境以浅海陆棚较深水沉积为主，有时为浅海较浅水沉积环境。

（2）层序地层特征

色哇组层序地层学研究主要是根据双湖特别区巴岭乡多得巴地剖面建立。该剖面由III层序（图2-18）组成，具较完整有序的层序。第1—5层为低位体系域（LST）代表，其中，第1—3层由微晶灰岩、泥质粉砂岩、海绿石长石砂岩组成准层序，第4—5层由页岩和泥质粉砂岩组成准层序。第6—29层为海侵体系域（HST）代表，其中，第6—28层由5个泥、页岩和灰岩准层序组成退积式准层序组。其特征为自下而上泥岩厚度加大，沉积水体向上变深。第29层可能为海泛面形成期产物。顶界面之上为中厚层状石英砂岩。界面之下为薄层状泥岩。综上色哇组层序地层主要反映了浅海陆棚区沉积环境特征（图2-18）。

（3）生物地层及时代讨论

本幅在帕度错北和登琼多剖面采集了大量的菊石、腕足类和双壳类。

帕度错北剖面的菊石由中国地质大学（北京）阴家润教授鉴定，其属种有 *Stephanoceras* cf. *boffmanni* Schmidtili（图版VII，1，2，3；图版VIII，1，2，3；图版IX，1，3），*Callyphylloceras* cf. *disputabilis* (Zittel)（图版VII，7；图版IX，4），*Fonntanesia* sp.（图版VII，4，5），*Sonninia* cf. *pseudotuberculata* Dorn，*Sonninia* cf. *mesacantha* Waagen（图版VII，6），*Sonninia* cf. *adicra* Waagen（图版VIII，4，5；图版IX，2），*Lytoceras* sp.。其地质时代为中侏罗世早巴柔期（Bajocian）晚时—晚巴柔期（Bajocian）早时。双壳类由中国科学院南京地质古生物研究所沙金庚研究员鉴定，其属种有 *Propeamussium* cf. *pumilum* (Lamarck)，*Pseudolimea* sp.，*Lopha* sp.，*Corbula* sp.。其地质时代为中侏罗世。

登琼多剖面的腕足类由中国科学院南京地质古生物研究所孙东立研究员鉴定，其属种有 *Moquella arcuata* Jin, Sun et Ye（图版VI，9，10，11，12），*Zeilleria* sp.，*Rhynchonelloidella platiloba* (Muir-Wood)，*Rhynchonelloidella trigonalis* (Muir-Wood)（图版V，5，6，7，8），*Rhynchonelloidella wattonensis* Muir-Wood。其地质时代为中侏罗世阿林期（Aalenian）—巴柔期（Bajocian）。其中 *Rhynchonelloidella* 是阿林期（Aalenian）—巴柔期（Bajocian）的 *Rhynchonelloidella-Nyalamurhynchia-Monsardithyris-Cymatorhynchia* 腕足类组合化石。双壳类由中国科学院南京地质古生物研究所沙金庚研究员鉴定，其属种有 *Eutolium* (*E.*) sp.，*Enotolium* (*E.*) *coneolum* (Young and Bird)，*Propeamusium* (*P.*) *laeviradiatum* (Waagen)?，*Propeamussium* (*P.*) *pumilum* (Lamarck)。其地质时代为中侏罗世。

本次工作在昂达尔错幅色哇组中采集到了大量的菊石、腕足类、双壳类、珊瑚及腹足英等化石。其中菊石由中国地质大学（北京）阴家润教授鉴定，其属种有 *Sonninia* cf. *mesacantha* Waagen，*Sonninia* sp.，*Callyphylloceras* cf. *disputabilis* (Zittel)，*Dosetensia* sp.，其地质时代为中侏罗世早中巴柔期（Bajocian）。其中 *Dosetensia* 是欧、美、亚洲中侏罗世巴柔期（Bajocian）主要化石，相当于英国 *Son-*

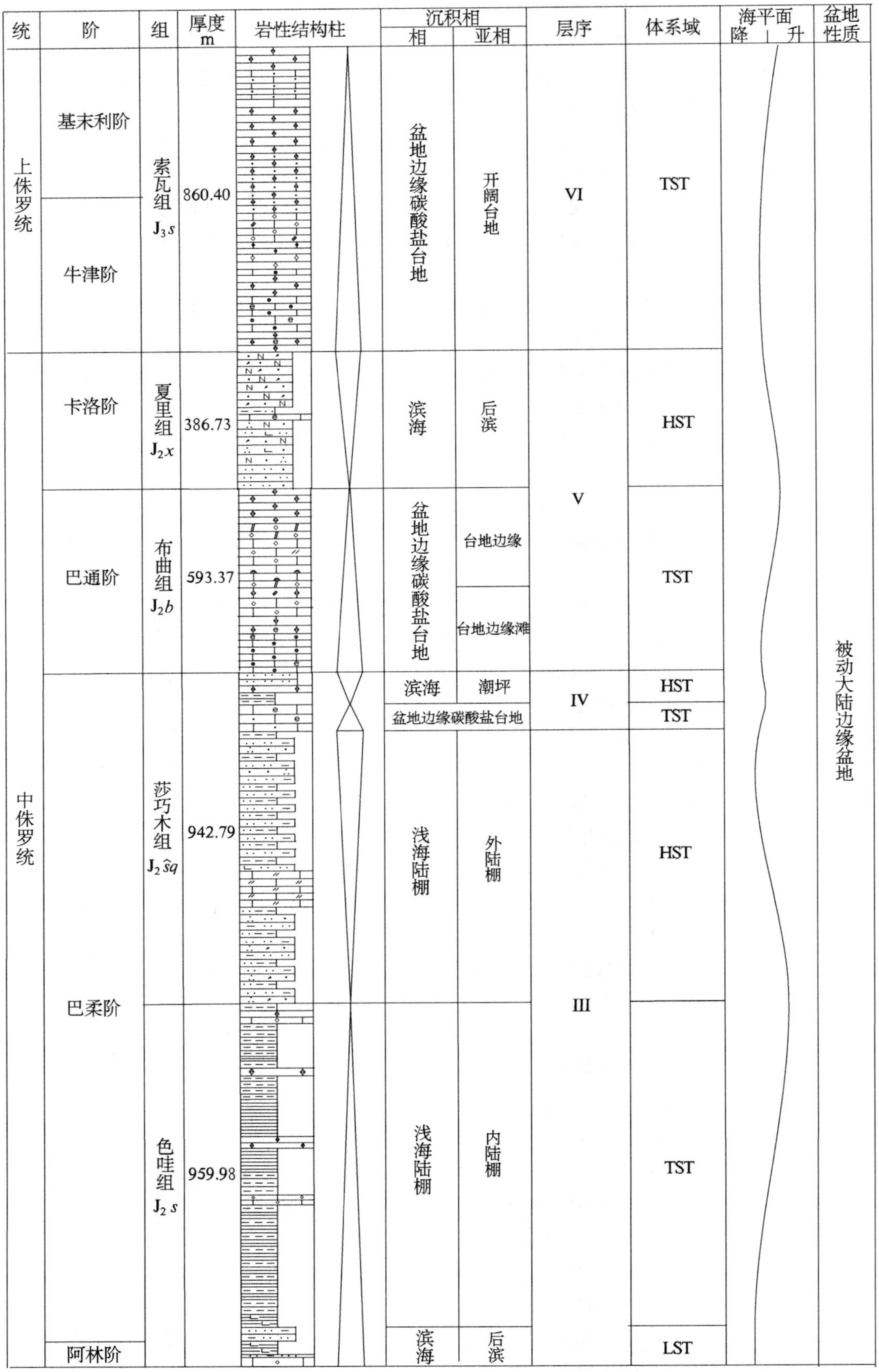


图 2-18　多玛地层分区中—晚侏罗世地层沉积相、层序地层划分及海平面变化特征图

*ninia sowerbyi* 带。*Sonninia* 为英国 *Sonninia sowerbyi* 带主要化石。腕足类由中国科学院南京地质古生物研究所孙东立研究员鉴定，其属种有 *Rhynchonelloidea* cf. *pararuthenensis* Sun et Zhang，*Cererithyris richardsoni*（Muir-Wood），*Cererithyris lingularis*（Jin，Sun er Ye），*Holcothyris concava* Buckman；? *Holcothyris luchiangensis* Reed。其地质时代为中侏罗世巴柔期（Bajocian）。其中 *Rhynchonelloidea* cf. *pararuthenensis* Sun et Zhang 与法国比利牛斯阿林阶下部带化石 *Rhynchonelloidea ruthensis* 十分相似。双壳类由中国科学院南京地质古生物研究所沙金庚研究员鉴定，其属种有 *Actinostreon* sp.，*Anisocardia*（A）*rostrata*（Sowerby），*Anisocardia* sp.，*Actinostreum gregareum*（J. Sowerby），*Actinostreum* sp.，*Astarte* cf. *elegans* Sowerby，*Ceratomya wimmisensis*（Gillieron），*Corbula* sp.，*Liostrea* cf，*birmanica*（Reed），*Meleagrinella braamburiensis*（Phillips），*Meleagrinella* sp.，*Myopholas multicostata*（Agassiz），*Pholadomya*（*Bucardioga*）*lirata*（J. Sowerby），*Pholadomya*（*Bucardiomya*）sp.，*Pholadomya* sp. nov.，*Plagiostoma amdoense* Wen，*Pleuromya uniformis*（J. Sowerby），*Pleuromya* sp.，*Pleuromya* sp. nov.，*Propeamusium*（*P.*）*heptacostatum* Wen，*Propeamussium*（*P.*）sp. nov.，*Pseudolimea duplicata*（J. de C. Sowerby），*Pseudolimea* sp.，*Pseudotrapegium cardiforme*（Deshayes），*Pseudopecten*（*Echinopecten*）*barbatus*（J. Sowerby），*Trigonia* ? sp.。其地质时代为中侏罗世。其中 *Trigonia* 是阿林阶（Aalenian）—巴柔阶（Bajocian）的 *Trigonia*（*T.*）*brevicosta*-*Camptonectes*（*C.*）*laminatus* 组合化石。床板珊瑚由中国科学院南京地质古生物研究所廖卫华研究员鉴定，其属种有 *Chaetetes*（*Pseudoseptifer*）sp.。其地质时代为侏罗纪。腹足类由中国科学院南京地质古生物研究所潘华璋研究员鉴定，其属种有 *Cylindrobbullina kirlingtonnensis*（lycett）。其地质时代为中侏罗世巴通期（Bathonian）。

此外，1976 年文世宣在加玉马头和莎巧木山剖面采集了限于中侏罗世早期的菊石 *calliphylloceras* sp.，*Zetoceras* sp.，*Oppelia* sp.，*Dorsetensia* sp.，*Witchellia* sp. 和双壳类 *Lopha* sp.。

从上述生物群特征来看，色哇组以产中侏罗世阿林期（Aalenian）—巴柔期（Bajocian）化石为特征。故本幅认为色哇组地质时代为中侏罗世阿林期（Aalenian）—巴柔期（Bajocian）早时无疑。并根据上述化石建立 *Dosetensia-Sonninia* 菊石带。*Rhynchonelloidea-Rhynchonelloidella* 腕足类组合。*Trigonia-Lopha* 双壳类组合（表 2-6）。

**4. 中侏罗统莎巧木组（$J_2\hat{s}q$）**

（1）岩石地层特征

莎巧木组由吴瑞忠等人 1986 年创名，创名地点在色哇区莎巧木山。原义为黑色石英砂岩与灰黑色、黑色泥岩互层夹粉砂岩组成，下部是浅灰色岩屑石英砂岩与黑色泥岩互层；中部为灰色岩屑石英砂岩，灰黑色粉砂岩与泥岩互层；上部是灰绿、灰黑色岩屑石英砂岩与泥岩互层夹介壳灰岩，未见顶，底部灰色石英砂岩与黑色泥岩互层与下伏色哇组的灰黑色泥岩和灰岩呈整合接触。当时置于中侏罗世中晚期的沉积。1989 年徐钰林引用其名，时代仍置于中侏罗世。1993 年《西藏自治区区域地质志》将该套地层划为佣钦错群，2001 年《青藏高原地层》将其划为雀莫错组（其主体为色哇组）（表 2-3）。本幅沿用 1997 年《西藏自治区岩石地层》的定义，并修订顶部接触关系。指整合于色哇组泥、页岩及灰岩之上的一套浅灰—灰黑色岩屑石英砂岩与灰黑色、黑色泥岩互层夹粉砂岩的地层体，产双壳类、珊瑚及腹足类化石。顶部与布曲组整合接触。时代为中侏罗世。

莎巧木组主要分布于孔纳扎、东姜东、跌布聂鲁、果被日艾等地。出露面积约 486.25km²。

Ⅰ. 吴瑞忠等在双湖区巴岭乡莎巧木山中侏罗统莎巧木组层型剖面：

**莎巧木组（$J_2\hat{s}q$）：** （未见顶） **>1 015.00m**

18. 灰绿、灰黑色岩屑石英砂岩与泥岩互层夹介壳灰岩 450.00m

双壳类化石：*Modiolus* sp.

*Mytilus* sp.

*Liostrea* cf. *dubiensis*

*L. birmanica*

*Chlamys griesbachi*

*C. laevis*

17. 灰色岩屑石英砂岩，灰黑色粉砂岩和泥岩互层，产双壳类及六射珊瑚、腕足类等　135.00m

双壳类化石：*Lopha asella namtuensis*

*Chlamys gresbachi*

*Protocardia stricklandi*

16. 浅灰色岩屑石英砂岩与黑色泥岩互层　430.00m

————整合————

下伏地层：色哇组灰黑色泥岩和微晶灰岩

Ⅱ. 双湖特别区朋彦错南登琼多中侏罗统色哇组—布曲组实测剖面（见图 2－13）：

上覆地层：中侏罗统布曲组灰色中薄层状含生物碎屑泥晶灰岩

————整合————

**莎巧木组（$J_2\hat{s}q$）：　426.21m**

28. 上部为灰绿色薄层状中粒长石砂岩，下部为灰黑色极薄层状粉砂质泥岩　13.99m
27. 灰绿色薄层状钙质细粒长石砂岩与深灰色薄层状泥晶灰岩韵律，底部见厚 0.93m 深灰色薄层状含生物碎屑鲕粒灰岩　19.58m
26. 灰黑色钙质页岩　24.03m
25. 灰绿色中层状变质中细粒长石砂岩，顶部见厚 1.94m 灰色中层状中细粒含生物碎屑长石岩屑砂岩　79.74m
24. 灰黑色极薄层状粉砂岩与灰黑色极薄层泥岩韵律　38.45m
23. 灰色薄层状细粒钙质岩屑砂岩　27.88m
22. 灰黑色钙质页岩　15.38m
21. 深灰色薄层状钙质细粒岩屑石英砂岩。下部厚 3.85m 为深灰色极薄层状泥质粉砂岩　14.42m
20. 灰绿色中层状细粒长石石英砂岩　23.34m
19. 灰色极薄层状细粉砂岩　15.87m
18. 灰色薄层状细粒含海绿石石英砂岩。底厚 1.43m 见灰色薄层状细粒生物碎屑石英砂岩；上部厚 2.80m 为灰黑色中层状砂屑砾屑灰岩　10.68m
17. 灰黑色极薄层状含粉砂质泥岩　38.01m
16. 灰色中薄层状钙质细粒生物碎屑石英砂岩　7.89m
15. 深灰色极薄层状含粉砂质泥岩　42.42m
14. 灰色薄层状细粒岩屑石英砂岩　21.15m
13. 灰色中薄层状中细粒长石砂岩　33.38m

————整合————

下伏地层：下-中侏罗统色哇组深灰色极薄层状泥岩

Ⅲ. 昂达尔错双湖区多玛乡曲瑞恰乃中侏罗统色哇组—布曲组实测剖面（见图 2－15）：

上覆地层：中侏罗统布曲组灰黑色中薄层状泥晶灰岩

————整合————

**莎巧木组（$J_2\hat{s}q$）：　942.79m**

18. 灰绿色薄层状粉砂岩　37.74m
17. 紫红色极薄层—薄层状泥岩。上部见 9.43m 厚的灰黑色中薄层状泥晶灰岩，具缝合线构造　53.77m
16. 灰色中层状生物碎屑砂屑灰岩，顶部见 2.83m 厚的紫红色中薄层状砂屑灰岩　52.91m

珊瑚化石：*Stylosmilia* sp.

腕足类化石：*Planirhynchia* cf. *tantilla* Sucic-Protic

15. 下部为紫红色中层状生物碎屑砂屑灰岩及灰绿色薄层状泥晶灰岩；中部为灰绿色中层状生物碎屑砂屑灰岩，局部含鲕粒和双壳类化石碎片；上部为浅灰色薄层状泥晶灰岩，产双壳类化石。 22.68m

双壳类化石：*Bositra* cf. *buchii* Oschmaun

*Bositra*? sp.

*Entolium* sp.

*Isocyprina* sp.

*Meleagrinella*? sp.

*Pleuromya*? sp.

*Protocardia stricklandi* (Mmorris and Lycest)

*Protocardia* ? sp.

*Pseudocorbula* sp.

*Pteria*? sp.

14. 灰绿色薄层状泥岩与泥质粉砂岩及灰色薄层状细粒石英砂岩韵律层，产双壳类化石，水平层理发育，局部见斜层理。底部具 8.73m 厚的灰色中薄层状细粒岩屑石英砂岩。 125.43m

双壳类化石：*Anisocardia* ( ? *Anisocardia* ) *minima* (J. Sowerby)

*Bositra*? sp. nov. cf. *B. ornati* (Quenstedt)

*Bositra buchii* Roemer

*Entolium* sp.

*Mactromya* ? sp.

*Meleagrinella* sp.

*Pholadomya* (*Bucardiomya*) *lirata* (J. Sowerby)

*Pressasatarte* (*Pinguiastarte*) cf. *nummus* (Sauvage)

*Propeamusium* (*P.* ) sp.

*Protocardia* (*P.* ) *lycetti* Rollier

*Protocardia* (*P.* ) *kachchensis* Fürsich Heize and Jaitly

*Protocardia* sp.

*Protocardia* (*P.* ) sp.

*Pseudolimea* sp.

*Pseudocorbula* sp.

*Pseudopecten* (*Echinopecten*) cf. barbatus (J. Sowerby)

*Spondylopecten* (*S.*. ) cf. *palinurus* (d'Orbigny)

*Spondylopecten* (*S.* ) sp.

13. 灰绿色薄层状泥质粉砂岩与粉砂质泥岩韵律，粉砂质泥岩中含双壳类及炭化严重的植物化石碎片，底部见灰色中薄层状细粒泥质粉砂岩，发育水平层理，局部为斜层理 233.70m

双壳类化石：*Corbula* sp.

*Nicaniella* (*N.* ) cf. *extensa* Phillips

*Pseudocorbula* aff. *nuculiformis* (Zenker)

*Corbulomima wulanwulaensis* Sha

12. 下部为灰黑色中层状含生物碎屑钙质细砂岩，上部为灰绿色极薄层状泥岩 40.47m

双壳类化石：*Pholadomya* (*Bucardiomya*) *lirata* (J. Sowerby)

11. 灰色中薄层状白云石化生物碎屑砾屑灰岩 103.38m

双壳类化石：*Pholadomya* (*Bucardiomya*) *lirata* (J. Sowerby)

*Nicaniella* (*N.* ) sp.

10. 灰色薄层状细粒岩屑石英砂岩与灰绿色薄层状细粉砂岩及极薄层状粉砂质泥岩韵律层，其中粉砂质泥岩含炭化的植物化石 272.71m

———整合———

下伏地层：中侏罗统色哇组灰绿色薄层状泥质粉砂岩

Ⅳ. 昂达尔错双湖区多玛乡哈尔托贡玛中侏罗统色哇组—布曲组实测剖面（图 2－16）：

上覆地层：中侏罗统布曲组灰色中薄层状泥晶灰岩

——————整合——————

**莎巧木组（$J_2\hat{s}q$）：** **1 082.85m**

13. 黄绿色、灰色薄层状粉砂岩、泥质粉砂岩，夹青灰色中薄层状细粒含海绿石石英砂岩 78.39m
12. 灰黑色极薄层状泥岩 92.51m
11. 深灰色薄层状细粒岩屑砂岩 90.53m
10. 灰白色薄层状细粒岩屑砂岩与灰绿色薄层状粉砂岩韵律 83.65m
9. 灰色薄层状细粒岩屑砂岩，上部见 13.45m 厚的灰黑色薄层状生物碎屑鲕粒灰岩 66.25m
8. 下部为灰色薄层状细粒岩屑石英砂岩，上部为灰绿色薄层状粉砂岩，其中石英砂岩产双壳类化石。 53.54m

双壳类化石：*Gervillella* ? sp.
*Propeamussium* (*P.*) *heptacostatum* Wen
*Thracia* sp.

7. 灰色中薄层状鲕粒灰岩 23.44m
6. 灰色薄层状中细粒长石砂岩与灰绿色薄层状细粒含海绿石岩屑石英砂岩韵律层 185.7m

双壳类化石：*Camptonectes* (*C.*) *laminatus* (J. Sowerby)
*Camptonectes* sp.
*Mactromya* cf. *gibossa* (Morris and Lyceff)
*Mactromyopsis* (*M.*) cf. *hemirhytideus* Cossmann
*Pholadomya* (*Bucardiomya*) *lirata* (J. Sowerby)
*Pleuromya* sp.
*Propeamussium* (*P.*) *donaiense* (Mansuy)
*Propeamussium* (*P.*) *heptacostatum* Wen
*Propeamussium* (*P.*) sp.

5. 青灰色中薄层状细粒含海绿石石英砂岩与灰绿色薄层状粉砂岩韵律 177.96m

双壳类化石：*Actinostreon* sp.
*Ceratomya* ? sp.
*Corbulamima* cf. *attenuata* (Lycett)
*Isocyprina* (*I.*) *boonei* Cossmann,?
*Meleagrinella braamburiensis* (Phillips)
*Myophorella* sp. nov.
*Propeamussium* (*P.*) cf. *heptacostatum* Wen
*Propeamussium* sp.
*Tancredia* (*T.*) *gibbosa* Lycet
*Protocardia* ? sp.
*Myophorella* sp. nov.
*Myophorella* sp.

腹足类化石：*Coelostylina* sp.

4. 灰色中薄层状细粒石英砂岩与灰绿色中薄层状粉砂岩及灰黑色极薄层状泥岩韵律，其中石英砂岩产双壳类化石。 105.18m

双壳类化石：*Actinostreum gregareum* (J. Sowerby)
*Actinostreum* sp.
*Isocyprina* (*I.*) *boonei* Cossmann
*Liostrea birmanica* (Reed)
*Pleuromya uniformis* (J. Sowerby)
*Trigonia*? sp.

3. 灰色、灰黄色极薄层状—薄层状细粒含海绿石长石石英砂岩，上部见 7.07m 厚的灰黑色极薄层状粉砂质泥岩　46.23m

2. 灰绿色薄层状含海绿石细粒石英长石砂岩　23.16m

————整合————

下伏地层：中侏罗统色哇组灰黑色极薄层状泥岩

V. 昂达尔错双湖特别区米改尔托巴中侏罗统莎巧木组—夏里组实测剖面（图 2-19）：

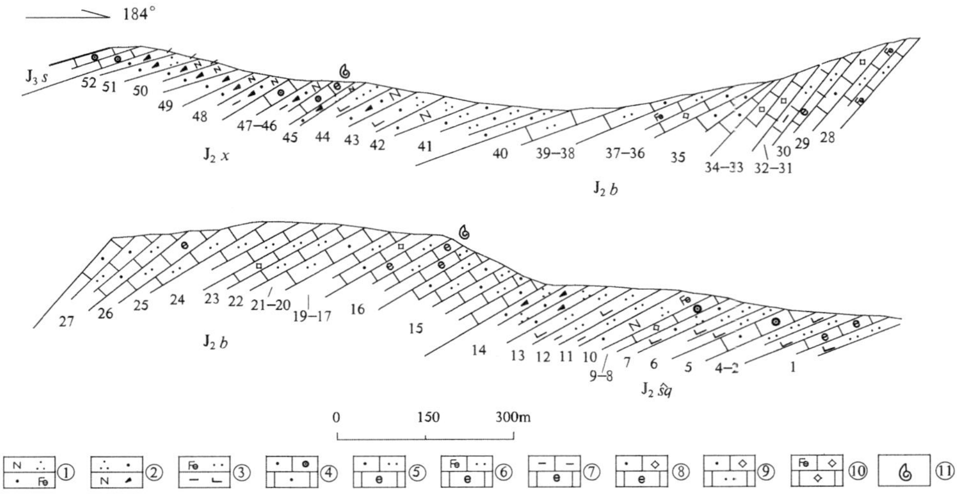


图 2-19　双湖特别区米改尔托巴中侏罗统莎巧木组—夏里组实测剖面图

①铁质长石石英细砂岩；②岩屑石英长石砂岩；③含铁质钙质泥质粉砂岩；

④鲕粒砂屑灰岩；⑤生物碎屑砂屑粉屑灰岩；⑥生物碎屑铁染粉屑灰岩；⑦生物碎屑泥质灰岩；

⑧生物碎屑砂屑微晶灰岩；⑨砂屑粉屑微晶灰岩；⑩铁质微晶灰岩；⑪动物化石；

$J_2\hat{s}q$. 莎巧木组；$J_2b$. 布曲组；$J_2x$. 夏里组；$J_3s$. 索瓦组

上覆地层：中侏罗统布曲组灰色中薄层状含砂屑粉屑灰岩

————整合————

**莎巧木组（$J_2\hat{s}q$）：　307.99m**

14. 灰褐色薄层状细粒岩屑石英砂岩　50.87m
13. 灰色薄层状钙质粉砂岩　16.64m
12. 灰色薄层状泥钙质粉砂岩　30.90m
11. 灰绿色薄层状泥质粉砂岩　22.21m
10. 褐灰色薄层状含铁质长石石英细砂岩　26.98m
9. 灰色薄层状亮晶鲕粒灰岩　6.49m
8. 浅灰绿色薄层状钙质粉砂岩　8.660m
7. 灰色薄层状钙质石英细砂岩　16.16m
6. 灰褐色薄层状含铁质钙质粉砂岩　38.66m
5. 灰色薄层状石英粉砂岩、黄色薄层状含鲕粒细砂屑灰岩、灰色薄层状含生物碎屑微晶灰岩韵律层　29.57m
4. 灰褐色薄层状钙质粉砂岩　16.43m
3. 灰色薄层状含生物碎屑中砂屑微晶灰岩　2.35m
2. 灰褐色薄层状钙质粉砂岩　16.83m
1. 灰色薄层状含生物碎屑灰岩、灰褐色薄层状钙质粉砂岩韵律层　25.24m

（未见底）

通过上述剖面，我们可以看出莎巧木组下与色哇组、上与布曲组均呈整合接触，是一套海相碎屑岩夹少量碳酸盐岩地层。在区内岩性较为稳定。但因其地理位置的不同横向上略有以下变化：

本幅双湖特别区朋彦错南登琼多剖面该组厚度为426.21m。岩性由灰色—灰黑色—灰绿色岩屑石英砂岩、石英砂岩、长石砂岩、岩屑砂岩与粉砂质泥岩、粉砂岩、页岩为主夹少量鲕粒灰岩和泥晶灰岩及含海绿石石英砂岩。其沉积环境为浅海陆棚泥岩和石英砂岩沉积环境。但鲕粒灰岩的出现说明有时处于滨浅海沉积环境。

昂达尔错幅色哇区莎巧木山剖面该组厚度大于1 015m。岩性为黑色石英砂岩与泥岩互层夹粉砂岩。其沉积环境为浅海陆棚泥岩和石英砂岩沉积环境。

昂达尔错幅多玛乡曲瑞恰乃剖面该组厚度为942.79m。岩性以灰色—灰绿色岩屑石英砂岩、泥质粉砂岩、粉砂质泥岩、泥岩为主，其夹有少量灰岩。其总体沉积环境仍属浅海陆棚泥岩和石英砂岩沉积环境。但局部鲕粒灰岩的出现说明有时处于滨浅海前滨沉积环境。此外，下部的白云石化生物碎屑砂屑灰岩及少量炭化植物化石的出现，说明早期可能有半滞流的泻湖沉积环境。

昂达尔错幅多玛乡哈尔托贡玛剖面该组厚度为1 082.85m。岩性由灰色—深灰色—灰绿色石英砂岩、岩屑石英砂岩、岩屑砂岩与粉砂岩、泥质粉砂岩、泥岩组成韵律层，中部夹少量鲕粒灰岩。其中，石英砂岩普遍含海绿石，其沉积环境属浅海陆棚。中部鲕粒灰岩的出现，说明中期可能处于滨浅海前滨沉积环境。

昂达尔错幅双湖特别区米改尔托巴剖面该组厚度为307.99m。岩性以灰色—灰褐色泥钙质粉砂岩、岩屑石英砂岩、石英细砂岩为主，夹少量灰岩。其沉积环境可能为浅海陆棚环境。中部鲕粒灰岩的出现，说明中期可能处于滨浅海前滨沉积环境。

综上所述，莎巧木组据区域分布资料厚度为1 082.85m。岩性以灰色—灰黑色石英砂岩、泥岩、粉砂岩韵律层为主，夹少量灰岩。其沉积环境各地略有不同（图2-17），但以浅海陆棚沉积环境为主。局部可见滨浅海前滨沉积环境及泻湖沉积环境。此外，从海水的深度来看西部的水体较浅，东部的水体较深。

（2）层序地层特征

莎巧木组层序地层学研究主要是根据多玛乡曲瑞恰乃剖面建立。该剖面由III，IV层序（图2-18）组成，具较完整有序的层序。第10—14层为III层序（图2-18），为高位体系域（HST）代表，主要由薄层状石英砂岩、泥质粉砂岩、粉砂质泥岩及灰岩组成。下界面之上层厚增大，层面之下沉积环境突然变深。第15—18层为IV层序（图2-18）。第15—16层为海侵体系域（TST）代表，由中层状灰岩组成。第17—18层为高位体系域（HST）代表，由极薄层—薄层状泥岩与薄层状粉砂岩组成准层序。综上莎巧木组层序地层反映了浅海陆棚—滨海沉积环境特征（图2-18）。

（3）生物地层及时代讨论

本次工作在昂达尔错幅莎巧木组中采集到了大量的双壳类、腕足类、珊瑚及腹足类等化石。其中双壳类由中国科学院南京地质古生物研究所沙金庚研究员鉴定，其属种有 *Anisocardia*（? *A.*）*minima*（J. Sowerby），*Actinostreum gregareum*（J. Sowerby），*Actinostreum* sp.，*Bositra buchii* Roemer，*Bositra*? sp.，*Camptonectes*（*C.*）*laminatus*（J. Sowerby），*Camptonectes* sp.，*Ceratomya* ? sp.，*Corbulomima* cf. *attenuata*（Lycett），*Corbulomima wulanwulaensis* Sha，*Corbula* sp.，*Entolium* sp.，*Gervillella*? sp.，*Isocyprina*（*I.*）*boonei* Cossmann，*Isocyprina* sp.，*Liostrea birmanica*（Reed），*Mactromya* cf. *gibossa*（Morris and Lyceff），*Mactromya* ? sp.，*Mactromyopsis*（*M.*）cf. *hemirhytideus* Cossmann，? *Meleagrinella braamburiensis*（Phillips），*Meleagrinella* sp.，*Myophorella* sp.，*Pleuromya uniformis*（J. Sowerby），*Pleuromya* sp.，*Pholadomya*（*Bucardiomya*）*lirata*（J. Sowerby），*Protocardia stricklandi*（Mmorris and Lycest），*Protocardia*（*P.*）*lycetti* Rollier，*Protocardia*（*P.*）*kachchensis* Fürsich Heize and Jaitly，*Protocardia* sp.，*Pressasatarte*（*Pinguiastarte*）cf. *nummus*（Sauvage），*Propeamusium*（*P.*）*donaiense*（Mansuy），*Propeamusium*（*P.*）*heptacostatum*Wen，*Propeamusium* sp.，*Pseudocorbula* aff. *nuculiformis*（Zenker），*Pseudocorbula* sp.，*Pteria*? sp.，*Pseudolimea* sp.，*Pseudopecten*（*Echinopecten*）cf. *barbatus*（J. Sowerby），*Spon-*

dylopecten (*S.*) cf. *palinurus* (d'Orbigny), *Spondylopecten* (*S.*) sp., *Thracia* sp., *Tancredia* (*T.*) *gibbosa* Lycet, *Trigonia*? sp. *Nicaniella* (*N.*) cf. *extensa* Phillips, *Nicaniella* (*N.*) sp. 等。其大部分属种为特提斯区分子。其地质时代为中侏罗世。其中，*Camptonectes* (*C.*) *laminatus* 和 *Trigonia* 为 2000 年《中国地层研究二十年》中阿林阶（Aalenian）—巴柔阶（Bajocian）*Trigonia-Camptonectes* (*C.*) *laminatus* 双壳类组合化石。*Anisocardia*，*Camptonectes* 为 2001 年《青藏高原地层》中羌塘分区巴柔阶（Bajocian）*Anisocardia gibbosa-Camptonectes auritus* 双壳类组合化石。腕足类化石由中国科学院南京地质古生物研究所孙东立研究员鉴定，其属种有 *Planirhynchia* cf. *tantilla* Sucic-Protic。其地质时代为晚三叠世—早侏罗世。珊瑚由中国科学院南京地质古生物研究所廖卫华研究员鉴定，其属种有 *Stylosmilia* sp.，其地质时代为侏罗纪。腹足类由中国科学院南京地质古生物研究所潘华璋研究员鉴定，其属种有 *Coelostylina* sp.。其地质时代为三叠纪—侏罗纪。

此外，吴瑞忠等人 1986 年在层型剖面采集到双壳类化石，其属种有 *Modiolus* sp.，*Mytilus* sp.，*Liostrea* cf. *dubiensis*，*Liostrea birmanica*，*Chlamys griesbachi*，*Chlamys laevis*，*Lopha asella namtuensis*，*Protocardia stricklandi* 等。通过这些化石当时确定莎巧木组为中侏罗世。

从上述生物群特征来看，莎巧木组以产巴柔阶（Bajocian）双壳类为特征，故本幅认为莎巧木组的地质时代无疑为中侏罗世巴柔期（Bajocian）（表 2-6）。

### 5. 中侏罗统布曲组（$J_2b$）

（1）岩石地层特征

布曲组由白生海 1989 年命名，命名地点位于青海省雀莫错东山，原义为灰黑色巨厚层生物碎屑灰岩、灰色厚层结晶灰岩夹生物碎屑灰岩及深灰色厚层白云质泥晶灰岩、角砾状灰岩。底部以灰黑色巨厚层生物碎屑灰岩出现为标志与下伏沱沱河组分界；该组与下伏沱沱河组和上覆夏里组均为整合接触。1997 年《西藏自治区岩石地层》、1999 年《西南区区域地层》、2001 年《青藏高原地层》对羌南-保山地层区侏罗系进行了详细的划分及对比（表 2-3），并认为布曲组为中侏罗统巴通阶（Bathonian）。本幅沿用《西南区区域地层》的定义，指整合分布于莎巧木组之上的主要为灰岩的一套稳定型浅海相沉积。产双壳类、腕足类及菊石、珊瑚化石，与其上覆地层夏里组整合接触。

布曲组主要分布于果被日艾、窝卢俄由、日阿由洛姜、卓包、次依查库、虾日玛、叶立邦绒等地，其出露面积约 650.44km$^2$。

Ⅰ. 双湖特别区朋彦错南登琼多中侏罗统色哇组—布曲组实测剖面（见图 2-13）：

上覆地层：新近系康托组下段紫红色厚—巨厚层状石灰岩质粗砾岩

～～～～～～角度不整合～～～～～～

| | |
|---|---|
| **布曲组（$J_2b$）：** | **240.66m** |
| 38. 深灰色极薄层状泥质粉砂岩与灰色中层状泥晶灰岩韵律，下部厚 3.37m 为灰色中层状含生物碎屑砂屑灰岩 | 11.11m |
| 37. 灰绿色—灰黑色极薄层状页岩、钙质页岩夹灰紫色中层状豆粒灰岩 | 8.08m |
| 36. 灰色薄层状钙质细粒岩屑砂岩 | 6.06m |
| 35. 灰色中薄层状含生物碎屑结晶灰岩，上部厚 3.37m 为深灰色中层状砂屑微晶灰岩，其中结晶灰岩中产双壳类：*Propeamussium* sp. | 14.14m |
| 34. 灰色薄层状细粒岩屑砂岩 | 13.81m |
| 33. 深灰色中层状含鲕砂屑灰岩 | 35.76m |
| 32. 灰色薄层状含鲕砂屑灰岩 | 14.90m |
| 31. 灰色中厚层状含生物碎屑泥晶灰岩及鲕粒灰岩 | 20.86m |
| 30. 深灰色中层状生物碎屑砂屑灰岩 | 13.06m |

腕足类化石：? *Holcothyris subovalis* Buckman（图版 VI，21，22，23，24）

*Holcothyris concava* Buckman（图版 V，1，2，3，4，9，10，11，12）
*Holcothyris delta* Buckman（图版 V，13，14，15，16；图版 VI，1，2，3，4）
*Holcothyris trigonalis* Buckman（图版 VI，5，6，7，8）
*Holcothyris rostrata* Buckman（图版 V，17，18，19，20）
*Holcothyris dubia* Buckman
*Cererithyris lingularis* (Jin，Sun et Ye)（图版 VI，13，14，15，16）
*Cererithyris richardsoni* (Muir-Wood)（图版 VI，17，18，19，20）
? *Sphaeroidothyris* sp.
*Wattonithyris moquensis* (Jin，Sun et Ye)（图版 V，21，22，23，24）

双壳类化石：*Plagiostoma cardiiformis* J. Sowerby
*Pholadomya* (*Bucardiomya*) *lirata* (J. Sowerby)

珊瑚化石：*Pamiroseris* ? sp.
*Thamnasteria*? sp.

29. 灰色中薄层状含生物碎屑泥晶灰岩，上部厚 2.88m 为灰黄色薄层状细粒岩屑砂岩，其中泥晶灰岩中产双壳类 13.68m

双壳类化石：*Plagiostoma cardiiformis* J. Sowerby

————整合————

下伏地层：中侏罗世莎巧木组灰绿色薄层状中粒砂岩

## Ⅱ. 昂达尔错幅双湖区多玛乡曲瑞恰乃中侏罗统色哇组—布曲组实测剖面（见图 2-15）：

**布曲组（$J_2b$）：** （未见顶）（第四系洪冲积相沉积物覆盖） **928.86m**

25. 灰黑色、深灰色中薄层状粉屑灰岩，下部夹灰绿色薄层状粉砂岩 78.46m
24. 灰黑色中层状粉屑灰岩与灰色薄层状粉屑灰岩韵律层 202.60m

双壳类化石：*Corbulomima*? sp.
*Protocardia* sp. 或 cf. *striatula* (Sowerby)
*Spodylopecten*? sp.
*Tancredia* (*T.*) cf. *gibbosa* Lycett

23. 灰色中层状含生物碎屑泥晶灰岩，含少量双壳类化石碎片 56.68m
22. 灰黑色薄层状含生物碎屑泥晶灰岩 129.68m
21. 灰色、深灰色、灰黑色中薄层状泥晶灰岩，含少量双壳类化石碎片 128.53m
20. 灰黑色中层状泥晶灰岩，含少量双壳类化石碎片，具缝合线构造 258.75m
19. 灰黑色中厚层状泥晶灰岩。上部见 9.85m 厚的浅紫红色薄层状泥晶灰岩 74.16m

双壳类化石：*Liastrea birmanica* Reed
菊石化石：? *Choffatia* sp.

————整合————

下伏地层：中侏罗统莎巧木组灰绿色薄层状粉砂岩

## Ⅲ. 昂达尔错幅双湖区多玛乡哈尔托贡玛中侏罗统色哇组—布曲组实测剖面（见图 2-16）：

**布曲组（$J_2b$）：** （未见顶）（第四系洪冲积相沉积物覆盖） **808.19m**

22. 灰色中薄层状泥质灰岩 83.59m
21. 灰黑色中层状泥晶灰岩 139.42m
20. 灰色中薄层状微晶灰岩 37.81m
19. 黄灰色中薄层状泥质灰岩 35.45m
18. 灰黑色中薄层状砂屑灰岩，底部有 9.34m 厚的黄灰色中层状泥晶灰岩 111.86m
17. 灰黑色中层状微晶灰岩及黄绿色中薄层状泥质灰岩 140.57m

16. 灰黑色中层状泥晶灰岩　193.36m
15. 浅粉红色中层状泥晶灰岩，产双壳类碎片　29.39m
14. 灰色中薄层状泥晶灰岩　36.74m

————整合————

下伏地层：中侏罗统莎巧木组黄绿色、灰色薄层状粉砂岩、泥质粉砂岩

Ⅳ. 昂达尔错幅双湖特别区米改尔托巴中侏罗统莎巧木组—夏里组实测剖面（见图2-19）：

上覆地层：中侏罗统夏里组黄绿色薄层状细砂质粉砂岩

————整合————

**布曲组（$J_2b$）：　616.47m**

40. 深灰色中薄层状粉屑灰岩　27.56m
39. 深灰色中层状粉屑灰岩　20.69m
38. 灰色中薄层状碳酸盐化砂屑粉屑灰岩　5.17m
37. 深灰色中薄层状粉屑灰岩、深灰色薄层状褐铁染粉屑灰岩韵律层　21.57m
36. 深灰色薄层状含粉屑微晶灰岩　0.67m
35. 灰色薄层状砂屑灰岩　3.57m
34. 深灰色薄层状微晶灰岩　2.76m
33. 灰色薄层状含粉屑微晶灰岩　3.05m
32. 灰色中薄层状粉屑灰岩　11.75m
31. 灰色极薄层状含泥质灰岩　2.18m
30. 灰色中薄层状含生物碎屑粉屑灰岩　18.06m
29. 灰色中薄层状含砂屑微晶灰岩　21.76m
28. 灰黄色薄层状褐铁染粉屑灰岩　34.37m
27. 灰色中薄层状砂屑质粉屑灰岩　47.45m
26. 深灰色中薄层状含生物化石砂屑质粉屑灰岩　27.09m
25. 灰色中薄层状粉屑灰岩　28.00m
24. 深灰色中层状粉屑灰岩　58.33m
23. 灰黄色薄层状含粉屑微晶灰岩　18.42m
22. 灰色中薄层状粉屑灰岩　24.27m
21. 深灰色中薄层状粉屑灰岩　10.36m
20. 灰色中薄层状含砂屑粉屑灰岩　16.39m
19. 灰色中薄层状含生物碎屑砂屑质粉屑灰岩　36.05m
18. 灰色中薄层状含生物碎屑微晶灰岩　4.11m
17. 灰黄色薄层状含铁质微晶灰岩　2.08m
16. 深灰色中薄层状含生物碎屑粉屑灰岩　64.17m

腕足类化石：*Burmirhynchia gutta* Buckman
*Burmirhynchia hyalaiensis* Buckman
*Burmirhynchia costata* Buckman
*Moquella arcuata* Jin，Sun et Ye
？*Holcothyris orbicularis* Buckman

15. 灰色中薄层状含砂屑粉屑灰岩　106.59m

————整合————

下伏地层：中侏罗世莎巧木组灰褐色薄层状细粒岩屑石英砂岩

通过上述剖面，我们可以看出布曲组与其下的莎巧木组碎屑岩和其上的夏里组碎屑岩均呈整合接触，是一套夹于两套碎屑岩之间的浅海相碳酸盐岩地层。其岩性界线较为明显。

布曲组在区内岩性较为稳定。但因其地理位置的不同略有以下变化：

本幅双湖特别区登琼多剖面布曲组厚度为240.66m。岩石以灰色、灰黑色为主，有少量呈灰紫色。

岩性以泥晶灰岩、微晶灰岩、砂屑灰岩为主，下部夹少量鲕粒灰岩，上部夹少量页岩、粉砂岩。其沉积环境可能属滨浅海前滨—临滨沉积环境。

曲瑞恰乃剖面该组厚度为 928.86m。岩石由灰色、灰黑色组成。岩性下部为泥晶灰岩，产菊石化石；上部为粉屑灰岩夹少量灰绿色粉砂岩。其沉积环境可能属浅海临滨较深水—滨海前滨沉积环境。

哈尔托贡玛剖面该组厚度为 808.19m。岩石以灰色、灰黑色为主。岩性以泥晶灰岩、微晶灰岩为主，上部夹砂屑灰岩和泥质灰岩。其沉积环境可能属浅海临滨较深水—滨海前滨沉积环境。

米改尔托巴剖面该组厚度为 616.47m。岩石由灰色、灰黑色组成。岩性以粉屑灰岩、砂屑粉屑灰岩为主，夹少量灰色—灰黑色粉屑微晶灰岩、微晶灰岩及泥质灰岩。其沉积环境可能属滨海前滨水沉积环境。

综上所述，布曲组最大厚度为 928.86m。其沉积环境均属浅海临滨较深水—滨海前滨沉积环境，但由于处于不同沉积位置，受潮汐作用影响不同，及海进、海退的影响，岩性组合在区内各地的略微变化是正常的。

（2）层序地层特征

布曲组层序地层学研究主要是根据赛邦集—那小祁优萨农根剖面建立。该剖面由 V 层序组成（图 2-18）。剖面显示海侵体系域（TST）特征，第 1—3 层为并进型碳酸盐岩沉积，由鲕粒灰岩组成加积式颗粒碳酸盐岩准层序。第 4—15 层为追补型碳酸盐岩沉积，以泥晶灰岩为主夹有藻礁灰岩、白云岩，且总体上显示了分布较广的泥晶碳酸盐岩沉积特征。故布曲组层序地层反映了浅海沉积环境特征（图 2-18）。

（3）生物地层及时代讨论

本幅在双湖特别区登琼多剖面采集到大量的腕足类、双壳类及珊瑚化石。腕足类经中国科学院南京地质古生物研究所孙东立研究员鉴定，其属种有？*Holcothyris subovalis* Buckman（图版 VI，21，22，23，24），*Holcothyris concava* Buckman（图版 V，1，2，3，4，9，10，11，12），*Holcothyris delta* Buckman（图版 V，13，14，15，16；图版 VI，1，2，3，4），*Holcothyris trigonalis* Buckman（图版 VI，5，6，7，8），*Holcothyris rostrata* Buckman（图版 V，17，18，19，20），*Holcothyris dubia* Buckman，*Cererithyris lingularis* (Jin，Sun et Ye)（图版 VI，13，14，15，16），*Cererithyris richardsoni* (Muir-Wood)（图版 VI，17，18，19，20），? *Sphaeroidothyris* sp.，*Wattonithyris moquensis* (Jin，Sun et Ye)（图版 V，21，22，23，24）。其地质时代定为中侏罗世巴通期（Bathonian）。其中，*Holcothyris* 为巴通阶（Bathonian）著名的 *Burmirhynchia-Holcothyris* 腕足类组合化石。双壳类经中国科学院南京地质古生物研究所沙金庚研究员鉴定，其属种有 *Propeamussium* sp.，*Plagiostoma cardiiformis* J. Sowerby，*Pholadomya* (*Bucardiomya*) *lirata* (J. Sowerby)。其地质时代定为中侏罗世。其中，*Plagiostoma* 为巴通阶（Bathonian）*Camptonectes laminatus-Radulopecten vagansxeg* 双壳类组合的主要分子。珊瑚由中国科学院南京地质古生物研究所廖卫华研究员鉴定，其属种有 *Pamiroseris* ? sp.，*Thamnasteria* ? sp.。其地质时代定为侏罗纪。

此外，本次工作在昂达尔错幅上述布曲组剖面中采集到大量的腕足类、双壳类、菊石等化石。其中腕足类化石由中国科学院南京地质古生物研究所孙东立研究员鉴定，其属种有 *Burmirhynchia gutta* Buckman，*Burmirhynchia hyalaiensis* Buckman，*Burmirhynchia costata* Buckman，*Moquella arcuata* Jin，Sun et Ye，? *Holcothyris orbicularis* Buckman。其地质时代定为中侏罗世巴通期（Bathonian）。其中，*Burmirhynchia*，*Holcothyris* 为巴通阶（Bathonian）著名的 *Burmirhynchia-Holcothyris* 腕足类组合化石。双壳类由中国科学院南京地质古生物研究所沙金庚研究员鉴定，其属种有 *Spondylopecten* (*S.*) *subpunctatus* (Monster)，*Spodylopecten*? sp.，*Corbulomima*? sp.，*Protocardia* sp. 或 cf. *striatula* (Sowerby)，*Tancredia* (*T.*) cf. *gibbosa* Lycett，*Liastrea birmanica* Reed。其地质时代定为中晚侏罗世。其中，*Protocardia*，*Liastrea* 为巴通阶（Bathonian）*Camptonectes laminatus-Radulopecten vagansxeg* 双壳类组合的主要分子。菊石由中国科学院南京地质古生物研究所陈挺恩研究员鉴定，其属种有 *Choffatia*? sp.。其地质时代定为中侏罗世。

本次工作在昂达尔错幅毕洛错东索日卡的布曲组中还采集到腕足类和双壳类化石。腕足类经中国科学院南京地质古生物研究所孙东立研究员鉴定，其属种有 *Burmirhynchia obessa* Buckman，*Burmirhynchia hyalaiensis* Buckman。其地质时代定为中侏罗世巴通期（Bathonian）。其中，*Burmirhynchia* 为巴通阶（Bathonian）著名的 *Burmirhynchia-Holcothyris* 腕足类组合化石。双壳类经中国科学院南京地质古生物研究所文世宣研究员鉴定，其属种有 *Ceratomya* sp.，*Camptonectes* sp.，*Gryphaea* sp.。其地质时代定为侏罗纪。其属种均为巴通阶（Bathonian）*Camptonectes laminatus-Radulopecten vagansxeg* 双壳类组合的主要分子。

从上述生物群面貌来看，布曲组以产巴通期（Bathonian）腕足类和双壳类为特征，故本幅认为布曲组的地质时代为中侏罗世巴通期（Bathonian）无疑，并建立 *Burmirhynchia-Holcothyris* 腕足类组合（表 2-6）。

**6. 中侏罗统夏里组（$J_2x$）**

（1）岩石地层特征

夏里组由白海生 1989 年命名，命名地点位于青海省雀莫错东山。原义为灰—灰绿—紫色砂岩、粉砂岩及钙质—泥质粉砂岩，夹数层鲕状灰岩和泥岩，局部夹细砾岩及石膏层，常见交错层理、波痕。底部以灰—紫色砂岩、粉砂岩与下伏布曲组整合接触。1999 年《西南区区域地层》、2001 年《青藏高原地层》对羌南-保山地层区侏罗纪地层进行了详细的划分及对比（表 2-3），并认为夏里组地质年代为中侏罗世卡洛夫期。本幅沿用《西南区区域地层》的定义。指整合于上覆索瓦组、下伏布曲组，夹于该两套碳酸盐岩层之间的一套灰色—灰黑色—猪肝色—灰绿色—黄绿色粉砂岩、泥质粉砂岩、泥岩、砂岩组成的韵律沉积，夹少量生物碎屑灰岩、鲕粒灰岩。产双壳类、腹足类化石。其地质时代为中侏罗世卡洛夫期。

夏里组主要分布于多不次、叶立邦绒一带，其出露面积约 111.13km²。

Ⅰ. 昂达尔错幅双湖特别区赛邦集—那小祁优萨农根中侏罗统夏里组实测剖面（图 2-20）：

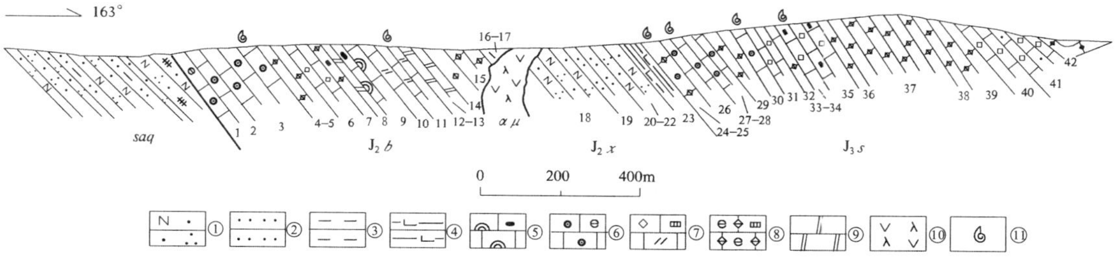


图 2-20 双湖特别区赛邦集—那小祁优萨农根中侏罗统布曲组—上侏罗统索瓦组实测剖面图
①长石石英砂岩；②粉砂岩；③泥岩；④钙质页岩；⑤藻礁灰岩；
⑥含生物碎屑鲕粒灰岩；⑦白云石化、含黄铁矿微晶、细晶、粗晶灰岩；
⑧含生物碎屑、黄铁矿泥晶灰岩；⑨白云岩；⑩安山玢岩；⑪动物化石；
*saq*. 赛公药长石石英砂岩；$J_2b$. 布曲组；$J_2x$. 夏里组；$J_3s$. 索瓦组

上覆地层：上侏罗统索瓦组黄白色中层状鲕粒泥晶灰岩

————整合————

| | |
|---|---|
| **夏里组（$J_2x$）：** | **261.38m** |
| 23. 深灰色极薄层状钙质页岩 | 23.26m |
| 22. 灰绿色薄层状细粒长石石英砂岩 | 64.09m |
| 21. 灰绿色极薄层状钙质粗粉砂岩 | 5.28m |

**表 2-6　帕度错幅多玛地层分区侏罗纪生物地层划分表**

| 年代地层 | | | 岩石地层 | 主要化石类群组合序列 | | |
|---|---|---|---|---|---|---|
| 系 | 统 | 阶 | | 菊石 | 腕足 | 珊瑚、双壳 |
| 侏罗系 | 上 | 提塘阶 | | | | |
| | | 基末利阶 | 索瓦组<br>$J_3s$ | | | |
| | | 牛津阶 | | | | |
| | 中 | 卡洛夫阶 | 夏里组<br>$J_2x$ | | | |
| | | 巴通阶 | 布曲组<br>$J_2b$ | | *Burmirhynchia-Holcothyris* 组合<br>*Holcothyris concava*<br>*Holcothyris delta*<br>*Holcothyris trigonalis*<br>*Holcothyris rostrata*<br>*Holcothyris dubia*<br>*Cererithyris lingularis*<br>*Cererithyris richardsoni*<br>? *Sphaeroidothyris* sp.<br>*Wattonithyris moquensis* | 珊瑚：<br>*Pamiroseris* ? sp.<br>*Thamnasteria* ? sp.<br>双壳：<br>*Plagiostoma cardiiformis*<br>*Pholadomya* (*B.*) *lirata*<br>*Propeamussium* sp. |
| | | 巴柔阶 | 沙巧木组<br>$J_2\hat{s}q$ | | | |
| | | | 色哇组<br>$J_2s$ | *Dosetensia-Sonninia* 组合<br>*Stephanoceras* cf. *boffmanni*<br>*Callyphylloceras* cf. *disputabilis*<br>*Fonntanesia* sp.<br>*Sonninia* cf. *pseudotuberculata*<br>*Sonninia* cf. *mesacantha*<br>*Sonninia* cf. *adicra*<br>*Lytoceras* sp. | *Rhynchonelloidea -Rhynchonelloidella* 组合<br>*Rhynchonelloidella platiloba*<br>*Rhynchonelloidella trigonalis*<br>*Rhynchonelloidella wattonensis*<br>*Moquella arcuata*<br>*Zeilleria* sp. | 双壳：<br>*Trigonia-Lopha* 组合<br>*Propeamusium* (*P.*) *pumilium*<br>*Propeamusium* (*P.*) *laeviradiatum*<br>*Entolium* (*E.*) *coneolum*<br>*Entolium* (*E.*) sp.<br>*Pseudolimea* sp.<br>*Corbula* sp. |
| | | 阿林阶 | | | | |
| | 下 | 土阿辛阶 | 曲色组<br>$J_1q$ | | | |
| | | 普林斯巴阶 | 索布查组<br>$T_3J_1s$ | | | |
| | | 辛涅缪尔阶 | | | | |
| | | 赫塘阶 | | | | |
| 三叠系 | 上 | 瑞替阶 | | | | |

20. 猪肝色薄层状细粒长石石英砂岩　7.55m
19. 灰色极薄层状细粉砂岩　46.80m
18. 灰绿色薄层状细粒长石石英砂岩（其底部见安山玢岩侵入）　34.83m
17. 深灰色薄层状钙质粗粉砂岩　55.70m
16. 灰黑色极薄层泥岩　23.87m

————整合————

下伏地层：中侏罗统布曲组灰色薄层状泥晶灰岩

Ⅱ. 昂达尔错幅双湖特别区米改尔托巴中侏罗统莎巧木组—夏里组实测地层剖面（见图 2－19）：

上覆地层：上侏罗统索瓦组灰色中薄层状含生物碎屑亮晶鲕粒灰岩

————整合————

**夏里组（$J_2x$）：　386.73m**

52. 灰绿色薄层状泥质细粒长石岩屑砂岩　8.38m
51. 灰黄色薄层状泥质中粒长石岩屑砂岩　30.71m
50. 灰绿色薄层状泥质细粒长石岩屑砂岩　45.18m
49. 灰绿色中薄层状泥质细粒岩屑长石砂岩　28.43m
48. 黄绿色中薄层状泥质细粒岩屑长石砂岩夹灰色薄层状含生物碎屑鲕粒灰岩　45.09m
47. 灰色极薄层状粉砂质泥岩　6.01m
46. 黄绿色中薄层状泥质细粒岩屑长石砂岩、灰色薄层状含生物碎屑灰岩、灰色薄层状鲕粒灰岩韵律层。其中含生物碎屑灰岩产双壳类。　38.89m

双壳类化石：*Propeamussium*（*P.*）*heptacostatum* Wen
*Meleagrinella* sp.
*Camptonectes*（*C.*）*auritus*（Schlotheim）
*Camptonectes*（*C.*）sp.

45. 黄绿色薄层状泥质细粒长石石英砂岩、灰色中厚层状含生物碎屑钙质细粒长石岩屑砂岩韵律层　13.17m
44. 黄绿色薄层状—极薄层状含生物碎屑钙质粉砂岩、灰色中薄层状含生物碎屑钙质中细粒岩屑长石砂岩韵律层　45.92m
43. 灰色薄层状钙质石英细砂岩　26.49m
42. 黄绿色中薄层状细粒长石石英砂岩　29.92m
41. 黄绿色薄层状细砂质粉砂岩　68.54m

————整合————

下伏地层：中侏罗统布曲组深灰色中薄层状粉屑灰岩

通过上述剖面，我们可以看出夏里组与其下的布曲组灰岩和其上的索瓦组灰岩均呈整合接触，是一套夹于两套碳酸盐岩之间的滨浅海相碎屑岩地层。其岩性界线十分明显。该组与布曲组构成完整的海进→海退沉积旋回。

该组在研究区内岩性组合特征因其地理位置的不同略有以下变化：

昂达尔错幅东部的赛邦集一带岩性主要由灰绿色、深灰、猪肝色薄层状长石石英砂岩与粉砂岩形成互层沉积，其底部见灰黑色极薄层泥岩，顶部见深灰色极薄层状钙质页岩。出露厚度较小，厚度为261.38m。

昂达尔错幅西部的米改尔托巴一带岩性主要由灰绿色—灰黄色—黄绿色中薄层状长石石英砂岩、粉砂岩、长石岩屑砂岩、岩屑长石砂岩形成韵律沉积。其中下部以黄绿色长石石英砂岩与粉砂岩韵律为主夹少量长石岩屑砂岩，上部以长石岩屑砂岩、岩屑长石砂岩韵律为主，夹少量含生物碎屑灰岩和鲕粒灰岩。其厚度为386.73m。

综上所述，夏里组岩性组合由东向西略有变化，其沉积环境均为滨浅海相沉积，但由于离物源区的距离及其所处沉积区域的不同而略有不同，西部受波浪作用较明显，而东则以静水环境为主，说明东部水体较深，且离陆源补给区可能较远，而西部水体较浅，可能离陆源补给区较近。

（2）层序地层特征

夏里组层序地层学研究主要是根据双湖特别区米改尔托巴剖面建立。该剖面由Ⅴ层序组成。剖面显示高位体系域特征。第41—45层由粉砂岩和长石石英砂岩组成。第46—52由长石岩屑砂岩、岩屑长石砂岩组成。其总体特征显示向上粒度变粗、沉积水体向上变浅的特征。故夏里组层序地层反映了滨浅海沉积环境特征。

（3）生物地层及时代讨论

本次工作在昂达尔错幅夏里组采集到了双壳类化石。双壳类由中国科学院南京地质古生物研究所沙金庚研究员鉴定，其属种有 *Propeamussium*（*P.*）*heptacostatum* Wen，*Meleagrinella* sp.，*Camptonectes*（*C.*）*auritus*（Schlotheim），*Camptonectes*（*C.*）sp.。其中 *Meleagrinella* 为羌塘-昌都地层区卡洛阶（Callovian）*Meleagrinella bramburiensis*-*Pronoella triangularis* 双壳类组合化石之一。故本幅将夏里组的地质时代置于中侏罗世卡洛夫期（Callovian）（表2-6）。

**7. 上侏罗统索瓦组（$J_3s$）**

（1）岩石地层特征

索瓦组由白海生1989年命名，命名地点位于青海省格尔木市唐古拉乡雀莫错东南7km。原意指底部与夏里组连续沉积的，相当于原雁石坪群上部的一组地层，即“三砂夹两灰”之第二“灰”。其总体上岩性是以碳酸盐岩为主。1999年《西南区区域地层》、2001年《青藏高原地层》对羌南-保山地层区侏罗系地层进行了详细的划分和对比（表2-3）。我们沿用《西南区区域地层》的定义。索瓦组指整合于中侏罗统夏里组之上的上侏罗统地质体，其岩性组合为一套灰色—灰黄色—灰紫色—灰黑色含生物碎屑灰岩、结晶灰岩、泥质灰岩、泥晶灰岩、鲕粒灰岩构成的碳酸盐岩。其中产珊瑚、双壳类化石。其地质时代为晚侏罗世。

上侏罗统索瓦组主要分布于依络宏、叶日那一带，其出露面积约 90.38$km^2$。

昂达尔错幅双湖特别区赛邦集—那小祁优萨农根上侏罗统索瓦组实测剖面（见图2-20）：

| | |
|---|---|
| **索瓦组（$J_3s$）：**（未见顶）（向斜另一翼） | **860.40m** |
| 42. 灰色薄层状泥晶灰岩 | 61.50m |
| 41. 灰黄色薄层状结晶砂屑灰岩 | 86.69m |
| 40. 紫灰色中薄层状微晶灰岩 | 59.05m |
| 39. 灰色中层状泥晶灰岩 | 50.03m |
| 38. 灰紫色中层状泥晶灰岩 | 22.55m |
| 37. 紫色中薄层状砂屑泥晶灰岩 | 167.32m |
| 36. 灰紫色中层状砂屑砾屑泥晶灰岩 | 22.87m |
| 35. 灰黄色中层状含黄铁矿细晶灰岩 | 61.82m |
| 34. 灰色中层状细晶灰岩 | 12.66m |
| 珊瑚化石：*Axosmilia* sp. | |
| 33. 灰紫色中层状含黄铁矿细晶灰岩 | 15.37m |
| 32. 灰黄色中层状泥晶灰岩 | 25.32m |
| 31. 灰色中层状细晶灰岩 | 42.50m |
| 30. 黄灰色中层状含生物碎屑鲕粒灰岩 | 31.35m |
| 珊瑚化石：*Thamnateria*? sp. | |
| 29. 浅紫色中薄层状泥晶灰岩 | 58.22m |
| 28. 灰色中层状含生物碎屑鲕粒灰岩 | 42.45m |
| 27. 灰黄色薄层状泥晶灰岩 | 4.52m |
| 26. 黄灰色中层状含生物碎屑鲕粒灰岩 | 39.53m |

25. 浅紫色中薄层状含生物碎屑鲕粒泥晶灰岩 21.79m
24. 黄白色中层状鲕粒泥晶灰岩 34.86m

————整合————

下伏地层：中侏罗统夏里组深灰色极薄层状钙质页岩

上述索瓦组厚860.40m。其岩性组合为一套陆源物质极度贫乏情况下的滨浅海碳酸盐沉积。下部鲕粒结构发育，其岩性以黄灰色—浅紫色—灰色中薄层状含生物碎屑鲕粒灰岩、鲕粒泥晶灰岩为主，属浅水动荡环境产物；上部结晶结构发育，其岩性以紫色—紫灰色—灰黄色泥晶灰岩、细晶灰岩为主，可能水体较深。该组在区域上岩性组合变化不大，比较稳定（图2-17），即由卡洛夫期海退形成夏里组的滨浅海碎屑岩沉积之后又发生了规模有限的海侵，进而形成索瓦组的滨浅海碳酸盐沉积。由于海水相对较浅，因而受海浪作用影响明显。在索瓦组下部见有鲕粒灰岩，并产出珊瑚等适宜于浅海环境的生物，索瓦组上部仍处于近滨浅海环境，因而形成了紫色、灰紫色泥晶灰岩或细晶灰岩。同时也由于海侵规模有限，因而导致所有剖面均未见到顶部层位及其上可能有的更新地层时代的地质体。

（2）层序地层特征

索瓦组层序地层学研究主要是根据双湖特别区赛邦集-那小祁优萨农根剖面建立。该剖面由Ⅵ层序（图2-18）组成。剖面显示海侵体系域（TST）特征，其中第24—30层为并进型碳酸盐岩沉积，由3个泥晶灰岩和鲕粒灰岩准层序组成退积准层序。第31—42层为追补型碳酸盐岩沉积，由细晶灰岩和泥晶灰岩准层序组成退积准层序组，该体系下部水体较浅，上部水体较深。综上索瓦组层序地层反映了浅海沉积环境特征（图2-18）。

（3）生物地层及时代讨论

本次工作在昂达尔错幅索瓦组采集到了珊瑚化石。经中国科学院南京地质古生物研究所廖卫华研究员鉴定，其属种有 *Axosmilia* sp.，*Thamnateria*? sp.。其地质时代为中侏罗世—早白垩世。且该组整合覆盖于中侏罗统夏里组之上。此外，综合各地索瓦组所得化石，均代表晚侏罗世生物群特征。故本幅认为索瓦组的地质时代可能为晚侏罗世（表2-6）。

### （二）木嘎岗日地层分区

木嘎岗日地层分区地层单元有下—中侏罗统木嘎岗日岩群、上侏罗统沙木罗组、吐卡日组。

#### 1. 侏罗系木嘎岗日岩群（$J_{1-2}M$）

（1）岩石地层特征

1979年文世宣命名木嘎岗日岩群时，仅发表了命名地点尼玛西北、达则错北木嘎岗日主峰木嘎各波日东南坡，而未发表命名剖面地理坐标，且野外地质调查时很难找到命名剖面，故本幅在昂达尔错幅双湖特别区多玛乡日阿另测木嘎岗日岩群剖面。

木嘎岗日岩群原指王文彬称为三叠系的“班戈湖岩系”及西藏地质图中改称为二叠系的部分，因在其中发现中侏罗统的珊瑚化石，而归中侏罗统。原义指不整合伏于新近系棕红色碎屑岩之下代表中侏罗统的一套深灰色—灰黑色灰绿色砂岩、泥岩夹硅质灰岩、灰岩凸透镜的地层，下未见底。木嘎岗日岩群自创名以来，1986年西藏自治区区调队①将木嘎岗日-扎加藏布一带典型的复理石建造，亦称木嘎岗日岩群，其地质时代置于侏罗纪。1993年《西藏自治区地质志》、1997年《西藏自治区岩石地层》、1999年《西南区区域地层》等均继续沿用此名（表2-3），但其所代表的年代地层各异，依次分别为下—中侏罗统、侏罗系、下—中侏罗统。我们沿用《西藏自治区岩石地层》的定义，系指沿班公湖-怒江构造带分布的一套深灰色—暗绿色—灰黑色泥质板岩与变质砂岩、粉砂岩夹灰岩、硅质灰岩为主的地层体。化石稀少，有少量双壳类、腕足类化石，其下未见底，上未见顶，其中常夹有灰岩岩块（中二叠统）、

① 西藏自治区地质矿产局区域地质调查大队.1986，改则幅区域地质调查报告（1∶100万）

枕状玄武岩岩块、放射虫硅质岩岩块（三叠系?）。其地质时代可能为早—中侏罗世。

此外，《西藏自治区岩石地层》中木嘎岗日岩群正层型标注的地理坐标 E87°32′，N32°20′和《中国地层典（侏罗系）》中木嘎岗日岩群命名剖面标注的地理坐标 E87°30′，N32°20′，经本次野外地质调查，其地理坐标点均落入花岗岩区，故地理坐标应加以纠正。

木嘎岗日岩群在幅内主要分布于勒尖勒、亚勒、茶术勒一带，其出露面积约 278.38km$^2$。

昂达尔错幅双湖特别区多玛乡日阿下—中侏罗统木嘎岗日岩群实测剖面（图 2-21）：

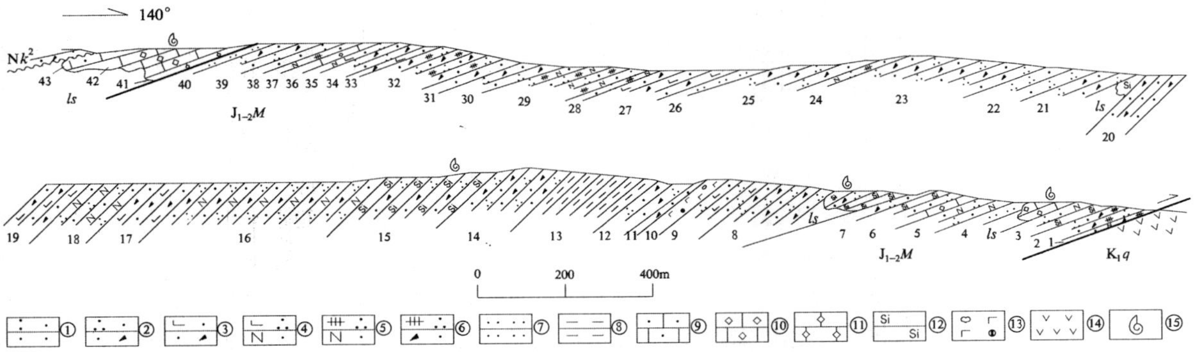


图 2-21　双湖特别区多玛乡日阿下—中侏罗统木嘎岗日岩群实测剖面

①凝灰质细砂岩；②岩屑石英砂岩；③钙质岩屑砂岩；④钙质长石石英砂岩；⑤长石石英杂砂岩；⑥岩屑石英杂砂岩；⑦粉砂岩；⑧泥质岩；⑨砂屑灰岩；⑩结晶、亮晶灰岩；⑪微晶灰岩；⑫硅质岩；⑬杏仁状球颗玄武岩；⑭安山岩；⑮动物化石；

$J_{1-2}M$. 木嘎岗日岩群；$K_1q$. 去申拉组；$Nk^2$. 康托组上段；*ls*. 外来灰岩岩块

上覆地层：新近系康托组紫红色钙质中细粒岩屑石英砂岩

~~~~~~角度不整合~~~~~~

**外来灰岩岩块（*ls*）：**　**97.15m**

43. 深灰色中层状亮晶砂屑灰岩　29.07m

42. 灰白色中层状结晶灰岩，产䗴科化石（外来岩块）　51.51m

䗴化石：*Yangchienia iniqua* Lee（图版 XVI，5）

*Chusenella tieni* Chen（图版 XVI，8）

*Neoschwagerina craticulifera* Schwager（图版 XVI，2，3，4）

*Neoschwagerina* cf. *craticulifera* Schwager（图版 XVI，7）

*Kahlerina nanlingensis* Wang Y. H.（图版 XVI，1，6）

41. 深黑色薄层状微晶灰岩　16.57m

═════断层═════

**木嘎岗日岩群（$J_{1-2}M$）：**　**2 163.84m**

40. 灰绿色薄层状变质粉砂岩　9.47m
39. 灰色中薄层状变质中细粒岩屑石英砂岩　26.24m
38. 灰绿色中薄层状凝灰质细砂岩　12.03m
37. 灰色薄层状变质细粒长石杂砂岩　13.63m
36. 灰黑色中层状砾屑砂屑亮晶灰岩　14.99m
35. 深灰色薄层状钙质长石石英砂岩　16.44m
34. 灰色薄层状细粒岩屑石英砂岩　45.21m
33. 深灰色薄层状细粒钙质岩屑砂岩　16.57m
32. 灰绿色薄层状细粒岩屑石英杂砂岩　62.17m
~~~~~~

31. 灰色薄层状细粒岩屑砂岩 16.58m
30. 灰白色中层状钙质中细粒岩屑石英砂岩 36.30m
29. 灰色中薄层状变质细粒长石石英杂砂岩 61.43m
28. 黄灰色薄层状变质细粒长石石英杂砂岩 11.00m
27. 深灰色薄层状细粒钙质岩屑砂岩 62.78m
26. 黄绿色薄层状变质细粉砂岩 21.15m
25. 黄绿色中薄层状变质细粒岩屑石英砂岩，下部厚 19.06m 为深灰色薄层状变质细粒长石石英砂岩 76.12m
24. 黄绿色中薄层状变质中细粒长石石英杂砂岩，下部厚 2.21m 为灰绿色薄层状变质细粒长石岩屑杂砂岩 15.49m
23. 黄绿色中层状变质中细粒岩屑石英砂岩，上部厚 7.75m 为深灰色薄层状变质细粒岩屑石英砂岩 117.09m
22. 浅褐色薄层状变质中细粒长石石英砂岩 53.33m
21. 黄绿色中薄层状变质细粒岩屑石英砂岩，下部厚 5.31m 为灰色薄层状硅质岩岩块 60.72m
20. 黄绿色薄层状变质中粒岩屑砂岩 86.87m
19. 黄灰色中薄层状变质中粒钙质岩屑砂岩 74.44m
18. 黄绿色薄层状细粒长石石英砂岩 86.52m
17. 浅黄色薄层状变质细粒钙质岩屑砂岩 70.45m
16. 深灰色中薄层状细粒岩屑石英砂岩与黄绿色薄层状变质细粒长石石英砂岩韵律 220.09m
15. 浅灰、绿灰、深灰绿色薄层状硅质岩与黄绿色中层状变质细粒钙质岩屑石英砂岩韵律层 85.55m
14. 灰绿色中层状变质中细粒岩屑石英砂岩 76.35m
13. 灰色薄层状含生物碎屑粗粉砂岩 136.96m
12. 深灰色中薄层状变质细粒岩屑石英砂岩 59.49m
11. 黄绿色薄层状变质中细粒岩屑砂岩 17.98m
10. 暗灰色枕状杏仁状球颗玄武岩 29.97m
9. 灰绿色薄层状变质细粒钙质石英砂岩 69.76m
8. 灰色中薄层状变质中细粒岩屑石英砂岩，下部厚 61.51m 为深灰色、暗绿色中薄层状硅质岩岩块，其中暗绿色硅质岩岩块产放射虫 167.20m
放射虫化石：? *Xiphosphaera* sp.
7. 下部为深绿灰色薄层状放射虫硅质岩，上部为灰绿色薄层状变质细粒岩屑石英砂岩 15.96m
6. 灰色中薄层状硅质岩、变质细粒岩屑石英砂岩 47.29m
5. 灰黄色薄层状变质细粒长石石英砂岩 33.18m
4. 灰色薄层状粗粉砂岩，下部厚 29.35m 为灰白色厚层状结晶灰岩岩块，产苔藓虫 43.20m
苔藓虫化石：*Fistuliramus* sp.
3. 下部为深绿色薄层状硅质岩，上部为深灰色中薄层状变质细粒长石石英砂岩 51.03m
2. 灰绿色中层状变质中粒岩屑石英杂砂岩 24.15m
1. 灰色薄层状变质细粒长石岩屑杂砂岩 9.66m

（未见底）（断层）

上述剖面厚 2 163.84m。岩石由轻变质的灰色—深灰色—灰绿色—黄绿色岩屑石英砂岩、长石石英砂岩、钙质岩屑砂岩、岩屑石英杂砂岩、长石石英杂砂岩、长石岩屑杂砂岩组成韵律层系。其中，中下部见少量枕状玄武岩及三叠系（?）硅质岩和中二叠统灰岩岩块，上部夹少量灰绿色凝灰质细砂岩。该套岩石层系厚度较大，岩石中岩屑石英砂岩、岩屑砂岩、岩屑杂砂岩及外来岩块较发育。显而易见上述岩石有一定分选，但结构成熟度较低，并夹杂有灰岩等外来岩块，反映具有高能快速搬运沉积的浊流沉积特点。在天扎勒见有灰绿色粉砂岩与灰褐色岩屑石英砂岩组成“二元结构”构成明显的复理石沉积，且岩屑石英砂岩中保存有包卷层理构造，亦为高能水动力作用之产物。另外木嘎岗日岩群中化石罕见，亦说明沉积环境剧烈动荡，不适宜生物的生长和繁殖，其沉积环境可能为浅海陆棚斜坡之下的沉积环境。从上述岩石地层特征及沉积环境分析，说明该套地层形成于构造活动剧烈的洋盆边缘，即该套地层可能属复理石沉积岩系。

（2）生物地层及时代讨论

本幅在木嘎岗日岩群中未见到化石，因此其地质时代应沿用《西藏自治区岩石地层》厘定的地质时代，暂归侏罗纪，并根据本幅对上侏罗统吐卡日组和沙木罗组生物地层时代的确定，将木嘎岗日岩群暂置于早中侏罗世。

此外，本次工作在昂达尔错幅硅质岩和灰岩外来岩块中采集到放射虫和苔藓。放射虫经中国科学院南京地质古生物研究所王玉净研究员鉴定为？*Xiphosphaera* sp.，其地质时代为三叠纪?；苔藓虫经中国科学院南京地质古生物研究所胡兆珣研究员鉴定为 *Fistuliramus* sp.，其地质时代为中二叠世。在上述剖面之上的外来灰岩岩块中采集到䗴科，经中国科学院南京地质古生物研究所张遴信研究员鉴定，其属种有 *Yangchienia iniqua* Lee，*Chusenella tieni* Chen，*Neoschwagerina craticulifera* Schwager，*N.* cf. *craticulifera* Schwager，*Kahlerina nanlingensis* Wang Y. H.，其地质时代为中二叠世。

**2. 上侏罗统沙木罗组（$J_3\hat{s}$）**

（1）岩石地层特征

沙木罗组由西藏自治区区调队 1987 年命名，创名地点位于革吉县盐湖区南沙木罗。原义指出露于阿翁错-盐湖一带岩性为富含化石的未变质的浅海相碳酸盐岩和碎屑岩的上侏罗统。主要按年代地层划分。该组自创名以来，1993 年《西藏自治区地质志》、1997 年《西藏自治区岩石地层》、1999 年《西南区区域地层》、2001 年《青藏高原地层》沿用此名（表 2－3）。现定义指一套浅灰、深灰色粉砂岩，灰黑色粉砂质泥岩，深灰色、浅灰色细砂岩夹生物碎屑灰岩的地层。上未见顶，下未见底。其地质时代为晚侏罗世。

沙木罗组主要分布于布谷绒、不多赖、莫格岗穹、嘎日桑勒一带，其出露面积约 2 258.31km²。

尼玛县南错乡康们垌勒纤上侏罗统沙木罗组实测剖面（图 2－22）：

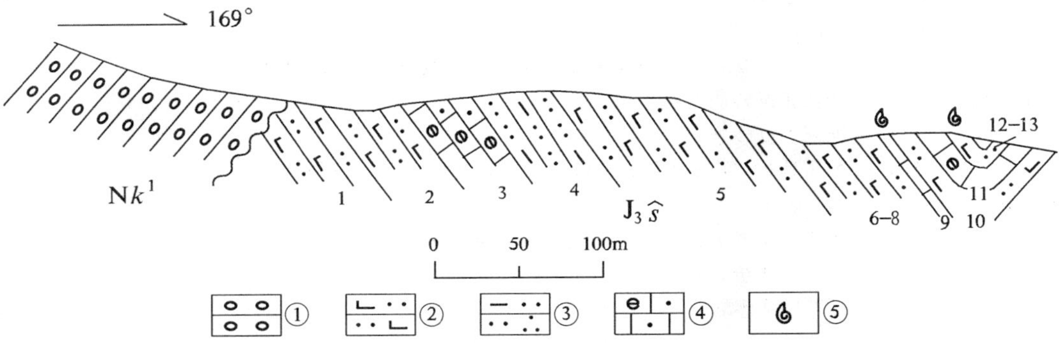


图 2－22　泥玛县南错乡康们垌勒纤上侏罗统沙木罗组实测剖面图
①砾岩；②钙质粉砂岩；③泥质粉砂岩；④生物碎屑砂屑灰岩；
⑤动物化石；$J_3\hat{s}$. 沙木罗组；$Nk^1$. 康托组下段

| | | |
|---|---|---|
| **沙木罗组（$J_3\hat{s}$）：** | （未见顶）（向斜另一翼） | **324.55m** |
| 13. 浅灰黑色中层状钙质粗粉砂岩 | | 1.28m |
| 12. 浅灰色薄层状钙质细粉砂岩 | | 5.66m |
| 11. 灰黑色中层状生物礁微晶灰岩 | | 3.96m |

珊瑚化石：*Stylosmilia tanggulaensis* Liao et Li（图版 III，10，12）
*Stylosmilia crassitheca* Liao et Li
*Stylosmilia bangoinensis* Liao et Li
*Allocoenia trochiformis* Etallon
*Thamnasteria cotteaui* Fromentel

刺毛虫化石：*Chaetetes* (*Pseudoseptifer*) *gambaensis* Yang et Wu
*Ptychochaetetes* (*Varioparietes*) *amdoensis* Deng

| | | |
|---|---|---|
| 10. | 浅灰色薄层状钙质细砂质粉砂岩 | 41.45m |
| 9. | 黑色中层状生物礁微晶灰岩 | 5.55m |
| | 腕足类化石：*Monticlarella* cf. *triloboides* (Quenstedt)<br>珊瑚化石：*Microsolena variolata* Gregory<br>刺毛虫化石：*Chaetetes* (*Pseudoseptifer*) *gambaensis* Yang et Wu | |
| 8. | 灰黑色极薄层状泥质粉砂岩 | 3.96m |
| 7. | 浅灰色薄层状钙质细砂岩 | 19.82m |
| 6. | 深灰色薄层状含生物碎屑钙质粗粉砂岩 | 24.24m |
| 5. | 深灰色薄层状含岩屑钙质细砂岩 | 94.46m |
| 4. | 灰黑色极薄层状泥质细粉砂岩 | 38.73m |
| 3. | 灰黑色中层状含生物碎屑砂屑灰岩 | 34.87m |
| 2. | 灰色极薄层状钙质泥质细粉砂岩 | 33.76m |
| 1. | 褐黄色薄层状钙质粗粉砂岩夹浅灰黑色薄层状钙质细砂岩 | 16.81m |

（未见底）（被新近系康托组下段覆盖）

根据上述剖面沙木罗组厚为324.55m。其岩性以深灰色—浅灰色钙质细砂岩，钙质、泥质粉砂岩为主，下部夹灰黑色砂屑灰岩，上部夹灰黑色生物礁微晶灰岩。其中的礁灰岩呈断续分布，形成点礁。故沙木罗组的沉积环境应位于浅海。

沙木罗组主要分布于班公湖-怒江结合带的北缘，属纳江错-其香错上侏罗统残留盆地。强烈的挤压碰撞作用使其褶皱变形。因此，上述剖面所测地层厚度不能反映其真实厚度。路线调查发现沙木罗组、吐卡日组地层出露面积较大，内部褶皱构造发育，岩石由粉砂岩、砂岩、灰岩组成韵律沉积。从岩石组合、岩石结构以及生物特征看，其沉积环境应为浅海相，但从其普遍褶皱，且地表出露面积较大，这一点看，其沉积厚度可能较大。因此，分析其当时应为沉积速度与地壳沉降速度基本相当的同构造沉积盆地，表现为浅海相的沉积组合，巨厚的沉积厚度。相邻的兹格塘错和班戈幅发现沙木罗组是角度不整合于木嘎岗日岩群之上。

（2）生物地层及时代讨论

本幅在上述尼玛县南错乡康们垌勒纤剖面中采集到了大量的珊瑚、刺毛虫、腕足类等化石。其中，珊瑚由中国科学院南京地质古生物研究所廖卫华研究员鉴定，其属种有 *Stylosmilia tanggulaensis* Liao et Li（图版III，10，12），*Stylosmilia crassitheca* Liao et Li，*Stylosmilia bangoinensis* Liao et Li，*Allocoenia trochiformis* Etallon，*Thamnasteria cotteaui* Fromentel，其地质时代为晚侏罗世。其中 *Thamnasteria* 是羌塘-昌都地层区珊瑚组合化石，*Stylosmilia* 是冈底斯-察隅地层区珊瑚组合化石，其时限均为牛津期（Oxfordian）—基莫利期（Kimmeridgian）。刺毛虫亦由中国科学院南京地质古生物研究所廖卫华研究员鉴定，其属种有 *Chaetetes*（*Pseudoseptifer*）*gambaensis* Yang et Wu，*Ptychochaetetes*（*Varioparietes*）*amdoensis* Deng，其地质时代为晚侏罗世。腕足类由中国科学院南京地质古生物研究所孙东立研究员鉴定，其属种有 *Monticlarella* cf. *triloboides*（Quenstedt），其地质时代为晚侏罗世。*Monticlarella* 一属在波兰南部见于牛津阶（Oxfordian）。此外，*Monticlarella* 还是新疆—西藏交界的界山达板组和羌塘西部索瓦组的腕足类组合化石之一，其时限相当于牛津期（Oxfordian）。

在上述剖面的向斜另一翼本幅还采集到双壳类和植物化石。双壳类由中国科学院南京地质古生物研究所文世宣研究员鉴定为 *Pseudolimea*? sp.，其地质时代为三叠纪—晚白垩世。

在诺尔玛错西采集了珊瑚化石，经中国科学院南京地质古生物研究所廖卫华研究员鉴定，其属种为 *Thecosmilia*? sp.（图版III，9）。*Thecosmilia* 是羌塘-昌都地层区珊瑚组合化石，其时限为牛津期（Oxfordian）—基莫利期（Kimmeridgian）。在甲日阿普错西3086地质点采集到珊瑚化石 *Epistreptophyllum*? sp.，其地质时代为侏罗纪。

此外，本次工作在昂达尔错幅果根错西南的7051和7047地质点，以及赞宗错东加塞见2016地质点、木荀日王纳江错东 2052 地质点、陇阿鄂昌西北角 7050 地质点本幅还采集了大量的珊瑚化石。经中国科学院南京地质古生物研究所廖卫华研究员鉴定 7051 地质点产 *Thecosmilia* ? sp.；7047 地质点产 *Fungiastraea arachnoides* (Parkinson)，*Thecosmilia*? sp.；2016 地质点产 *Montlivaltis* ? sp.，*Epistreptophyllum cylindratum* Milaschevitsch；2052 地质点产 *Calamophyllia* ? sp.，*Pachythecopora*? sp.；7050 地质点产 *Pachythecopora*? sp.。其中，*Thecosmilia*，*Epistreptophyllum* 是羌塘-昌都地层区珊瑚组合化石，其时限均为牛津期（Oxfordian）—基莫利期（Kimmeridgian）；*Montlivaltis* 则可以与喜马拉雅地层区的 *Actinastrea*，*Isatrea*，*Dungulia*，*Thecosmilia*，*Montlivaltis* 珊瑚动物群相对比，且时限可能相当。

因此，综合上述生物化石组合，我们可以确定沙木罗组的地质时代为晚侏罗世。并建立 *Thecosmilia-Epistreptophyllum-Stylosmilia* 珊瑚组合和 *Monticlarella* 腕足类组合，其时限应为牛津期（Oxfordian）—基莫利期（Kimmeridgian）（表 2－7）。

**表 2－7 帕度错幅木嘎岗日地层分区侏罗系生物地层划分表**

<table>
<tr><th colspan="3">年代地层</th><th rowspan="2">石地层</th><th colspan="3">主要化石类群组合序列</th></tr>
<tr><th>系</th><th>统</th><th>阶</th><th>腕足类</th><th>珊瑚</th><th>刺毛虫</th></tr>
<tr><td rowspan="10">侏罗系</td><td rowspan="3">上</td><td>提塘阶</td><td></td><td rowspan="2"></td><td></td><td rowspan="2"></td></tr>
<tr><td>基末利阶</td><td>吐卡日组<br>$J_3t$</td><td>Epistreptophyllum—<br>Cladophyllia 组合<br>Thecosmilia ? sp.<br>Montlivaltis ? sp.<br>Axosmilia ? sp.</td></tr>
<tr><td>牛津阶</td><td>沙木罗组<br>$J_3\check{s}$</td><td>Monticlarella 组合<br>Monticlarella cf.<br>triloboides</td><td>Thamnasteria-<br>Epistreptophyllum-<br>Stylosmilia 组合<br>Stylosmilia tanggulaensis<br>Stylosmilia crassitheca<br>Stylosmilia bangoinensis<br>Allocoenia trochiformis<br>Thamnasteria cotteaui<br>Microsolena variolata</td><td>Microsolena variolata<br>Chaetetes (P.)<br>gambaensis<br>Ptychochaetetes<br>(V.) amdoensis</td></tr>
<tr><td rowspan="3">中</td><td>卡洛夫阶</td><td rowspan="7">木嘎岗日岩群<br>$J_{1-2}M$</td><td rowspan="7"></td><td rowspan="7"></td><td rowspan="7"></td></tr>
<tr><td>巴柔阶</td></tr>
<tr><td>阿林阶</td></tr>
<tr><td rowspan="4">下</td><td>土阿辛阶</td></tr>
<tr><td>普林斯巴阶</td></tr>
<tr><td>辛涅缪尔阶</td></tr>
<tr><td>赫塘阶</td></tr>
</table>

### 3. 上侏罗统吐卡日组（$J_3t$）

（1）岩石地层特征

本次工作在昂达尔错进行路线地质填图和实测木嘎岗日岩群剖面时，在靠近班公湖-怒江带北缘边界附近，发现了一套以碳酸盐岩为主，夹少量碎屑岩、基性火山岩的岩石地层组合。该套地层与木嘎岗日岩群及沙木罗组有明显的差异，且在区域上分布较广，其地质时代为晚侏罗世。故新建吐卡日组（表2-3）。吐卡日组未见顶底，但根据区域展布和岩石学、生物学特征暂置于沙木罗组之上。

吐卡日组主要分布于苏达勒、孔弄勒、登琼、足扎勒钦、那生俄玛等地，出露面积约467.06km²。

I. 昂达尔错幅双湖特别区多玛乡尕勒保勒琼上侏罗统吐卡日组实测剖面（图2-23）：

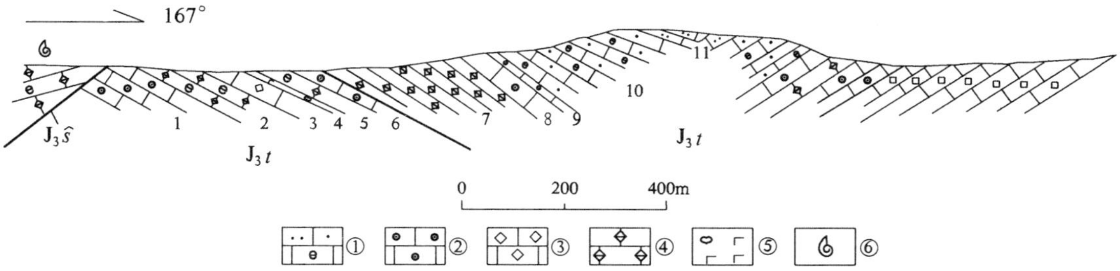


图2-23　双湖特别区多玛乡尕勒保勒琼上侏罗统吐卡日组实测剖面图
①含生物碎屑砂屑、粉屑灰岩；②鲕粒灰岩；③微晶灰岩；④泥晶灰岩；
⑤杏仁状玄武岩；⑥动物化石；$J_3\hat{s}$. 沙木罗组；$J_3t$. 吐卡日组

| | | |
|---|---|---|
| **吐卡日组（$J_3t$）：** | （未见顶）（向斜另一翼） | **701.27m** |
| 11. 灰黑色中层状含生物碎屑粉屑灰岩 | | 31.77m |
| 10. 灰黑色中薄层状含生物碎屑砂屑灰岩 | | 142.17m |
| 9. 灰白色中薄层状豆粒灰岩 | | 9.21m |
| 8. 灰白色中薄层鲕粒灰岩 | | 22.86m |
| 7. 黑灰色中薄层状泥晶灰岩 | | 198.00m |
| | ═══════断层═══════ | |
| 6. 灰黑色中薄层状鲕粒灰岩 | | 50.19m |
| 5. 灰色中薄层含生物碎屑泥晶灰岩 | | 40.85m |
| 4. 深灰绿色杏仁状玄武岩 | | 12.57m |
| 3. 深灰色中层状微晶灰岩 | | 70.71m |
| 2. 灰白色中薄层状含生物碎屑泥晶灰岩 | | 86.30m |
| 1. 灰白色中薄层状鲕粒灰岩 | | 36.64m |
| | （未见底）（断层） | |

II. 昂达尔错幅双湖特别区多玛乡陇阿鄂昌上侏罗统吐卡日组实测剖面（图2-24）：

| | | |
|---|---|---|
| **吐卡日组（$J_3t$）：** | （未见顶）（断层） | **1 007.79m** |
| 19. 灰黑色中厚层状泥晶灰岩 | | 44.24m |
| 18. 深灰色中厚层状含生物碎屑泥晶灰岩 | | 48.09m |
| 17. 灰色中层状含生物碎屑大理岩化泥晶灰岩 | | 29.45m |
| 16. 深灰色中厚层状微晶灰岩 | | 38.73m |
| 15. 灰白色中层状鲕粒灰岩 | | 85.20m |
| 14. 浅灰褐色中层状中粗砾岩 | | 6.43m |

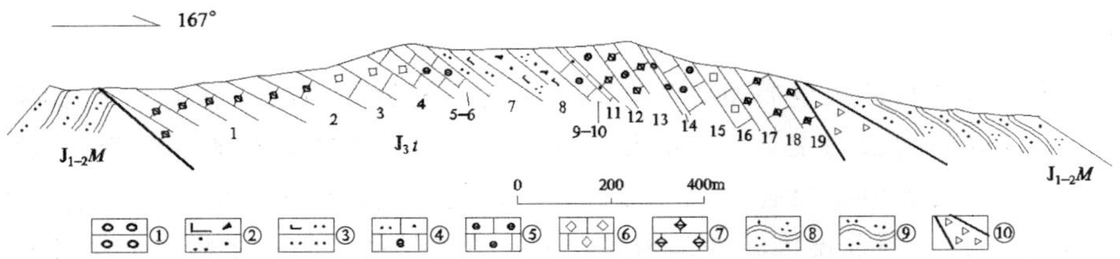


图 2-24　双湖特别区多玛乡陇阿鄂昌上侏罗统吐卡日组实测剖面图

①砾岩；②钙质岩屑石英砂岩；③钙质粉砂岩；④含生物碎屑砂屑、粉屑灰岩；⑤鲕粒灰岩；⑥微晶灰岩；⑦泥晶灰岩；⑧变质石英砂岩；⑨变质粉砂岩；⑩构造角砾岩；$J_{1-2}M$. 木嘎岗日岩群；$J_3t$. 吐卡日组

| | |
|---|---|
| 13. 灰黄色薄层状含生物碎屑泥晶灰岩 | 77.10m |
| 12. 灰色薄层状含生物碎屑泥晶灰岩 | 45.80m |
| 11. 浅灰色薄层状砂屑灰岩 | 15.27m |
| 10. 灰色薄层状鲕状灰岩 | 13.68m |
| 9. 灰色中层状鲕粒灰岩 | 20.52m |
| 8. 浅灰黄色薄层状钙质细粒岩屑石英砂岩 | 88.91m |
| 7. 灰黄色薄层钙质粗粉砂岩 | 59.84m |
| 6. 灰色中厚层状鲕粒灰岩 | 44.52m |
| 5. 灰色薄层状鲕粒灰岩 | 8.08m |
| 4. 灰色中厚层状微晶灰岩 | 88.88m |
| 3. 灰黑色中层状微晶灰岩 | 57.06m |
| 2. 灰白色中厚层状泥晶灰岩 | 89.71m |
| 1. 灰色中层状泥晶灰岩 | 146.28m |

（未见底）（断层）

该组厚 1 007.79m 。其岩性组合以灰白色—浅灰色—灰色—深灰色—灰黑色泥晶灰岩、微晶灰岩、结晶灰岩、鲕粒灰岩、砂屑灰岩为主，夹少量的粉砂岩、石英砂岩、玄武岩及砾岩，其中尕勒保勒琼剖面夹少量杏仁状玄武岩，陇阿鄂昌剖面夹少量粉砂岩、石英砂岩及砾岩。剖面中局部可见大理岩化现象，这可能与重结晶作用有关。剖面中碳酸盐岩厚度较大，仅有少量的碎屑岩，说明当时陆源物质较为贫乏，是一套典型的浅海碳酸盐相沉积产物。鲕粒灰岩与泥晶灰岩、微晶灰岩的交替出现说明当时的潮汐运动有时较为强烈，有时较为平静。但其沉积环境可能仍属浅海。此外，杏仁状玄武岩的出现说明当时构造相对活动，有基性火山喷发活动。

（2）生物地层及时代讨论

本幅在诺尔玛错东若竹夏勒根一带的 5020 地质点采集到大量吐卡日组珊瑚化石，经中国科学院南京地质古生物研究所廖卫华研究员鉴定，其属种有 *Thecosmilia* ? sp.（图版 III，11），*Epistreptophyllum* ? sp.（图版 III，7，8），*Montlivaltis* ? sp.（图版 III，2，3，4，5），*Axosmilia* ? sp.（图版 III，1），*Cladophyllia* ? sp.（图版 III，6）等。其中，*Thecosmilia*，*Epistreptophyllum* 是羌塘-昌都地层区珊瑚组合化石，其时限均为牛津期（Oxfordian）—基莫利期（Kimmeridgian）；*Montlivaltis* 则可以与喜马拉雅地层区的 *Actinastrea*，*Isatrea*，*Dungulia*，*Thecosmilia*，*Montlivaltis* 珊瑚动物群相对比，且时限可能相当。

本次工作在昂达尔错幅测制吐卡日组剖面时，采集到少量珊瑚及双壳类化石，但由于保存较差，不能详细鉴定。但在地质填图过程中，在该套地层的 6070 地质点和 GII 9 地质点中找到了珊瑚和刺毛虫化石。经中国科学院南京地质古生物研究所廖卫华研究员鉴定，6070 地质点刺毛虫化石属种有 *Chaetetes* (*Pseudoseptifer*)? sp.；GII 9 地质点珊瑚化石属种有 *Epismilia*? sp.，*Dermosmilia dobroge-*

aria Roniewicz，*Kobyastraea tenuis* Roniewicz；刺毛虫化石属种有 *Chaetetes*（*Pseudoseptifer*）? sp.。其地质时代为晚侏罗世。此外，本幅在上述剖面南侧木嘎岗日岩群外来岩块中还采集到二叠纪腕足类和苔藓虫。腕足类由中国科学院南京地质古生物研究所孙东立研究员鉴定为 *Notothyris triplicata* Dienner，其地质时代为中晚二叠世；苔藓虫由中国科学院南京地质古生物研究所胡兆珣研究员鉴定为 *Fistuliramus* sp.，*Cystiramus* sp.，其地质时代为中二叠世。

吐卡日组主要分布于本幅的南部，并与沙木罗组和木嘎岗日岩群相伴，其南见木嘎岗日岩群，其北见沙木罗组，其与沙木罗组和木嘎岗日岩群接触关系均为断层接触。但该组的地质时代为晚侏罗世是无疑的（表 2-7），并且根据相邻兹格塘错幅沙木罗组不整合覆盖于木嘎岗日岩群之上。故本幅将其暂置于上侏罗统沙木罗组之上。

此外，综合上述生物化石组合，我们确定吐卡日组的地质时代为晚侏罗世。并建立 *Epistreptophyllum-Cladophyllia* 珊瑚组合，其时限暂置于牛津期（Oxfordian）—基莫利期（Kimmeridgian）（表 2-7）。

### （三）侏罗系地层综述

区内侏罗系总体沉积环境较为复杂，同时存在着东西差异和南北差异，多玛地层分区总的环境演化为：碳酸盐台地→浅海陆棚→滨海→浅海陆棚→碳酸盐台地→滨海→碳酸盐台地→滨海→碳酸盐台地。在晚侏罗世中期，海水退出，区内处于暴露环境。木嘎岗日地层分区早中侏罗世属构造变动强烈时期，该期沉积了一套复理石沉积岩系。晚侏罗世以盆地边缘碳酸盐台地沉积为主。

此外，从区内侏罗纪海平面变化来看，与全球海平面变化极为相似，说明其演化过程受区域构造作用的影响不大。从沉积动力学分析，海平面变化一般受控于区域构造作用，受全球海平面变化的影响较弱，但本区海平面变化主要受控于全球海平面的变化，故本区侏罗纪时期具有被动大陆边缘盆地特征。

## 三、白垩系

测区内白垩系出露较小，分布范围不大，且较分散。其地层单元为下白垩统去申拉组（表 2-1）（表 2-3）。该组主要分布于木嘎岗日地层分区。该系出露面积约 11.56km²。

#### ——下白垩统去申拉组（$K_1q$）

（1）岩石地层特征

去申拉组由西藏自治区区调队 1986 年①创名（表 2-3），1993 年《西藏自治区地质志》、1997 年《西藏自治区岩石地层》曾认为该组与其南的多巴区幅冈底斯-腾冲地层区申扎小区的则弄群相当。但本幅及 2003 年多巴区幅和班戈幅认为在班公湖-怒江结合带内，即木嘎岗日地层分区内下白垩统继续使用去申拉组更为合适。该组岩性是一套中基性火山岩夹碎屑岩的沉积地层，即安山岩、角闪安山岩、杏仁状角闪安山岩夹安山质砾岩、岩屑砂岩、石英砂岩的沉积地层。其下与木嘎岗日岩群呈角度不整合接触，上为第四系所覆盖。

去申拉组在测区内出露较少，仅在查个代荡勒西北及加也蒙日有所出露。出露面积约 11.56km²。

昂达尔错幅双湖区陇阿鄂昌下白垩统去申拉组实测剖面（图 2-25）：

| | | |
|---|---|---|
| **去申拉组（$K_1q$）：** | （未见顶）（第四系洪冲积相沉积物覆盖） | **1 026.82m** |
| 8. 紫红色安山岩 | | 771.97m |
| 7. 紫色中—厚层状粘土质粉砂岩 | | 10.63m |
| 6. 紫色巨厚层状安山质巨砾岩 | | 7.09m |
| 5. 灰绿色角闪安山岩 | | 21.26m |

① 西藏自治区地质矿产局区域地质调查大队．1986，改则幅区域地质调查报告（1：100 万）

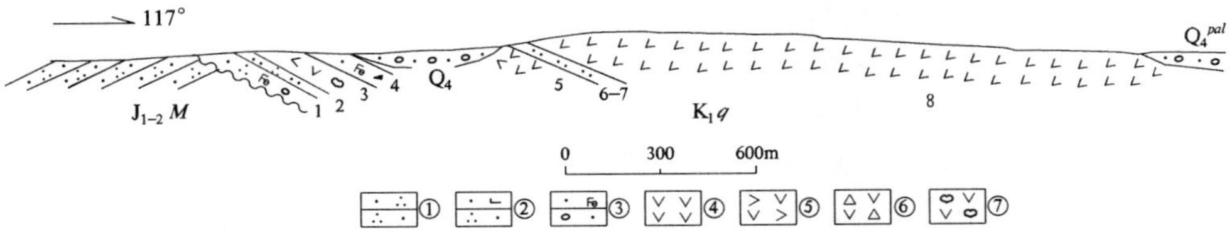


图 2-25　双湖区陇阿鄂昌下白垩统去申拉组实测剖面图

①石英砂岩；②钙质石英砂岩；③铁质含砾砂岩；④安山岩；

⑤角闪安山岩；⑥角砾状安山岩；⑦杏仁状安山岩；

$J_{1-2}M$. 木嘎岗日岩群；$K_1q$. 去申拉组；$Q_4^{pal}$. 第四系洪冲积相沉积物

| | |
|---|---|
| 4. 紫色中层状含砾铁质岩屑砂岩 | 56.73m |
| 3. 灰色杏仁状角闪安山岩 | 101.61m |
| 2. 紫色中—薄层状细粒粉砂质石英砂岩 | 21.13m |
| 1. 紫红色中层状含砾细粒铁质石英砂岩 | 36.40m |

~~~~~~~角度不整合~~~~~~~

下伏地层：下—中侏罗统木嘎岗日岩群青灰色薄层状细粒石英砂岩

去申拉组厚 1 026.82m，其厚度大于其南的多巴区幅和东南的班戈幅（2003 年）。其岩性是一套中基性火山岩夹碎屑岩，其中以紫红色安山岩、灰绿色角闪安山岩、灰色杏仁状角闪安山岩为主夹紫红色石英砂岩、岩屑砂岩及少量安山质巨砾岩。

在本幅去申拉组为陆相裂隙式喷发的火山岩夹碎屑岩。而 2003 年多巴区幅和班戈幅的去申拉组则为安山岩、安山质晶屑岩屑凝灰岩夹凝灰质砂岩、灰褐色安山质晶屑岩屑凝灰岩。显然本幅的去申拉组的熔岩成分多于 2003 年多巴区幅和班戈幅的去申拉组，且本幅的去申拉组沉积时期可能距离火山口较近。本幅的去申拉组的碎屑岩以紫色、紫红色为主，其古气候条件可能为较干旱的亚热带—热带气候。

（2）时代讨论

我们对该套地层进行了测年，K－Ar 年龄为 103.65Ma，其地质时代相当于早白垩世阿尔布期（Albian）。故本幅确定去申拉组的地质时代为早白垩世。

此外，2003 年西藏自治区地质调查院对班戈幅去申拉组也进行了测年，Rb－Sr 同位素年龄值为 126±2Ma，其地质时代相当于早白垩世巴雷姆期（Barremian）。

## 第三节　新生界

区内的新生界包括古近系、新近系、第四系（表 2－1）。

古近系地层单元有古-始新统牛堡组和渐新统纳丁错组。

新近系地层单元为康托组。

第四系下中更新统为冰碛及冰水沉积物，上更新统为盐水湖相、洪冲积物相、冰水、硅华、钙华，全新统为盐水湖相、冲积物相、洪冲积物相、洪积物相、钙华、沼泽相堆积物。

### 一、古近系

区内的古近系有古-始新统牛堡组和渐新统纳丁错组（表 2－1）。牛堡组分布于图幅东南角的班公湖-怒江断裂带内。纳丁错组分布于图幅的北部，两者的出露面积均较少。该系出露面积约 39.69km²。
~~~~~~~

## （一）木嘎岗日地层分区

木嘎岗日地层分区古近系为古-始新统牛堡组。

### ——古-始新统牛堡组（$E_{1-2}n$）

（1）岩石地层特征

牛堡组由青海省石油普查大队王文彬等人1957年创名为“牛堡层”，1978年西藏自治区第四地质队据钻孔资料整理，并改称牛堡组。1993年《西藏自治区地质志》引用牛堡组，1997年《西藏自治区岩石地层》亦沿用牛堡组，并定义该组为不整合覆于竟柱山组红色碎屑岩之上，平行不整合于丁青湖组泥岩、砂砾岩及凝灰岩之下的一套深水湖相泥岩、页岩、细—粗碎屑岩、碳酸盐岩含油气的地层体。产介形虫、孢粉等。

牛堡组在测区内出露较少，仅分布于壁隆夏勒根一带。出露面积约27.19$km^2$。

昂达尔错幅班戈县雄梅乡碌岗塘卡古-始新统牛堡组实测剖面（图2-26）：

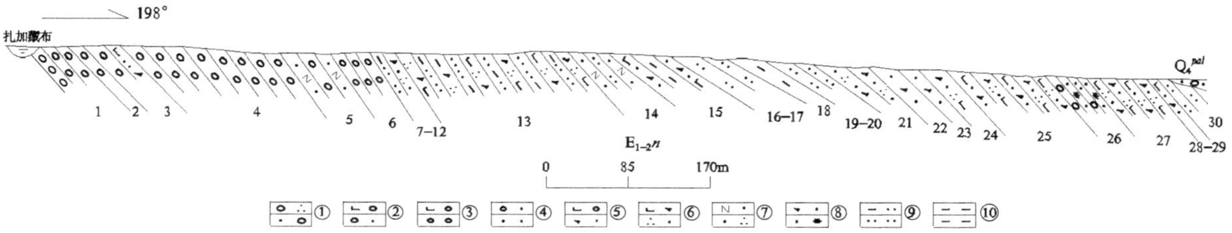


图2-26　班戈县雄梅乡碌岗塘卡古-始新统牛堡组实测剖面图
①石英砂岩质中粗砾岩；②钙质含粗砂中细砾岩；③钙质细砾岩；④含细砾粗砂岩；
⑤钙质含细砾岩屑砂岩；⑥钙质岩屑石英砂岩；⑦长石石英砂岩；⑧岩屑杂砂岩；
⑨泥质粉砂岩；⑩泥岩；$E_{1-2}n$. 牛堡组；$Q_4^{pal}$. 第四系洪冲积相沉积物

| | | |
|---|---|---|
| **牛堡组（$E_{1-2}n$）：** | （未见顶）（第四系洪冲积相沉积物覆盖） | **653.54m** |
| 30. 灰白色极薄层状细粉砂岩 | | 10.61m |
| 29. 灰黄色薄层状钙质含细砾中粗粒岩屑砂岩 | | 2.65m |
| 28. 姜黄色薄层状钙质中细粒岩屑砂岩 | | 2.65m |
| 27. 灰紫色极薄—薄层状钙质细粒岩屑石英砂岩 | | 36.42m |
| 26. 灰白色薄层状砂岩质细砾岩与姜黄色薄层状中细粒岩屑杂砂岩韵律 | | 25.10m |
| 25. 紫色薄层状钙质细粒岩屑砂岩与姜黄色极薄层状钙质细粒岩屑砂岩韵律 | | 61.38m |
| 24. 浅姜黄色中薄层状钙质细粒岩屑石英砂岩 | | 18.14m |
| 23. 浅黄灰色薄层状细粒岩屑砂岩 | | 12.10m |
| 22. 灰紫色薄层状细粒岩屑砂岩 | | 14.73m |
| 21. 土黄色薄层状细粒岩屑石英砂岩 | | 27.49m |
| 20. 浅灰褐色极薄层状泥质细粉砂岩 | | 1.96m |
| 19. 黄褐色极薄—薄层状粗粉砂岩 | | 21.6m |
| 18. 灰白色极薄—薄层状泥岩 | | 10.81m |
| 17. 土黄色薄层状含细砾细粒岩屑砂岩 | | 1.76m |
| 16. 黄绿色极薄—薄层状粗粉砂岩与浅灰褐色极薄层状泥质细粉砂岩韵律 | | 12.57m |
| 15. 黄褐色极薄层状钙质细粒岩屑砂岩与褐灰色极薄层状泥岩韵律 | | 30.95m |
| 14. 蓝绿色薄层状细粒长石砂岩与灰白色极薄层状细粉砂岩韵律 | | 20.63m |
| 13. 灰褐色薄层状钙质细粒岩屑石英砂岩与灰褐色极薄层状泥质粉砂岩韵律 | | 100.67m |
| 12. 紫褐色极薄—薄层状细粒岩屑石英砂岩 | | 2.74m |

| | |
|---|---|
| 11. 蓝灰色薄层状砾质中粒长石砂岩 | 1.37m |
| 10. 灰白色极薄层状细粉砂质泥岩 | 5.48m |
| 9. 灰黄色薄层状细粒岩屑砂岩 | 1.37m |
| 8. 蓝灰色极薄—薄层状含泥质粗粉砂岩 | 1.37m |
| 7. 紫色极薄—薄层状泥质粗粉砂岩与蓝灰色薄层状细粒长石石英砂岩韵律 | 3.43m |
| 6. 姜黄色厚—巨厚层状砂岩质中粗砾岩 | 28.62m |
| 5. 紫色厚层状细粒长石砂岩与紫色厚层状砂岩质中细砾岩韵律 | 35.77m |
| 4. 姜黄色厚层状石英砂岩质中粗砾岩 | 110.18m |
| 3. 紫色厚层状砂岩质中细砾岩与紫色中层状钙质中细粒岩屑砂岩韵律 | 23.58m |
| 2. 紫色厚层状砂岩质粗砾岩 | 9.56m |
| 1. 姜黄色厚层状砂岩质中细砾岩 | 17.85m |

（未见底）（第四纪河流）

本幅牛堡组位于伦坡拉盆地的西北缘，该组的厚度为653.54m，其厚度小于中心区。

上述剖面下部以姜黄色、紫色厚层状砂岩质砾岩为主，夹少量长石砂岩和岩屑砂岩。中上部以杂色极薄—薄层状岩屑石英砂岩、岩屑砂岩、粉砂岩韵律层为主，夹少量泥岩、长石砂岩、杂砂岩及细砾岩。其组合岩性特征与伦坡拉盆地中心区相似，并具湖相沉积特征，但其厚度明显变薄，沉积物粒度也明显变粗。

（2）生物地层及时代讨论

伦坡拉盆地中心区牛堡组化石较丰富，产介形虫、孢粉及轮藻类化石。据多巴区幅研究资料，牛堡组1段以 *Limnocythere-Eucypris* 介形虫组合为特征；第2段以 *Limnocythere-Cypris-Cyprinotus* 为特征；第3段以 *Limnocythere*，*Cypris-Eucypris-Candona* 介形虫组合为特征；第4段以 *Cypinotus-Candona* 介形虫组合特征。从总体面貌看第1段、第2段、第3段大致相当于古近纪始新世伊普里斯期（Ypresian）—巴尔通期（Bartonian）；第4段大致相当于古近纪始新世普利亚本期（Priabonian）。第2段以 *Quercoidites*（栎粉）-*Ulmipollenites*（榆粉）孢粉组合为特征，形成以被子花粉为主，裸子花粉为次，蕨类孢粉最少的孢粉生物群面貌。其生物群面貌与江西清江盆地早始新统的“清二段”、湖北江汉盆地早始新世新沟嘴组二段之孢粉组合相当。第3段 *Ephedripites*（麻黄粉）-*Quercoidites*（栎粉）孢粉组合与江西清江盆地中—晚始新统临江组相似。第4段为 *Abietineaepollenites*（单束松粉）-*Pinuspollenites*（双束松粉）-*Piceaepollenites*（云杉粉）-*Cedripites*（雪松粉）孢粉组合，该组合的出现说明本区的古气候已开始从炎热-温暖转向温暖-温冷。但该组合中依然有大量的属于炎热-温暖气候条件下生存的植物 *Ulmipollenites*，*Quercoidites*，*Ephedripites* 等，因此，我队认为第4段的古气候仍以炎热-温暖气候为主。其地质时代置于始新世晚期较为合适。综合上述生物地层资料我队认为牛堡组含生物化石的中上部地层的时代应为古近纪始新世，而下部不含化石的杂色砂岩、砂砾岩、砾岩的沉积时代应早于古近纪始新世。即牛堡组可能是古近纪古新世—始新世沉积产物。

本幅该期位于伦坡拉盆地的边缘，其沉积环境和生存条件不利于生物的生存，故本次工作未采集到生物化石。据我队在伦坡拉盆地中心区牛堡组的地质时代的对比可确定其为古近纪古新—始新世沉积产物。

### （二）多玛地层分区

多玛地层分区古近系地层单元为渐新统纳丁错组。

#### ——渐新统纳丁错组（$E_3n$）

（1）岩石地层特征

纳丁错组由西藏自治区区调队（1986）①创名，原义指改则县日玛东北纳丁错一带的中性偏碱性的

① 西藏自治区地质矿产局区域地质调查大队.1986，改则幅区域地质调查报告（1：100万）

火山岩，夹紫红色砂砾岩，未见顶底，其地质时代为古近纪渐新世的一套地层。1993 年《西藏自治区区域地质志》引用此名，其含义未变。1997 年《西藏自治区岩石地层》将纳丁错组归入早白垩世美日切错组。2001 年《青藏高原地层》仍采用此名，其含义与前人相同。本幅亦沿用此名，其定义和地质时代与创名者相同。其岩性以偏碱性中性火山岩为主。地质时代为古近纪渐新世。

本幅纳丁错组分布面积较少，仅出露于玛迁扎纳勒、索懂则西、索木日一带，出露面积约 12.50km²。

昂达尔错幅昂达尔错北西的钖导巴格底渐新统纳丁错组实测剖面（图 2-27）：

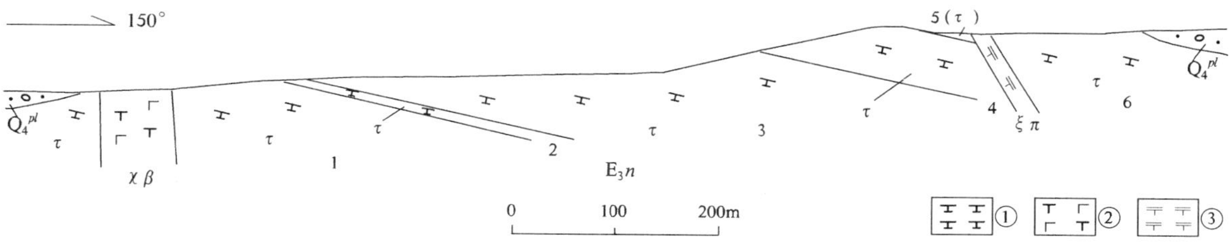


图 2-27 钖导巴格底渐新统纳丁错组实测剖面图

①粗面岩；②碱性玄武岩；③正长斑岩；$E_3n$. 纳丁错组；$Q_4^{pl}$. 第四系洪积相沉积物

| | | |
|---|---|---|
| **纳丁错组（$E_3n$）：** | （未见顶）（第四系洪积相沉积物覆盖） | **290.87m** |
| 6. 深灰色粗面岩 | | 37.58m |
| 5. 灰色粗面岩 | | 14.27m |
| 4. 深灰色粗面岩 | | 69.30m |
| 3. 灰色粗面岩 | | 132.46m |
| 2. 深灰色粗面岩 | | 6.37m |
| 1. 灰色粗面岩 | | 30.89m |
| | （未见底）（第四系洪积相沉积物覆盖） | |

上述纳丁错组剖面厚 290.87m。岩性以深灰色、灰色粗面岩为主，未见顶底，未见紫红色砂砾岩夹层。且具陆相中心式火山喷发特征。在毕洛错东北部路线地质剖面中该组与下伏中侏罗统色哇组及上覆新近系康托组上段呈角度不整合接触。

（2）生物地层及时代讨论

我们对昂达尔错幅昂达尔错北西钖导巴格底纳丁错组进行了测年，K-Ar 同位素年龄样值为 32.60Ma。其地质时代相当于古近纪渐新世鲁培尔期（Rupelian）。西藏自治区区调队（1986）对纳丁错组也进行了测年，K-Ar 同位素年龄样值为 31.10Ma，其地质时代相当于古近纪渐新世鲁培尔期（Rupelian）。1997 年《西藏自治区岩石地层》中认为纳丁错组与美日切错组相当，但我们认为两者的同位素年龄相差很大，故其看法值得商榷。因此，本幅主要根据我们和西藏自治区区调队的纳丁错组测年结果，确定其地质时代为古近纪渐新世。

## （三）古近纪地层综述

### 1. 区域地层对比

牛堡组在区域上主要分布于班公湖-怒江断裂带原始板块缝合带遗留下来的串珠状断陷盆地及其两侧。以伦坡拉、班戈盆地最具代表性。牛堡组底部为姜黄色、紫色砾岩，化石稀少。中上部由盆地中心至盆地边部，其岩性和厚度横向变化较大。在盆地中心部位，岩石粒度细，含油气；向四周均变薄，粒度变粗，少见油、气，局部含油页岩；其颜色也由灰、灰绿色变为杂色。厚度以伦坡拉、班戈盆地中心部位最厚，可达 3 000m 以上。幅内牛堡组下部以姜黄色、紫色厚层状砂岩质砾岩为主，夹少量长石砂岩和岩屑砂岩。中上部以杂色极薄—薄层状岩屑石英砂岩、岩屑砂岩、粉砂岩韵律层为主，夹少量泥岩、长石砂岩、杂砂岩及细砾岩。其岩性特征与伦坡拉盆地中心区相似，但其厚度明显变薄，沉积物粒度也明显变粗，可能属湖盆边部沉积。

纳丁错组在区域上分布也较少，仅零星分布于康托、雀岗和纳丁错等地，其岩性特征基本相同，主要为中性火山岩，局部夹砂砾岩。幅内纳丁错组仅出露于玛迁扎纳勒、索懂则、索木日一带，岩性以深灰色、灰色粗面岩为主。我们对纳丁错组进行了测年，K－Ar 同位素年龄样值为 32.60Ma。其地质时代与区域上纳丁错组相当，为古近纪渐新世。

**2. 沉积环境及演化**

进入古近纪，继晚白垩世的广泛海退使本区大部分地区隆起处于剥蚀状态，造山后山体崩塌，发生陆内伸展裂陷，仅沿班公湖-怒江缝合带形成零星的小型断陷盆地。沉积物均以河湖相碎屑岩为主。如伦坡拉盆地，古-始新世早期沉积砂砾岩、砾岩，中晚期为细—粗碎屑岩、泥页岩及油页岩等。颜色由杂色变为灰、灰绿色。至渐新世以灰色泥岩、页岩为主，夹油页岩。说明自古近纪早期盆地形成以来，不断下沉，沉积范围不断扩大。由沉积物的颜色、粒度变化，特别是从孢粉分析中可以看出，至古近纪晚期气候已由干湿交替变到温暖湿润，其生物也日趋繁盛。其中以介形类最丰富，并有螺、鱼等温水游泳生物，反映了热带和亚热带的气候环境。幅内古近系位于伦坡拉盆地边部，古-始新世早期以姜黄色、紫色厚层状砂岩质砾岩为主，夹少量长石砂岩和岩屑砂岩。中上期以杂色极薄—薄层状岩屑石英砂岩、岩屑砂岩、粉砂岩韵律层为主，夹少量泥岩、长石砂岩、杂砂岩及细砾岩。其特征与伦坡拉盆地中心区相似，故气候环境应属热带和亚热带。

在班公湖-怒江断裂带以北的广大地区，进入古近纪晚期继续抬升，处于剥蚀状态，由于其上升速度的差异，局部内陆挤压的加强，使深熔物质在陆壳的局部薄弱地段上升并喷发、喷溢出来，从而形成了纳丁错组的火山岩沉积。

## 二、新近系

区内新近系为康托组（表 2－1），该组在幅内分布广泛，大部分地区可见。其出露面积约2 619.94 $km^2$。

**——新近系康托组（N*k*）**

（1）岩石地层特征

康托组由西藏自治区区调队 1986 年 ①创名。原义指紫红色砾岩夹砂岩、含砾砂岩、粉砂岩及少量泥岩夹基性喷出岩和凝灰质砂岩的地层。1993 年《西藏自治区区域地质志》沿用其名。1997 年《西藏自治区岩石地层》修订并扩大其含义，定义为一套紫红色砂砾岩为主，次为杂色泥岩、粉砂岩沉积，底部夹基性火山岩的地质体。其不整合于日贡拉组之上，未见顶。2001 年《青藏高原地层》仍采用此名，其含义为紫红色为主间夹杂色砂岩、砾岩、粉砂岩和泥岩组合，局部夹中基性熔岩和碳酸盐岩。

幅内康托组岩性与建组剖面基本相同，但底部未见火山岩。自下而上分为两个岩性段，下段以砾岩为主，上段以岩屑砂岩为主。其不整合覆盖于中生界各地层单元之上。

康托组在幅内分布较广，且大部分地区可见。该组主要分布于达杂迪扎错、邦达赖、才地包、参阴勒、杂地久沙、江琼挡玛、加地蒙日、接冲垫、日阿乃萨等地。其出露面积约 2 619.94$km^2$。

---

① 西藏自治区地质矿产局区域地质调查大队．1986，改则幅区域地质调查报告（1∶100 万）

Ⅰ. 双湖区宰琼鄂木山新近系康托组实测剖面（图 2-28）：

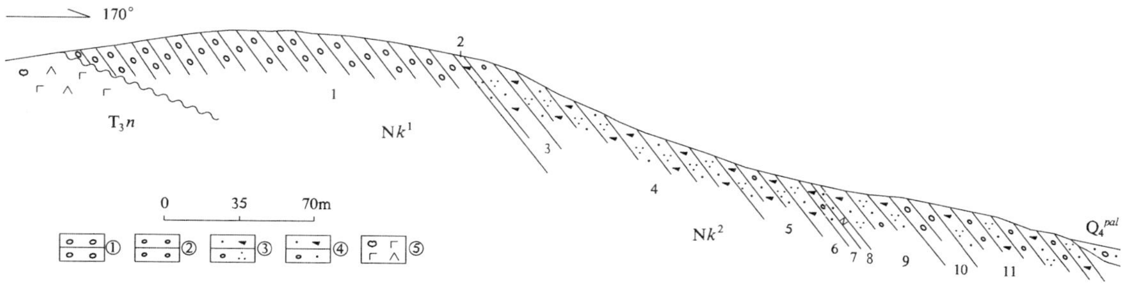


图 2-28　双湖区宰琼鄂木山新近系康托组实测剖面图

①中砾岩；②细砾岩；③含砾岩屑石英砂岩；④含砾岩屑砂岩；⑤杏仁状橄榄玄武岩；

$T_3n$. 弄佰组；$Nk^1$. 康托组下段；$Nk^2$. 康托组上段；$Q_4^{pal}$. 第四系洪冲积相沉积物

| | | |
|---|---|---|
| **康托组（$Nk$）：** | （未见顶）（第四系洪冲积相沉积物覆盖） | **241.53m** |
| 上段： | | 148.39m |
| 11. 紫红色中层状细砾岩与紫红色中厚层状细粒岩屑石英砂岩韵律 | | 38.63m |
| 10. 紫红色巨厚层状中砾岩 | | 12.44m |
| 9. 紫红色厚层状含砾中细粒岩屑石英砂岩 | | 22.10m |
| 8. 紫红色厚层状细粒长石砂岩 | | 3.16m |
| 7. 紫红色厚层状含砾中细粒岩屑砂岩 | | 3.16m |
| 6. 紫红色中厚层状中细粒岩屑石英砂岩 | | 8.21m |
| 5. 紫红色厚层状含砾中细粒岩屑石英砂岩 | | 6.25m |
| 4. 紫色中厚层状中细粒岩屑石英砂岩 | | 40.36m |
| 3. 紫红色中厚层状含砾中细粒岩屑石英砂岩 | | 10.56m |
| 2. 紫红色厚层状中细粒岩屑石英砂岩 | | 3.52m |
| 下段： | | 93.14m |
| 1. 紫红色厚层状中砾岩，下部见厚 7.05m 紫红色巨厚层状粗砾岩及厚 6.35m 紫红色中厚层状钙质中细粒岩屑石英砂岩 | | 93.14m |

~~~~~~角度不整合~~~~~~

下伏地层：上三叠统弄佰组灰绿色杏仁状橄榄玄武岩

Ⅱ. 昂达尔错幅双湖特别区多玛乡闭让衰日玛新近系康托组实测剖面（图 2-29）：

| | | |
|---|---|---|
| **康托组（$Nk$）：** | （未见顶）（向斜另一翼） | **1 199.47m** |
| 上段： | | 377.58m |
| 15. 紫红色中薄层状钙质细粒岩屑砂岩与浅紫红色极薄层状泥质粉砂岩韵律 | | 86.92m |
| 14. 灰黄色中薄层状钙质细粒岩屑砂岩 | | 13.84m |
| 13. 紫红色薄层状钙质细粒岩屑砂岩 | | 238.77m |
| 12. 紫红色中层状中细粒岩屑砂岩 | | 38.05m |

————整合————

| | |
|---|---|
| 下段： | 821.89m |
| 11. 紫红色厚层状铁质灰岩质粗—巨砾岩 | 106.18m |
| 10. 紫红色中层状铁质灰岩质中砾岩 | 14.68m |
| 9. 紫红色中层状钙质含砾粗粒岩屑砂岩 | 24.10m |
| 8. 紫红色中层状钙质中粒岩屑砂岩 | 51.04m |
| 7. 紫红色中层状粗砂质细砾岩 | 115.28m |
~~~~~~

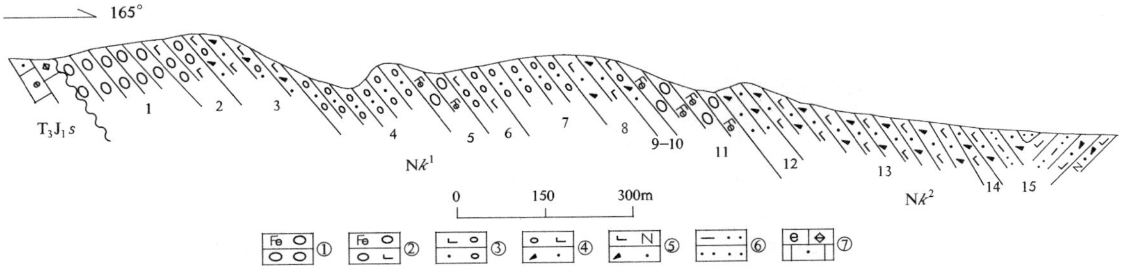


图 2-29　双湖特别区多玛乡闭让哀日玛新近系康托组实测剖面图

①铁质粗—巨砾岩；②铁质、钙质中砾岩；③钙质、砂质细砾岩；④钙质含砾岩屑砂岩；

⑤钙质长石岩屑砂岩；⑥泥质粉砂岩；⑦生物碎屑泥晶砂屑灰岩；

$T_3J_1s$. 索布查组；$Nk^1$. 康托组下段；$Nk^2$. 康托组上段

6. 紫红色中层状钙质灰岩质细砾岩　53.29m
5. 紫红色厚层状铁质灰岩质巨砾岩　68.59m
4. 紫红色厚层状粗砂质细砾岩　121.75m
3. 紫红色中层状钙质粗粒岩屑砂岩与紫红色薄层状钙质含砾粗粒岩屑砂岩韵律　88.56m
2. 紫红色厚层状钙质中砾岩　54.23m
1. 紫红色厚层状灰岩质巨砾岩　124.19m

~~~~~~角度不整合~~~~~~

下伏地层：上三叠统-下侏罗统索布查组灰色中薄层状含生物碎屑泥晶砂屑灰岩

上述康托组厚 1 199.47m。岩性由紫红色粗—中碎屑岩组成。下段以中厚层状巨砾岩、中砾岩、细砾岩为主，夹少量钙质含砾岩屑砂岩；上段以中薄层状钙质岩屑砂岩为主夹少量泥质粉砂岩。其岩性与区域上该组基本相同，且两段特征明显，分布稳定，但底部未见火山岩。幅内康托组多以紫红色为主，粒度也较粗，上段的砂岩段也多以中碎屑岩为主，细碎屑少见。岩性组合从纵向上看反映出由河流相向干旱湖泊相转化的沉积序列特征；从横向上看反映了较干旱、炎热的氧化环境下近源快速堆积的断续分布的小型山间盆地沉积特征。

(2) 生物地层及时代讨论

1986 年西藏自治区区调队①认为该组地质时代为新近纪中新世早期。1997 年《西藏自治区岩石地层》将该组置于新近系上新统。2001 年《青藏高原地层》认为其地质时代可能为中新世早期。

本幅在上述剖面中未采集到化石。但在甲热布错东左根勒一带采集到孢粉化石，经中国科学院东北地理与农业生态研究所测试部张淑芹研究员鉴定，其草本植物花粉有 *Amaranthus* sp.，Caryophyllaceae，*Euonymus* sp.，Chenopodiaceae，Comsitae，*Artemisia* sp.，Cruciferae，Cyperaceae，*Euphorbia* sp.，*Gentiana* sp.，Gramineae，Leguminosae，*Polygonum* sp.，Ranunculaceae，*Thalictrum* sp.，*Potentilla* sp.，*Urtica* sp.，Saxifragaceae，*Osmunda* sp. 等；乔、灌木植物花粉有 *Ephedra* sp.，Cupressaceae，*Pinus* sp.，*Alnus* sp.，*Betula* sp.，*Corylus* sp.，*Castanopsis* sp.，*Quercus* sp.，*Salix* sp.，*Spiraea* sp.，*Ulmus* sp. 等。蕨类植物孢子有 Polypodiaceae 等（表 2-8）。其中以喜冷湿的莎草科（Caryophyllaceae）花粉出现最多为特征，乔灌木花粉少，蕨类植物孢子零星出现。说明其沉积环境湿润，属草原植被特征。其地质时代为上新世晚期—更新世早期。

本次工作在昂达尔错幅赞宗错南勤保玛尔呆一带的康托组中采集到孢粉化石，经中国科学院东北地理与农业生态研究所测试部张淑芹研究员鉴定，其草本植物花粉有 *Euonymus* sp.，Chenopodiaceae，

① 西藏自治区地质矿产局区域地质调查大队．1986，改则幅区域地质调查报告（1：100 万）
~~~~~~

Comsitae，*Artemisia* sp.，Cyperaceae，*Euphorbia* sp.，Gramineae，Labiatae，Liliaceae，Ranunculaceae，*Potentilla* sp.，Umbelliferae，*Urtica* sp.，*Viola* sp. 等；乔、灌木植物花粉有 *Pinus* sp.，*Betula* sp.，*Corylus* sp.，*Rosa* sp.，*Ulmus* sp. 等。蕨类植物孢子有 Polypodiaceae 等。其中草本植物花粉占绝对优势，乔灌木花粉少，蕨类植物孢子零星出现。表明当时沉积环境非常恶劣、非常干旱，基本属于不毛之地，样品中的乔木花粉含量很少，可能是风搬运来的，采样点周围基本没有高大树木。其地质时代推测为上新世—第四纪。

本幅根据上述孢粉化石鉴定及前人有关地层时代的讨论将康托组置于新近纪。

### （三）新近系地层综述

本幅新近系地层仅出露康托组。康托组由砾岩和砂岩组成，其岩性与区域内的康托组基本相同。是一套具有磨拉石建造特征的小型断续山间盆地近源快速堆积岩石。其气候可能与较干旱、炎热有关。

此外，关于康托组时代的确定各家有较大的分歧，其分歧主要集中于康托组是置于中新世，还是上新世。本幅认为化石采集不足及鉴定的分歧，以及门类之间的认识，可能是造成分歧的主要原因。因此，康托组的详细时代有待进一步确定。

## 三、第四系

区内第四系分布广泛，沉积类型多样。沉积物有冰碛及冰水沉积物、盐水湖相沉积物、冲积相沉积物、洪冲积相沉积物、洪积相沉积物、钙华沉积、硅华沉积、山麓堆积、沼泽堆积等。是一套与高原抬升、河流切割、阶地的形成有关的地层。其地层单元包括下中更新统、上更新统和全新统（表 2－1）。地质时代为更新世—全新世。

该系出露面积约 5 302.05km²。

### （一）更新统（Q）

#### 1. 下-中更新统（$Q_{1-2}$）

——冰碛及冰水沉积物（$Q_{1-2}^{gl-fgl}$）

下-中更新统冰碛及冰水沉积物在测区内出露较少，仅分布于诺尔玛错、祝曲错一带。出露面积约 78.50km²。

本幅详细研究了诺尔玛错以北查纠俄玛山谷中的冰碛及冰水沉积物，该沉积物分布于现代冰川前缘，长约 1km，由断续分布的冰碛垅及洪积物组成，冰碛泥长为 5～10m，宽 1～5m，高 0.3～1m，顺着山谷方向为主，少数斜交。侧碛、中碛均有，断续分布。

冰碛垅由大小混杂、磨圆度很差的冰碛石组成，砾径 0.2～80cm，次以 10～50cm 为主，棱角—次棱角状，成分为灰白色细粒石英砂岩、灰绿色粉砂岩，灰—深灰色细晶灰岩。冰碛垅的堆积特点为上粗下细。

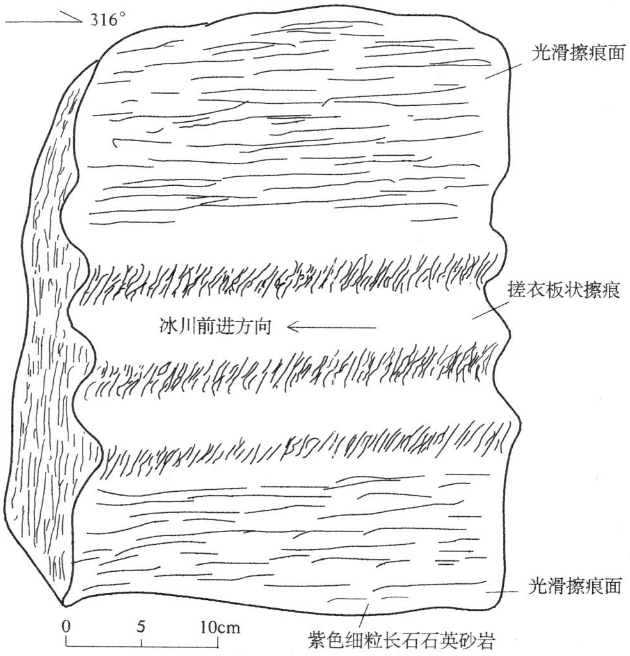


图 2－30　下-中更新统冰碛及冰水沉积山谷侧面基岩擦痕素描

上部为砾石，砾径多为 10～50cm，厚度较大；下部为细砾、砂屑、泥，厚度较小。山谷两侧较坚硬的岩石面上均留有擦痕（图 2－30），且沉积厚度较大，擦痕岩层较光滑。灰岩中的方解石脉常形成层状、似蠕虫状擦痕（图 2－31），而在灰岩中常形成对称波状擦痕。在冰碛石中可见有搓衣板状擦痕砾石和条痕石。

1986 年西藏自治区区调队①研究了诺尔玛错盆地附近的下-中更新统冰碛及冰水沉积物。该沉积物为灰黄色钙质含砂砾层，砾石砾径大小不等，大者达 1m，排列紊乱，具棱角，主要成分为石英砂岩、千枚岩等。厚度约 30m。

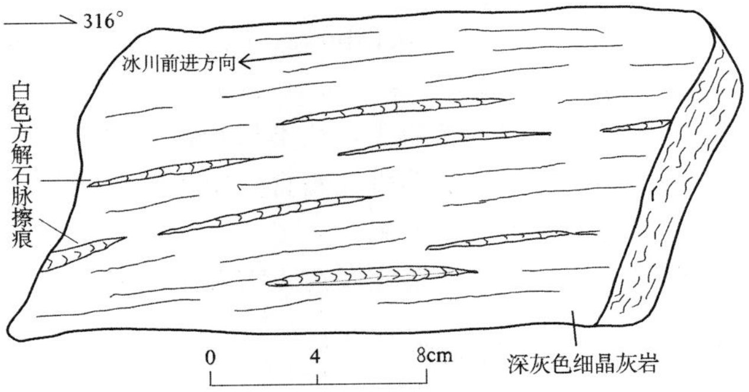

图 2－31　下-中更新统冰碛及冰水沉积物山谷侧面深灰色细晶灰岩擦痕素描

**2. 上更新统（$Q_3$）**

区内上更新统沉积物分布于诺尔玛错以西俄浪挡玛—卓地等地，呈北北东向展布，为盐水湖相沉积物、洪冲积相沉积物和冰水沉积。朵日艾麦日空山一带为钙华和硅华沉积，呈近东西向展布。

（1）盐水湖相沉积物（$Q_3^{ls}$）

1986 年西藏自治区区调队研究了诺尔玛错盆地附近的上更新统盐水湖相沉积物。该沉积物为冰淤泥及细砂层。

藏北地质队 1978 年在诺尔玛错湖东 $CK_3$ 钻孔剖面：

上覆地层：全新统湖相沉积物灰黑色含淤泥钙质粘土

————整合————

| | |
|---|---|
| **上更新统盐水湖相沉积物（$Q_3^{ls}$）：** | **13.37m** |
| 5. 灰黑色含冰淤泥。为冰粒冻结，冰融化可变软，含 15%～20%的水分，具 $H_2S$ 臭味，含少量钙质 | 0.50m |
| 4. 灰色细砂，有冰粒冻结，坚硬，底部含淤泥土 | 0.30m |
| 3. 灰黑色冰淤泥。含冰量 30%±，分布不均，有时分散在淤泥中，局部以冰为主，向下含冰量减少 | 9.97m |
| 2. 黑色含粘土粉砂，砂粒径 0.1～0.2mm，含 10%～30%灰色粘土。顶部含有少量淤泥夹薄层冰层 | 2.3m |
| 1. 灰色细砂层。砂粒径 0.5～1.0mm，主要成分为石英 | 0.3m |

（未见底）

（2）洪冲积相沉积物（$Q_3^{pal}$）

上更新统洪冲积相沉积物主要分布于河流、湖泊与山麓之间地形平缓，且面积较大的过渡地带。该沉积物在幅内主要分布于俄浪挡玛-卓地一带，为洪积扇，其面积约 154.38km²。沉积物以固结半成岩极薄层状含砾砂质泥岩与厚层状中粗砾岩为主，具明显的粒度粗细相间的特点。沉积物中的砾石主要为砂岩砾石，次为灰岩、硅质岩砾石。砾径 0.2～15cm，一般以 0.5～2cm 为主，磨圆度以次棱角状为主、分选差。

双湖特别区玛日包上更新统洪冲积相沉积物路线剖面（图 2－32）：

上覆地层：全新统深灰色砾石层

～～～～～不整合～～～～～

**上更新统洪冲积相沉积物（$Q_3^{pal}$）：**　　**20.40m**

① 西藏自治区地质矿产局区域地质调查大队．1986，改则幅区域地质调查报告（1∶100 万）

14. 粉黄色极薄层状泥质粉砂岩，固结半成岩　1.00m
13. 粉红色极薄层状含砾砂质泥岩与粉黄色极薄层状泥岩韵律，固结半成岩　2.50m
12. 粉红色极薄层状含砾砂质泥岩，固结半成岩　2.00m
11. 粉黄色极薄—薄层状泥质粉砂岩，固结半成岩　0.25m
10. 粉红色极薄层状含砾砂质泥岩与粉红色极薄层状泥岩韵律，固结半成岩　3.50m
9. 粉红色极薄层状含砾粉砂质泥岩，固结半成岩　0.80m
8. 粉红色极薄层状粉砂质泥岩，固结半成岩　2.00m
7. 粉黄色厚层状泥质中砾岩，固结半成岩　1.20m
6. 粉黄色极薄层状含砂泥岩与粉黄色薄层状细粒砂岩韵律，固结半成岩　1.00m
5. 粉黄色极薄层状含砂砾泥岩，固结半成岩　2.00m
4. 粉黄色薄层状细粒长石砂岩，固结半成岩　0.15m
3. 紫黄色厚层状中粗砾岩，固结半成岩　1.50m
2. 粉红色极薄层状泥岩，产孢粉。草本植物花粉含量最高，占孢粉总数的 84.35%，乔、灌木植物花粉较少，占 14.78%，蕨类植物孢子零星出现，占 0.87%。　0.50m

草本植物花粉：*Artemisia* sp.
*Urtica* sp.
*Typha* sp.
*Potentilla* sp.
*Euonymus* sp.
*Androsace* sp.
*Thalictrum* sp.
Comsitae
Saxifragaceae
Cyperaceae
Cultivated
Gramineae
Labiatae
Primulaceae
Ranunculaceae
Caryophyllaceae
Boraginaceae
Chenopodiaceae 等；

乔、灌木植物花粉：*Sibiraea* sp.
*Pinus* sp.
Cupressaceae.
*Alnus* sp.
*Corylus* sp.
*Quercus* sp.
*Rosa* sp.
*Spiraea* sp.
*Myricaria* sp.
*Pteroceltis* sp.
*Acorus* sp. 等；

蕨类植物孢子：Polypodiaceae 等

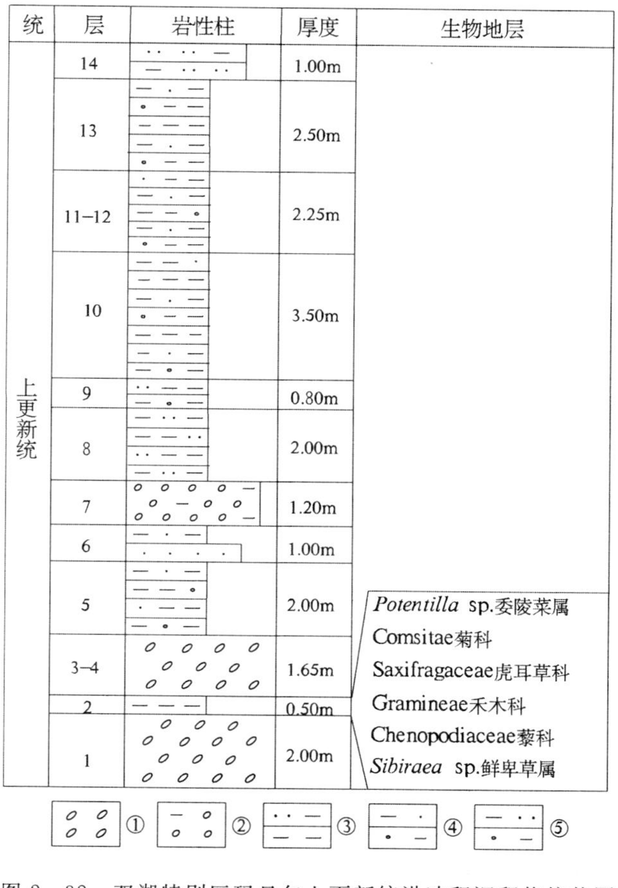


图 2-32　双湖特别区玛日包上更新统洪冲积沉积物柱状图

①中粗砾岩；②泥质中砾岩；③泥质粉砂岩；

④含砾砂质泥岩、含砂砾泥岩；⑤含砾粉砂质泥岩

1. 紫黄色厚—巨厚层状中粗砾岩，固结半成岩　2.00m

（未见底）

本次工作在上述剖面中采集到了孢粉化石。经中国科学院东北地理与农业生态研究所测试部张淑芹

研究员鉴定，其草本植物花粉属种有 *Artemisia* sp.，*Urtica* sp.，*Typha* sp.，*Potentilla* sp.，*Euonymus sp.*，*Androsace* sp.，*Thalictrum* sp.，Comsitae，Saxifragaceae，Cyperaceae，Primulaceae，Ranunculaceae，Boraginaceae，Cultivated，Caryophyllaceae，Gramineae，Labiatae，Chenopodiacea 等；乔、灌木植物花粉属种有 *Sibiraea* sp.，*Pinus* sp.，Cupressaceae.，*Alnus* sp.，*Corylus* sp.，*Quercus* sp.，*Rosa* sp.，*Spiraea* sp.，*Myricaria* sp.，*Pteroceltis* sp.，*Acorus* sp. 等。蕨类植物孢子有 Polypodiaceae 等（表 2－8）。其中草本植物花粉占绝对优势，乔、灌木花粉少，蕨类植物孢子零星出现。表明当时植物生长条件较差，植物稀少，且以草原性植被为主，无高大乔木，小灌木零星分布。属比较干旱、寒冷的荒漠或半荒漠草原植被特征。其地质时代属第四纪。此外，上述孢粉组合中还出现了一粒栽培禾本科花粉 Cultivated Gramineae，鉴定者认为该沉积时期上游或附近可能有人类活动的迹象，时代可能较新。故本幅将沉积物暂置于晚更新世。

（3）冰水沉积物（$Q_3^{fgl}$）

1986 年西藏自治区区调队研究了诺尔玛错盆地附近的上更新统冰水沉积物。该沉积物为灰黄色粗砂角砾层，砾石砾径大小不一，排列不规则，厚度约 10m。

（4）硅华沉积物（$Q_3^{Si}$）

区内上更新统硅华沉积不发育，硅华仅分布于双湖特别区朵日艾麦日空山一带，硅华体规模不大，面积约 2.60km$^2$。

硅华体形态为硅华锥或硅华小台地。硅华体已停止发育。硅华体呈层状产出，向四周倾斜越远离泉口产状越缓。硅华由浅灰色、深灰色中薄层状硅华组成，具隐晶—微晶结构、块状构造。

双湖特别区朵日艾麦日空山上更新统钙华、硅华实测地层剖面（硅华部分）（图 2－33）：

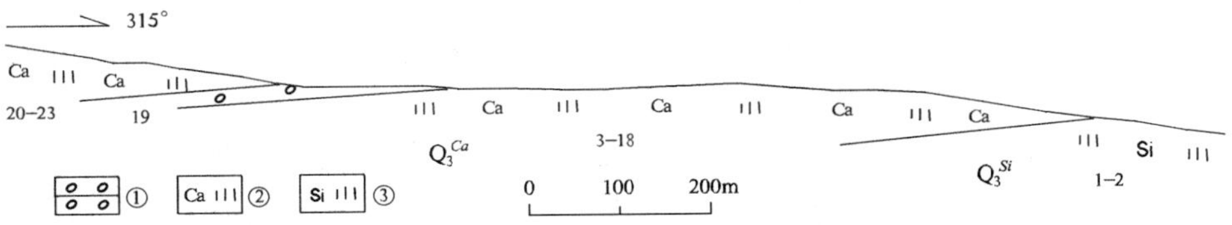


图 2－33　双湖特别区朵日艾麦日空山上更新统钙华、硅华实测剖面图

①中粗砾岩；②钙华；③硅华；$Q_3^{Ca}$. 上更新统钙华沉积物；$Q_3^{Si}$. 上更新统硅华沉积物

上覆地层：上更新统浅土灰色中薄层状含硅质团块微晶石灰华

————整合————

**上更新统硅华沉积（$Q_3^{Si}$）：** **62.55m**

2. 浅灰色中薄层状硅华，产孢粉。草本植物花粉占绝对优势，占孢粉总数的 93.45%，乔、灌木植物花粉很少，仅占 6.55%，未见蕨类植物孢子　37.44m

草本植物花粉：*Artemisia* sp.
*Urtica* sp.
Comsitae
Gramineae
Cyperaceae
Thymelaeaceae
Caryophyllaceae
Chenopodiaceae

1. 深灰色中薄层状硅华　25.11m

（未见底）

本次工作在上述剖面中采集到了孢粉化石。经中国科学院东北地理与农业生态研究所测试部张淑芹研究员鉴定，其草本植物花粉属种有 *Artemisia* sp.，*Urtica* sp.，Comsitae，Gramineae，Cyperaceae，Thymelaeaceae，Caryophyllaceae，Chenopodiaceae 等（表 2-8）。其中草本植物花粉占 93.45%，其沉积环境比较冷而干旱，属于草原或半荒漠植被特征。其地质时代属第四纪。但本幅根据上述孢粉组合及地层特征将该沉积物暂置晚更新世。

（5）钙华沉积物（$Q_3^{Ca}$）

区内上更新统钙华沉积物主要分布于双湖区朵日艾麦日空山一带。其分布面积约 68.60km$^2$。

钙华体形态以钙华锥、钙华小台地为主。钙华体已停止发育。钙华体呈中薄层状产出，单层厚度 10cm 左右，自古泉口向四周倾斜，越远离泉口产状越平缓。钙华体以灰白色为主，还有灰褐色、灰紫色及黄绿色。钙华具泥晶、微晶结构，层状、疏状构造。

双湖特别区朵日艾麦日空山上更新统钙华、硅华实测地层剖面（钙华部分）（见图 2-33）：

**上更新统钙华沉积物（$Q_3^{Ca}$）：** （未见顶） **198.40m**

23. 灰褐色薄层状微晶石灰华岩，产孢粉。草本植物花粉居首位，占孢粉总数的 91%，乔、灌木植物花粉很少，仅占 9%，蕨类植物孢子基本没有 20.00m

草本植物花粉：*Artemisia* sp.
*Urtica* sp.
Comsitae
Saxifragaceae
Cyperaceae
Gramineae
Ranunculaceae
Caryophyllaceae
Boraginaceae
Chenopodiaceae

乔、灌木植物花粉：*Myricaria* sp.

22. 浅灰白色中薄层状微晶石灰华 11.12m
21. 灰褐色中薄层状细晶石灰华 14.46m
20. 浅灰白色中薄层状微晶石灰华 20.53m
19. 深灰色厚—巨厚层状钙质胶结灰岩质中粗砾岩 12.49m
18. 粉红色薄层状微晶石灰华 5.37m
17. 灰白色薄层状微晶石灰华 6.82m
16. 灰白色中薄层状微晶石灰华 17.93m
15. 灰紫色中层状粉晶石灰华，产孢粉。以草本植物花粉为主，占孢粉总数的 84.7%，乔、灌木植物花粉较少，占 14.21%，蕨类植物孢子零星出现，仅占 1.09% 10.02m

草本植物花粉：*Artemisia* sp.
*Urtica* sp.
Comsitae
Chenopodiaceae
Gramineae

乔、灌木植物花粉：*Myricaria* sp.

14. 浅灰白色中层状微晶石灰华 9.17m

产腹足类化石 *Planorbarius subdiscus* Yu et Pan

13. 紫灰色薄层状微晶石灰华 3.51m
12. 灰白色中层状微晶石灰华 2.02m
11. 灰绿、黄绿色中薄层状微晶石灰华 1.01m

10. 浅灰、白色中薄层状微晶石灰华　5.04m
9. 灰白色中薄层状微晶石灰华　19.79m
8. 黄绿、灰紫色薄层状微晶石灰华　5.23m
7. 灰紫色薄层状泥晶石灰华　2.63m
6. 紫灰色薄层状微晶石灰华　4.99m
5. 灰白色薄层状微晶石灰华　1.97m
4. 灰白色中薄层状微晶石灰华，产孢粉。以草本植物花粉为主，占孢粉总数的 82.35%，乔、灌木植物花粉较少，占 16.17%，蕨类植物孢子零星出现，仅占 1.47%　10.81m

草本植物花粉：*Artemisia* sp.
*Urtica* sp.
Comsitae
Cyperaceae
Chenopodiaceae
Gramineae
Ranunculaceae

乔、灌木植物花粉：*Pinus* sp.

3. 浅土灰色中薄层状含硅质团块微晶石灰华　13.49m

————整合————

下伏地层：上更新统浅灰色中薄层状硅华

本次工作在上述剖面中采集到了孢粉化石。经中国科学院东北地理与农业生态研究所测试部张淑芹研究员鉴定，其草本植物花粉属种有 *Artemisia* sp.，*Urtica* sp.，Comsitae，Saxifragaceae，Cyperaceae，Gramineae，Ranunculaceae，Caryophyllaceae，Boraginaceae，Chenopodiaceae 等；乔、灌木植物花粉属种有 *Pinus* sp.，*Myricaria* sp. 等；蕨类植物孢子仅零星出现（表 2－8）。其中以耐冷、耐干、耐旱的蒿属（*Artemisia*）含量最高为特征，同时伴生较多的菊科（Comsitae）、荨麻属（*Urtica*）、毛茛科（Ranunculaceae）、禾本科（Gramineae）、藜科（Chenopodiaceae）、虎耳草科（Saxifragaceae）、石竹科等草本植物。显示沉积环境比较冷而干旱，属于草原或半荒漠草原植被特征。其地质时代属第四纪。此外，本幅在上述剖面中还采集到一块腹足类化石，经中国科学院南京地质古生物研究所潘华璋研究员鉴定，其属种为 *Planorbarius subdiscus* Yu et Pan，其地质时代为始新世。但本幅根据上述孢粉组合及地层特征将该沉积物暂置晚更新世。

### （二）全新统（$Q_4$）

区内全新统在第四系中分布最广，面积量大，成因类型最多。其分布高度从全区最低点湖滨岸至较高的山间沟谷，其沉积物无处不在。

沉积物类型有盐水湖相沉积物、冲积相沉积物、洪冲积相沉积物、洪积相沉积物、钙华沉积、沼泽堆积。

（1）盐水湖相沉积物（$Q_4^{ls}$）

全新统盐水湖相沉积物发育于帕度错、朋彦错、诺尔玛错、虾别错、北雷错等现代湖泊的周围，形成 I—III 级阶地，其分布面积约 170.91km²。沉积特征是以含砂细粒沉积物为主，形成湖滨相含砂粘土、钙质粘土、亚粘土、亚砂土及砂砾石。厚度约 1～10m。

此外，1986 年西藏自治区区调队研究了诺尔玛错盆地附近的全新统盐水湖相沉积物。该沉积物为土黄色砂质或钙质粘土。

**表 2-8 帕度错幅新生代孢粉原始数据统计表**

| 地质年代 | | 中-上新世 | 上更新世 | | | | | |
|---|---|---|---|---|---|---|---|---|
| 地层单元 | | 康托组 | 洪冲积相沉积物 | | 硅华堆积 | 钙华堆积 | | |
| 孢粉名称 | 样品号 | 3504 BF3 | 3504 BF1 | 3504 BF2 | P18－7 | P18－1 | P18－5 | P18－6 |
| *Ephedra* 麻黄属 | | 4 | | | | | 1 | 2 |
| Cupressaceae 柏科 | | 2 | 1 | | | 1 | | |
| *Pinus* 松属 | | 3 | | 2 | | 1 | 3 | 9 |
| *Tsuga* 铁杉属 | | | | | 2 | 1 | | |
| *Alnus* 桤木属 | | 4 | 1 | | | | 4 | 4 |
| *Betula* 桦属 | | 3 | | | 4 | 3 | | |
| *Corylus* 榛属 | | 1 | 3 | | 2 | | 3 | 1 |
| *Viburnum* 荚蓬属 | | | | | | 2 | 2 | |
| *Quercus* 栎属 | | 16 | 1 | | 2 | 4 | 2 | 2 |
| *Salix* 柳属 | | 1 | | | 3 | 1 | 1 | |
| *Sibiraea* 鲜卑花属 | | | 9 | | 2 | | | |
| *Spiraea* 绣线菊属 | | 3 | | 2 | | 4 | | |
| *Myricaria* 水柏枝属 | | | 1 | | 1 | 10 | 7 | 3 |
| *Ulmus* 榆属 | | 2 | 1 | 1 | 2 | | 2 | |
| *Amaranthus* 苋属 | | 7 | 5 | 3 | 5 | 5 | 4 | 5 |
| Araceae 天南星科 | | | | | 2 | 1 | 1 | |
| *Acorus* 菖蒲属 | | | 2 | 2 | 4 | 5 | 2 | |
| Boraginaceae 紫草科 | | | 1 | | | 9 | | |
| Caryophyllaceae 石竹科 | | 1 | 1 | | 9 | 9 | 4 | 6 |
| *Euonymus* 卫矛属 | 粒数 | 2 | 4 | | 2 | | 2 | 1 |
| Chenopodiaceae 藜科 | | 13 | 8 | 4 | 6 | 8 | 15 | 10 |
| Comsitae 菊科 | | 6 | 16 | 2 | 27 | 45 | 31 | 24 |
| *Artemisia* 蒿属 | | 25 | 15 | 9 | 96 | 83 | 55 | 24 |
| Crassulaceae 景天科 | | | | | 1 | | 3 | |
| Cruciferae 十字花科 | | 1 | | | 2 | | 1 | 1 |
| Cyperaceae 莎草科 | | 67 | 6 | | 19 | 13 | 5 | 12 |
| *Euphorbia* 大戟属 | | 1 | | | | | 1 | |
| *Gentiana* 龙胆属 | | 3 | | | | | | |
| Gramineae 禾本科 | | 37 | 15 | 3 | 23 | 10 | 11 | 8 |
| Labiatae 唇形科 | | | 3 | 4 | | 3 | | 3 |
| Leguminosae 豆科 | | 10 | | | | | 1 | |
| Ranunculaceae 毛茛科 | | 36 | 6 | 3 | | 10 | 4 | 7 |
| *Thalictrum* 唐松草属 | | 2 | 1 | | 3 | | | |
| *Potentilla* 委陵菜属 | | 19 | 1 | 10 | 4 | 1 | | |
| Thymelaeaceae 瑞香科 | | | | | 19 | 1 | | |
| *Typha* 香蒲属 | | | 5 | | 1 | 2 | 2 | |
| *Urtica* 荨麻属 | | 10 | 5 | 9 | 45 | 45 | 10 | 7 |
| Saxifrsgaceae 虎耳草科 | | 15 | | 2 | 2 | 22 | 4 | 4 |
| Polypodiaceae 水龙骨科 | | 3 | 1 | | | | 2 | 2 |

藏北地质队 1978 年在诺尔玛错湖东 $CK_3$ 钻孔剖面：

**全新统盐水湖相沉积物（$Q_4^{ls}$）：**　　（未见顶）　　**2.03m**

8. 土黄色砂质粘土。含砂量 35%左右，底部夹有厚度小于 10cm 的含粘土水草层　　0.78m
7. 灰黄色钙质粘土，呈块状。上部夹 3 个含水草钙质薄层，中上部呈冰（土）状　　0.05m
6. 灰黑色含淤泥钙质粘土。已成冰土，冰粒分布均匀，坚硬。含大量钙质，淤泥量为 25%　　1.20m

————整合————

下伏地层：上更新统湖相沉积物灰黑色含冰淤泥

（2）冲积相沉积物（$Q_4^{al}$）

全新统冲积相沉积物分布较广。其主要分布于江迁玛有日、加旧勒、鲁雄当玛等地，其出露面积约 118.88km²。沉积物以砂砾石堆积为主，局部为含砾砂土。砾石成分以灰岩、硅质岩为主，部分为砂岩。砾径 0.2～30cm，多为 2～8cm，磨圆较好，分选差，厚度约 11～5m。

（3）洪冲积相沉积物（$Q_4^{pal}$）

全新统洪冲积相沉积物分布于河流、湖泊与山麓之间的过渡地带，分布较广，一般地形较平缓，常形成洪冲积扇。幅内洪冲积相沉积物主要分布于达杂迪扎错、香钦塔朵、多日阿朵日包南、藏日阿开赖、多不次等地，其出露面积约 4 468.13km²。沉积物以分选、磨圆均较差、粒度粗细相间为特点，一般由砂砾石层、亚砂土、含砾粘土等层组成。厚度变化较大，一至几十米不等。

（4）洪积相沉积物（$Q_4^{pl}$）

1986 年西藏自治区区调队研究了诺尔玛错盆地附近的全新统洪积相沉积物。该沉积物为黄色、灰黄色疏松砂砾，呈上叠式分布于古洪积扇顶部，局部已伸展到湖边。

（5）钙华沉积物（$Q_4^{Ca}$）

区内全新统钙华沉积物主要见于图幅的北部，如格勒朵勒保、姜多赖北东、孔纳扎地、玛日果当玛、达杂迪扎错北等地的钙华沉积物是目前仍在活动着的泉华体。钙华体以钙华锥或钙华丘台地等形式出现，面积由几平方米至十几平方千米不等，呈近水平层状产出，自泉口向四周微倾斜，倾角上微陡下微缓，远离泉口处近水平，单层厚约 10cm±。颜色为灰白、黄褐、红褐色等，厚度约 1～15m。

（6）沼泽堆积（$Q_4^{f}$）

幅内全新统沼泽堆积主要分布于现代湖泊、山间洼地、宽缓河床两侧的低洼潮湿的平缓地带。如达杂迪孔错、日玛日包代南、赛布错、次依如惹、次俄母勒、虾别错等地，其出露面积约 213.19km²。堆积物多为淤泥、腐殖泥、粘土、泥炭及砂砾石等沉积物。其上苔草等植被较发育，常形成湿地，构成藏北的优质牧场。

## （三）第四系沉积环境讨论

第四系沉积环境与目前仍在发生着的沉积作用有关。故本幅试图通过湖泊的演化变迁解析第四纪沉积环境的发展趋势。

### 1. 早-中更新世

据区域资料，早更新世初期新构造运动剧烈，西藏高原整体强烈抬升，藏北高原冰川河流发育，出现了冰期、间冰期，高原隆升引起湖区自然环境的很大变化，特别是气候条件的变化，对第四纪气候有很大影响，亦影响了湖泊的发育。早更新世后期，气候逐渐趋暖，冰川消融退缩，水源开始增加，湖泊面积较大，这种现象一直延续到中更新世早期。中更新世晚期，高原曾发生两次强烈隆升作用，但隆升的高度还不足以阻挡西南季风，高原内部仍有较丰实的降水，而中更新世晚期的间冰期，是中更新世期间历时最长和最温暖的间冰期，也是高原湖泊的扩展期，当时的湖水位较高，湖面较大，这一时期可能延续到晚更新世早期，称之为西藏的“大湖水期”。

幅内下-中更新统仅见于诺尔玛错、祝曲错一带。沉积物由冰碛及冰水沉积物组成，该沉积物分布于现代冰川前缘，由断续分布的冰碛垅及洪积物组成，沉积物为灰黄色钙质含砂砾层。

**2. 晚更新世**

据区域资料，晚更新世随着高原和喜马拉雅山的强烈抬升，前者已变成阻挡潮湿气团进入高原的屏障，藏北广大地区日趋干旱，加上巨大的海拔高度，晚更新世气候以比较干冷为特点，气候的变干变冷直接影响到湖泊的发育，湖水因强烈蒸发而致水面大幅下降，使湖水大大浓缩，湖泊进入微咸水阶段。

幅内上更新统盐水湖相沉积物主要分布于诺尔玛错附近。该沉积由冰淤泥及细砂层组成。洪冲积相沉积物主要分布于河流、湖泊与山麓之间地形平缓，且面积较大的过渡地带。该沉积物在幅内主要分布于俄浪挡玛-卓地一带，为洪积扇。沉积物以固结半成岩极薄层状含砾砂质泥岩与厚层状中粗砾岩为主，具明显的粒度粗细相间的特点，产孢粉化石。孢粉以草本植物花粉占绝对优势，乔灌木花粉少，蕨类植物孢子零星出现。表明当时植物生长条件较差，植物稀少，且以草原性植被为主，无高大乔木，小灌木零星分布。具比较干旱、寒冷的荒漠或半荒漠草原植被特征。冰水沉积物主要分布于诺尔玛错附近。该沉积物为灰黄色粗砂角砾层。硅华仅分布于双湖特别区朵日艾麦日空山一带，硅华体规模不大。硅华体形态为硅华锥或硅华小台地。硅华体已停止发育，产孢粉化石。孢粉以草本植物花粉为主，其沉积环境比较冷而干旱，属于草原或半荒漠植被特征。钙华沉积物主要分布于双湖区朵日艾麦日空山一带。钙华体形态以钙华锥、钙华小台地为主。钙华体已停止发育，产孢粉化石。孢粉显示沉积环境比较冷而干旱，属于草原或半荒漠草原植被特征。

**3. 全新世**

据区域资料，全新世由于整体高原不断继续抬升，气候变得更为干冷，水补给量更少，湖泊快速退缩，水面不断下降，湖滨阶地进一步抬起，形成多级阶地。随着地壳的继续抬升和上升过程中的差异，使得原来的大湖逐渐分离成了星罗密布的小湖，又由于干旱和蒸发量大于补给量，使湖水的含盐度不断浓缩，结晶出许多盐类。

幅内全新统盐水湖相沉积物发育于帕度错、朋彦错、诺尔玛错、虾别错、北雷错等现代湖泊的周围，形成I—III级阶地。沉积物以含砂粘土、钙质粘土、亚粘土、亚砂土及砂砾石为主。冲积相沉积物分布较广。其主要分布于江迁玛有日、加旧勒、鲁雄当玛等地。沉积物以砂砾石堆积为主，局部为含砾砂土。洪冲积相沉积物分布于河流、湖泊与山麓之间的过渡地带，分布较广，一般地形较平缓，常形成洪冲积扇。洪冲积相沉积物主要分布于达杂迪扎错、香钦塔朵、多日阿朵日包南、藏日阿开赖、多不次等地。沉积物一般由砂砾石、亚砂土、含砾粘土等层组成。洪积相沉积物分布于诺尔玛错盆地附近，该沉积物为黄色、灰黄色疏松砂砾，呈上叠式分布于古洪积扇顶部，局部已伸展到湖边。钙华沉积物主要见于图幅的北部，如格勒朵勒保、姜多赖北东、孔纳扎地、玛日果当玛、达杂迪扎错北等地的钙华沉积物是目前仍在活动着的泉华体。钙华体以钙华锥或钙华丘台地等形式出现。沼泽堆积主要分布于现代湖泊、山间洼地、宽缓河床两侧的低洼潮湿的平缓地带。如达杂迪扎错、日玛日包代南、赛布错、次依如惹、次俄母勒、虾别错等地。堆积物多为淤泥、腐殖泥、粘土、泥炭及砂砾石等沉积物。其上苔草等植被较发育，常形成湿地，构成藏北的优质牧场。

综上，本区第四纪气候环境演化的总趋势是地势不断升高，气候日益干冷，湖泊不断退缩，自晚更新世进入盐湖阶段。但目前的气候变化仍影响当前的沉积环境，故本幅认为保护当前生态环境的平衡极其重要。

## 第四节 构造岩石地层

测区内的构造岩石地层单元均以构造混杂岩的形式产于班公湖-怒江结合带内，它们记录了班公湖-

怒江洋发生—发展—闭合—碰撞造山的全过程，主要包括木嘎岗日岩群、蛇绿岩岩片（包括超镁铁质岩岩片、枕状玄武岩岩片）、二叠纪灰岩岩片（块）、残留海盆岩片、造山期火山岩岩片等，其边部一般以断层所围限。根据基质和岩片成分的不同，将班公湖-怒江构造混杂岩带分为两个亚带：第一亚带分布于班公湖-怒江结合带的中带（即阿瓦日-赛布错构造混杂岩带），以木嘎岗日岩群为基质，各类构造岩片多呈规模不等的岩片或岩块产于其中，该带内构造变形较强，构造混杂特征明显；第二亚带实际为一个残留海盆性质的大型构造岩片，分布于第一亚带的北部（即虾别错-诺尔玛错中生代残留海盆地），由上侏罗统沙木罗组、吐卡日组构成，该带内褶皱断裂发育，构造混杂特征不甚明显。各构造岩石地层单元特征如下：

**1. 木嘎岗日岩群**

为形成于洋盆边部斜坡相-坡根相的（构造）沉积产物，主体为一套由砂岩、粉砂岩组成的复理石建造，其中沉积混杂或构造混杂的有蛇绿岩和二叠纪灰岩岩片，反映了强烈活动的构造沉积环境，在其北部边缘出现较多的上侏罗统沙木罗组、吐卡日组和下白垩统去申拉组构造岩片，为班-怒洋最终闭合乃至造山阶段构造混杂于其中的沉积产物。碰撞造山作用使木嘎岗日岩群发生变质变形，表现为绿片岩相的低级变质，强烈的面理置换、平卧褶皱、紧闭褶皱、塑性流变褶皱等，一系列近东西走向的逆冲叠瓦式断裂分布于其中。

**2. 蛇绿岩岩片**

包括超镁铁质岩岩片、枕状玄武岩岩片，呈大小不等的构造岩片产于木嘎岗日岩群中，一般为近东西向、北西向展布，与木嘎岗日岩群多为断层接触，部分为沉积接触。主要岩性为蛇纹石化辉石橄榄岩、枕状玄武岩、球颗玄武岩等。

**3. 二叠纪灰岩岩片**

呈构造岩片的形式产出，透镜状或布丁状，出露规模不等，走向延伸一般为百余米至数千米，宽十几米至数百米，岩性为结晶灰岩、微晶大理岩等，均产于木嘎岗日岩群中，多为断层接触，其中产二叠纪蜓科化石，故确定其时代为二叠纪。

**4. 残留海盆岩片**

由上侏罗统沙木罗组、吐卡日组组成，构成了班公湖-怒江结合带的北带——虾别错-诺尔玛错中生代残留海盆地的主体，与木嘎岗日岩群、去申拉组为断层接触。沙木罗组主要岩性为砂岩、粉砂岩、灰岩组成的韵律层，部分粉砂岩中可见毫米级的韵律层，为相对活动环境下沉积的一套具类复理石特点的沉积建造。由于其中褶皱构造较为发育，无法测到该套地层的真正厚度，但从其出露宽度较大这一点看，应为一套巨厚沉积，为班公湖-怒江洋在闭合过程中一次小规模伸展事件的同构造沉积盆地。从其灰岩中产有丰富的珊瑚、腕足类化石看，其沉积环境应为浅海相，故判断当时的沉降速率与沉积速率基本相当。吐卡日组为一套滨岸相的碳酸盐沉积，主要岩性为鲕状灰岩、砾屑灰岩、生物碎屑灰岩等，与沙木罗组相伴产出，多为断层接触。

**5. 造山期火山岩岩片**

由下白垩统去申拉组构成，为一套陆相安山质火山岩-碎屑岩建造，代表了同造山期的构造岩浆作用的产物，与木嘎岗日岩群、沙木罗组、吐卡日组等呈断层接触，主要岩性有安山岩，安山质晶屑玻屑凝灰岩，安山质火山角砾岩，火山岩中夹紫色砾岩、砂岩，为同造山期磨拉石建造。

# 第三章 岩浆岩

测区出露的岩浆岩面积较小，约 1 018.2$km^2$，仅占图幅总面积的 6.51%，主要包括蛇绿岩、中酸性侵入岩、基性—酸性火山岩。蛇绿岩：位于班公湖-怒江结合带内，出露面积约 12$km^2$，占岩浆岩的 1.18 %。呈岩片状产出。区内蛇绿岩不发育，仅见变质橄榄岩、枕状玄武岩及放射虫硅质岩 3 个岩石单元，时代为早-中侏罗世。中酸性侵入岩：出露面积约 671.2$km^2$，占岩浆岩的 65.92%，主要分布于测区南西部，虾别错及木嘎岗日一带。为燕山晚期—喜山晚期中酸性侵入岩。属班公湖-怒江构造岩浆带，岩石类型包括花岗闪长岩、二长花岗岩、闪长玢岩和花岗斑岩。由老到新分为早白垩世、晚白垩世和新近纪上新世三期，花岗岩的构造属性从消减带型—同碰撞型逐渐演化为板内花岗岩。基性—酸性火山岩：出露面积 335$km^2$，占岩浆岩的 32.9%。受冈马错-西亚尔岗岛弧构造岩浆带和班公湖-怒江构造岩浆带控制，呈东西向带状分布。火山活动从二叠纪—新近纪多次喷发，成分由中基性—中酸性—基性逐渐演化，喷发环境由海相到陆相。

## 第一节 蛇绿（混杂）岩

测区内的蛇绿（混杂）岩位于班公湖-怒江结合带中段内，呈岩片状产出。

本区的蛇绿（混杂）岩很不发育，只有超镁铁质岩岩片、枕状玄武岩岩片两个填图单元，零星出露，出露面积仅为 1.54$km^2$。

### 一、超镁铁质岩（岩片）

#### 1. 地质特征

主要分布于俄绕塘卡-卡勒贡垌一带，呈长条状近东西（EW）向展布，东西长 11 000m，南北宽 300～400m。向两侧被第四纪冲洪积物覆盖。出露面积约为 0.4$km^2$。与侏罗纪木嘎岗日岩群为断层接触关系，呈岩片状产出。岩石组合为蛇纹石化辉石橄榄岩。见路线剖面图 3－1。

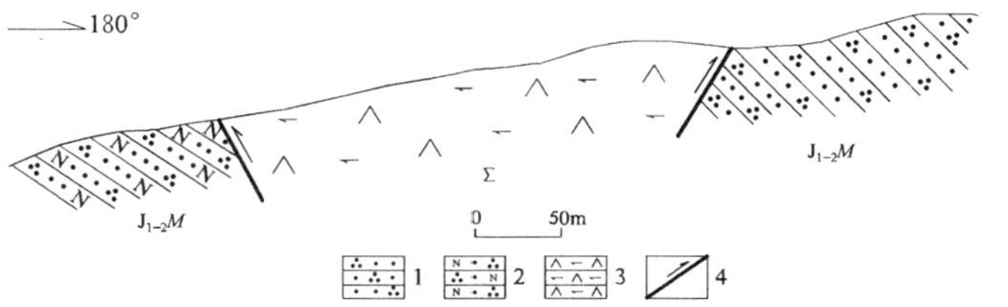


图 3－1 俄绕塘卡蛇绿岩（Σ）路线剖面图

1. 石英砂岩；2. 长石石英砂岩；3. 辉石橄榄岩；4. 逆断层；Σ. 超镁铁质岩；$J_{1-2}M$. 木嘎岗日岩群

#### 2. 岩石学特征

蛇纹石化辉石橄榄岩：黑绿色，纤维状，叶片状变晶结构，变余中细粒结构，块状构造。岩石由辉石、橄榄石组成。辉石：黑绿色，呈柱状，粒度 0.3～1.0mm，约占 15%±，多纤闪石化或被碳酸岩交代，残存假象。橄榄石：绿色，粒状假象，粒度 0.3～1.0mm，完全被叶片状蛇纹石取代，偶见伊丁石化，颗粒间为磁铁矿充填。含量占 85%±。

#### 3. 岩石化学特征

岩石化学分析结果及成因指数见表 3－1。

**表 3 - 1　蛇绿岩类岩石化学及特征指数表**

| 顺序号 | 样品号 | 单元名称 | 代号 | 氧化物($W_B$)% | | | | | | | | | | | | | 主要成因指数 | | |
|---|---|---|---|---|---|---|---|---|---|---|---|---|---|---|---|---|---|---|---|
| | | | | $SiO_2$ | $TiO_2$ | $Al_2O_3$ | $Fe_2O_3$ | FeO | MnO | MgO | CaO | $Na_2O$ | $K_2O$ | $P_2O_5$ | Los | 总量 | DI | SI | M/F |
| 1 | Gs - 5658 | 枕状玄武岩 | $\beta b$ | 38.89 | 1.44 | 13.84 | 7.73 | 2.17 | 0.14 | 1.32 | 17.60 | 3.05 | 1.42 | 0.30 | 11.09 | 99.03 | 32.08 | 8.41 | 0.25 |
| 2 | Gs5658 - 1 | | | 44.26 | 1.50 | 14.27 | 3.80 | 5.92 | 0.22 | 5.98 | 12.50 | 2.15 | 0.42 | 0.27 | 8.55 | 99.86 | 22.68 | 32.70 | 1.11 |
| 3 | Gs - 5659 | | | 41.65 | 1.27 | 13.75 | 5.78 | 4.12 | 0.26 | 2.96 | 15.10 | 2.95 | 0.50 | 0.28 | 10.73 | 99.37 | 24.53 | 18.20 | 0.55 |
| 4 | GsG31 - 4 - 1 | | | 53.44 | 0.36 | 9.67 | 0.77 | 4.61 | 0.16 | 2.53 | 12.9 | 1.85 | 2.45 | 0.24 | 10.38 | 99.34 | 49.86 | 20.70 | 0.83 |
| 5 | GsG31 - 4 | | | 58.87 | 0.56 | 11.82 | 1.26 | 4.78 | 0.15 | 2.30 | 7.84 | 2.60 | 1.42 | 0.17 | 7.98 | 99.75 | 54.83 | 18.60 | 0.68 |
| 6 | GsG31 - 2 | | | 58.27 | 0.78 | 14.90 | 2.26 | 6.55 | 0.15 | 2.30 | 3.72 | 2.98 | 1.75 | 0.26 | 5.66 | 99.58 | 58.44 | 14.50 | 0.47 |
| 7 | Gs - 5623 | 超铁镁质岩 | Σ | 40.92 | 0.33 | 1.72 | 6.36 | 1.46 | 0.08 | 36.18 | 0.81 | 0.24 | 0.14 | 0.02 | 12.53 | 100.79 | 3.25 | 81.50 | 8.88 |

（1）岩石化学分类命名

我们采用国际地科联推荐的分类命名方案，通过投图得知，样品落在斜辉橄榄岩区（图 3-2）。F/M 比值为 8.88，属铁质—镁质超基性岩范围。

（2）与地幔岩对比

与地幔岩对比，各氧化物含量均偏低（表 3-2）。

（3）与雅江带同类岩石对比

与雅江带对比，$TiO_2$，$Al_2O_3$，FeO，CaO，$K_2O$ 略偏高，$SiO_2$，$Fe_2O_3$，MnO，MgO，$Na_2O$，$P_2O_5$ 略偏低，但均较接近，反映与雅江带的超镁铁质岩来源于相同类型的地幔源区（表 3-2）。

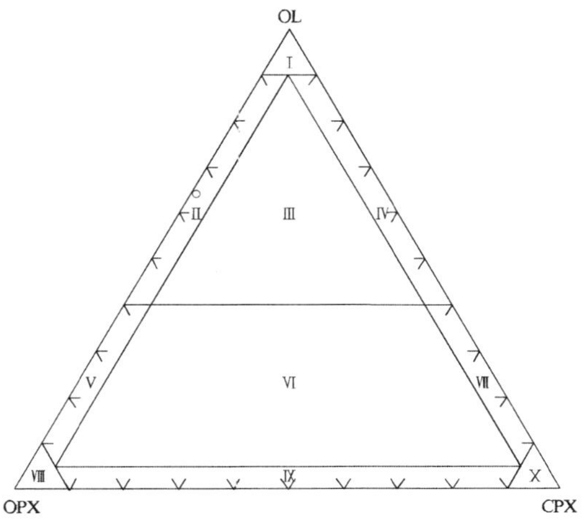


图 3-2　超镁铁质岩分类命名（Streckeisen，1973）

Ⅰ. 纯橄榄岩；Ⅱ. 斜辉橄榄岩；
Ⅲ. 二辉橄榄岩；Ⅳ. 异剥橄榄岩；
Ⅴ. 橄榄斜辉岩；Ⅵ. 橄榄二辉岩；
Ⅶ. 橄榄异剥岩；Ⅷ. 斜辉岩；Ⅸ. 二辉岩；
Ⅹ. 异剥岩；○. 本区超镁铁质岩

**4. 地球化学特征**

（1）微量元素特征

微量元素丰度见表 3-3。

该套岩石的微量元素与原始地幔（Wood，1979）对比，其中 Rb，Sr，Nb，Ba，Ta，Th，U 偏高，Zr，Hf 偏低，通过对比得知，该套超镁铁质岩的大离子亲石元素或强不相容元素相对富集，说明来源于一个富集型地幔源区，从 $Rb_N/Yb_N$ 比值为 25.56 大于 1，Zr/Y 比值为 0.92 远小于 8（地幔标准值），也说明该岩石来源于一个富集型地幔源区。

**表 3-2　帕度错幅蛇绿岩中超镁铁质岩与纯地幔岩、雅江带同类岩石化学对比表**

| 样号 \ 氧化物($W_t$)% | $SiO_2$ | $TiO_2$ | $Al_2O_3$ | $Fe_2O_3$ | FeO | MnO | MgO | CaO | $Na_2O$ | $K_2O$ | $P_2O_5$ |
|---|---|---|---|---|---|---|---|---|---|---|---|
| 1 | 42.54 | 0.02 | 0.89 | 1.44 | 7.47 | 0.10 | 46.62 | 0.20 | 0.04 | 0.00 | 0.10 |
| 2 | 45.00 | | 4.40 | (8.00) | | | 38.80 | 3.40 | | | |
| 3 | 40.92 | 0.33 | 1.72 | 6.36 | 1.46 | 0.08 | 36.18 | 0.81 | 0.24 | 0.14 | 0.02 |

1. 雅江带大区 4 个样品平均值；2. 纯地幔岩，根据 Green（1979）；3. 本区超镁铁质岩样品

（2）稀土元素特征

稀土元素丰度及特征参数见表 3-4。

该套超镁铁质岩的 $\sum REE$ 为 $47.58\times10^{-6}$，属稀土总量偏低型。δEu 为 0.13，显示 Eu 负异常，δCe 为 1.71，显示正异常。$La_N/Yb_N$ 比值为 10.17 远大于1，轻稀土相对富集，反映在稀土配分曲线上为略向右倾斜的形态（图 3-3），和东部邻幅内的超镁铁质岩基本一致，说明它们来源于富集型的地幔源区，这一点与众多数蛇绿岩中的超镁铁质岩为轻稀土弱亏损或平坦型不一致。

图 3-3　超镁铁质岩稀土元素配分模式图
（after Coryell，1963）

**表 3-3 蛇绿岩类微量元素表**

| 顺序号 | 样品号 | 单元名称 | 代号 | 微量元素含量($\times10^{-6}$) | | | | | | | | | | | | | |
|---|---|---|---|---|---|---|---|---|---|---|---|---|---|---|---|---|---|
| | | | | Sc | V | Cr | Co | Ni | Rb | Sr | Zr | Nb | Ba | Hf | Ta | Th | U |
| 1 | WL-5658 | 枕状玄武岩 | *βb* | 35.70 | 199.70 | 306.00 | 30.10 | 97.00 | 38.60 | 278.00 | 116.40 | 10.55 | 157.00 | 3.10 | 0.85 | 1.64 | 0.90 |
| 2 | WL5658-1 | | | 38.90 | 264.40 | 416.00 | 46.20 | 190.50 | 14.00 | 262.00 | 114.40 | 11.21 | 50.00 | 3.33 | 1.07 | 1.51 | 0.90 |
| 3 | WL-5659 | | | 34.60 | 241.00 | 341.00 | 45.10 | 146.90 | 15.80 | 306.00 | 112.70 | 11.01 | 75.00 | 3.40 | 1.13 | 1.49 | 0.91 |
| 4 | WLG31-4-1 | | | 15.00 | 108.40 | 180.00 | 10.20 | 28.80 | 40.30 | 119.00 | 85.00 | 7.81 | 314.00 | 2.59 | 0.75 | 6.53 | 1.39 |
| 5 | WLG31-4 | | | 13.80 | 100.90 | 116.00 | 18.80 | 60.90 | 67.00 | 95.00 | 109.70 | 10.92 | 258.00 | 3.29 | 0.83 | 9.70 | 1.56 |
| 6 | WLG31-2 | | | 16.90 | 101.40 | 44.00 | 17.80 | 28.50 | 20.10 | 56.00 | 171.40 | 12.11 | 243.00 | 5.03 | 0.77 | 8.05 | 1.35 |
| 7 | WL-5623 | 超镁铁质岩 | Σ | 9.30 | 39.50 | 2659.00 | 80.60 | 1706.00 | 12.20 | 59.00 | 7.10 | 2.52 | 46.00 | 0.07 | 0.34 | 2.67 | 0.44 |

**表 3-4 蛇绿岩类稀土元素及特征参数表**

| 顺序号 | 样品号 | 单元名称 | 代号 | 稀土丰度(×10⁻⁶) | | | | | | | | | | | | | | |
|---|---|---|---|---|---|---|---|---|---|---|---|---|---|---|---|---|---|---|
| | | | | La | Ce | Pr | Nd | Sm | Eu | Gd | Tb | Dy | Ho | Er | Tm | Yb | Lu | Y |
| 1 | XT-5658 | 枕状玄武岩 | βb | 12.30 | 25.86 | 3.56 | 17.19 | 4.26 | 1.37 | 4.28 | 0.81 | 5.08 | 1.05 | 2.98 | 0.49 | 3.13 | 0.45 | 27.70 |
| 2 | XT-5658-1 | | | 12.83 | 26.36 | 3.66 | 17.93 | 4.59 | 1.50 | 4.68 | 0.90 | 5.63 | 1.13 | 3.20 | 0.53 | 3.29 | 0.50 | 30.14 |
| 3 | XT-5659 | | | 12.41 | 25.87 | 3.64 | 18.14 | 4.75 | 1.56 | 4.76 | 0.90 | 5.59 | 1.12 | 3.22 | 0.52 | 3.45 | 0.50 | 30.30 |
| 4 | XT-G31-4-1 | | | 31.78 | 53.95 | 7.51 | 32.97 | 6.96 | 1.59 | 6.99 | 1.28 | 7.75 | 1.60 | 4.83 | 0.79 | 4.96 | 0.76 | 48.11 |
| 5 | XT-G31-4 | | | 39.73 | 63.36 | 8.83 | 35.48 | 6.45 | 1.33 | 5.84 | 0.85 | 4.67 | 0.94 | 2.69 | 0.45 | 2.85 | 0.41 | 26.17 |
| 6 | XT-G31-2 | | | 25.97 | 29.40 | 6.21 | 27.34 | 6.02 | 1.26 | 5.06 | 0.81 | 4.64 | 0.93 | 2.84 | 0.49 | 3.29 | 0.48 | 26.04 |
| 7 | XT-5623 | 超镁铁质岩 | Σ | 4.98 | 13.12 | 0.36 | 16.30 | 0.45 | 0.05 | 2.20 | 0.28 | 1.02 | 0.13 | 0.38 | 0.11 | 0.33 | 0.14 | 7.73 |

| 顺序号 | 样品号 | 单元名称 | 代号 | 特征参数 | | | | | | | | | |
|---|---|---|---|---|---|---|---|---|---|---|---|---|---|
| | | | | ΣREE | ΣCe | ΣY | ΣCe/ΣY | δEu | δCe | La/Yb | Ce/Yb | La/Sm | Gd/Yb |
| 1 | XT-5658 | 枕状玄武岩 | βb | 110.50 | 64.53 | 45.97 | 1.40 | 0.97 | 0.93 | 2.65 | 2.14 | 1.82 | 1.10 |
| 2 | XT-5658-1 | | | 116.90 | 66.87 | 50.00 | 1.34 | 0.98 | 0.91 | 2.63 | 2.08 | 1.76 | 1.15 |
| 3 | XT-5659 | | | 116.70 | 66.37 | 50.37 | 1.32 | 0.99 | 0.92 | 2.42 | 1.94 | 1.64 | 1.11 |
| 4 | XT-G31-4-1 | | | 211.80 | 134.77 | 77.05 | 1.75 | 0.69 | 0.81 | 4.32 | 2.81 | 2.87 | 1.14 |
| 5 | XT-G31-4 | | | 200.10 | 155.17 | 44.96 | 3.45 | 0.65 | 0.78 | 9.40 | 5.75 | 3.88 | 1.65 |
| 6 | XT-G31-2 | | | 140.80 | 96.20 | 44.58 | 2.16 | 0.68 | 0.54 | 5.33 | 2.31 | 2.71 | 1.24 |
| 7 | XT-5623 | 超镁铁质岩 | Σ | 47.58 | 35.26 | 12.32 | 2.86 | 0.13 | 1.71 | 10.17 | 10.30 | 6.96 | 5.38 |

## 二、枕状玄武岩（岩片）

### 1. 地质特征

主要分布在日阿色一带，呈条带状。另在旭给地勒、李秋鄂玛见有零星分布，均呈条带状或透镜状，出露面积很小，日阿色一带出露面积较大，东西长大于15km，南北宽约0.8km，向东侧为构造尖灭，向西部进入邻幅，面积约12km²。见路线剖面图3-4。在日阿色东部，枕状玄武岩的上部层位，见有绿泥石化晶屑凝灰岩、绿泥石化安山岩、绿泥石化安山质熔结（角砾）凝灰岩，与枕状玄武岩整合接触。与木嘎岗日岩群呈断层接触，接触处挤压片理较发育，并在片理面上见有孔雀石等铜矿化。见路线剖面图3-5。

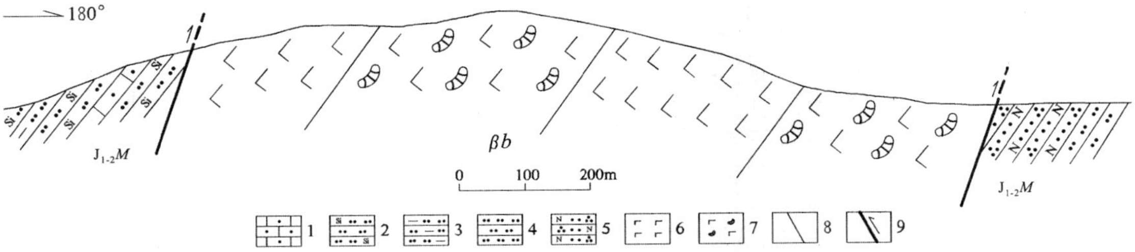


图3-4　阿瓦日蛇绿岩之枕状玄武岩（βb）路线剖面图

1. 砂质灰岩；2. 硅质粉砂岩；3. 泥质粉砂岩；4. 粉砂岩；5. 长石石英砂岩；
6. 玄武岩；7. 枕状玄武岩；8. 整合接触界线；9. 逆断层界线；
βb. 蛇绿岩之枕状玄武岩；$J_{1-2}M$. 木嘎岗日岩群

### 2. 岩石学特征

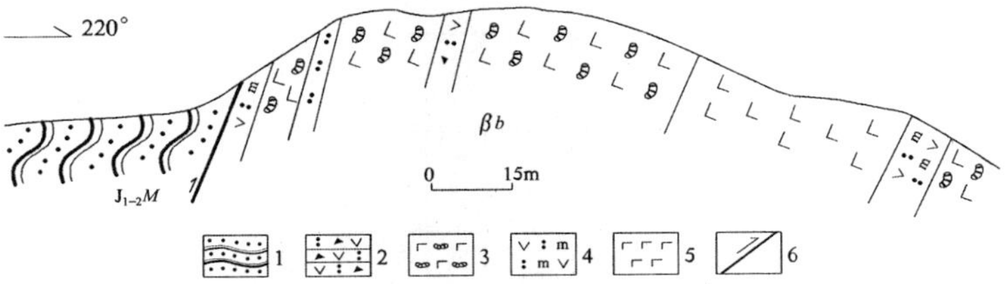


图3-5　日阿色（GD31点）枕状玄武岩剖面图

1. 变质砂岩；2. 安山质岩屑凝灰岩；3. 枕状玄武岩；
4. 安山质熔结凝灰岩；5. 玄武岩；6. 脆性断裂及运动方向；
βb. 玄武岩岩片；$J_{1-2}M$. 木嘎岗日岩群

（1）杏仁状辉石玄武岩

呈灰黑色，斑状结构，间粒结构，杏仁状构造。岩石由杏仁、斑晶、基质3部分组成。杏仁是浑圆状或不规则状。杏仁大小0.5～1.0mm，被玉髓碳酸盐充填。斑晶为辉石，粒度0.4～1.0mm之间，含量占10%，碳酸盐化强烈。

基质约占90%，为长板状斜长石微晶杂乱分布，于其间隙充填微粒状辉石，显微自形柱状角闪石及磁铁矿。

（2）枕状玄武岩

岩石呈深灰色，具无斑结构，气孔状构造、枕状构造。枕大小不等，大者1.2m×0.40m，小者0.4m×0.2m。基质具间粒结构，由斜长石与少量辉石组成，含量占90%±，气孔，呈椭圆状，不规则状，大小1～3mm，含量占10%±（图版XV，5，6）。

（3）块状玄武岩

岩石呈灰黑色，间隐结构、块状构造。含少量长石斑晶，呈条状，大小0.2～1mm。含量占5%～10%，基质为隐晶质，含量占90%±。

（4）角砾状玄武岩

岩石呈灰绿色，间隐结构、角砾状结构，块状构造。角砾为自碎角砾，其周边见有绿泥石化，角砾大小 2～5cm，含量占 30%～40%，基质为玄武质，占 50%～60%，绿泥石占 1%以下。

（5）绿泥石化晶屑凝灰岩

岩石呈灰绿色，凝灰结构，层理构造。由晶屑、细火山灰及蚀变矿物绿泥石等组成。晶屑：由斜长石和少量石英组成，粒度 0.05mm，含量 15%以上。细火山灰为隐晶质，多绿泥石化，少见岩屑，绿泥石化普遍，含量达 60%。局部碳酸盐化。

（6）绿泥石化安山岩

岩石呈黑色，交织结构，杏仁状构造、流状构造。杏仁体：椭圆状、透镜状，长轴 2～3mm，含量 5%。由方解石及少量绿泥石组成。斜长石：半自形，板条状，定向分布，含量 70%，其间隙被绿泥石、磁铁矿等充填。绿泥石含量达 25%，局部见细脉状碳酸盐化。

（7）绿泥石化安山质熔结凝灰岩

岩石呈灰绿色，熔结凝灰结构，假流动构造。岩石由岩屑、塑性岩屑及细火山碎屑物、少量的晶屑组成。蚀变以绿泥石化为主，分布较均匀，含量 60%以上。碳酸盐化以细脉状为主，含量 5%（图版 XV，7，8）。

### 3. 岩石化学特征

岩石化学分析结果及成因指数见表 3－1。

（1）岩石化学分类命名

在 TAS 图（图 3－6）上，枕状玄武岩 3 个样品中，有 2 个点投在玄武岩区，1 个点投在碱玄岩、碧玄岩区，但比较接近玄武岩区。安山质火山岩 3 个样品有 2 个样品投在安山岩区，1 个样品投在英安岩区，比较接近安山岩区。

（2）岩石系列、类型的确定

从硅-碱图（图 3－7）上看，枕状玄武岩投点主要落在 A 区，即碱性系列，安山质火山岩投点均落在 S 区，即亚碱性系列。在 FeOt－（$Na_2O+K_2O$）－MgO 图（图 3－8）上安山质火山岩 2 个点落在钙碱性系列，1 个点落在拉斑玄

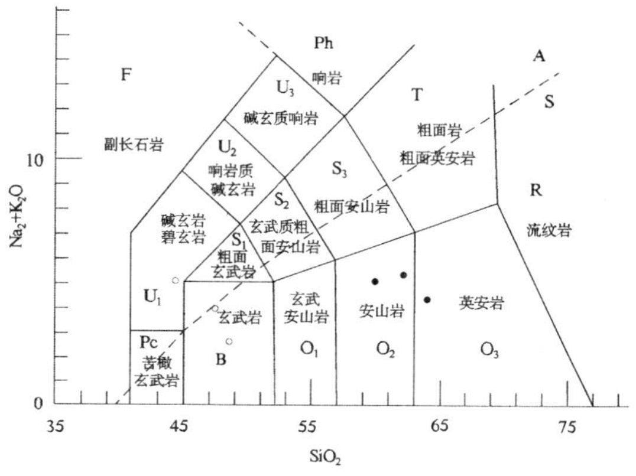


图 3－6 蛇绿岩之枕状玄武岩 TAS 图

（M. J. Le Bas 等，1986；IUGS，1989）

O. $SiO_2$过饱和；S. $SiO_2$饱和；U. $SiO_2$不饱合

○. 枕状玄武岩；●. 安山质火山岩

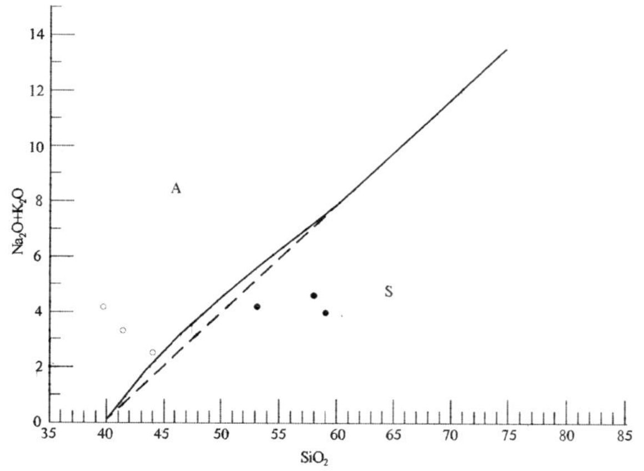


图 3－7 蛇绿岩之枕状玄武岩硅-碱图

（T. N. Irvine 等，1971）

A. 碱性系列；S. 亚碱性系列；实线 . Maxdonakd（1968）；断线 . Irvine（1971）；○. 枕状玄武岩；●. 安山质火山岩

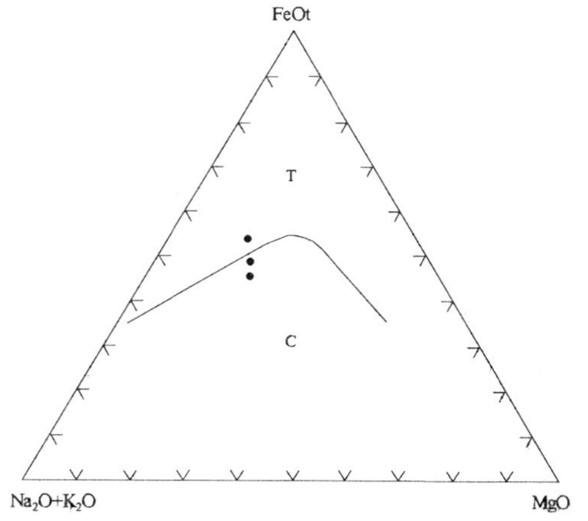


图 3－8 安山质火山岩 FeOt－（$Na_2O+K_2O$）－MgO 图（Irvine，1971）

T. 拉斑玄武岩系列；C. 钙碱性系列

武岩系列。在 Ab′- An - Or 图（图 3 - 9，图 3 - 10）上，枕状玄武岩和安山质火山岩大部分分别落在钠质和普通类型区。因此，该单元枕状玄武岩应为碱性系列钠质类型，而安山质火山岩应为钙碱性系列普通类型。

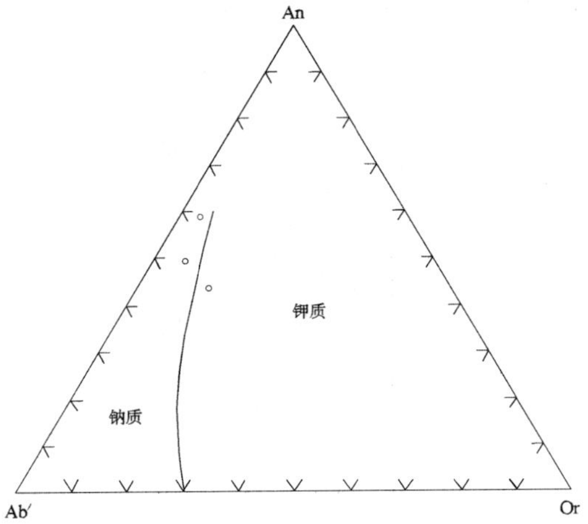


图 3 - 9　枕状玄武岩碱性系列 Ab′- An - Or 图
（T. N. Irvine 等，1971）

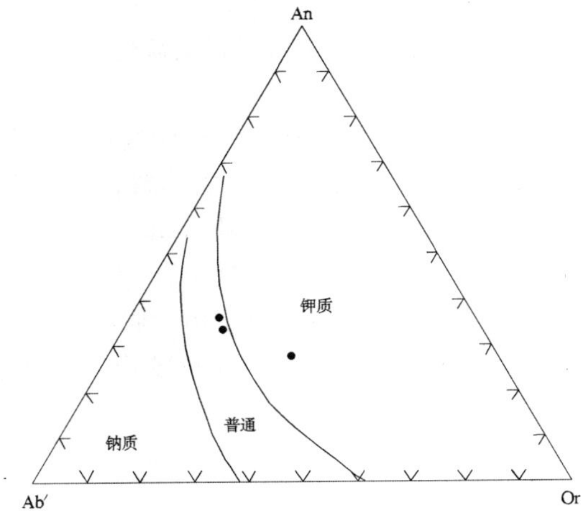


图 3 - 10　安山质火山岩碱性系列 Ab′- An - Or 图
（T. N. Irvine 等，1971）

**4. 地球化学特征**

（1）微量元素特征

微量元素丰度见表 3 - 3。

该枕状玄武岩微量元素与标准洋中脊玄武岩对比，K、Rb、Ba、Th 值偏高，Zr、Hf、Sm、Ti、Y、Yb、Sc 值相对偏低。反映在蛛网图上，曲线在 K - Th 段内，明显高于 1，变化在 10±，安山质火山岩高于玄武岩；在 Zr - Sc 段内，曲线变化在 1±，枕状玄武岩曲线波动较小，安山质火山岩波动相对较大，围绕着枕状玄武岩上下波动。曲线与不同构造背景下形成的各种玄武岩的微量元素比值蛛网图对比，与岛弧富钾玄武岩十分接近，见微量元素比值蛛网图（图 3 - 11），因此，该玄武岩应为岛弧玄武岩。

（2）稀土元素特征

稀土丰度及特征指数见表 3 - 4。

稀土总量∑REE 为 $110.50\times10^{-6}\sim211.80\times10^{-6}$，安山质火山岩相对枕状玄武岩偏高，$\delta Eu$ 在 0.65～0.99 之间，安山质火山岩略显负异常，而玄武岩无异常。$La_N/Yb_N$ 比值介于 2.42～9.40 之间。$Ce_N/Yb_N$ 为 1.94～5.75，大于 1，说明轻稀土相对富集，反映在稀土配分曲线上为右倾型（图 3 - 12）。从 $La_N/Sm_N$ 比值介于 1.64～3.88 之间，$Gd_N/Yb_N$ 比值介于 1.10～1.65 之间可以看出，轻稀土比重稀土分馏好一些。

**5. 构造环境分析**

该套玄武岩之枕状玄武岩为碱性岩石系列，安山质火山岩为钙碱性岩石系列。枕状玄武岩稀土配分曲线近于平坦型，而安山质火山岩稀土配分曲线为右倾型。微量元素蛛网图与岛弧富钾玄武岩相近。在 $TiO_2$ - Zr 图（图 3 - 13）上，枕状玄武岩投到标准洋中脊玄武岩区，安山质火山岩投到火山弧玄武岩区。在 Hf/3 - Th - Ta 图（图 3 - 14）上，枕状玄武岩投到 B 区，即 E 型洋中脊玄武岩和板内拉斑玄武岩及其分异产物，而安山质火山岩投到 D 区，即板边岛弧玄武岩（破坏性板块边缘及其分异产物）。

综上所述，日阿色一带的枕状玄武岩，无论是岩石组合，还是岩石化学、地球化学特征均较复杂，其所代表的构造环境应为发育于板块消减带上岛弧区域的小型扩张盆地，它充分反映了班公湖-怒江多岛弧盆系的有限小洋盆特征。

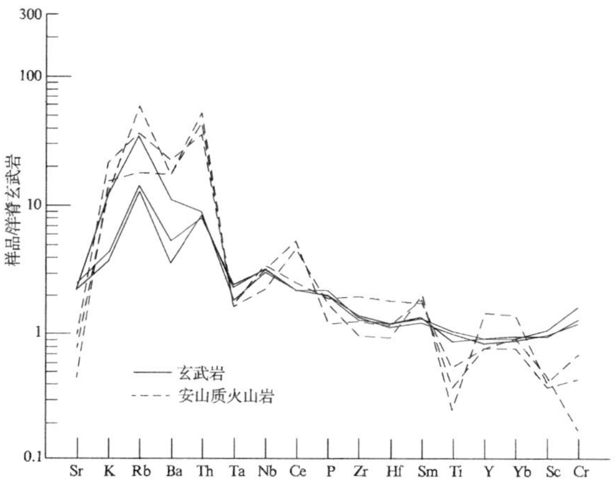


图 3-11　枕状玄武岩微量元素比值蛛网图

(Pearce，1982)

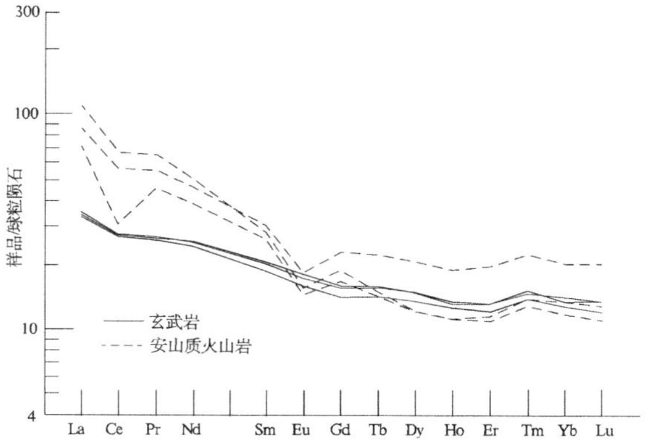


图 3-12　枕状玄武岩稀土元素配分模式图

(after Coryell，1963)

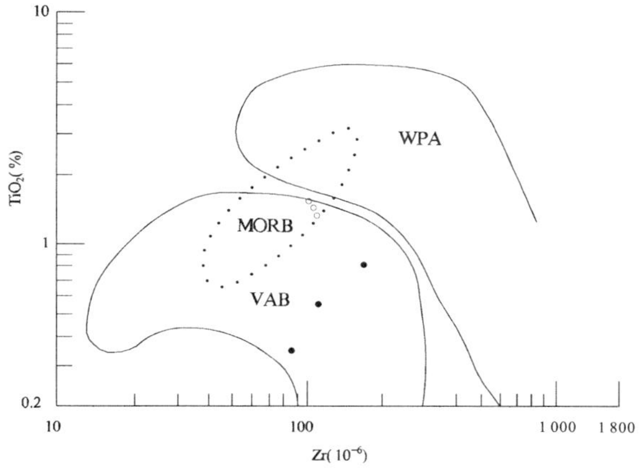


图 3-13　蛇绿岩之枕状玄武岩 $TiO_2$-Zr 图

(Pearce，1980)

MORB. 标准洋中脊玄武岩；

VAB. 火山弧玄武岩；

WPA. 板内玄武岩；

○. 枕状玄武岩；●. 安山质火山岩

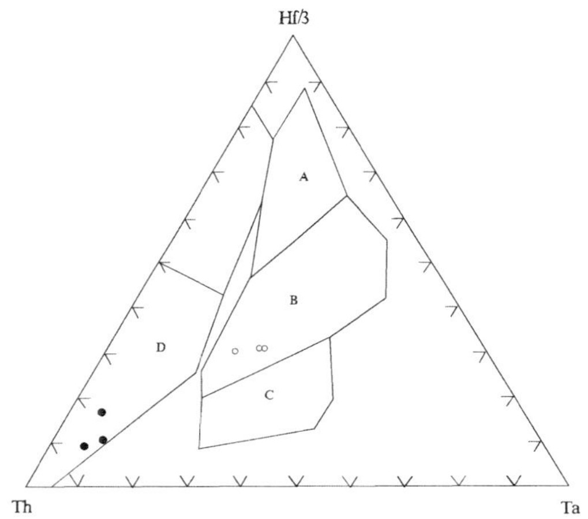


图 3-14　蛇绿岩之枕状玄武岩 Hf/3-Th-Ta 三角图（Wood，1980）

A. 正常洋中脊拉斑玄武岩；

B. E 型洋中脊玄武岩和板内拉斑玄武岩及其分异产物；

C. 板内碱性玄武岩及其分异产物；

D. 板边岛弧玄武岩（破坏性板块边缘及其分异产物）

○. 枕状玄武岩；●. 安山质火山岩

## 第二节　酸性侵入岩

图幅内酸性侵入岩分布不甚广泛，出露面积约 671.2km²，仅占图幅总面积的 4.29%。主要分布在测区南西部，虾别错及木嘎岗日一带，为燕山晚期—喜山晚期酸性侵入岩。多呈东西向带状分布。呈岩基、岩瘤、岩株状产出，与区内主要构造线展布方向基本一致。属班公湖-怒江构造岩浆带。从岩石类型上看，区内出露的侵入岩岩性较简单，仅见花岗闪长岩、二长花岗岩、闪长玢岩和花岗斑岩 4 种基本岩石类型。根据侵入岩填图单元划分原则，将区内侵入岩划分为 7 个单元，详见花岗岩类单元划分一览表（表 3-5）。

**表 3-5　帕度错幅花岗岩单元划分一览表**

| 单元名称 | 代号 | 主要特征 | 成因类型 | 代表性岩体 | 同位素年龄(Ma) |
|---|---|---|---|---|---|
| 新近纪上新世灰白色花岗斑岩 | $N_2\gamma\pi$ | 呈岩株、岩瘤状产出。侵入于晚侏罗世沙木罗组、吐卡日组及早白垩世灰白色细粒似斑状黑云母二长花岗岩、早白垩世灰白色中细粒似斑状黑云母二长花岗岩、早白垩世灰白色中粒似斑状黑云母二长花岗岩、晚白垩世粉红色闪长玢岩中 | (S)型 | 李岗那勒岩体 | |
| 晚白垩世粉红色闪长玢岩 | $K_2\delta\mu$ | 呈岩株状产出。侵入于晚侏罗世沙木罗组及早白垩世浅灰白色细粒似斑状黑云母二长花岗岩和早白垩世灰白色中细粒似斑状黑云母二长花岗岩中。被新近纪上新世灰白色花岗斑岩侵入 | | 昌玛勒岩体 | |
| 早白垩世灰白色中粒似斑状黑云母二长花岗岩 | $K_1\eta\gamma\beta_4$ | 呈岩株状产出。含暗色闪长质包体，侵入于早-中侏罗世木嘎岗日岩群、晚侏罗世沙木罗组、吐卡日组及早白垩世灰白色中细粒似斑状黑云母二长花岗岩中。被新近纪上新世灰白色花岗斑岩侵入 | (I)型 | 达嘎拉岩体 | 108.7±1.3<br>K-Ar<br>(黑云母) |
| 早白垩世灰白色中细粒似斑状黑云母二长花岗岩 | $K_1\eta\gamma\beta_3$ | 呈岩基、岩株状产出，含暗色闪长质包体。侵入于早-中侏罗世木嘎岗日岩群、晚侏罗世沙木罗组及早白垩世浅灰白色细粒似斑状黑云母二长花岗岩、早白垩世灰白色细粒黑云母二长花岗岩中。被早白垩世灰白色中粒似斑状黑云母二长花岗岩、晚白垩世粉红色闪长玢岩侵入 | (I)型 | 赤勒岩体 | 121.2±1.5<br>120.9±1.5<br>129.8±1.6<br>K-Ar<br>(黑云母) |
| 早白垩世灰白色细粒似斑状黑云母二长花岗岩 | $K_1\eta\gamma\beta_2$ | 呈岩基状产出，含暗色闪长质包体。侵入于早-中侏罗世木嘎岗日岩群、晚侏罗世沙木罗组、吐卡日组中。被早白垩世灰白色中细粒似斑状黑云母二长花岗岩侵入 | (I)型 | 麦遮罗娃岩体 | 129.2±1.6<br>K-Ar<br>(黑云母) |
| 早白垩世灰白色细粒黑云母二长花岗岩 | $K_1\eta\gamma\beta_1$ | 呈岩株状产出，被早白垩世灰白色中细粒似斑状黑云母二长花岗岩侵入 | I型 | 柯多勒岩体 | |
| 早白垩世浅灰色细粒黑云母花岗闪长岩 | $K_1\gamma\delta\beta$ | 呈岩株状产出。侵入于中侏罗世色哇组、晚侏罗世沙木罗组中。在其内部和接触带形成金铜矿化 | I型 | 走日岩体 | 114.57<br>K-Ar<br>(全岩) |

## 一、早白垩世酸性侵入岩

早白垩世酸性侵入岩在测区内出露面积最大，约 649km$^2$，占侵入岩的 96.7%。主要分布于测区西南部，虾别错及木嘎岗日一带。共划分 5 个填图单元，即早白垩世浅灰色细粒黑云母花岗闪长岩（$K_1\gamma\delta\beta$），早白垩世灰白色细粒黑云母二长花岗岩（$K_1\eta\gamma\beta_1$），早白垩世灰白色细粒似斑状黑云母二长花岗岩（$K_1\eta\gamma\beta_2$），早白垩世灰白色中细粒似斑状黑云母二长花岗岩（$K_1\eta\gamma\beta_3$）和早白垩世灰白色中粒似斑状黑云母二长花岗岩（$K_1\eta\gamma\beta_4$）。

### （一）早白垩世浅灰色细粒黑云母花岗闪长岩（$K_1\gamma\delta\beta$）

#### 1. 地质特征

该单元区内出露 2 个侵入体，分布于羌塘陆块中的走岗桑和班公湖-怒江结合带的狮湖错北，呈小岩株状产出。出露面积较小，约为 2.5km$^2$，占侵入岩出露面积的 0.37%。区域上受东西向构造控制，呈近东西向展布。岩体内节理、脉岩均不十分发育，局部见暗色闪长质包体，含量小于 1%，多呈次圆状或椭圆状，大小一般 3～5cm，排列无规律。岩体与地层接触带（外接触带）形成矽卡岩带和角岩化带，本期侵入岩与金铜矿化关系密切，走岗桑岩体内部形成石英脉型金铜矿化，狮湖错岩体边部形成矽卡岩型金铜矿化。该单元侵入于中侏罗世色哇组（图 3-15，图 3-16）和晚侏罗世沙木罗组中。在狮湖错岩体中获得 K-Ar（全岩）同位素年龄为 114.75±1.85Ma，由于该期侵入岩的两个侵入体中均产有金铜矿化，整个岩体的岩石均具有微弱的蚀变，因此，该年龄数据有可能偏新，依据花岗岩的成分和结构演化规律，将其置于早白垩世侵入岩中的第一期侵入岩。时代为早白垩世（$K_1$）。

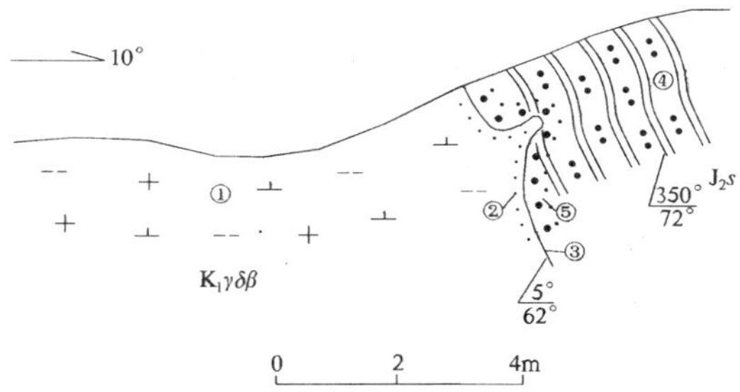


图 3-15　走日 $K_1\gamma\delta\beta$ 与 $J_2s$ 侵入接触关系素描图
①. 黑云母花岗闪长岩；②. 黑云母花岗闪长岩细粒边；③. 侵入接触界线；④. 变质粉砂岩；⑤. 角岩化
$K_1\gamma\delta\beta$. 早白垩世浅灰色细粒黑云母花岗闪长岩；$J_2s$. 色哇组

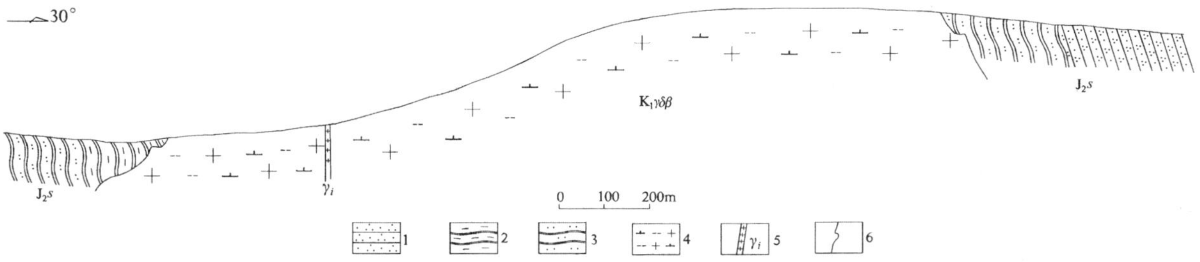


图 3-16　双湖走日早白垩世浅灰色细粒黑云母花岗闪长岩（$K_1\gamma\delta\beta$）实测剖面图
1. 石英砂岩；2. 变质泥岩；3. 变质粉砂岩；4. 黑云母花岗闪长岩；5. 花岗细晶岩脉；6. 侵入接触界线；
$K_1\gamma\delta\beta$. 早白垩世浅灰色细粒黑云母花岗闪长岩；$\gamma i$. 花岗细晶岩；$J_2s$. 色哇组

#### 2. 岩石学特征

该单元主体岩性为细粒黑云母花岗闪长岩（图 3-16，图 3-17）。

岩石呈浅灰色，细粒花岗结构，块状构造。矿物成分由斜长石、钾长石、石英、黑云母和少量角闪石组成。斜长石：灰白色，半自形，长板状，聚片双晶，环带结构发育，表面有绢云母化现象。粒度 0.5～2mm，含量 58%±。钾长石：灰色，他形，不规则粒状，负低突起，粒度 0.5～1mm，含量 10%

土。石英：无色透明，他形粒状，粒度 0.2～0.6mm，含量 25%±。黑云母：棕色，半自形片状，一组解理极完全，平行消光，粒度 0.2～0.5mm，含量 5%±。角闪石：浅绿色，半自形，柱状，中等突起，斜消光，截面呈菱形。粒度 0.3mm。含量 2%±。

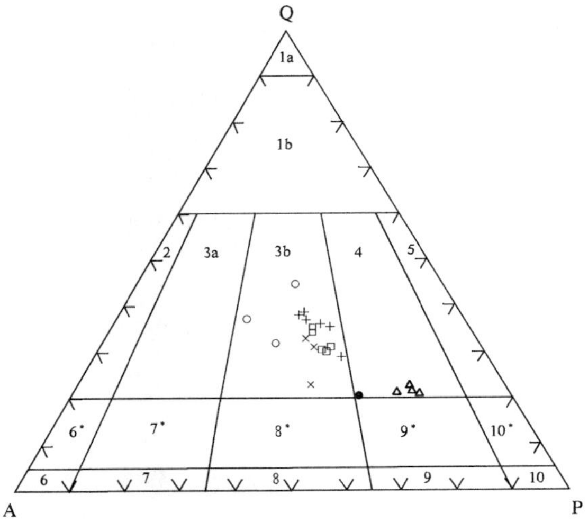


图 3－17　花岗岩类 Q－A－P 三角图

(Streckeisen，1976)

1a. 硅英岩；1b. 富石英花岗岩；2. 碱长花岗岩；3a. 正长花岗岩；3b. 二长花岗岩；4. 花岗闪长岩；5. 英云闪长岩；6*. 石英碱长正长岩；7*. 石英正长岩；8*. 石英二长岩；9*. 石英二长闪长岩；10*. 石英闪长岩；6. 碱长正长岩；7. 正长岩；8. 二长岩；9. 二长闪长岩；10. 闪长岩；○. $N_2\gamma\pi$；□. $K_1\eta\gamma\beta$；+. $K_1\eta\gamma\beta_3$；×. $K_1\eta\gamma\beta_2$；●. $K_1\eta\gamma\beta_1$；△. $K_1\gamma\delta\beta$

### 3. 岩石化学特征

该单元花岗闪长岩岩石化学分析结果、CIPW 值及主要成因指数（表 3－6、表 3－7）具以下特征：

（1）平均化学成分

与中国主要岩浆岩类的平均化学成分表中花岗闪长岩相比较，贫 $Al_2O_3$，$Fe_2O_3$，MnO，$K_2O$，$P_2O_5$，FeO，MgO，CaO，$Na_2O$。$SiO_2$，$TiO_2$ 含量与之相近。

（2）$SiO_2$

$SiO_2$ 含量为 63.32%～66.17%，属酸性岩类。

（3）al＞alk＋c

alk＜al＜alk＋c，属正常岩类。

（4）特征指数

分异指数（DI）为 63.81～72.37，固结指数（SI）为 15.75～21.94。说明该单元岩石分异程度较高，属花岗闪长岩类（桑汤和塔塔尔）。

### 4. 稀土元素特征

该单元稀土元素分析结果及特征参数（表 3－8）具以下特征：

稀土总量（∑REE）为 $105.63\times10^{-6}$～$195.55\times10^{-6}$，$\delta$Eu 为 0.69～0.83，为 Eu 负异常，轻重稀土比（∑Ce/∑Y）为 3.07～4.67，属轻稀土高集型。从稀土元素配分模式图（图 3－18）上看，轻稀土曲线略陡，而重稀土曲线则较平缓，属中等 Eu 异常。

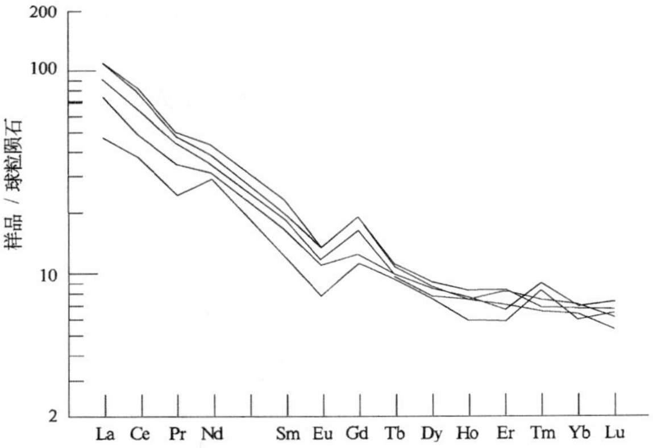


图 3－18　$K_1\gamma\delta\beta$ 单元稀土元素配分模式图

(after Coryell，1963)

### 5. 微量元素特征

该单元微量元素分析结果（表 3－9），其平均含量与维氏值中酸性岩相比，Sc 高 4 倍，V 高 1 倍，Cr 高 5 倍，Co 高 2 倍，Ni 高 4 倍，Sr 高 2 倍，Hf 高 2 倍，其他各元素均低于维氏值。

### 6. 副矿物、锆石特征

该单元副矿物特征（表 3－10）为磁铁矿－磷灰石－锆石型。副矿物种类主要有：锆石、磷灰石、角闪石、磁铁矿、黄铁矿等。

锆石特征：无色、浅黄色，金刚光泽，晶体内含有碳质包体，锆石长宽比以 2∶1～3∶1 为主，个

**表 3-6 花岗岩类岩石化学表**

| 顺序号 | 样品号 | 单元名称 | 单元代号 | 氧化物($W_t$)% | | | | | | | | | | | | |
|---|---|---|---|---|---|---|---|---|---|---|---|---|---|---|---|---|
| | | | | $SiO_2$ | $TiO_2$ | $Al_2O_3$ | $Fe_2O_3$ | FeO | MnO | MgO | CaO | $Na_2O$ | $K_2O$ | $P_2O_5$ | Los | 总量 |
| 1 | Gs-5048 | 新近纪上新世灰白色花岗斑岩 | $N_2\gamma\pi$ | 73.80 | 0.18 | 13.10 | 1.32 | 1.45 | 0.02 | 0.08 | 0.23 | 2.50 | 6.1 | 0.03 | 1.12 | 99.93 |
| 2 | Gs-5049 | | | 72.07 | 0.16 | 13.37 | 1.07 | 1.80 | 0.01 | 0.38 | 0.57 | 3.18 | 5.75 | 0.05 | 0.76 | 99.17 |
| 3 | SXIII-Gs5 | | | 74.78 | 0.08 | 9.57 | 3.95 | 3.41 | 0.03 | 0.55 | 0.72 | 2.90 | 4.00 | 0.04 | 0.51 | 100.54 |
| 4 | SVIII-Gs7 | 早白垩世灰白色中粒似斑状黑云母二长花岗岩 | $K_1\eta\gamma\beta_4$ | 70.05 | 0.50 | 13.91 | 0.91 | 3.10 | 0.05 | 0.44 | 2.02 | 3.40 | 4.35 | 0.16 | 0.58 | 99.47 |
| 5 | SVIII-Gs8 | | | 70.34 | 0.45 | 13.93 | 0.86 | 3.22 | 0.05 | 0.64 | 1.91 | 3.35 | 4.42 | 0.17 | 0.46 | 99.80 |
| 6 | SVIII-Gs9 | | | 70.55 | 0.46 | 13.86 | 0.82 | 3.12 | 0.06 | 0.52 | 2.02 | 3.40 | 4.18 | 0.12 | 0.57 | 99.68 |
| 7 | SXII-Gs3 | | | 72.48 | 0.28 | 12.94 | 0.49 | 2.74 | 0.04 | 0.51 | 1.34 | 3.30 | 4.43 | 0.10 | 0.65 | 99.30 |
| 8 | SXIII-Gs4 | | | 73.00 | 0.26 | 14.06 | 0.27 | 2.02 | 0.02 | 0.18 | 0.88 | 3.52 | 4.45 | 0.09 | 0.42 | 99.17 |
| 9 | SVIII-Gs4 | 早白垩世灰白色中细粒似斑状黑云母二长花岗岩 | $K_1\eta\gamma\beta_3$ | 72.41 | 0.37 | 13.49 | 0.89 | 2.59 | 0.05 | 0.52 | 1.41 | 3.50 | 3.82 | 0.10 | 0.70 | 99.85 |
| 10 | SVIII-Gs5 | | | 71.62 | 0.47 | 13.11 | 1.30 | 2.67 | 0.06 | 0.63 | 1.33 | 3.28 | 3.95 | 0.09 | 1.15 | 99.66 |
| 11 | SVIII-Gs6 | | | 69.61 | 0.44 | 14.39 | 0.69 | 2.92 | 0.04 | 0.69 | 2.40 | 3.50 | 3.98 | 0.14 | 0.58 | 99.38 |
| 12 | SXII-Gs2 | | | 75.08 | 0.29 | 11.29 | 2.53 | 1.75 | 0.03 | 0.52 | 1.14 | 3.15 | 4.45 | 0.07 | 0.25 | 100.55 |
| 13 | SXIII-Gs1 | | | 74.78 | 0.19 | 11.23 | 3.21 | 1.75 | 0.03 | 0.41 | 0.84 | 3.12 | 4.32 | 0.05 | 0.49 | 100.42 |
| 14 | SXIII-Gs2 | | | 74.33 | 0.18 | 13.32 | 0.73 | 2.07 | 0.03 | 0.52 | 1.07 | 3.12 | 4.50 | 0.07 | 0.50 | 100.44 |
| 15 | SXIII-Gs3 | | | 74.09 | 0.24 | 11.8 | 2.01 | 2.04 | 0.04 | 0.63 | 1.07 | 3.15 | 4.40 | 0.06 | 0.53 | 100.06 |
| 16 | SVIII-Gs1 | 早白垩世灰白色细粒似斑状黑云母二长花岗岩 | $K_1\eta\gamma\beta_2$ | 71.53 | 0.36 | 16.46 | 0.77 | 2.21 | 0.05 | 0.49 | 1.30 | 3.38 | 4.80 | 0.07 | 0.5 | 101.92 |
| 17 | SVIII-Gs2 | | | 71.60 | 0.35 | 13.61 | 1.10 | 2.17 | 0.05 | 0.60 | 1.98 | 3.30 | 4.70 | 0.10 | 0.49 | 100.05 |
| 18 | SVIII-Gs3 | | | 71.57 | 0.34 | 13.61 | 0.80 | 2.71 | 0.05 | 0.51 | 1.39 | 3.23 | 4.66 | 0.13 | 0.40 | 99.40 |
| 19 | SXII-Gs2 | 早白垩世早期灰白色细粒黑云母二长花岗岩 | $K_1\eta\gamma\beta_1$ | 66.84 | 0.47 | 15.24 | 2.79 | 2.56 | 0.06 | 0.69 | 2.36 | 4.22 | 4.05 | 0.10 | 0.71 | 100.09 |
| 20 | SIX-Gs1 | 早白垩世浅灰白色细粒黑云母花岗闪长岩 | $K_1\gamma\delta\beta$ | 64.05 | 0.72 | 15.23 | 1.61 | 3.62 | 0.07 | 2.52 | 4.12 | 3.85 | 2.35 | 0.15 | 0.97 | 99.26 |
| 21 | SIX-Gs2 | | | 64.15 | 0.62 | 15.34 | 1.59 | 3.65 | 0.07 | 2.27 | 4.04 | 3.85 | 2.38 | 0.14 | 0.95 | 99.05 |
| 22 | SIX-Gs3 | | | 63.32 | 0.64 | 14.96 | 1.39 | 3.80 | 0.07 | 3.15 | 4.58 | 3.73 | 2.29 | 0.17 | 1.24 | 99.34 |
| 23 | Gs-n1 | | | 66.17 | 0.45 | 15.79 | 0.88 | 2.54 | 0.04 | 1.97 | 3.85 | 4.19 | 2.93 | 0.12 | 1.54 | 100.47 |
| 24 | Gs-n2 | | | 64.61 | 0.57 | 15.98 | 0.88 | 3.18 | 0.06 | 2.48 | 4.52 | 4.05 | 2.32 | 0.17 | 1.07 | 99.89 |

表 3-7　花岗岩类 CIPW 值及特征指数表

| 顺序号 | 样品号 | 单元名称 | 单元代号 | CIPW 值 | | | | 主要成因指数 | | | | | |
|---|---|---|---|---|---|---|---|---|---|---|---|---|---|
| | | | | q | or | ab | an | σ | DI | SI | τ | OX | ANKC |
| 1 | Gs-5048 | 新近纪上新世灰白色花岗斑岩 | $N_2\gamma\pi$ | 34.20 | 36.55 | 21.41 | 0.98 | 2.40 | 92.16 | 0.70 | 58.89 | 0.38 | 1.18 |
| 2 | Gs-5049 | | | 29.40 | 34.56 | 27.31 | 2.58 | 2.74 | 91.17 | 3.12 | 63.69 | 0.38 | 1.07 |
| 3 | SXIII-Gs5 | | | 39.47 | 23.65 | 24.5 | 1.25 | 1.50 | 87.62 | 3.71 | 83.38 | 0.41 | 0.92 |
| 4 | SVIII-Gs7 | 早白垩世灰白色中粒似斑状黑云母二长花岗岩 | $K_1\eta\gamma\beta_4$ | 27.46 | 26.02 | 29.06 | 9.19 | 2.22 | 82.54 | 3.61 | 21.00 | 0.42 | 1.00 |
| 5 | SVIII-Gs8 | | | 27.45 | 26.32 | 28.50 | 8.54 | 2.21 | 82.27 | 5.12 | 23.51 | 0.41 | 1.01 |
| 6 | SVIII-Gs9 | | | 28.25 | 24.95 | 28.99 | 9.41 | 2.09 | 82.19 | 4.32 | 22.74 | 0.4 | 0.94 |
| 7 | SXII-Gs3 | | | 31.47 | 26.56 | 28.27 | 6.15 | 2.03 | 86.30 | 4.45 | 34.43 | 0.41 | 0.99 |
| 8 | SXIII-Gs4 | | | 32.59 | 26.65 | 30.13 | 3.89 | 2.12 | 89.37 | 1.72 | 40.54 | 0.42 | 1.11 |
| 9 | SVIII-Gs4 | 早白垩世灰白色中细粒似斑状黑云母二长花岗岩 | $K_1\eta\gamma\beta_3$ | 32.60 | 22.79 | 29.83 | 6.47 | 1.82 | 85.22 | 4.59 | 27.00 | 0.47 | 0.99 |
| 10 | SVIII-Gs5 | | | 32.94 | 23.72 | 28.14 | 6.17 | 1.83 | 84.80 | 5.33 | 20.91 | 0.47 | 1.25 |
| 11 | SVIII-Gs6 | | | 26.66 | 23.83 | 29.94 | 11.23 | 2.10 | 80.43 | 5.86 | 24.75 | 0.48 | 0.96 |
| 12 | SXII-Gs2 | | | 34.58 | 26.30 | 26.60 | 3.48 | 1.80 | 87.48 | 4.19 | 28.07 | 0.45 | 1.06 |
| 13 | SXIII-Gs1 | | | 35.00 | 25.64 | 26.46 | 3.85 | 1.74 | 87.10 | 3.20 | 42.68 | 0.47 | 0.98 |
| 14 | SXIII-Gs2 | | | 34.76 | 26.63 | 26.38 | 4.90 | 1.85 | 87.77 | 4.75 | 56.67 | 0.42 | 1.01 |
| 15 | SXIII-Gs3 | | | 33.67 | 26.19 | 26.79 | 4.99 | 1.83 | 86.65 | 5.15 | 36.04 | 0.41 | 1.02 |
| 16 | SVIII-Gs1 | 早白垩世灰白色细粒似斑状黑云母二长花岗岩 | $K_1\eta\gamma\beta_2$ | 18.45 | 27.99 | 28.17 | 5.96 | 2.35 | 74.61 | 4.21 | 36.33 | 0.4 | 1.05 |
| 17 | SVIII-Gs2 | | | 28.68 | 27.92 | 28.01 | 8.43 | 2.24 | 84.61 | 5.05 | 29.46 | 0.41 | 0.93 |
| 18 | SVIII-Gs3 | | | 30.11 | 27.84 | 27.57 | 6.20 | 2.18 | 85.52 | 4.28 | 30.53 | 0.42 | 0.94 |
| 19 | SXII-Gs2 | 早白垩世早期灰白色细粒黑云母二长花岗岩 | $K_1\eta\gamma\beta_1$ | 18.19 | 24.16 | 35.97 | 10.73 | 2.87 | 78.32 | 4.82 | 23.45 | 0.42 | 0.88 |
| 20 | SIX-Gs1 | 早白垩世浅灰白色细粒黑云母花岗闪长岩 | $K_1\gamma\delta\beta$ | 19.36 | 14.14 | 33.10 | 17.60 | 1.83 | 66.60 | 18.06 | 15.81 | 0.40 | 0.93 |
| 21 | SIX-Gs2 | | | 19.68 | 14.35 | 33.17 | 17.85 | 1.84 | 67.20 | 16.52 | 18.53 | 0.40 | 0.92 |
| 22 | SIX-Gs3 | | | 17.86 | 13.81 | 32.14 | 17.61 | 1.78 | 63.81 | 21.94 | 17.55 | 0.40 | 1.08 |
| 23 | Gs-n1 | | | 19.05 | 17.52 | 35.80 | 15.75 | 2.19 | 72.37 | 15.75 | 25.78 | 0.40 | 1.08 |
| 24 | Gs-n2 | | | 18.13 | 13.89 | 34.64 | 18.75 | 1.88 | 66.66 | 19.21 | 20.93 | 0.40 | 1.00 |

**表 3-8　花岗岩类稀土元素及特征参数表**

| 顺序号 | 样品号 | 单元名称 | 代号 | 稀土丰度($\times10^{-6}$) | | | | | | | | | | | | | | | 特征参数 | | |
|---|---|---|---|---|---|---|---|---|---|---|---|---|---|---|---|---|---|---|---|---|---|
| | | | | La | Ce | Pr | Nd | Sm | Eu | Gd | Tb | Dy | Ho | Er | Tm | Yb | Lu | Y | ΣREE | ΣCe/ΣY | δEu |
| 1 | XT-5048 | 新近纪上新世灰白色花岗斑岩 | $N_2\gamma\pi$ | 52.72 | 105.3 | 9.13 | 32.57 | 5.36 | 0.12 | 5.92 | 0.93 | 6.10 | 1.42 | 3.74 | 0.6 | 3.89 | 0.57 | 35.9 | 264.31 | 3.47 | 0.07 |
| 2 | XT-5049 | | | 64.10 | 111.4 | 12.93 | 45.31 | 6.95 | 0.12 | 7.42 | 1.11 | 5.83 | 1.27 | 3.47 | 0.52 | 3.27 | 0.51 | 31.3 | 295.47 | 4.41 | 0.06 |
| 3 | SXIII-XT5 | | | 6.20 | 17.79 | 2.54 | 9.41 | 2.78 | 0.08 | 2.87 | 0.64 | 3.77 | 0.96 | 2.66 | 0.41 | 2.9 | 0.47 | 22.0 | 75.48 | 1.06 | 0.09 |
| 4 | SVIII-XT7 | 早白垩世灰白色中粒似斑状黑云母二长花岗岩 | $K_1\eta\gamma\beta_4$ | 118.7 | 216 | 21.84 | 81.58 | 12.9 | 0.91 | 13.3 | 1.65 | 8.98 | 1.77 | 5.1 | 0.71 | 4.27 | 0.64 | 52.5 | 540.76 | 5.09 | 0.23 |
| 5 | SVIII-XT8 | | | 151.5 | 297.9 | 22.76 | 82.89 | 13.08 | 0.94 | 14.0 | 1.74 | 9.42 | 1.9 | 5.58 | 0.75 | 4.76 | 0.7 | 58.8 | 666.70 | 5.83 | 0.23 |
| 6 | SVIII-XT9 | | | 65.56 | 127.1 | 11.37 | 47.62 | 8.97 | 1.83 | 9.99 | 1.30 | 6.81 | 1.47 | 4.18 | 0.60 | 3.67 | 0.58 | 47.8 | 338.91 | 3.43 | 0.65 |
| 7 | SXII-XT3 | | | 178.7 | 347.0 | 32.00 | 107.2 | 19.11 | 0.6 | 20.2 | 2.89 | 16.8 | 3.67 | 10.8 | 1.54 | 9.92 | 1.54 | 116 | 868.26 | 3.73 | 0.10 |
| 8 | SXIII-XT4 | | | 85.06 | 231.9 | 19.10 | 76.35 | 17.33 | 0.4 | 17.1 | 2.58 | 15.5 | 3.47 | 10.3 | 1.39 | 9.08 | 1.44 | 93.0 | 583.88 | 2.80 | 0.08 |
| 9 | SVIII-XT4 | 早白垩世灰白色中细粒似斑状黑云母二长花岗岩 | $K_1\eta\gamma\beta_3$ | 67.06 | 115.2 | 13.47 | 52.11 | 8.01 | 0.55 | 7.67 | 0.96 | 5.46 | 1.05 | 2.97 | 0.44 | 2.86 | 0.40 | 29.2 | 307.44 | 5.02 | 0.23 |
| 10 | SVIII-XT5 | | | 107.4 | 221.0 | 17.68 | 63.57 | 10.08 | 0.77 | 10.5 | 1.21 | 6.53 | 1.22 | 3.62 | 0.53 | 3.12 | 0.45 | 42.9 | 490.54 | 6.00 | 0.25 |
| 11 | SVIII-XT6 | | | 36.96 | 75.43 | 8.84 | 28.91 | 5.78 | 0.98 | 6.02 | 0.96 | 4.99 | 0.88 | 2.71 | 0.44 | 2.61 | 0.34 | 27.8 | 203.66 | 3.36 | 0.56 |
| 12 | SXII-XT2 | | | 63.66 | 138.4 | 12.68 | 43.79 | 7.24 | 0.43 | 7.98 | 1.40 | 8.30 | 1.57 | 4.42 | 0.74 | 4.81 | 0.60 | 48.8 | 344.82 | 3.38 | 0.19 |
| 13 | SXIII-XT1 | | | 89.05 | 177.9 | 19.87 | 69.10 | 13.05 | 0.45 | 15.0 | 2.65 | 14.3 | 3.11 | 8.10 | 1.26 | 7.60 | 1.09 | 81.4 | 503.77 | 2.75 | 0.11 |
| 14 | SXIII-XT2 | | | 61.65 | 128.6 | 15.21 | 45.33 | 8.83 | 0.48 | 9.34 | 1.80 | 9.50 | 1.85 | 5.0 | 0.89 | 5.20 | 0.70 | 50.6 | 344.93 | 3.06 | 0.18 |
| 15 | SXIII-XT3 | | | 62.31 | 139.2 | 12.46 | 42.01 | 7.29 | 0.38 | 7.86 | 1.29 | 7.49 | 1.65 | 4.54 | 0.68 | 4.70 | 0.70 | 44.7 | 337.26 | 3.58 | 0.17 |
| 16 | SVIII-XT1 | 早白垩世灰白色细粒似斑状黑云母二长花岗岩 | $K_1\eta\gamma\beta_2$ | 43.21 | 88.95 | 8.98 | 37.22 | 6.68 | 0.82 | 7.33 | 0.95 | 5.55 | 1.15 | 3.54 | 0.53 | 3.33 | 0.53 | 32.8 | 241.55 | 3.34 | 0.39 |
| 17 | SVIII-XT2 | | | 66.83 | 130.6 | 11.09 | 40.07 | 7.02 | 0.94 | 7.85 | 1.04 | 5.83 | 1.13 | 3.45 | 0.52 | 3.45 | 0.51 | 39.5 | 319.87 | 4.05 | 0.43 |
| 18 | SVIII-XT3 | | | 79.20 | 136.8 | 16.41 | 58.0 | 10.48 | 0.67 | 10.8 | 1.48 | 7.81 | 1.67 | 5.38 | 0.78 | 4.6 | 0.71 | 51.6 | 386.39 | 3.56 | 0.21 |
| 19 | SXII-XT1 | 早白垩世早期灰白色细粒黑云母二长花岗岩 | $K_1\eta\gamma\beta_1$ | 80.68 | 164.0 | 14.65 | 51.51 | 8.98 | 1.48 | 10.8 | 1.76 | 9.35 | 1.90 | 5.26 | 0.84 | 5.08 | 0.69 | 58.8 | 415.82 | 3.40 | 0.51 |
| 20 | SIX-XT1 | 早白垩世灰白色细粒黑云母花岗闪长岩 | $K_1\gamma\delta\beta$ | 33.81 | 61.63 | 5.94 | 24.41 | 4.24 | 1.00 | 4.89 | 0.55 | 2.89 | 0.62 | 1.72 | 0.23 | 1.53 | 0.2 | 18.2 | 161.89 | 4.25 | 0.74 |
| 21 | SIX-XT2 | | | 39.75 | 72.85 | 6.45 | 26.74 | 4.53 | 1.15 | 5.57 | 0.61 | 3.24 | 0.62 | 2.00 | 0.26 | 1.73 | 0.23 | 20.0 | 185.71 | 4.42 | 0.78 |
| 22 | SIX-XT3 | | | 40.42 | 77.57 | 6.71 | 29.98 | 5.26 | 1.13 | 5.74 | 0.63 | 3.42 | 0.69 | 2.03 | 0.24 | 1.64 | 0.25 | 19.8 | 195.55 | 4.67 | 0.69 |
| 23 | XT-n1 | | | 17.12 | 35.27 | 3.29 | 20.54 | 2.78 | 0.65 | 3.37 | 0.53 | 2.82 | 0.5 | 1.42 | 0.28 | 1.45 | 0.24 | 15.4 | 105.63 | 3.07 | 0.72 |
| 24 | XT-n2 | | | 27.6 | 45.64 | 4.70 | 21.93 | 3.76 | 0.94 | 3.74 | 0.57 | 3.16 | 0.64 | 1.63 | 0.31 | 1.67 | 0.27 | 17.7 | 134.26 | 3.52 | 0.83 |

**表 3-9　花岗岩类微量元素表**

| 顺序号 | 样品号 | 单元名称 | 代号 | 微量元素含量（×10⁻⁶） | | | | | | | | | | | | | |
|---|---|---|---|---|---|---|---|---|---|---|---|---|---|---|---|---|---|
| | | | | Sc | V | Cr | Co | Ni | Rb | Sr | Zr | Nb | Ba | Hf | Ta | Th | U |
| 1 | WL-5048 | 新近纪上新世灰白色花岗斑岩 | $N_2\gamma\pi$ | 12.34 | 5.39 | 152.71 | 5.97 | 9.58 | 521.13 | 73.45 | 256.55 | 31.33 | 152.99 | 8.44 | 4.45 | 48.97 | 19.44 |
| 2 | WL-5049 | | | 11.11 | 6.21 | 263.10 | 6.60 | 21.64 | 407.15 | 57.52 | 255.69 | 28.27 | 69.98 | 8.19 | 4.27 | 43.57 | 6.39 |
| 3 | SXIII-WL5 | | | 4.59 | 4.44 | 167.73 | 13.02 | 13.02 | 341.28 | 70.73 | 72.95 | 16.06 | 87.97 | 3.48 | 5.29 | 15.81 | 8.12 |
| 4 | SVIII-WL7 | 早白垩世灰白色中粒似斑状黑云母二长花岗岩 | $K_1\eta\gamma\beta_4$ | 14.19 | 31.57 | 131.52 | 5.82 | 4.55 | 241.63 | 385.11 | 139.90 | 25.07 | 474.13 | 4.69 | 4.09 | 48.81 | 8.43 |
| 5 | SVIII-WL8 | | | 16.19 | 31.66 | 151.11 | 6.75 | 3.47 | 362.35 | 448.01 | 124.61 | 26.05 | 488.74 | 5.54 | 3.71 | 49.46 | 11.78 |
| 6 | SVIII-WL9 | | | 35.71 | 140 | 41.25 | 24.99 | 18.62 | 153.94 | 996.03 | 131.13 | 20.64 | 410.76 | 3.28 | 2.54 | 14.65 | 7.18 |
| 7 | SXII-WL3 | | | 13.66 | 20.98 | 147.94 | 6.40 | 12.48 | 632.25 | 280.21 | 211.87 | 33.68 | 260.45 | 7.91 | 8.87 | 88.67 | 20.65 |
| 8 | SXIII-WL4 | 早白垩世灰白色中细粒似斑状黑云母二长花岗岩 | $K_1\eta\gamma\beta_3$ | 12.20 | 14.96 | 245.39 | 14.26 | 14.26 | 409.66 | 137.68 | 228.27 | 43.92 | 114.19 | 8.52 | 10.7 | 77.95 | 17.8 |
| 9 | SVIII-WL4 | | | 9.78 | 24.28 | 122.11 | 5.06 | 1.58 | 217.32 | 296.85 | 144.35 | 21.86 | 227.23 | 4.10 | 2.98 | 39.27 | 3.73 |
| 10 | SVIII-WL5 | | | 13.15 | 26.86 | 111.56 | 5.04 | 3.49 | 387.77 | 417.51 | 162.72 | 25.88 | 338.28 | 4.84 | 4.56 | 43.86 | 7.26 |
| 11 | SVIII-WL6 | | | 11.27 | 31.42 | 45.15 | 4.80 | 5.89 | 214.18 | 581.50 | 108.27 | 21.27 | 641.29 | 3.96 | 3.22 | 22.02 | 4.54 |
| 12 | SXII-WL2 | | | 6.96 | 6.32 | 21.47 | 0.74 | 0.74 | 505.11 | 178.87 | 91.14 | 18.35 | 178.51 | 3.97 | 4.50 | 33.99 | 7.50 |
| 13 | SXIII-WL1 | 早白垩世灰白色细粒似斑状黑云母二长花岗岩 | $K_1\eta\gamma\beta_2$ | 9.77 | 14.04 | 43.11 | 7.56 | 7.56 | 346.59 | 150.23 | 179.98 | 25.66 | 144.08 | 6.85 | 6.15 | 70.18 | 14.12 |
| 14 | SXIII-WL2 | | | 7.55 | 9.56 | 126.72 | 5.43 | 5.43 | 403.14 | 177.27 | 119.60 | 22.97 | 179.03 | 4.79 | 5.27 | 46.14 | 13.25 |
| 15 | SXIII-WL3 | | | 10.56 | 14.51 | 26.36 | 5.23 | 5.23 | 479.05 | 210.09 | 122.76 | 25.83 | 196.49 | 4.46 | 5.84 | 53.35 | 10.65 |
| 16 | SVIII-WL1 | | | 9.33 | 19.62 | 94.58 | 5.51 | 2.91 | 359.73 | 428.46 | 173.26 | 23.65 | 514.86 | 5.56 | 4.86 | 40.75 | 7.48 |
| 17 | SVIII-WL2 | | | 9.28 | 20.30 | 31.47 | 5.68 | 0.96 | 463.81 | 406.33 | 156.41 | 20.04 | 456.72 | 5.09 | 4.21 | 37.35 | 9.90 |
| 18 | SVIII-WL3 | | | 9.25 | 20.22 | 127.16 | 4.60 | 1.62 | 285.49 | 246.06 | 191.11 | 24.17 | 282.13 | 6.27 | 3.55 | 47.99 | 4.80 |
| 19 | SXII-WL1 | 早白垩世早期灰白色细粒黑云母二长花岗岩 | $K_1\eta\gamma\beta_1$ | 13.32 | 18.82 | 45.35 | 0.96 | 0.96 | 600.33 | 449.83 | 370.02 | 33.47 | 744.26 | 9.23 | 5.15 | 27.48 | 12.73 |
| 20 | SIX-WL1 | 早白垩世浅灰白色细粒黑云母花岗闪长岩 | $K_1\gamma\delta\beta$ | 17.52 | 74.65 | 130.13 | 12.67 | 44.55 | 103.89 | 990.72 | 64.94 | 16.63 | 609.11 | 2.42 | 2.36 | 15.31 | 3.24 |
| 21 | SIX-WL2 | | | 18.70 | 78.33 | 129.88 | 14.96 | 44.62 | 164.28 | 970.9 | 60.34 | 17.14 | 810.52 | 2.36 | 2.51 | 16.27 | 5.08 |
| 22 | SIX-WL3 | | | 17.82 | 81.83 | 134.89 | 15.81 | 50.82 | 173.30 | 957.76 | 40.38 | 16.38 | 798.14 | 2.22 | 2.08 | 15.36 | 3.45 |
| 23 | WL-n1 | | | 8.90 | 49.10 | 173.00 | 13.10 | 42.50 | 68.80 | 772.00 | 120.70 | 12.64 | 427.00 | 3.29 | 1.11 | 9.56 | 1.50 |
| 24 | WL-n2 | | | 9.50 | 62.30 | 192.00 | 15.10 | 44.4 | 59.20 | 627.00 | 164.90 | 16.43 | 485.00 | 4.23 | 1.34 | 9.23 | 1.52 |

表3-10 花岗岩类副矿物含量及锆石特征一览表

| | 单元代号 | $K_1\gamma\delta\beta$ | $K_1\eta\gamma\beta_2$ | $K_1\eta\gamma\beta_3$ | | | | | $K_1\eta\gamma\beta_4$ | | |
|---|---|---|---|---|---|---|---|---|---|---|---|
| | 样 号 | SⅨ-$RZ_1$ | SⅧ-$RZ_1$ | SⅧ-$RZ_2$ | SⅧ-$RZ_3$ | SⅫ-$RZ_1$ | SXⅢ-$RZ_1$ | SXⅢ-$RZ_2$ | SⅧ-$RZ_4$ | SⅫ-$RZ_2$ | SXⅢ-$RZ_3$ |
| 锆石形态 | 主要晶形 | 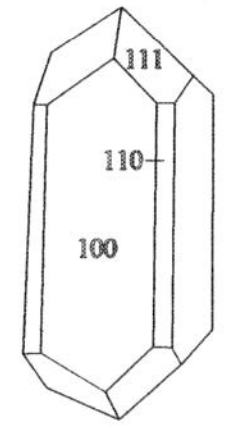 | 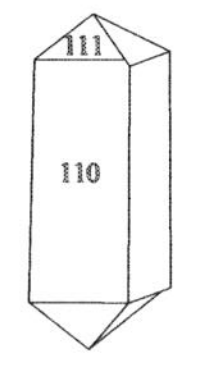 | 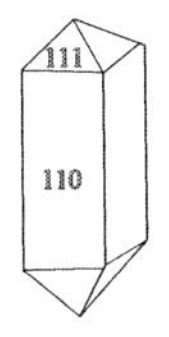 | 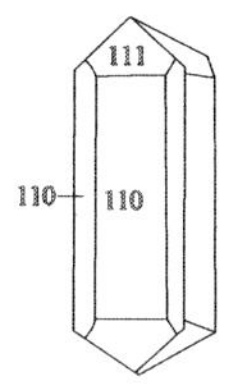 | 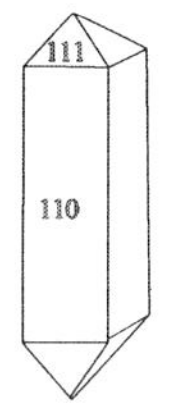 | 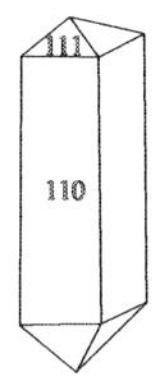 | 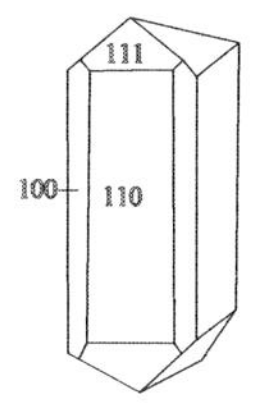 | 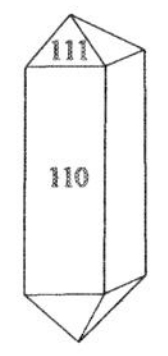 | 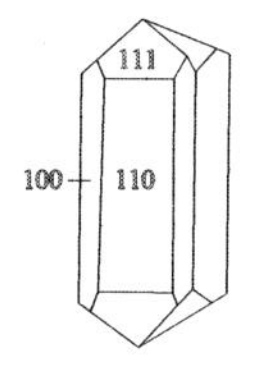 | 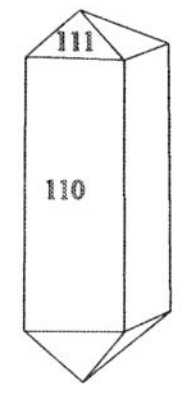 |
| | 次要晶形 | 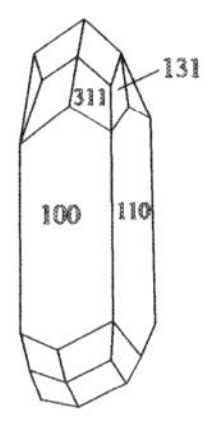 | 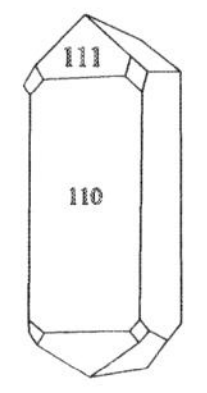 | 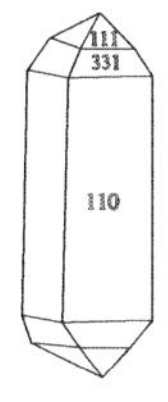 | 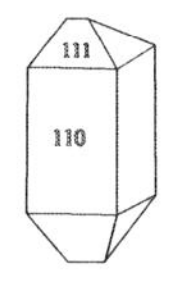 | 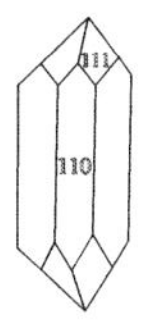 | 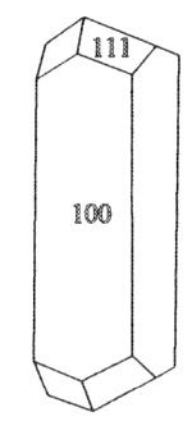 | 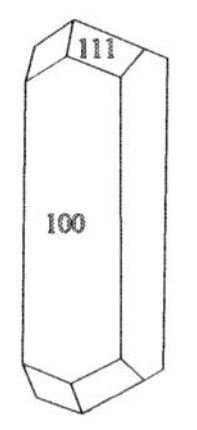 | 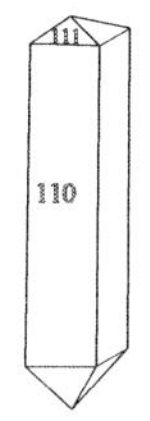 | 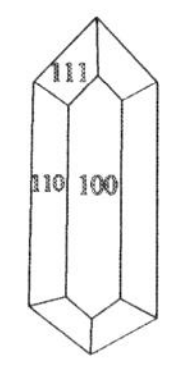 | 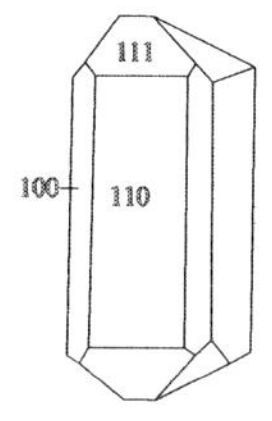 |
| 物理性质 | 颜色 | 无色、浅黄色 | 无色、浅黄色 | 无色、浅黄色 | 无色、浅黄色 | 无色、浅黄色 | 浅黄色 | 无色、浅黄色 | 浅黄、浅褐色 | 浅黄色 | 浅黄色、浅褐色 |
| | 光泽 | 金刚光泽 | 金刚光泽 | 金刚光泽 | 金刚光泽 | 金刚光泽 | 金刚光泽 | 金刚光泽 | 金刚光泽 | 金刚光泽 | 金刚光泽 |
| | 透明度 | | 透明 | 透明、半透明 | 透明 | | | | | | |
| | 长/宽 | 2:1—3:1为主 | 2:1为主 | 2:1或1:1 | 2:1为主 | 2:1为主 | 2:1 | 2:1 | 2:1为主 | 2:1为主 | 2:1 |
| | 其他 | 晶体内含有碳质包体 | | 少数晶体含有碳质或气液包体 | 部分含有碳质或气液包体 | 部分含有碳质或气液包体 | | 少数晶体内含有碳质或气液包体 | | 部分晶体内含有气液包体 | 部分晶体内含有碳质或气液包体 |
| 副矿物组合及含量($\times 10^{-6}$) | 锆石 | 5.625 | 20 | 51 | 42.5 | 42.5 | 20.25 | 21.25 | 105 | 56.25 | 17 |
| | 磷灰石 | 30 | 3.75 | 4.2 | 5 | 5 | 52.5 | 1.25 | 31.5 | 3.125 | 2 |
| | 角闪石 | 609.38 | 33.75 | 43 | 93 | 340 | 17.25 | 54.375 | 162 | 110 | 19 |
| | 磁铁矿 | 6.875 | 81.25 | 12 | 10 | 5 | 15 | 8.75 | 12 | 8.75 | 4.5 |
| | 黄铁矿 | 1.875 | 1.25 | 4.8 | 2.5 | 2.5 | 2.25 | 2.5 | 73.5 | 3.125 | 1 |
| | 钛磁铁矿 | | 48.75 | 5 | 4 | 2 | | 7.5 | 4 | | 1 |
| | 电气石 | | | 68.8 | 6.2 | 13.6 | 十几粒 | | 43.2 | | |

别可达 4∶1。锆石晶形为柱面｛100｝、｛110｝、锥面｛111｝组成的聚形。

## （二）早白垩世灰白色细粒黑云母二长花岗岩（$K_1\eta\gamma\beta_1$）

### 1. 地质特征

该单元分布于测区西南部，虾别错北西，在区内仅出露 1 个侵入体，出露面积较小，约 6km²，仅占侵入岩的 0.9%。岩体内节理、脉岩均不十分发育。未见暗色包体。岩体被早白垩世中细粒似斑状黑云母二长花岗岩（$K_1\eta\gamma\beta_3$）侵入（图 3－19，图 3－20），呈捕虏体（残留体）产出。根据上述接触关系特征，并结合区内花岗岩成分和结构演化序列，将该单元侵位时代定为早白垩世（$K_1$）。

### 2. 岩石学特征

该单元主体岩性为细粒黑云母二长花岗岩（图 3－17，图 3－20）。

岩石呈细粒花岗结构，块状构造。主要造岩矿物为钾长石、斜长石、石英、黑云母及少量角闪石组成。其中，钾长石：灰白色，他形粒状，负低突起，粒度 0.3～0.6mm，含量 48%。斜长石：灰白色，半自形，长板状，具明显聚片双晶，粒度 0.3～0.5mm，含量 40%。石英：无色透明，他形粒状，粒度 0.2～0.4mm，含量 25%。黑云母：褐色，半自形，板状，平行消光，吸收性强，粒度 0.2～0.4mm，含量 10%。角闪石：绿色，半自形，长柱状，斜消光，中等突起，底截面具菱形解理，对称消光，粒度 0.3mm±，含量 2%±（图版ⅩⅥ，3）。

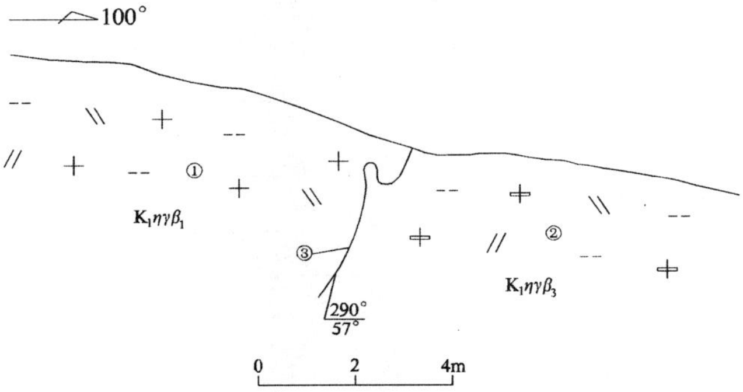


图 3－19　柯多勒 $K_1\eta\gamma\beta_1$ 与 $K_1\eta\gamma\beta_3$ 单元侵入接触关系素描图

①. 细粒黑云母二长花岗岩；②. 中细粒似斑状黑云母二长花岗岩；③. 侵入接触界线；$K_1\eta\gamma\beta_1$. 早白垩世灰白色细粒黑云母二长花岗岩；$K_1\eta\gamma\beta_3$. 早白垩世灰白色中细粒似斑状黑云母二长花岗岩

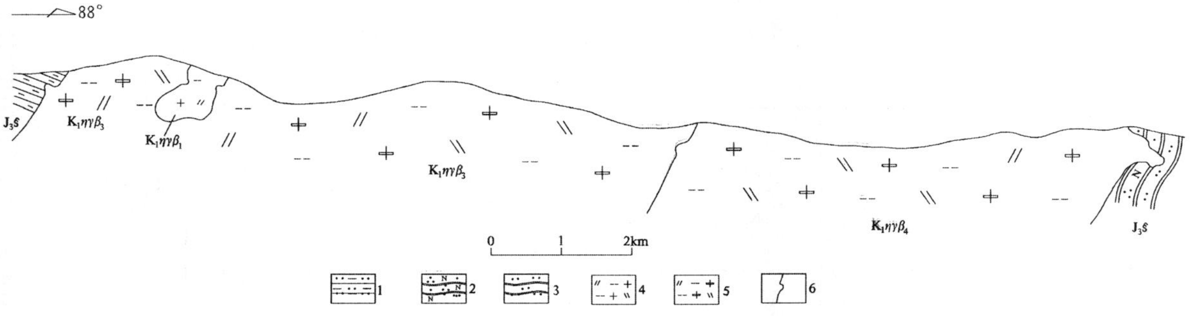


图 3－20　双湖区木嘎岗日-巴列勒穷早白垩世 $K_1\eta\gamma\beta_1$、$K_1\eta\gamma\beta_2$、$K_1\eta\gamma\beta_4$ 单元岩体实测剖面图

1. 泥质粉砂岩；2. 变质长石石英砂岩；3. 变质粉砂岩；4. 黑云母二长花岗岩；5. 似斑状黑云母二长花岗岩；6. 侵入接触界线；$K_1\eta\gamma\beta_1$. 早白垩世灰白色细粒黑云母二长花岗岩；$K_1\eta\gamma\beta_2$. 早白垩世灰白色细粒似斑状黑云母二长花岗岩；$K_1\eta\gamma\beta_4$. 早白垩世灰白色中粒似斑状黑云母二长花岗岩；$J_3\hat{s}$. 沙木罗组

### 3. 岩石化学特征

该单元硅酸盐分析结果、CIPW 值及主要成因指数（表 3－6、表 3－7）具以下特征：

（1）平均化学成分

与中国主要岩浆岩类的平均化学成分表中花岗岩相比较，贫 $SiO_2$，MnO，MgO，富 $TiO_2$，$Al_2O_3$，$Fe_2O_3$，FeO，CaO，$Na_2O$。

（2）$SiO_2$

$SiO_2$ 含量为 66.84%，属酸性岩类。

（3）alk＜al＜alk＋c

alk＜al＜alk＋c，属正常岩类。

（4）特征指数

分异指数（DI）为 78.32，固结指数（SI）为 4.82，说明该单元岩石分异程度较高，属花岗岩类。

**4. 稀土元素特征**

该单元稀土元素分析结果及特征参数（表 3－8）具以下特征：

稀土总量（ΣREE）为 $415.82\times10^{-6}$，δEu 为 0.51，为 Eu 负异常，轻重稀土比（ΣCe/ΣY）为 3.40，属轻稀土高集型。轻稀土曲线相对较陡，而重稀土曲线相对较平缓（图 3－21）。

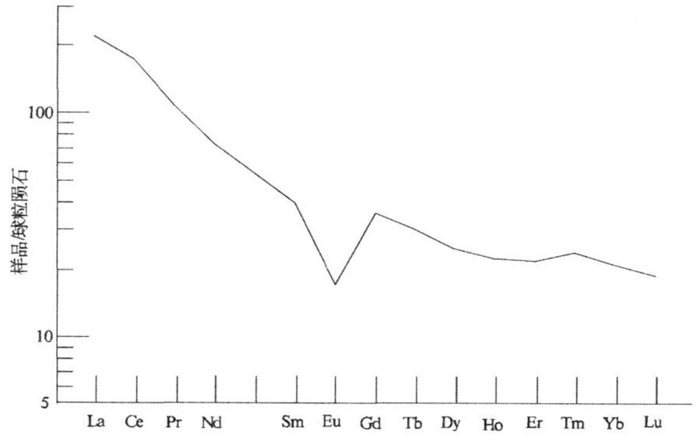


图 3－21　$K_1\eta\gamma\beta_1$ 单元稀土元素配分模式图

（after Coryell，1963）

**5. 微量元素特征**

该单元微量元素分析结果（表 3－9），其平均含量与维氏值中酸性岩相比：Sc 高 3 倍，Cr 高 1 倍，Rb 高 2 倍，Hf 高 8 倍，U 高 3 倍，其他各元素均低于维氏值。

### （三）早白垩世灰白色细粒似斑状黑云母二长花岗岩（$K_1\eta\gamma\beta_2$）

**1. 地质特征**

该单元区内出露 3 个侵入体，分布于测区西南部，麦遮罗娃、甲儿工勒、那格堆勒一带。出露面积 188km²，占侵入岩的 28%。呈岩基状产出。区域上受东西向构造控制，呈近东西向展布。岩体内节理脉岩均不十分发育。其中见较多的暗色闪长质包体，含量小于 1%，多呈次圆状或椭圆状，大小一般在 2～5cm，排列无规律。岩体内普遍见微弱褐铁矿化蚀变。该单元北部侵入于晚侏罗世吐卡日组（$J_3t$），沙木罗组（$J_3\hat{s}$）中，南部被早白垩世灰白色中细粒似斑状黑云母二长花岗岩（$K_1\eta\gamma\beta_3$）侵入（图 3－22，图 3－23）。根据 1∶100 万改则幅区调报告，该岩体 K－Ar（黑云母）同位素年龄为 129.2±1.6Ma，因此，将该单元定为早白垩世（$K_1$）。

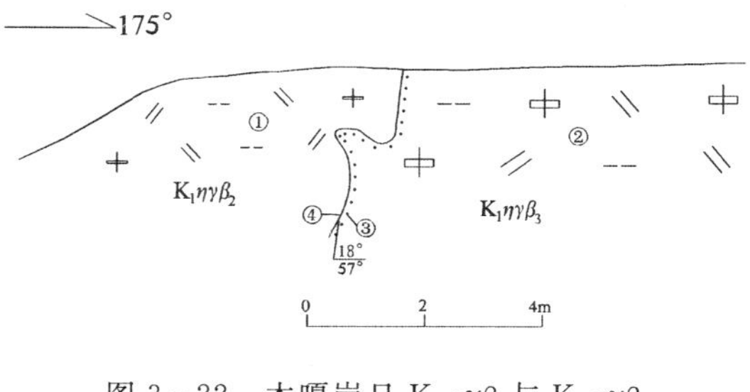


图 3－22　木嘎岗日 $K_1\eta\gamma\beta_2$ 与 $K_1\eta\gamma\beta_3$ 单元侵入接触关系素描图

①. 细粒似斑状黑云母二长花岗岩；
②. 中细粒似斑状黑云母二长花岗岩；
③. 细粒边；④. 侵入接触界线；
$K_1\eta\gamma\beta_2$. 早白垩世灰白色细粒似斑状黑云母二长花岗岩；
$K_1\eta\gamma\beta_3$. 早白垩世灰白色中细粒似斑状黑云母二长花岗岩

**2. 岩石学特征**

该单元主体岩性为灰白色细粒似斑状黑云母

二长花岗岩（图 3－17，图 3－23）。

岩石呈细粒似斑状结构，块状构造。似斑晶成分为斜长石、钾长石、石英和黑云母。其中斜长石：灰白色，自形—半自形，长板状，聚片双晶发育，粒度 2～6mm，含量 15%～20%。钾长石：灰白色，半自形，宽板状，条纹发育，具卡氏双晶，粒度 2～4mm，含量 15%～20%。石英：无色透明，表面干净，他形粒状，粒度 2～3mm，含量 3%。黑云母：棕色，半自形片状，一组解理完全，平行消光，粒度 2～3mm，含量 2%。基质具细粒花岗结构，由半自形的斜长石、钾长石、石英和黑云母组成。矿物粒度 0.2～0.8mm。其中，钾长石：25%，斜长石：15%，石英：22%，黑云母：3%。

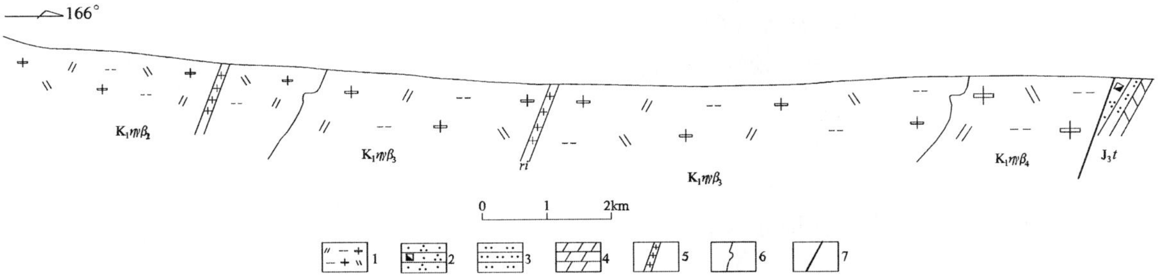


图 3－23　双湖区多日阿—查个勒早白垩世 $K_1\eta\gamma\beta_2$、$K_1\eta\gamma\beta_3$、$K_1\eta\gamma\beta_4$ 单元岩体实测剖面图

1. 似斑状黑云母二长花岗岩；2. 褐铁矿化石英砂岩；3. 粉砂岩；
4. 泥灰岩；5. 花岗细晶岩脉；6. 侵入接触关系；7. 断层
$K_1\eta\gamma\beta_2$. 早白垩世灰白色细粒似斑状黑云母二长花岗岩；
$K_1\eta\gamma\beta_3$. 早白垩世灰白色中细粒似斑状黑云母二长花岗岩；
$K_1\eta\gamma\beta_4$. 早白垩世灰白色中粒似斑状黑云母二长花岗岩；
$J_3t$. 吐卡日组；*ri*. 花岗细晶岩

### 3. 岩石化学特征

该单元硅酸盐分析结果、CIPW 值及主要成因指数（表 3－6、表 3－7）具以下特征：

（1）平均化学成分

与中国主要岩浆岩类的平均化学成分表中花岗岩相比较，贫 $Fe_2O_3$，MnO，MgO，$Na_2O$，$P_2O_5$，富 $TiO_2$，$Al_2O_3$，FeO，CaO，$K_2O$，$SiO_2$ 含量与之相近。

（2）$SiO_2$

$SiO_2$ 含量为 71.53～71.60。属酸性岩类。

（3）al＞alk＋c

al＞alk＋c，属铝过饱和类型。

（4）特征指数

分异指数（DI）为 74.61～85.52，固结指数（SI）为 4.21～5.05，说明该单元分异程度较高，属花岗岩类。

### 4. 稀土元素特征

该单元稀土元素分析结果及特征参数（表 3－8）具以下特征：

稀土总量（ΣREE）为 $241.55\times10^{-6}$～$386.39\times10^{-6}$，δEu 为 0.21～0.43，为 Eu 负异常，轻重稀土比（ΣCe/ΣY）为 3.34～4.05，属轻稀土富集型，轻稀土曲线较陡，而重稀土曲线相对较平缓（图 3－24）。

### 5. 微量元素特征

该单元微量元素分析结果（表 3－9），其平均含量与维氏值中酸性岩相比：Sc 高 2 倍，Cr 高 2 倍，

Rb 高 1 倍，Hf 高 4 倍，Th 高 1.3 倍，U 高 1 倍，其余各元素均低于或接近维氏值。

### 6. 副矿物、锆石特征

该单元副矿物特征（表 3－10）为磁铁矿-锆石-磷灰石型。副矿物种类主要有：锆石、磷灰石、角闪石、磁铁矿、黄铁矿、钛磁铁矿等。

锆石特征（表 3－10）：无色或浅黄色，透明、金刚光泽，锆石长宽比以 2 ∶ 1 为主，锆石晶形以柱面｛110｝、锥面｛111｝组成的聚形为主。

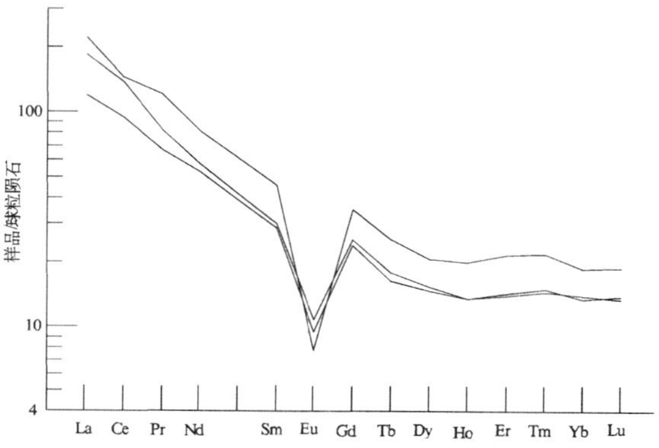


图 3－24　$K_1\eta\gamma\beta_2$ 单元稀土元素配分模式图

(after Coryell，1963)

## （四）早白垩世灰白色中细粒似斑状黑云母二长花岗岩（$K_1\eta\gamma\beta_3$）

### 1. 地质特征

该单元分布于测区南西部，木嘎岗日、睹堆及雅根错以南，虾别错以北。区内出露 3 个侵入体，出露面积较大，约 374km²，占侵入岩的 55.7%，呈岩株、岩基状产出。受东西向构造控制，呈近东西向展布。岩体内节理、脉岩均不十分发育，脉岩以花岗细晶岩脉为主（图版ⅩⅥ，6），脉宽一般在几厘米至十几厘米，岩体中普遍见有暗色闪长质包体，含量小于 1%。包体多呈次圆状或椭圆状，大小一般在 3～8cm，与寄主岩界线清楚，排列无规律（见图版ⅩⅥ，7）。该单元侵入于晚侏罗世沙木罗组（$J_3\check{s}$）地层及早白垩世浅灰白色细粒似斑状黑云母二长花岗岩（$K_1\eta\gamma\beta_2$）、早白垩世灰白色细粒黑云母二长花岗岩（$K_1\eta\gamma\beta_1$）中，被早白垩世灰白色中粒似斑状黑云母二长花岗岩（$K_1\eta\gamma\beta_4$）、晚白垩世粉红色闪长玢岩（$K_2\delta\mu$）侵入（图 3－25）。根据 1∶100 万改则幅区调报告，本期花岗岩中有 3 个 K－Ar（黑云母）同位素年龄，分别为 120.9±1.5Ma，121.2±1.5Ma，129.8±1.6 Ma。因此，我们将该单元侵位时代定为早白垩世（$K_1$）。

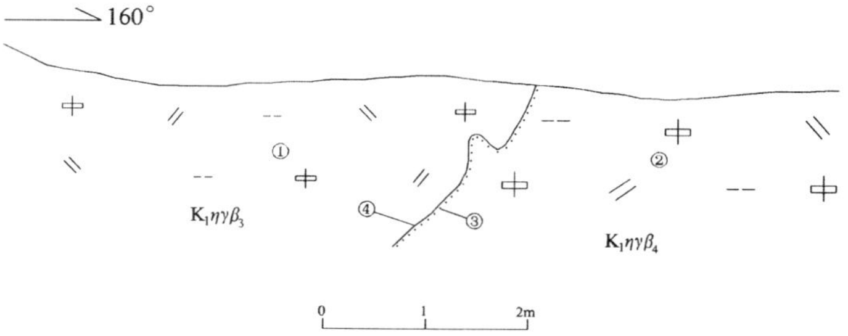


图 3－25　木嘎岗日 $K_1\eta\gamma\beta_3$ 与 $K_1\eta\gamma\beta_4$ 单元侵入接触关系素描图

①. 中细粒似斑状黑云母二长花岗岩；
②. 中粒似斑状黑云母二长花岗岩；
③. 细粒边；④. 侵入接触界线；
$K_1\eta\gamma\beta_3$. 早白垩世灰白色中细粒似斑状黑云母二长花岗岩；
$K_1\eta\gamma\beta_4$. 早白垩世灰白色中粒似斑状黑云母二长花岗岩

### 2. 岩石学特征

该单元主体岩性为灰白色中细粒似斑状黑云母二长花岗岩（图 3－17、图 3－20、图 3－23、图 3－26）。

岩石呈中细粒似斑状结构，块状构造。似斑晶为钾长石和斜长石。钾长石：灰白色，半自形，宽板状，条纹发育，有弱土化现象，粒度 4～10mm，含量 8%±。斜长石：灰白色，半自形—自形，板状，聚片双晶清楚，有绢云母化现象，粒度 4～8mm，含量 7%。基质具中细粒花岗结构，由钾长石、斜长石、石英、黑云母组成。其中，钾长石：灰白色，他形粒状，部分半自形宽板状，负低突起，条纹发育，粒度 1～2mm，含量 30%。斜长石：灰白色，半自形，长板状，聚片双晶十分清楚，有绢云母化现象，粒度 0.5～2mm，含量 25%。石英：无色透明，他形粒状，粒度 0.5～2mm，含量 25%。黑云母：

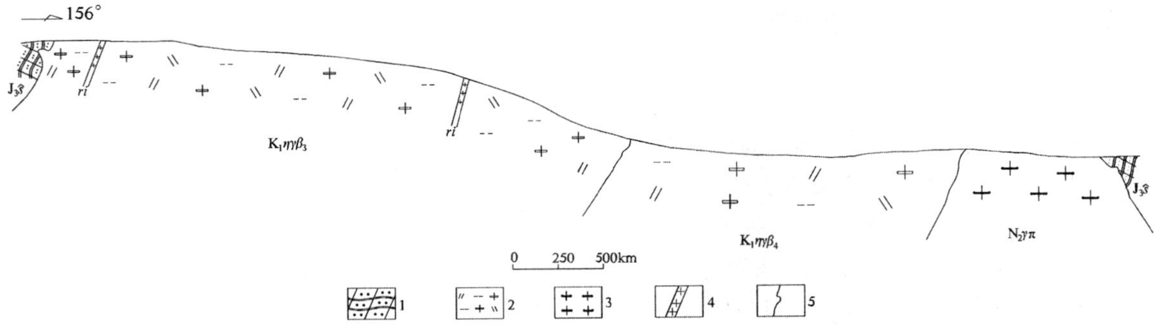


图 3-26　双湖区李岗弄巴—李岗曲针早白垩世 $K_1\eta\gamma\beta_3$，$K_1\eta\gamma\beta_4$ 单元及新近纪上新世 $N_2\gamma\pi$ 单元岩体实测剖面图

1. 粉砂岩；2. 似斑状黑云母二长花岗岩；3. 花岗斑岩；4. 花岗细晶岩脉；5. 侵入接触关系；

$K_1\eta\gamma\beta_3$. 早白垩世灰白色中细粒似斑状黑云母二长花岗岩；

$K_1\eta\gamma\beta_4$. 早白垩世灰白色中粒似斑状黑云母二长花岗岩；

$N_2\gamma\pi$. 新近纪上新世灰白色花岗斑岩；$J_3\hat{s}$. 沙木罗组；*ri*. 花岗细晶岩

褐色，半自形，片状，平行消光，粒度 1mm±，含量：5%（见图版XVI，4）。

### 3. 岩石化学特征

该单元硅酸盐分析结果、CIPW 值及主要成因指数（表 3-6、表 3-7）具以下特征：

（1）平均化学成分

与中国主要岩浆岩类的平均化学成分表中花岗岩相比较，贫 $Al_2O_3$，$Fe_2O_3$，MnO，MgO，CaO，$Na_2O$，$P_2O_5$。富 $SiO_2$，$TiO_2$，FeO，$K_2O$。

（2）$SiO_2$

$SiO_2$ 含量为 69.61%～75.08%，属酸性岩类。

（3）al＞alk＋c

al＞alk＋c，为铝过饱和类型。

（4）特征指数

分异指数（DI）为 80.43～87.77，固结指数（SI）为 3.20～5.33，说明该单元岩石分异程度较高，属花岗岩类。

### 4. 稀土元素特征

该单元稀土元素分析结果及特征参数（表 3-8）具以下特征：

稀土总量（ΣREE）为 $203.66\times10^{-6}$～$503.77\times10^{-6}$，δEu 为 0.11～0.56，为明显 Eu 负异常，轻重稀土比（ΣCe/ΣY）为 2.75～6.00，属轻稀土富集型，轻稀土曲线较陡，而重稀土曲线较平缓（图 3-27）。

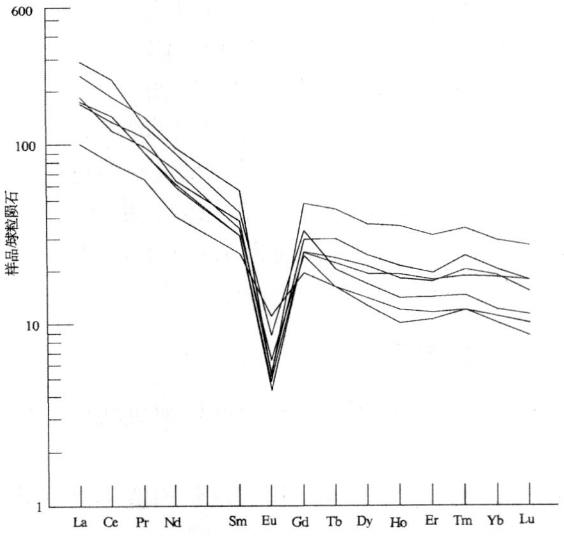


图 3-27　$K_1\eta\gamma\beta_3$ 单元稀土元素配分模式图

(after Coryell, 1963)

### 5. 微量元素特征

该单元微量元素分析结果（表 3-9），其平均含量与维氏值中酸性岩相比：Sc 高 2 倍，Cr 高 2 倍，Rb 高 1 倍，Hf 高 3 倍，Th 高 1.5

倍，U 高 1 倍，其余各元素均低于或接近维氏值。

### 6. 副矿物、锆石特征

该单元副矿物特征（表 3-10）为磁铁矿-锆石-磷灰石型。副矿物种类主要有：锆石、磷灰石、磁铁矿、角闪石、黄铁矿、钛磁铁矿、电气石等。

锆石特征（表 3-10）：无色或浅黄色，半透明—透明、金刚光泽，晶体内含有碳质或气液包体。锆石长宽比以 2 ∶ 1 为主。锆石晶形以柱面 {110}、{100}，锥面 {111} 组成的聚形为主。

## （五）早白垩世灰白色中粒似斑状黑云母二长花岗岩（$K_1\eta\gamma\beta_4$）

### 1. 地质特征

该单元分布于虾别错、孔弄勒-甲热阿布错一带。区内出露 5 个侵入体，出露面积约为 $56km^2$，占区内侵入岩的 8.3%。呈岩株状产出。受东西向构造控制，呈近东西向展布。岩体内节理、脉岩均不十分发育，脉岩仅见几条宽度在几厘米的花岗细晶岩脉。岩体内见较多的暗色闪长质包体，含量约占 1%，多呈椭圆状或次圆状，大小一般在 3～5cm，排列无规律。岩体与 $K_1\eta\gamma\beta_3$ 单元的接触带附近，见有 $K_1\eta\gamma\beta_3$ 单元的捕虏体，呈椭圆状，直径约 12m±。岩体内普遍见有褐铁矿化蚀变。该单元侵入于晚侏罗世沙木罗组（$J_3\hat{s}$）、吐卡日组（$J_3t$）及早白垩世灰白色中细粒似斑状黑云母二长花岗岩（$K_1\eta\gamma\beta_3$）中（图 3-28）。被新近纪上新世灰白色花岗斑岩（$N_2\gamma\pi$）侵入（图 3-29）。从 1∶100 万改则幅区调报告中获 K-Ar（黑云母）同位素年龄值为 108.70±1.3Ma。因此，我们将该单元侵位时代定为早白垩世（$K_1$）。

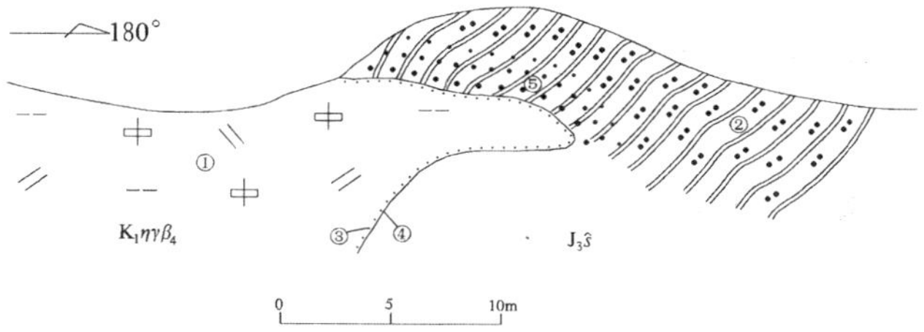


图 3-28　虾别错 $K_1\eta\gamma\beta_4$ 单元与 $J_3\hat{s}$ 侵入接触关系素描图

①. 中粒似斑状黑云母二长花岗岩；②. 变质粉砂岩；③. 细粒边；④. 侵入接触界线；⑤. 角岩化带；$K_1\eta\gamma\beta_4$. 早白垩世灰白色中粒似斑状黑云母二长花岗岩；$J_3\hat{s}$. 沙木罗组

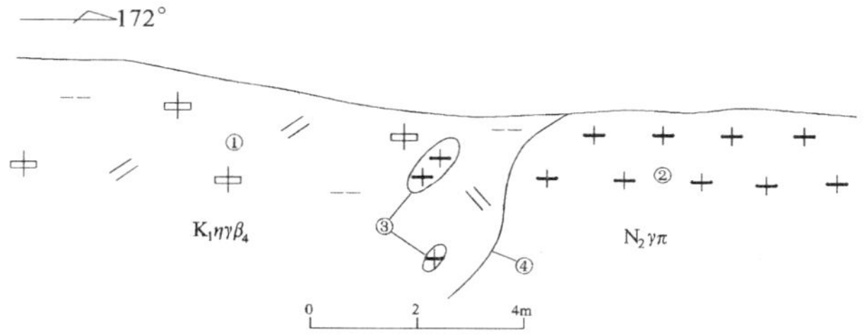


图 3-29　虾别错 $K_1\eta\gamma\beta_4$ 与 $N_2\gamma\pi$ 单元侵入接触关系素描图

①. 中粒似斑状黑云母二长花岗岩；②. 花岗斑岩；③. 花岗斑岩的岩枝；④. 侵入接触界线；$K_1\eta\gamma\beta_4$. 早白垩世灰白色中粒似斑状黑云母二长花岗岩；$N_2\gamma\pi$. 新近纪上新世灰白色花岗斑岩

### 2. 岩石学特征

主体岩性为灰白色中粒似斑状黑云母二长花岗岩（图 3-17，图 3-23）。

岩石呈中粒似斑状结构，块状构造。似斑晶为钾长石和斜长石。其中，钾长石：灰白色，半自形，板状，可见卡氏双晶，粒度 5～15mm，个别可达 20cm 以上，含量 10%±。斜长石：灰白色，半自形，长板状，聚片双晶清楚，有绢云母化，粒度 5～15mm，含量 10%±。基质为中粒花岗结构，成分为钾长石、斜长石、石英及黑云母。其中，钾长石：灰白色，他形粒状，粒径 3～5mm，含量 20%。斜长石：灰白色，半自形，长板状，粒径 2～4mm，含量 30%。石英：无色，他形粒状，粒径 3～4mm，含量 25%。黑云母：褐色，半自形，片状，大小 0.5～1.5mm，含量 5%（图版ⅩⅥ,图 1，2）。

**3. 岩石化学特征**

该单元硅酸盐分析结果、CIPW 值及主要成因指数（表 3－6、表 3－7）具以下特征：

（1）平均化学成分

与中国主要岩浆岩类的平均化学成分表中花岗岩相比较，贫 $Al_2O_3$，$Fe_2O_3$，MnO，MgO，$Na_2O$，$P_2O_5$。富 $TiO_2$，FeO，CaO，$K_2O$。$SiO_2$ 含量与之相近。

（2）$SiO_2$

$SiO_2$ 含量为 70.05%～73.00%，属酸性岩类。

（3）al＞alk＋c

al＞alk＋c，为铝过饱和类型。

（4）特征指数

分异指数（DI）为 82.19～89.37，固结指数（SI）为 1.72～5.12，说明岩石分异程度较高，属花岗岩类。

**4. 稀土元素特征**

该单元稀土元素分析结果及特征参数（表 3－8）具以下特征：

稀土总量（ΣREE）为 $338.91\times10^{-6}$～$868.26\times10^{-6}$，δEu 为 0.08～0.65，为 Eu 负异常，轻重稀土比（ΣCe/ΣY）为 2.80～5.83，属轻稀土富集型，轻稀土曲线较陡，而重稀土曲线相对较平缓，负 Eu 异常明显（图 3－30）。

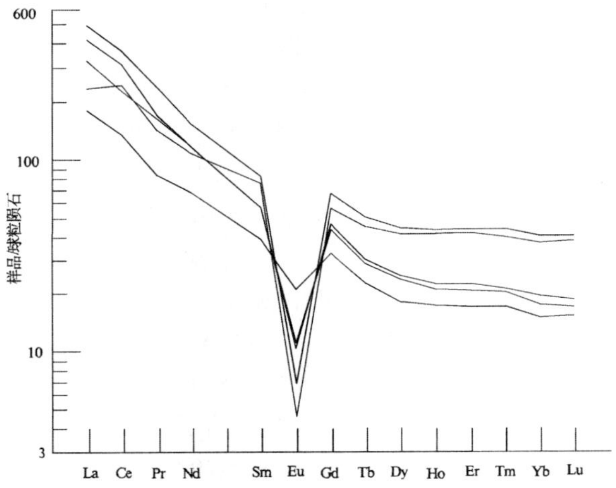


图 3－30　$K_1\eta\gamma\beta_4$ 单元稀土元素配分模式图

（after Coryell，1963）

**5. 微量元素特征**

该单元微量元素分析结果（表 3－9），其平均含量与维氏值中酸性岩相比：Sc 高 5 倍，Co 高 1 倍，Ta 高 1 倍，Hf 高 4 倍，Th 高 2 倍，U 高 3 倍，其余各元素均低于或接近维氏值。

**6. 副矿物、锆石特征**

该单元副矿物特征（表 3－10）为磁铁矿-锆石-磷灰石型。副矿物种类主要有：锆石、磷灰石、磁铁矿、黄铁矿、角闪石、钛磁铁矿、电气石等。

锆石特征（表 3－10）：浅黄或浅褐色，金刚光泽，部分晶体内含有碳质或气液包体。锆石长宽比以 2 ：1 为主。锆石晶形以柱面｛100｝、｛110｝，锥面｛111｝组成的聚形为主。

（六）早白垩世酸性侵入岩成因

**1. 岩石系列**

早白垩世花岗岩岩石系列（表 3－6、表 3－7），其里特曼指数（σ）为 1.80～2.87，均在 1.8～3.3 之间，属钙碱性岩石系列。从硅-碱图（图 3－31）上看，该时代花岗岩投点均落在 S 区，即亚碱性区，因此，我们将早白垩世花岗岩划分为钙碱性系列。

**2. 物质来源**

从 La/Yb - ∑REE 含量图（图 3 - 32）上看，该时代花岗岩投点主要落在花岗岩及花岗岩与沉积岩、玄武岩 3 者的重合部位，说明该时代花岗岩的物质来源既有幔源物质，又有壳源物质的多源性特征。

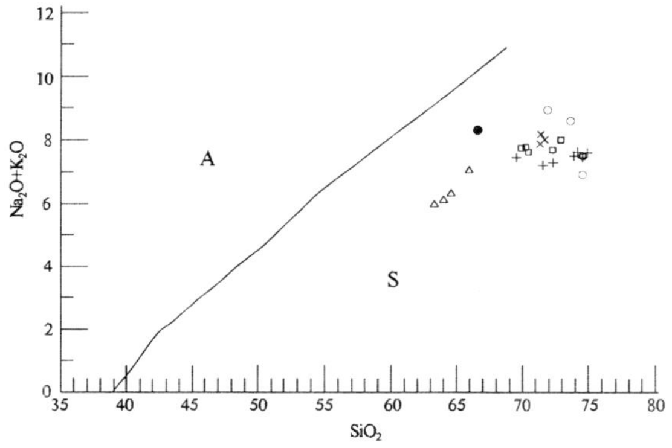


图 3 - 31　花岗岩类硅-碱图

（Irvine，1971）

A. 碱性系列；S. 亚碱性系列

○. $N_2\gamma\pi$；□. $K_1\eta\gamma\beta_4$；+. $K_1\eta\gamma\beta_3$；

×. $K_1\eta\gamma\beta_2$；●. $K_1\eta\gamma\beta_1$；Δ. $K_1\gamma\delta\beta$

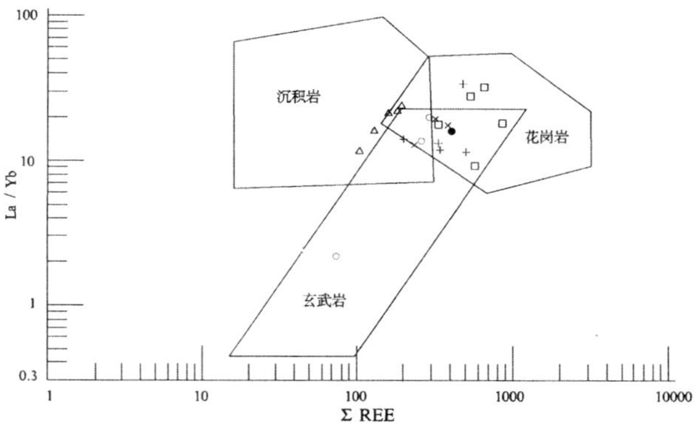


图 3 - 32　花岗岩类 La/Yb - ∑REE 含量图

（Alleyre，1973）

○. $N_2\gamma\pi$；□. $K_1\eta\gamma\beta_4$；+. $K_1\eta\gamma\beta_3$；

×. $K_1\eta\gamma\beta_2$；●. $K_1\eta\gamma\beta_1$；Δ. $K_1\gamma\delta\beta$

**3. 成岩作用**

早白垩世花岗岩形成的构造环境见 Rb -（Y+Nb）图（图 3 - 33）。$K_1\eta\gamma\beta_4$ 单元投点均落在板内花岗岩区，$K_1\gamma\delta\beta$ 单元主要落在火山弧花岗岩区，而其余各单元投点主要落在同碰撞花岗岩区及其过渡地带。另外，从 $R_1-R_2$ 多阳离子图（图 3 - 34）上看，$K_1\gamma\delta\beta$ 单元投点主要落在 2 区，即板块碰撞前消减带地区花岗岩，$K_1\eta\gamma\beta_1$ 单元投点落在 4 区，即造山晚期—晚造山期花岗岩，而其他各单元投点均落在 6 区及其附近，即同碰撞花岗岩。因此，该时代花岗岩产出的构造环境主要为消减带-同碰撞型花岗岩。

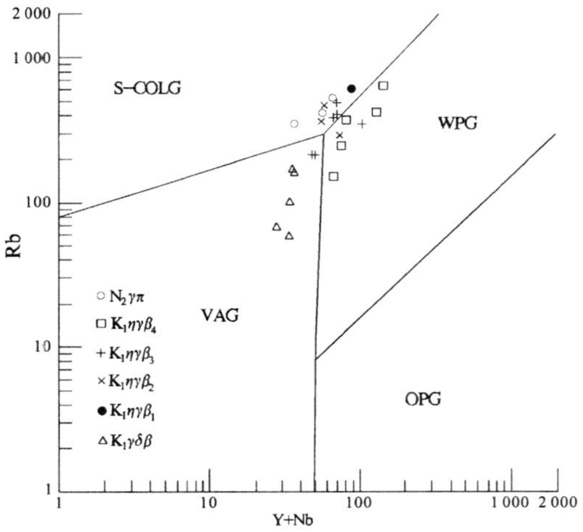


图 3 - 33　花岗岩类 Rb -（Y+Nb）图

（Pearce，1984）

VAG. 火山弧花岗岩；WPG. 板内花岗岩；

S - COLG. 同碰撞花岗岩；OPG. 洋中脊花岗岩

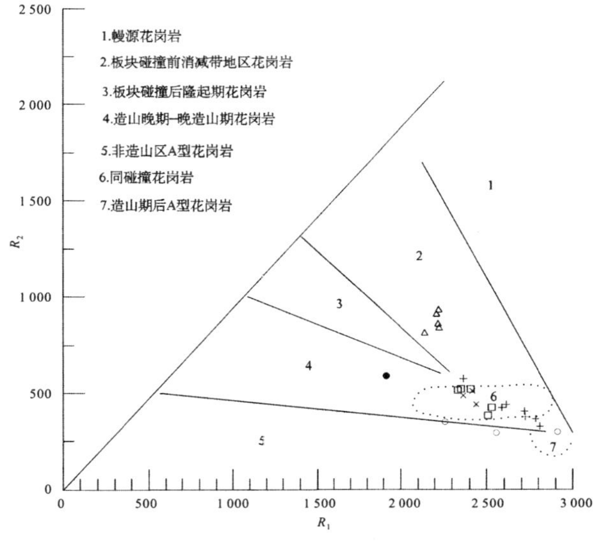


图 3 - 34　花岗岩类 $R_1-R_2$ 多阳离子图

（Batchelor & Bowdden 1985）

○. $N_2\gamma\pi$；□. $K_1\eta\gamma\beta_4$；+. $K_1\eta\gamma\beta_3$；

×. $K_1\eta\gamma\beta_2$；●. $K_1\eta\gamma\beta_1$；Δ. $K_1\gamma\delta\beta$

从现有资料看，该时代酸性侵入岩在平面上岩体的形状不规则，具锯齿状接触界线，岩体内部未见定向组构，围岩未因岩浆侵入而发生变形，围岩原有构造即使靠近接触带也未受干扰，以上这些特征都说明早白垩世酸性侵入岩被动就位的特点。

**4. 花岗岩成因**

从成因三角图 A－C－F 图（图 3－35）和（AL－Na－K）－Ca－（$Fe^{2+}$＋Mg）图（图 3－36）上看，各单元投点情况不尽一致。其中，$K_1\gamma\delta\beta$ 单元和 $K_1\eta\gamma\beta_1$ 单元投点落在 I 型花岗岩区，而其余 3 个单元在两个图解中投点分别落在（或主要落在）S 型和 I 型花岗岩区，另外，各单元花岗岩具以下成因特征（表 3－11）。根据上述判别标志，结合三角图，不难看出，$K_1\gamma\delta\beta$ 单元和 $K_1\eta\gamma\beta_1$ 单元均符合 I 型特征。因此，将其确定为 I 型成因花岗岩。而其余 3 个单元即有 I 型特征又有 S 型特征，但多数为 I 型特征，因此，我们将其余 3 个单元，即 $K_1\eta\gamma\beta_2$、$K_1\eta\gamma\beta_3$ 和 $K_1\eta\gamma\beta_4$ 单元成因类型确定为 I 型与 S 型过渡类型，即（I）型。说明班公湖－怒江结合带碰撞造山过程中，有幔源岩浆底劈侵入，同时，壳源物质发生熔融并与幔源岩浆混合，形成混合岩浆被动侵位，早期具有幔源特征，中晚期具有壳幔混合特征。值得一提的是，早期具“I 型”特征的花岗岩与成矿关系较为密切，在岩体的内部及外接触带，分别形成石英脉型和矽卡岩型金铜矿化。本期花岗岩规模较小，结构均匀，粒度细，且普遍发育一定的蚀变作用，其中已发现脉状和细脉状矿化，是寻找斑岩型铜矿的有利部位，对指导该地区寻找金铜矿产具有重要的意义。

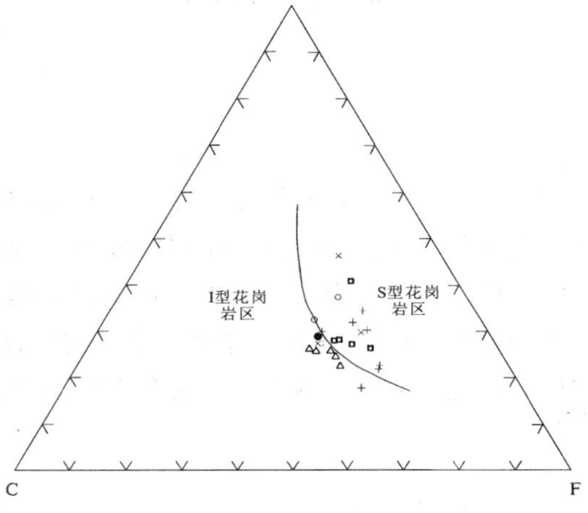


图 3－35　早白垩世 A－C－F 图
（仿江西区域地质大队，1991）
□. $K_1\eta\gamma\beta_4$；＋. $K_1\eta\gamma\beta_3$；×. $K_1\eta\gamma\beta_2$；
●. $K_1\eta\gamma\beta_1$；Δ. $K_1\gamma\delta\beta$

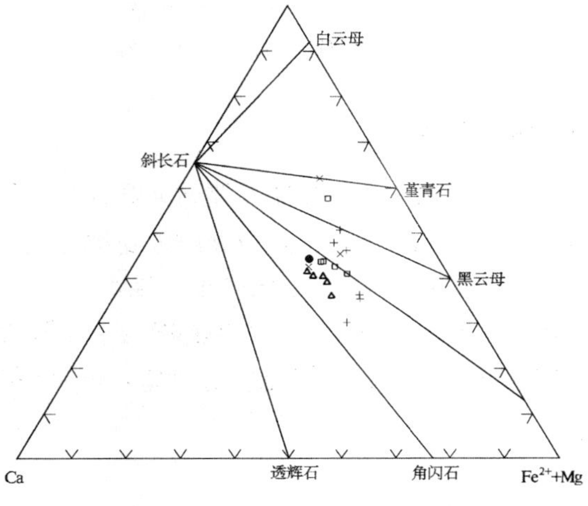


图 3－36　早白垩世（AL－Na－K）－Ca－（$Fe^{2+}$＋Mg）图
（仿吉林区域地质大队方文昌，1992）
□. $K_1\eta\gamma\beta_4$；＋. $K_1\eta\gamma\beta_3$；×. $K_1\eta\gamma\beta_2$；
●. $K_1\eta\gamma\beta_1$；Δ. $K_1\gamma\delta\beta$

## 二、晚白垩世酸性侵入岩

晚白垩世酸性侵入岩在测区内出露很小，只有 1 个侵入体，即晚白垩世粉红色闪长玢岩（$K_2\delta\mu$）

**1. 地质特征**

该单元分布于测区中南部的昌玛错以西，仅出露 1 个侵入体，出露面积约 20$km^2$，占侵入岩的 3.3%。呈岩株状产出，近北东一南西向展布。岩体内解理、脉岩均不发育，未见暗色包体。该单元侵入于晚侏罗世沙木罗组（$J_3\hat{s}$）、吐卡日组（$J_3t$）及早白垩世浅灰白色细粒似斑状黑云母二长花岗岩（$K_1\eta\gamma\beta_2$）和早白垩世灰白色中细粒似斑状黑云母二长花岗岩（$K_1\eta\gamma\beta_3$）中。被新近纪上新世灰白色花岗斑岩（$N_2\gamma\pi$）侵入。由于缺少同位素年龄值，现根据上述接触关系，将该单元侵位时代定为晚白垩世（$K_2$）。

表 3-11 早白垩世各单元花岗岩成因主要判别标志一览表

| 标志分类 | 判别内容 | $K_1\gamma\delta\beta$ | $K_1\eta\gamma\beta_1$ | $K_1\eta\gamma\beta_2$ | $K_1\eta\gamma\beta_3$ | $K_1\eta\gamma\beta_4$ |
|---|---|---|---|---|---|---|
| 地质学标志 | 岩体规模 | 较小 | 较小 | 较大 | 较大 | 较大 |
| | 冷凝边 | 有，明显 | 有，明显 | 有，明显 | 有，明显 | 有，明显 |
| | 接触带 | 有，明显 | 有，明显 | 明显 | 明显 | 明显 |
| | 地层残影体 | 无 | 无 | 无 | 无 | 无 |
| | 捕虏体 | 无 | 无 | 无 | 少 | 无 |
| 矿物学标志 | 造岩矿物、副矿物 | 普遍出现 角闪石、黑云母 | 普遍出现 角闪石、黑云母 | 普遍出现 角闪石、黑云母 | 普遍出现 角闪石、黑云母 | 普遍出现 角闪石、黑云母 |
| 岩石化学标志 | 过铝指数 ANKC | <1.1 | <1.1 | 多数<1.1 | 多数<1.1 | 多数<1.1 |
| | CIPW 标准分子 | <1.0 | <1.0 | >1.0 | 多数<1.0 | <1.0 |
| | $Fe^{3+}/(Fe^{3+}+Fe^{2+})$ | 均<0.3 | >0.3 | 2 个样<0.3 1 个样>0.3 | 4 个样<0.3 3 个样>0.3 | 均<0.3 |
| | SiO 含量 | 出现在较低范围 | 出现在较低范围 | 多出现在较高范围 | 多出现在较高范围 | 多出现在较高范围 |
| 稀土标志 | $\delta Eu$ | 较大，均>0.5 | >0.5 | 较小，均<0.5 | 较小，多数<0.5 | 较小，多数<0.5 |
| | ΣREE 变化范围 | 较宽 | 较宽 | 较宽 | 较宽 | 较宽 |

### 2. 岩石学特征

该单元主体岩性为粉红色闪长玢岩。

岩石呈斑状结构，块状构造。斑晶成分为：斜长石、角闪石及黑云母。其中，斜长石斑晶为浅粉红色，半自形，粒状，粒径 0.5～2mm，含量约占 15%。角闪石斑晶为黑绿色，半自形，粒状或长柱状，粒径 0.5～2mm，含量约占 2%。黑云母为黑色，片状，大小在 0.2～0.5mm，含量约占 3%。基质为隐晶质结构，含量约占 80%。

## 三、新近纪上新世酸性侵入岩

新近纪上新世酸性侵入岩在测区内出露面积较小，只有 1 个填图单元，即：新近纪上新世灰白色花岗斑岩（$N_2\gamma\pi$）。

### 1. 地质特征

该单元主要分布于测区中南部，昌玛错以西，在西南部虾别错以西有少部分出露。区内共有 3 个侵入体，出露面积约 2.2km²，仅占侵入岩的 0.33%，呈小岩株或岩瘤状产出。该单元侵入于晚侏罗世吐卡日组（$J_3t$）及早白垩世浅灰白色细粒似斑状黑云母二长花岗岩（$K_1\eta\gamma\beta_2$）、早白垩世灰白色中细粒似斑状黑云母二长花岗岩（$K_1\eta\gamma\beta_3$）、早白垩世灰白色中粒似斑状黑云母二长花岗岩（$K_1\eta\gamma\beta_4$）（图 3-29）及晚白垩世粉红色闪长玢岩（$K_2\delta\mu$）中。因此，将该单元侵位时代定为新近纪上新世（$N_2$）。

#### 2. 岩石学特征

该单元主体岩性为灰白色花岗斑岩（图 3-17，图 3-26）。

岩石呈灰白色斑状结构，块状构造。斑晶成分为斜长石和钾长石。其中斜长石斑晶为灰白色，半自形，长板状，表面绢云母化较强，隐约可见聚片双晶，粒度 0.3～0.8mm，含量 7%±。钾长石斑晶为灰色，半自形，宽板状，卡氏双晶发育，表面有土化，粒度 0.3～0.5mm，含量 3%±。基质具微晶—隐晶质结构，由长石、石英组成，含量 90%±。

#### 3. 岩石化学特征

该单元硅酸盐分析结果、CIPW 值及主要成因指数（表 3-6、表 3-7）具以下特征：

（1）平均化学成分

与中国主要岩浆岩类的平均化学成分表中花岗岩相比较，贫 $TiO_2$，$Al_2O_3$，MnO，MgO，CaO，$Na_2O$，$P_2O_5$。富 $SiO_2$，$Fe_2O_3$，FeO，$K_2O$。

（2）$SiO_2$

$SiO_2$ 含量为 72.07%～74.78%，属酸性岩类。

（3）al＞alk＋c

al＞alk＋c，为铝过饱和类型。

（4）特征指数

分异指数（DI）为 87.62～92.16，固结指数（SI）为 0.70～3.71，说明岩石分异程度较高，属花岗岩类。

#### 4. 稀土元素特征

该单元稀土元素分析结果及特征参数（表 3-8）具以下特征：

稀土总量（ΣREE）为 $75.48\times10^{-6}$～$205.47\times10^{-6}$，δEu 为 0.06～0.09，为 Eu 负异常，轻重稀土比（ΣCe/ΣY）为 1.06～4.41，属轻稀土富集型。从稀土元素配分模式图（图 3-37）上看，负 Eu 异常特征非常明显，轻稀土曲线略陡，而重稀土曲线相对较平缓。

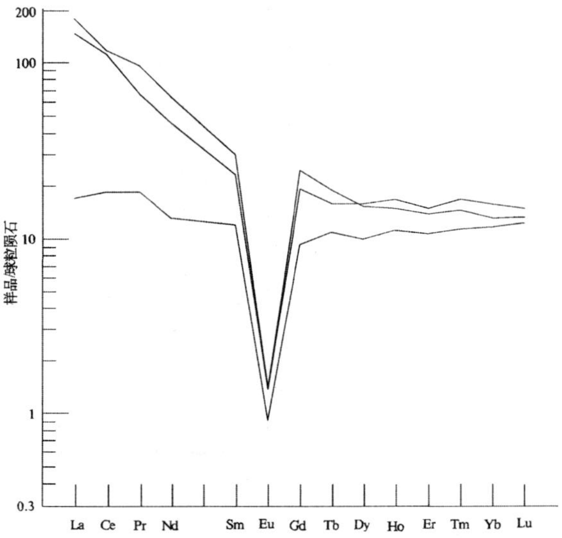


图 3-37 $N_2\gamma\pi$ 单元稀土元素配分模式图

（after Coryell，1963）

#### 5. 微量元素特征

该单元微量元素分析结果（表 3-9），其平均含量与维氏值中酸性岩相比：Sc 高 2 倍，Cr 高 7 倍，Rb 高 1 倍，Hf 高 6 倍，Th 高 1 倍，U 高 2 倍，其余各元素均低于或接近维氏值。

#### 6. 新近纪上新世酸性侵入岩成因

（1）岩石系列

新近纪花岗岩岩石系列（表 3-6、表 3-7），其里特曼指数（σ）为 1.50～2.74，除 1 个样为 1.50，小于 1.8 外，其余 2 个样均在 1.8～3.3 之间，属钙碱性岩石系列。从硅-碱图（图 3-31）上看，该时代花岗岩投点均落在 S 区，即亚碱性区，因此，我们将新近纪花岗岩划分为钙碱性系列。

（2）物质来源

从 La/Yb－∑REE 含量图（图 3－32）上看，该时代花岗岩投点主要落在玄武岩及玄武岩与沉积岩、花岗岩 3 者的重合部位，说明该时代花岗岩的物质来源既有幔源物质，又有壳源物质的多源性特征。

（3）成岩作用

新近纪上新世酸性侵入岩形成的构造环境见 Rb－（Y＋Nb）图（图 3－33）。投点全部落在同碰撞花岗岩区。从 $R_1-R_2$ 多阳离子图（图 3－34）上看，投点主要落在 6 区附近的 5 区和 7 区，即非造山区和造山期后构造环境。我们将该时代花岗岩产出的构造环境确定为造山期后的稳定构造环境。在 Rb－（Y＋Nb）图（图 3－33）中，样品落在同碰撞区，反映了本期侵入岩源于同碰撞型的花岗质地壳，可能与早白垩世的同碰撞型花岗岩有一定的成因联系。

该侵入岩平面上呈不规则状，具锯齿状的接触界线。岩体内未见定向组构，围岩也未因岩浆侵入而发生变形，围岩原有的构造即使靠近接触带也未受干扰，上述特征均反映了岩体被动就位的特征。

（4）新近纪上新世酸性侵入岩成因

该时代侵入岩成因类型见 A－C－F 图（图 3－38）和（AL－Na－K）－Ca－（$Fe^{2+}$＋Mg）图（图 3－39）。从成因三角图上看，2 个点投在 S 型花岗岩区，1 个点落在 I 型花岗岩区，另外，该时代花岗岩尚具以下成因标志：

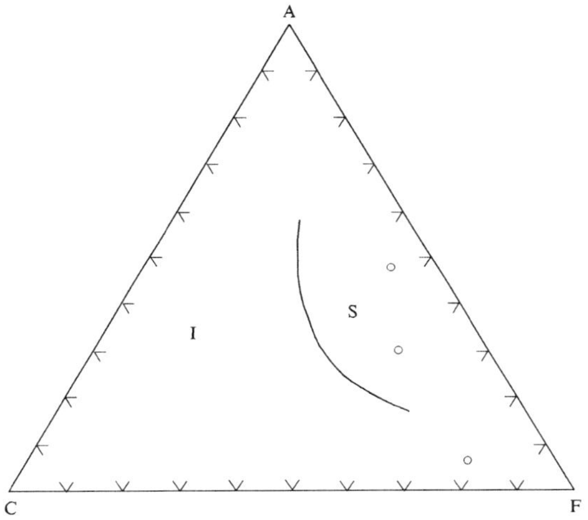


图 3－38　新近纪上新世 A－C－F 图
（仿江西区域地质大队，1991）
○. $N_2\gamma\pi$

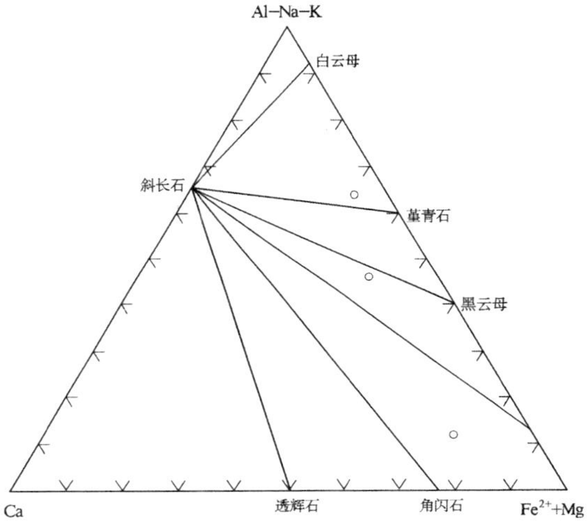


图 3－39　新近纪上新世（AL－Na－K）－Ca－（$Fe^{2+}$＋Mg）图
（仿吉林区域地质大队方文昌，1992）
○. $N_2\gamma\pi$

① 岩体规模较小。

② 与围岩接触带较明显，具有冷凝边。

③ 无地层残影体和捕虏体。

④ 过铝指数（ANKC），2 个样小于 1.1，1 个样大于 1.1。

⑤ CIPW 标准分子 C，2 个样小于 1.0，1 个样大于 1.0。

⑥ $Fe^{3+}$/（$Fe^{3+}$＋$Fe^{2+}$）值均大于 0.3。

⑦ δEu 较小，均小于 0.5。

根据上述判别标志，结合成因三角图，将新近纪上新世花岗岩成因类型确定为（S）型。

## 四、花岗岩类的演化特征

### 1. 岩石化学成分演化特征

岩石化学演化特征是反映岩浆成分的主要标志，同源岩浆不同期次的花岗岩，都有自身的岩石化学特征。同时，它们之间也有一定的演化规律。各时代花岗岩（非同源岩浆花岗岩）之间，其岩石化学演化特征也有一定的差异。所以，研究和对比各时代花岗岩之岩石化学特征，是探讨岩浆演化的重要手段之一。为了研究岩石化学成分变异特征，我们绘制了各时代主要成分与 $SiO_2$ 含量相关图（图 3-40、图 3-41、图 3-42、图 3-43、图 3-44），其特征如下：

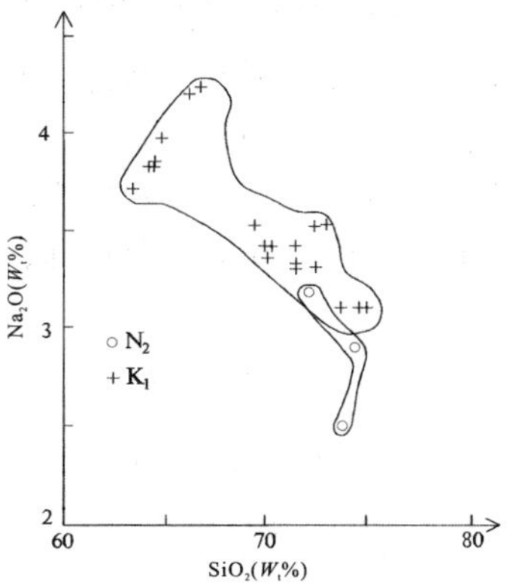


图 3-40　$Na_2O$-$SiO_2$ 相关图

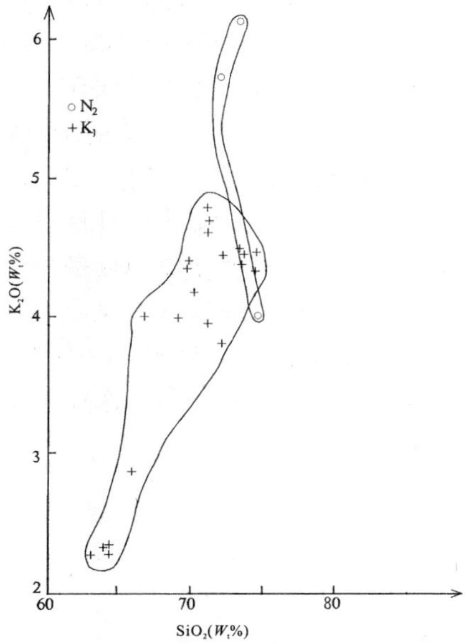


图 3-41　$K_2O$-$SiO_2$ 相关图

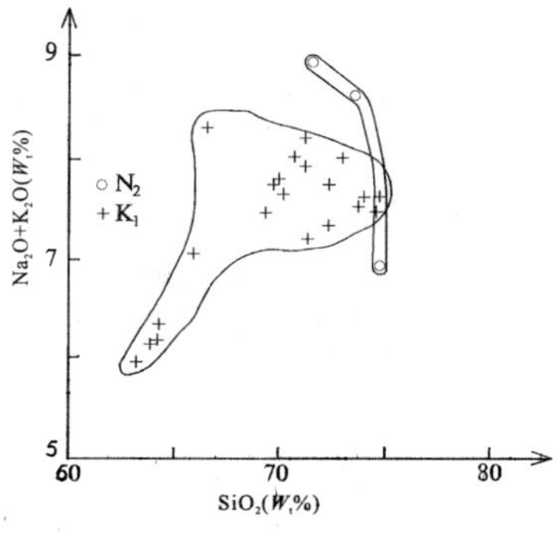


图 3-42　（$Na_2O+K_2O$）-$SiO_2$ 相关图

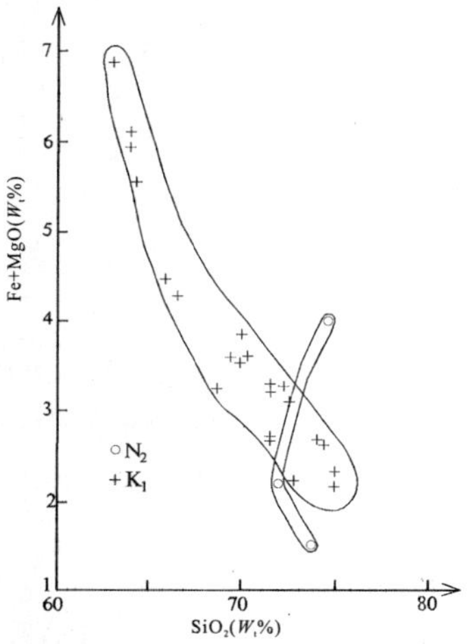


图 3-43　（Fe+MgO）-$SiO_2$ 相关图

（1）$Na_2O$ 与 $SiO_2$ 相关性

$Na_2O$ 与 $SiO_2$ 相关性随着 $SiO_2$ 含量的增加，早白垩世和新近纪上新世均呈负相关。

（2）$K_2O$ 与 $SiO_2$ 相关性

$K_2O$ 与 $SiO_2$ 相关性随着 $SiO_2$ 含量的增加，早白垩世 $K_2O$ 含量呈上升趋势，呈正相关。

而新近纪上新世则呈负相关。

（3）（$K_2O+Na_2O$）与 $SiO_2$ 相关性

（$K_2O+Na_2O$）与 $SiO_2$ 相关性随着 $SiO_2$ 含量的增加，早白垩世（$K_2O+Na_2O$）含量呈明显上升趋势，而新近纪则呈下降趋势，呈负相关。

（4）（MgO＋FeO）与 $SiO_2$ 相关性

（MgO＋FeO）与 $SiO_2$ 相关性随着 $SiO_2$ 含量的增加，早白垩世（MgO＋FeO）含量呈直线下降趋势，呈明显负相关。而新近纪上新世则略呈上升趋势，呈正相关。

（5）CaO 与 $SiO_2$ 相关性

CaO 与 $SiO_2$ 相关性随着 $SiO_2$ 含量的增加，早白垩世 CaO 含量呈下降趋势，呈负相关。而新近纪上新世 CaO 含量变化无明显规律。

**2. 稀土元素演化特征**

（1）不同时代花岗岩稀土配分演化特征

从各时代花岗岩稀土元素配分模式图（图 3－45）上看，随时代愈晚，具以下几点主要演化趋势：

① 曲线由相对平直到相对曲折。

② 曲线由相对左高右低，逐渐演变为左高右平。

③ 因 Eu 负异常而出现的“谷”，也由浅到深明显变化。

④ 曲线分布范围由左宽右窄，逐渐演化为左右等宽、左窄右宽，最后到左宽右窄。

（2）Ce/Yb－Eu/Yb 相关性演化特征

从各时代花岗岩 Ce/Yb－Eu/Yb 相关图（图 3－46）上看，各时代均呈正相关，但相关程度不同。

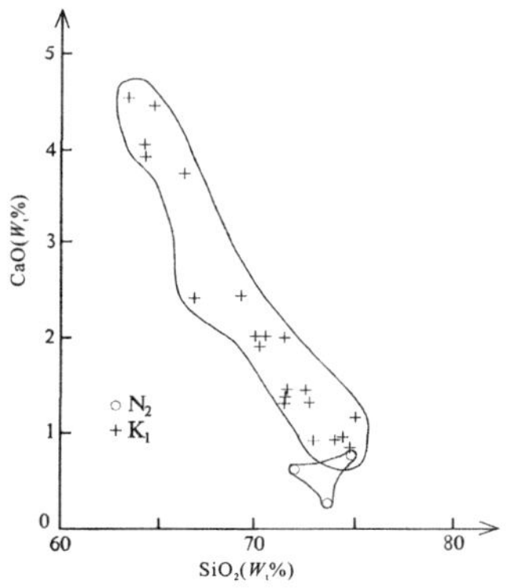


图 3－44　CaO－$SiO_2$ 相关图

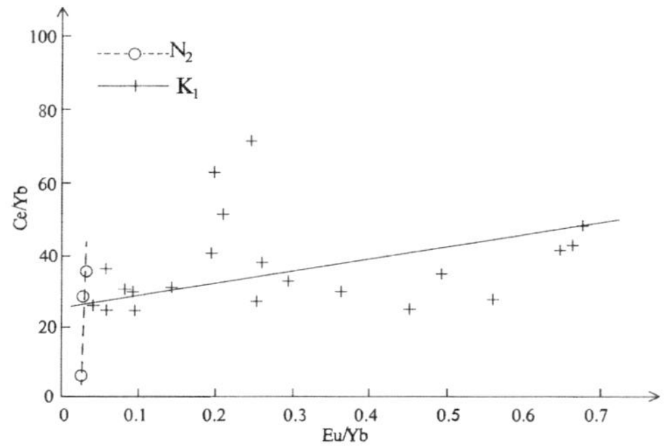


图 3－46　Ce/Yb－Eu/Yb 相关图

（3）ΣREE－$SiO_2$ 相关性演化特征

各时代花岗岩 ΣREE－$SiO_2$ 相关图（图 3－47）上看，早白垩世，随 $SiO_2$ 含量增加，ΣREE 呈明显上升趋势，呈明显正相关。而新近纪上新世，随 $SiO_2$ 含量增加，ΣREE 明显减少，呈明显负相关。

（4）δEu－DI 相关性演化特征各时代花岗岩 δEu－DI 相关图（图 3－48）上看，早白垩世呈明显的负相关，新近纪上新世亦呈负相关趋势，但相关性不明显。

## 五、花岗岩类温度、压力

**1. 温度**

温度以温克勒（1979）的 An－Ab－Or 三角图解法（图 3－49），所

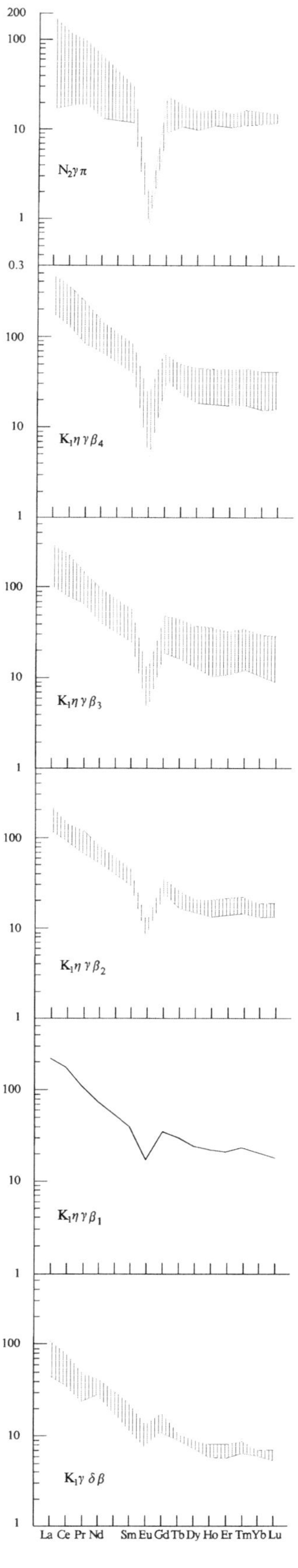


图 3－45　各时代稀土元素配分模式图

得各单元花岗岩平均成岩温度如下：

① 早白垩世 $K_1\gamma\delta\beta$ 单元 $T=720°C$；② 早白垩世 $K_1\eta\gamma\beta_1$ 单元 $T=680°C$；③ 早白垩世 $K_1\eta\gamma\beta_2$ 单元 $T=650°C$；④ 早白垩世 $K_1\eta\gamma\beta_3$ 单元 $T=670°C$；⑤ 早白垩世 $K_1\eta\gamma\beta_4$ 单元 $T=660°C$；⑥ 新近纪上新世 $N_2\gamma\pi$ 单元 $T=685°C$。

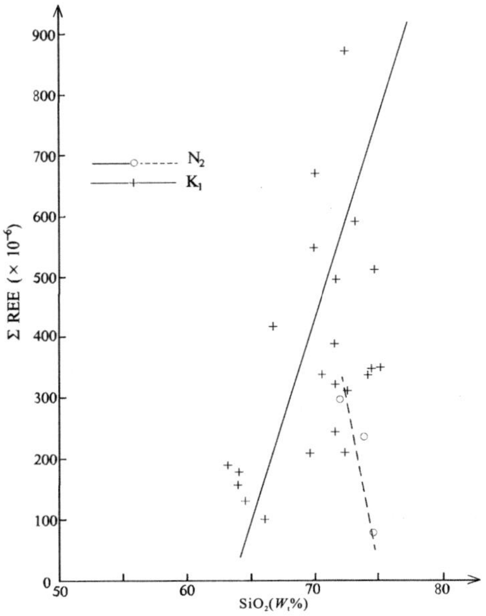


图 3-47　ΣREE-$SiO_2$ 相关图

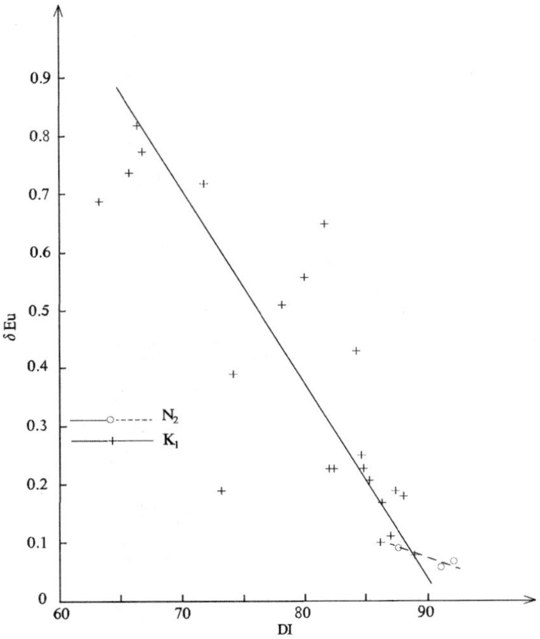


图 3-48　δEu-DI 相关图

## 2. 压力、深度

从区内花岗岩的成岩深度图 Q-Ab-Or 图（图 3-50）上看，区内花岗岩的压力为 $0.7\times10^8$ Pa ～$1.1\times10^8$ Pa，我们按 $1.0\times10^8$ Pa$=3.3$km，可估算出区内花岗岩成岩深度为 2.31～3.63km。

另外，我们根据各时代 $\tau$ 值变化，绘制了各时代 $\tau$ 值演化变异图（图 3-51）。从图上看，随时代愈晚，岩浆来源深度逐渐变浅。

从上述温、压条件分析，早白垩世五期花岗岩经历了温压条件逐渐降低的演化过程。花岗岩的成岩深度逐渐变浅，这与前述利用岩石化学、稀土、微量元素等资料分析确定的早白垩世从消减型到同碰撞的构造演化过程相一致，随着碰撞造山作用的加剧，地壳逐渐抬升温度、压力逐渐下降，新近纪侵入岩温压条件再次上升，可能与高原隆升作用有关。

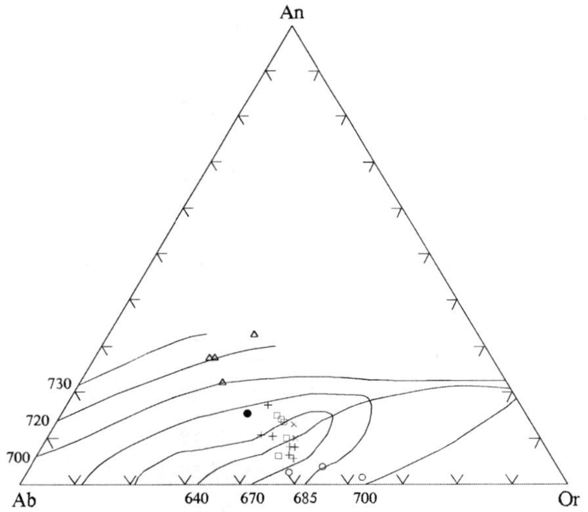


图 3-49　花岗岩类 An-Ab-Or 图

（据温克勒，1949）

△. $K_1\gamma\delta\beta$；●. $K_1\eta\gamma\beta_1$；×. $K_1\eta\gamma\beta_2$；

+. $K_1\eta\gamma\beta_3$；□. $K_1\eta\gamma\beta_4$；○. $N_2\gamma\pi_2$

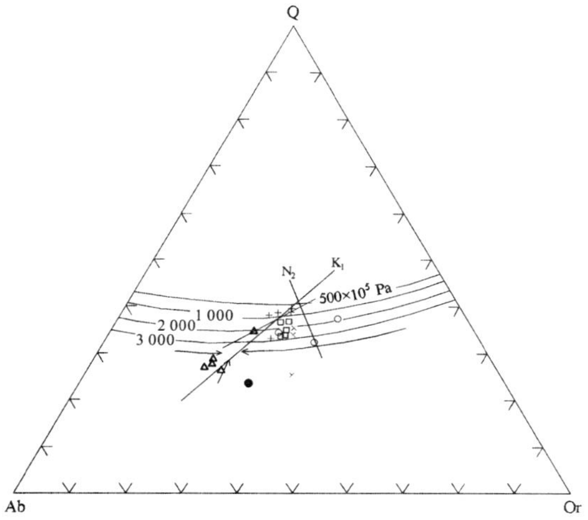


图 3-50　各时代花岗岩类 Q-Ab-Or 图

（Lipman，1966）

△. $K_1\gamma\delta\beta$；●. $K_1\eta\gamma\beta_1$；×. $K_1\eta\gamma\beta_2$；
+. $K_1\eta\gamma\beta_3$；□. $K_1\eta\gamma\beta_4$；○. $N_2\gamma\pi_2$

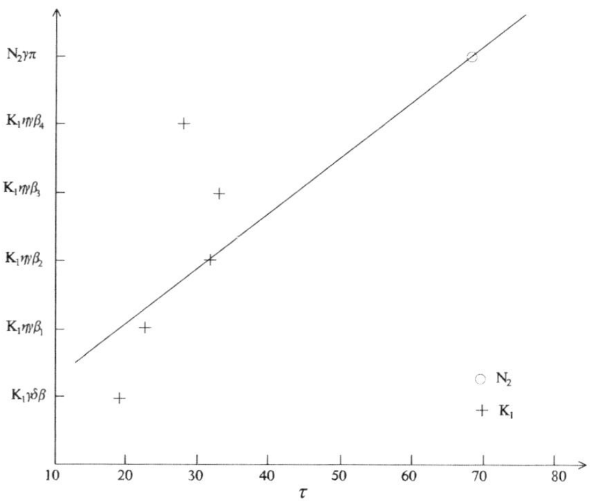


图 3-51　各时代花岗岩类 $\tau$ 值变异图

# 第三节　脉岩

区内脉岩极不发育，仅见少量中、酸性脉岩零星分布，岩石类型为闪长岩、闪长玢岩及石英闪长岩，时代为早白垩世，呈脉状产出，近北东或东西向展布，与区内主要构造线展布方向基本一致。

# 第四节　火山岩

区内火山岩浆活动频繁，火山活动从二叠纪至新近纪多次喷发，且以喷溢为主，局部有爆发特征。从成分演化上看，二叠纪—侏罗纪以基性—中性岩为主；白垩纪以中性岩为主兼有酸性；新近纪以基性为主。喷发环境有从海相向陆相演化的趋势。各时代火山岩主要受南北两个构造岩浆带控制，即北部的达杂迪扎错-朋彦错构造岩浆带控制着二叠纪、三叠纪火山岩的分布；南部的班公湖-怒江构造岩浆带控制着侏罗纪、白垩纪火山岩，沿缝合带断续分布。另外，古近纪的火山岩受羌塘板块内断裂构造控制。区内火山岩主要集中分布于图幅的北部边缘和南部，其他地区有零星出露。出露面积 335$km^2$，占整个图幅的 2.14%。根据岩石学、火山岩生成时代、分布特征，将区内火山岩划分为 5 个火山活动期，特征见表 3-12。

## 一、中二叠世火山岩

### 1. 地质特征

本区发育的中二叠世火山岩，活动不甚强烈。呈似层状夹于中二叠世的鲁谷组粉晶灰岩之中。以基性为主，分布于达杂迪扎错的西北部，为一套海相裂隙式喷溢的基性火山岩。岩石类型为灰黑色枕状玄武岩。根据其上下灰岩层中所产的生物化石（详见地层部分），确定该套火山岩的时代为中二叠世。

### 2. 岩石学特征

区内所见岩石类型单一，仅见灰黑色枕状玄武岩。

**表 3-12 帕度错幅火山岩划分一览表**

| 地层名称 | 喷发时代 | 构造位置 | 主要岩石类型 | 接触关系 | 喷发环境 | 喷发形式 | 同位素年龄（Ma） |
|---|---|---|---|---|---|---|---|
| 纳丁错组 | $E_3$ | 羌塘陆块 | 辉石橄榄玄武岩 | 与下伏中侏罗世色哇组呈角度不整合接触与上覆新近纪康托组呈角度不整合接触 | 陆相 | 中心式—裂隙式 | 32.6±0.64<br>K-Ar<br>（全岩） |
| 去申拉组 | $K_1$ | 班-怒结合带 | 灰紫色杏仁状安山岩 | 与下伏晚侏罗世沙木罗组呈断层接触与上覆新近纪康托组呈角度不整合接触 | 陆相 | 裂隙式 | 103.65±1.5<br>本次工作在昂达尔错幅获得K-Ar<br>（全岩） |
| 木嘎岗日岩群 | $J_{1-2}$ | 班-怒结合带 | 深灰色枕状玄武岩灰绿色辉石橄榄岩 | 呈构造残片分布于早—中侏罗世木嘎岗日岩群中与早—中侏罗世木嘎岗日岩群呈断层接触 | 海相 | 裂隙式 | 167.5<br>K-Ar<br>1∶100万<br>改则幅区调报告 |
| 弄佰组 | $T_3$ | 朋彦错-雅根查错断隆 | 深灰—灰绿色玄武质角砾熔岩<br>灰绿色含角砾杏仁状玄武岩<br>深灰色玄武岩<br>深灰—灰绿色杏仁状玄武岩 | 与晚三叠世姜钟组呈断层接触与上覆晚三叠世角木日茶卡组呈整合接触 | 海相 | 裂隙式 | |
| 鲁谷组 | $P_2$ | 中央隆起带 | 灰黑色玄武岩杏仁状玄武岩 | 呈层状分布于二叠系鲁谷组中与鲁谷组呈整合接触 | 海相 | 裂隙式 | |

灰黑色枕状玄武岩呈灰黑色，具少斑结构，枕状构造。岩枕直径由0.5～2.0m不等，少数超过2m，呈椭圆、次椭圆、扁圆形，岩枕可见清晰的冷凝边，球粒结构和较发育的气孔。斑晶由斜长石、辉石组成。斜长石：灰白色，半自形，长板状，粒度0.5～1mm，含量1%。辉石：无色，半自形，短柱状，粒度1mm，含量1%。基质具间粒结构，由较自形的长条状斜长石与他形粒状分布在斜长石孔隙中的辉石组成。斜长石：粒度0.1～0.2mm，含量68%～72%。辉石：无色，粒度0.05mm，充填物为石英、绿泥石、方解石等矿物，含量5%～10%。

由于本区火山岩出露较少，且构造蚀变较强，因此没有采集岩石化学、地球化学样品，故未对其进行深入讨论。

## 二、晚三叠世火山岩

本区晚三叠世火山岩十分发育，火山活动强烈，为一套海相基性火山岩。1∶100万改则幅区调报告将其归属于肖茶卡群下组，本次工作将肖茶卡群解体，将底部火山岩命名为晚三叠世弄佰组。该单元分布于图幅北部边缘的朋彦错-雅根查错断隆，呈东西向展布，东西长 80km，南北宽 2km，出露面积约 $172km^2$。

### 1. 地质特征

据我们在该套火山岩测制的两条实测地质剖面，该火山岩以裂隙式喷发为主，局部有爆发相特征。岩石呈层状产出，倾向 330°～10°，倾角 25°～75°。双湖节拉日弄佰组剖面地层厚度大于 2 113.19m，底部与晚石炭-早二叠世擦蒙组呈断层接触；与上覆晚三叠世角木日茶卡组呈整合接触，在剖面上根据岩石特征、气孔大小、含量多少及分布等情况划分了 32 个自然层，13 个韵律层（表 3－13）。双湖香钦剖面地层厚度大于 2 133.82m，底部被第四纪钙华覆盖，上部与新近纪康托组呈断层接触。剖面上划分了 30 个自然层，13 个韵律层（表 3－14）。根据该火山岩的岩石特征可划分两个岩相，即火山溢流相与火山爆发相。火山溢流相分布广泛，从东到西无处不在，而火山爆发相仅在节拉日等 3 处出露。

该套火山岩西段（图幅外肖茶卡一带）具喷溢—喷发—爆发的特征，出露的岩性为安山岩、玄武质角砾熔岩、玄武质火山角砾岩和凝灰岩。而中部具喷发—喷溢—喷发的特征，依次出露的岩性为玄武质角砾熔岩、含角砾杏仁状玄武岩、玄武岩、杏仁状玄武岩、玄武质角砾熔岩、含角砾杏仁状玄武岩。东部则以喷溢—喷发—喷溢为特征，依次出露的岩性为玄武岩、杏仁状玄武岩、含角砾杏仁状玄武岩、玄武岩、杏仁状玄武岩、玄武安山岩。总的说，该火山岩的喷发作用由东向西，有逐渐增强的趋势。

### 2. 岩石学特征

岩石类型有玄武岩、杏仁状玄武岩、玄武安山岩、玄武质角砾熔岩、含角砾杏仁状玄武岩（图版 XV，1－4），具体特征如下：

（1）火山溢流相

① 玄武岩

岩石呈深灰色或灰绿色，具少斑结构，块状构造。斑晶由斜长石、辉石组成。斜长石：灰白色，半自形，长板状，聚片双晶发育，粒度 0.3～1mm，含量 2%。辉石：无色，半自形短柱状，粒度 0.3～0.5mm，含量 1%。基质具间粒结构，由斜长石、辉石、磁铁矿等组成。斜长石：灰白色，半自形—他形晶，呈长条状或粒状，有绢云母化现象，粒度 0.1～0.2mm，含量 72%～77%。辉石：无色，他形粒状，分布于斜长石孔隙中，粒度 0.05mm，含量 15%～20%。磁铁矿：黑色，不透明，粒状，粒度 0.05～0.1mm，含量 5%。

② 杏仁状玄武岩

岩石呈灰绿色或灰紫色、紫色，具少斑结构，杏仁状构造。斑晶为斜长石、辉石。斜长石：灰白色，半自形，长板状，可见聚片双晶，粒度 0.5～1mm，含量 2%。辉石：无色，半自形，短柱状，粒度 0.5mm，含量 1%。基质具间粒结构，由较自形的长条状斜长石与分布在斜长石空隙间的他形粒状辉石、磁铁矿构成。斜长石：灰白色，粒度 0.12～0.2mm，含量 72%。辉石：无色，粒度 0.5mm，含量 20%。磁铁矿：褐色，粒度 0.2～0.5mm，含量 5%。

③ 玄武安山岩

岩石呈深灰色，具斑状结构，块状构造。斑晶为斜长石：灰白色，半自形，长板状，表面具绢云母化现象，可见聚片双晶，粒度 0.5～1.5mm，含量 5%～10%。基质具交织结构，由斜长石和辉石组成。斜长石：灰白色，长条状，定向排列，粒度 0.1mm，含量 80%～85%。辉石：无色，他形粒状，分布于斜长石孔隙中，粒度 0.05mm，含量 10%。

（2）火山爆发相

① 玄武质角砾熔岩

岩石新鲜面呈深灰色或灰绿色，具斑状结构，斑杂状构造。角砾：为灰色，次棱角状、浑圆状，岩性为玄武岩，角砾大小不等，相差悬殊，直径 0.2～50cm，一般小于 10cm，含量 30%～40%。熔岩：深灰色。斑晶为斜长石：灰白色，半自形，长板状，粒度 0.5～2mm，含量 5%。基质具间粒结构，矿物成分由斜长石、辉石、磁铁矿组成。斜长石：灰白色，长条状，杂乱分布，粒度 0.1～0.2mm，含量

**表 3-13　弄佰组火山岩韵律特征一览表（双湖节拉日剖面）**

| 旋回 | 韵律 | 自然层 | 厚度（m） | 岩石组成 | 相组合 | 火山活动强度 |
|---|---|---|---|---|---|---|
| I | 13 | 31—32 | 51.26 | 深灰色杏仁状玄武岩<br>灰紫色含杏仁角砾状玄武岩 | 爆发—溢流 | 强—弱 |
| | 12 | 29—30 | 20.58 | 灰绿色杏仁状玄武岩<br>灰紫色杏仁状玄武质角砾熔岩 | 爆发—溢流 | 强—弱 |
| | 11 | 27—28 | 150.61 | 灰绿色含杏仁状玄武岩<br>紫色玄武质角砾熔岩 | 爆发—溢流 | 强—弱 |
| | 10 | 23—26 | 67.62 | 灰绿色玄武岩<br>深灰色杏仁状玄武岩<br>深灰色玄武岩<br>紫色含角砾玄武岩 | 爆发—溢流 | 强—弱 |
| | 9 | 22 | 109.36 | 灰紫色杏仁状玄武岩 | 溢流 | 弱 |
| | 8 | 21 | 107.79 | 浅灰绿色杏仁状玄武岩 | 溢流 | 弱 |
| | 7 | 19—20 | 101.36 | 灰绿色杏仁状玄武岩<br>深灰色玄武岩 | 溢流 | 弱 |
| | 6 | 17—18 | 30.73 | 灰绿色含杏仁状玄武岩<br>灰绿色杏仁状玄武岩 | 溢流 | 弱 |
| | 5 | 15—16 | 73.31 | 灰绿色杏仁状玄武岩<br>深灰色玄武岩 | 溢流 | 弱 |
| | 4 | 13—14 | 63.66 | 灰绿色杏仁状玄武岩<br>深灰色玄武岩 | 溢流 | 弱 |
| | 3 | 10—12 | 489.50 | 灰深色杏仁状玄武岩<br>灰绿色杏仁状玄武岩<br>深灰色玄武岩 | 溢流 | 弱 |
| | 2 | 8—9 | 117.98 | 灰色杏仁状玄武岩<br>灰绿色玄武岩 | 溢流 | 弱 |
| | 1 | 1—7 | 733.82 | 灰绿色含杏仁状玄武岩<br>灰绿色杏仁状玄武岩<br>灰紫—灰色含杏仁状玄武岩<br>灰绿色含杏仁状玄武岩<br>深灰色—灰绿色玄武质角砾熔岩 | 爆发—溢流 | 强—弱 |

表 3-14 弄佰组火山岩韵律特征一览表（双湖香钦剖面）

| 旋回 | 韵律 | 自然层 | 厚度（m） | 岩石组成 | 相组合 | 火山活动强度 |
|---|---|---|---|---|---|---|
| I | 13 | 30 | 54.99 | 深灰色玄武安山岩 | 溢流 | 弱 |
| | 12 | 29 | 103.48 | 灰色、灰紫色玄武岩，局部含少量杏仁 | 溢流 | 弱 |
| | 11 | 25—28 | 287.27 | 灰紫色杏仁状玄武岩<br>灰绿色杏仁状蚀变玄武岩<br>灰色杏仁状玄武岩<br>灰紫色蚀变玄武岩 | 溢流 | 弱 |
| | 10 | 23—24 | 102.04 | 灰绿色杏仁状玄武岩<br>灰绿色玄武岩 | 溢流 | 弱 |
| | 9 | 21—22 | 44.25 | 灰绿色杏仁状玄武岩<br>灰紫色玄武岩，局部含少量杏仁 | 溢流 | 弱 |
| | 8 | 20 | 77.61 | 灰绿色含杏仁玄武岩 | 溢流 | 弱 |
| | 7 | 19 | 240.48 | 灰绿色杏仁状玄武岩 | 溢流 | 弱 |
| | 6 | 15—18 | 313.71 | 灰绿色含杏仁状玄武岩<br>灰色杏仁状玄武岩<br>灰紫色杏仁状玄武岩<br>灰色玄武岩 | 溢流 | 弱 |
| | 5 | 13—14 | 285.84 | 灰色、灰绿色杏仁状玄武岩<br>灰绿色玄武岩 | 溢流 | 弱 |
| | 4 | 12 | 155.34 | 灰绿—紫色杏仁状玄武岩 | 溢流 | 弱 |
| | 4 | 11 | 30.57 | 灰绿色玄武岩 | 溢流 | 弱 |
| | 3 | 9—10 | 199.34 | 灰—灰绿色杏仁状枕状玄武岩<br>灰绿色绿帘石化含杏仁状玄武岩，<br>局部含少量角砾 | 爆发—溢流 | 强—弱 |
| | 2 | 6—8 | 84.78 | 灰紫色杏仁状玄武岩<br>构造角砾岩，角砾岩性为深灰色玄武岩<br>深灰色玄武岩 | 溢流 | 弱 |
| | 1 | 1—5 | 151.97 | 灰紫色杏仁状枕状玄武岩<br>灰绿色杏仁状玄武岩<br>深紫色玄武岩<br>灰绿色玄武岩<br>紫色玄武岩 | 溢流 | 弱 |

50%～60%。辉石：无色他形粒状，粒度0.05mm，分布于斜长石孔隙中，含量10%，磁铁矿：黑色，粒状，粒度0.05～0.2mm，含量3%～5%。

② 含角砾杏仁状玄武岩

岩石新鲜面呈灰绿色，具斑状结构，斑杂状构造。角砾：为灰色，呈棱角状、次棱角状、浑圆状。岩性为玄武岩，角砾大小不等，粒度0.2～10cm，多数小于5cm，含量15%～25%。斑晶为斜长石：灰白色，半自形，长板状，粒度0.5～1.5mm，含量3%～5%。基质具间粒结构，矿物成分由较自形的长条状斜长石与他形粒状辉石、磁铁矿组成。斜长石：灰白色，杂乱无章分布，粒度0.1～0.2mm，含量55%～60%。辉石：无色，分布于斜长石孔隙中，粒度0.05～0.1mm，含量10%～15%。磁铁矿：黑色，粒状，粒度0.05～0.1mm，含量5%。

**3. 岩石化学特征**

弄佰组火山岩中采集了11个样品，其中8个玄武岩，3个杏仁状玄武岩，岩石化学、CIPW值及特征指数（表3-15、表3-16）具以下特征：

（1）岩石化学分类

我们将11个样品投影到1984年李兆鼐等编制的火山岩化学定量分类图解（图3-52）上，其中4个点落在玄武岩区，7个点落在安山岩区。与镜下定名玄武岩有较大差别。原因是部分样品中的气孔较发育，气孔内充填有石英，致使岩石化学定名偏中性，故我们仍采用室内定名玄武岩。

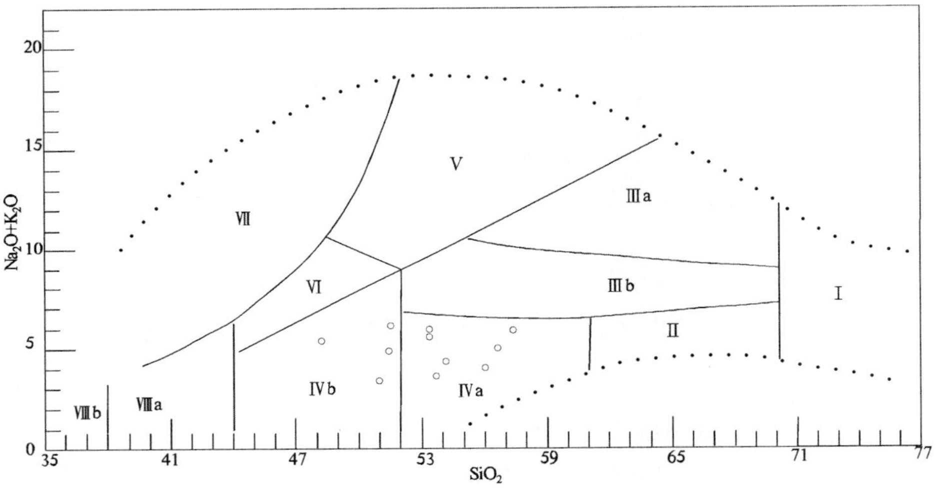


图3-52　弄佰组火山岩化学定量分类图

（李兆鼐等，1984）

Ⅰ. 流纹岩类；Ⅱ. 英安岩类；Ⅲa. 粗面岩类；Ⅲb. 安粗岩类；

Ⅳa. 安山岩类；Ⅳb. 玄武岩和碱性玄武岩类；Ⅴ. 响岩类；

Ⅵ. 碱玄岩类；Ⅶ. 副长石岩类；Ⅷ. 超镁铁质岩类

（2）主要氧化物特征

该单元火山岩的主要氧化物与黎彤、饶纪龙编制的中国主要岩浆岩类平均化学成分表中同类岩石比较，特征如下：

$SiO_2$：含量变化范围不大，介于49.05%～57.06%之间，平均值为53.16，高于同类岩石。

$TiO_2$：含量变化范围小，介于1.04%～1.48%之间，平均值为1.23，低于同类岩石。

$Al_2O_3$：含量变化范围不大，介于12.50%～15.27%之间，平均值为14.07，略低于同类岩石。

$Fe_2O_3$：含量变化范围较大，介于2.73%～12.15%之间，平均值为5.70，高于同类岩石。

FeO：含量变化范围较大，介于1.75%～6.97%之间，平均值为5.33，低于同类岩石。

MnO：含量变化范围小，介于0.11%～0.16%之间，平均值为0.14，低于同类岩石。

**表 3-15　火山岩岩石化学数据**

| 顺序号 | 样品号 | 单元 | 岩石名称 | 氧化物($W_t$)% | | | | | | | | | | | | |
|---|---|---|---|---|---|---|---|---|---|---|---|---|---|---|---|---|
| | | | | $SiO_2$ | $TiO_2$ | $Al_2O_3$ | $Fe_2O_3$ | FeO | MnO | MgO | CaO | $Na_2O$ | $K_2O$ | $P_2O_5$ | Los | 总量 |
| 1 | Gs-6608 | | 辉石橄榄玄武岩 | 52.02 | 1.44 | 16.01 | 6.80 | 2.16 | 0.12 | 4.70 | 8.01 | 3.35 | 2.38 | 0.49 | 3.06 | 100.54 |
| 2 | Gs-2 | $E_3n$ | 碱性橄榄玄武岩 | 52.98 | 1.01 | 16.68 | 6.88 | 1.88 | 0.11 | 3.67 | 8.38 | 3.60 | 2.55 | 0.54 | 2.11 | 100.39 |
| 3 | Gs-4 | | 碱性橄榄玄武岩 | 48.70 | 0.60 | 17.14 | 9.28 | 1.88 | 0.14 | 5.58 | 7.79 | 3.68 | 1.65 | 0.66 | 3.61 | 100.70 |
| 4 | SVI-Gs1 | | 角闪安山岩 | 59.68 | 0.48 | 16.13 | 5.30 | 1.14 | 0.08 | 2.19 | 3.28 | 4.88 | 1.55 | 0.21 | 4.92 | 99.84 |
| 5 | SVI-Gs2 | | 角闪安山岩 | 54.05 | 0.78 | 16.21 | 7.27 | 0.57 | 0.13 | 0.85 | 5.57 | 6.90 | 1.68 | 0.24 | 5.68 | 99.93 |
| 6 | SVI-Gs3 | | 角闪安山岩 | 65.73 | 0.54 | 17.19 | 5.89 | 0.36 | 0.06 | 0.30 | 1.64 | 0.22 | 0.92 | 0.28 | 7.38 | 100.51 |
| 7 | SVI-Gs4 | | 安山岩 | 67.88 | 0.47 | 14.85 | 2.26 | 2.31 | 0.03 | 0.38 | 2.25 | 3.28 | 3.40 | 0.14 | 3.13 | 100.38 |
| 8 | SIV-Gs8 | $K_1q$ | 安山玢岩 | 68.44 | 0.38 | 14.59 | 1.91 | 2.00 | 0.02 | 0.31 | 1.29 | 3.42 | 6.00 | 0.11 | 0.99 | 99.46 |
| 9 | SI-Gs1 | | 杏仁状安山玄武岩 | 58.17 | 0.60 | 16.92 | 3.07 | 3.06 | 0.06 | 1.73 | 6.06 | 3.58 | 2.15 | 0.20 | 4.20 | 99.80 |
| 10 | SI-Gs2 | | 杏仁状安山玄武岩 | 55.74 | 0.71 | 17.39 | 4.75 | 3.00 | 0.09 | 1.75 | 5.45 | 4.20 | 2.20 | 0.23 | 4.16 | 99.67 |
| 11 | SI-Gs3 | | 安山玄武岩 | 62.33 | 0.46 | 14.37 | 4.07 | 2.36 | 0.14 | 0.90 | 5.83 | 3.70 | 1.52 | 0.07 | 4.17 | 99.92 |
| 12 | SX-Gs4 | | 杏仁状玄武岩 | 51.94 | 1.48 | 14.26 | 6.57 | 5.72 | 0.13 | 3.18 | 6.29 | 2.50 | 3.22 | 0.19 | 3.23 | 98.71 |
| 13 | SX-Gs5 | | 玄武岩 | 51.74 | 1.13 | 13.38 | 4.66 | 5.01 | 0.13 | 3.55 | 6.73 | 2.92 | 1.53 | 0.21 | 8.36 | 99.35 |
| 14 | SX-Gs6 | | 玄武岩 | 49.05 | 1.18 | 13.59 | 9.40 | 4.33 | 0.16 | 5.51 | 10.14 | 3.30 | 1.88 | 0.21 | 2.23 | 101.00 |
| 15 | SX-Gs7 | | 杏仁状玄武岩 | 52.72 | 1.18 | 12.50 | 12.15 | 1.75 | 0.16 | 4.30 | 7.93 | 3.72 | 1.10 | 0.28 | 2.93 | 100.72 |
| 16 | SX-Gs1 | | 玄武岩 | 57.06 | 1.28 | 14.61 | 4.23 | 5.75 | 0.14 | 3.78 | 4.08 | 3.38 | 2.32 | 0.16 | 3.03 | 99.82 |
| 17 | SX-Gs2 | $T_3n$ | 杏仁状玄武岩 | 56.23 | 1.04 | 15.01 | 3.19 | 6.31 | 0.11 | 3.81 | 4.23 | 3.42 | 1.32 | 0.23 | 4.29 | 99.19 |
| 18 | SX-Gs3 | | 玄武岩 | 52.69 | 1.33 | 13.94 | 4.80 | 5.56 | 0.13 | 5.97 | 6.37 | 2.70 | 2.60 | 0.28 | 2.92 | 99.29 |
| 19 | SXI-Gs4 | | 蚀变玄武岩 | 54.65 | 1.18 | 14.00 | 4.60 | 5.75 | 0.14 | 3.59 | 7.77 | 2.02 | 1.58 | 0.23 | 3.46 | 98.97 |
| 20 | SXI-Gs5 | | 玄武岩 | 53.36 | 1.29 | 15.27 | 2.73 | 6.97 | 0.14 | 4.00 | 8.67 | 1.74 | 1.54 | 0.24 | 3.01 | 98.96 |
| 21 | SXI-Gs6 | | 玄武岩 | 51.35 | 1.22 | 14.37 | 5.00 | 6.18 | 0.14 | 5.89 | 9.76 | 1.90 | 1.08 | 0.15 | 2.72 | 99.76 |
| 22 | SXI-Gs7 | | 玄武岩 | 53.90 | 1.22 | 13.91 | 5.39 | 5.32 | 0.13 | 4.85 | 7.47 | 2.10 | 1.80 | 0.12 | 2.56 | 98.77 |

**表 3-16　火山岩 CIPW 值及特征参数表**

| 顺序号 | 样品号 | 单元 | 岩石名称 | CIPW 值 | | | | | | | 主要成因指数 | | | | | | | | | |
|---|---|---|---|---|---|---|---|---|---|---|---|---|---|---|---|---|---|---|---|---|
| | | | | q | or | ab | an | c | Di | Hy | σ | DI | SI | FL | MF | τ | LI | OX | M/F | CI |
| 1 | Gs-6608 | $E_3n$ | 辉石橄榄玄武岩 | 0.00 | 14.53 | 29.22 | 22.26 | 0.00 | 12.98 | 13.19 | 3.64 | 43.75 | 24.20 | 66.28 | 65.59 | 8.79 | −1.39 | 0.59 | 1.00 | 33.23 |
| 2 | Gs-2 | | 碱性橄榄玄武岩 | 0.00 | 15.44 | 31.14 | 22.29 | 0.00 | 14.14 | 9.50 | 3.79 | 46.58 | 19.80 | 67.63 | 70.47 | 12.95 | −0.02 | 0.57 | 0.80 | 32.87 |
| 3 | Gs-4 | | 碱性橄榄玄武岩 | 0.00 | 10.13 | 31.41 | 26.31 | 0.00 | 8.13 | 0.00 | 4.98 | 41.54 | 25.30 | 61.22 | 66.67 | 22.43 | −5.86 | 0.61 | 0.96 | 40.77 |
| 4 | SVI-Gs1 | $K_1q$ | 角闪安山岩 | 12.71 | 9.71 | 43.66 | 15.93 | 0.95 | 0.00 | 14.23 | 2.48 | 66.08 | 14.50 | 77.01 | 74.62 | 23.44 | 9.983 | 0.54 | 0.65 | 15.93 |
| 5 | SVI-Gs2 | | 角闪安山岩 | 0.00 | 10.61 | 51.59 | 8.84 | 0.00 | 16.61 | 0.00 | 6.66 | 62.2 | 4.92 | 87.56 | 90.22 | 11.94 | 6.03 | 0.51 | 0.21 | 13.88 |
| 6 | SVI-Gs3 | | 角闪安山岩 | 58.62 | 5.88 | 2.01 | 7.02 | 14.5 | 0.00 | 8.86 | 0.06 | 66.51 | 3.90 | 52.92 | 95.42 | 31.43 | 15.17 | 0.63 | 0.09 | 7.02 |
| 7 | SVI-Gs4 | | 安山岩 | 29.08 | 20.72 | 28.56 | 10.66 | 2.03 | 0.00 | 6.75 | 1.79 | 78.36 | 3.27 | 82.22 | 92.32 | 24.62 | 19.02 | 0.50 | 0.15 | 10.66 |
| 8 | SIV-Gs8 | | 安山玢岩 | 20.81 | 36.10 | 29.40 | 5.86 | 0.35 | 0.00 | 5.69 | 3.49 | 86.31 | 2.27 | 91.79 | 92.65 | 29.39 | 23.47 | 0.44 | 0.15 | 5.86 |
| 9 | SI-Gs1 | | 杏仁状安山玄武岩 | 12.32 | 13.33 | 31.73 | 24.86 | 0.00 | 4.60 | 10.18 | 2.16 | 57.38 | 12.70 | 64.45 | 77.99 | 22.23 | 7.87 | 0.56 | 0.52 | 27.26 |
| 10 | SI-Gs2 | | 杏仁状安山玄武岩 | 5.93 | 13.68 | 37.31 | 23.19 | 0.00 | 3.26 | 13.02 | 3.22 | 56.92 | 11.00 | 68.74 | 81.58 | 18.58 | 6.22 | 0.56 | 0.42 | 24.68 |
| 11 | SI-Gs3 | | 安山玄武岩 | 20.81 | 9.42 | 32.77 | 18.95 | 0.00 | 9.44 | 6.16 | 1.41 | 63.0 | 7.17 | 69.01 | 87.72 | 23.20 | 9.40 | 0.55 | 0.26 | 21.92 |
| 12 | SX-Gs4 | $T_3n$ | 杏仁状玄武岩 | 3.38 | 20.05 | 22.25 | 19.09 | 0.00 | 10.65 | 18.50 | 3.66 | 45.68 | 15.00 | 68.90 | 79.44 | 7.95 | −0.70 | 0.59 | 0.48 | 24.49 |
| 13 | SX-Gs5 | | 玄武岩 | 7.98 | 9.98 | 27.22 | 20.79 | 0.00 | 12.27 | 16.64 | 2.27 | 45.18 | 20.10 | 64.15 | 73.15 | 9.26 | −0.84 | 0.61 | 0.68 | 28.33 |
| 14 | SX-Gs6 | | 玄武岩 | 0.00 | 11.35 | 21.78 | 17.03 | 0.00 | 27.60 | 0.00 | 4.44 | 33.13 | 22.60 | 66.05 | 71.36 | 8.72 | −10.40 | 0.61 | 0.76 | 40.16 |
| 15 | SX-Gs7 | | 杏仁状玄武岩 | 1.67 | 6.73 | 32.50 | 14.61 | 0.00 | 20.50 | 18.21 | 2.39 | 40.90 | 18.70 | 72.86 | 76.37 | 7.44 | −6.40 | 0.60 | 0.60 | 26.07 |
| 16 | SX-Gs1 | | 玄武岩 | 9.73 | 14.22 | 29.60 | 18.45 | 0.00 | 1.31 | 21.85 | 2.31 | 53.55 | 19.40 | 70.37 | 72.53 | 8.77 | 3.78 | 0.56 | 0.69 | 19.28 |
| 17 | SX-Gs2 | | 杏仁状玄武岩 | 14.48 | 8.23 | 30.46 | 20.70 | 0.78 | 0.00 | 17.86 | 1.70 | 53.17 | 21.10 | 65.15 | 71.37 | 11.14 | 2.73 | 0.59 | 0.73 | 20.70 |
| 18 | SX-Gs3 | | 玄武岩 | 2.14 | 16.02 | 23.76 | 18.95 | 0.00 | 10.08 | 23.53 | 2.90 | 41.92 | 27.60 | 67.73 | 63.44 | 8.45 | −2.19 | 0.59 | 1.06 | 26.69 |
| 19 | SXI-Gs4 | | 蚀变玄武岩 | 13.03 | 9.82 | 17.94 | 25.66 | 0.00 | 11.24 | 17.15 | 1.11 | 40.79 | 20.50 | 51.97 | 74.25 | 10.15 | −1.59 | 0.62 | 0.64 | 32.32 |
| 20 | SXI-Gs5 | | 玄武岩 | 12.63 | 9.49 | 15.33 | 30.50 | 0.00 | 10.60 | 14.22 | 1.04 | 37.45 | 23.60 | 44.87 | 70.80 | 10.49 | −2.91 | 0.63 | 0.75 | 38.50 |
| 21 | SXI-Gs6 | | 玄武岩 | 5.05 | 6.61 | 16.61 | 28.39 | 0.00 | 17.16 | 21.02 | 1.06 | 28.27 | 29.40 | 44.99 | 65.50 | 10.22 | −8.27 | 0.65 | 0.97 | 40.91 |
| 22 | SXI-Gs7 | | 玄武岩 | 9.14 | 11.11 | 18.52 | 24.19 | 0.00 | 11.12 | 20.59 | 1.40 | 38.77 | 24.90 | 55.05 | 68.83 | 9.68 | −2.85 | 0.62 | 0.84 | 31.99 |

MgO：含量变化范围不大，介于3.18%～5.89%之间，平均值为4.40，低于同类岩石。

CaO：含量变化范围较大，介于4.08%～10.14%之间，平均值为7.22，略低于同类岩石。

$Na_2O$：含量变化范围不大，介于1.74%～3.72%之间，平均值为2.70，低于同类岩石。

$K_2O$：含量变化范围不大，介于1.08%～3.22%之间，平均值为1.82，低于同类岩石。

$P_2O_5$：含量变化范围不大，介于0.12%～0.28%之间，平均值为0.21，低于同类岩石。

(3) 成因指数特征

该单元火山岩成因指数（表3-16），具以下特征：

里特曼指数（$\sigma$）：变化范围较大，介于1.04～4.44之间，其中只有1个超过4，平均值为2.20，属钙碱性系列。

分异指数（DI）：变化范围不大，介于33.13～53.55之间，平均值为41.71，略高于同类岩石。层序上，由下向上有逐渐增大的趋势。

固结指数（SI）：变化范围不大，介于15.00～29.40之间，平均值为22.07，低于同类岩石。

长英指数（FL）：变化范围不大，介于44.87～72.86之间，平均值为69.10，层序上看自下而上有逐渐变小的趋势。

铁镁指数（MF）：变化范围不大，介于63.44～79.44之间，平均值为71.55。

戈蒂尼指数（$\tau$）：变化范围不大，介于7.44～11.14之间，平均值为9.27。

氧化率（OX）：变化范围小，介于0.56～0.65之间，平均值为0.61，与同类岩石接近。

结晶指数（CI）：变化范围不大，介于19.28～40.91之间，平均值为29.95。

镁铁比（M/F）：变化范围较大，介于0.48～1.06之间，平均值为0.75，与同类岩石相近。

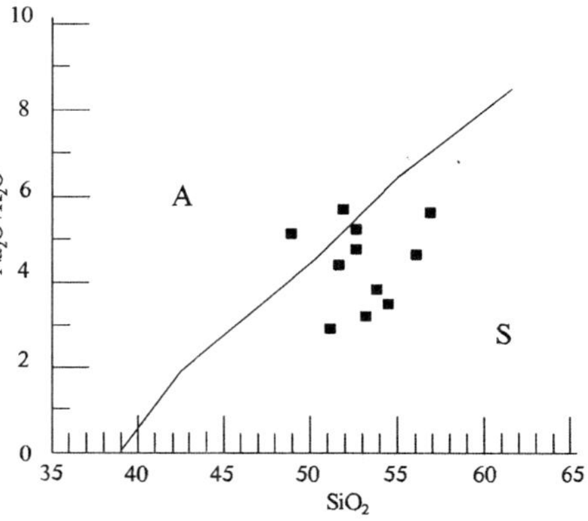


图3-53　弄佰组火山岩硅-碱图
(Irvine, 1971)
A. 碱性系列；S. 亚碱性系列

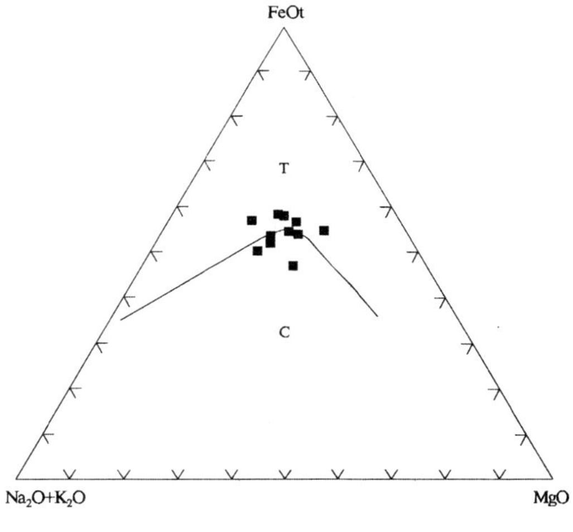


图3-54　弄佰组火山岩A-M-F图
(Irvine, 1971)
T. 拉斑玄武岩系列；C. 钙碱性系列

#### 4. 岩石系列、类型的确定

在硅-碱图上（图3-53），9个点落在亚碱性系列区，2个点落在碱性系列区。在A-M-F关系图上（图3-54），6个点落在钙碱性系列区，5个点落在拉斑玄武岩系列区，且各点都分布于界线附近。在亚碱性系列Ab′-An-Or图上（图3-55），有7个点落在钾质区，3个点落在普通区，1个点落在钠质区。

根据上述各图解投影情况与碱度资料、岩石组合、矿物特征等，认为该单元火山岩属亚碱性系列富钾类型。

#### 5. 地球化学特征

(1) 稀土元素

该单元稀土元素丰度及特征参数表（表3-17、表3-18），具以下特征：

$\Sigma$REE介于162.91～383.40之间，平均值为253.91，稀土总量略高。$\delta$Eu介于0.47～0.97之间，平均值为0.73，呈负异常。$\Sigma$Ce/$\Sigma$Y介于1.83～3.00之间，平均值为2.46。La/Yb介于5.54～10.79

**表 3-17　火山岩稀土元素及特征参数表**

| 顺序号 | 样品号 | 单元 | 岩石名称 | 稀土丰度($\times10^{-6}$) | | | | | | | | | | | | | | |
|---|---|---|---|---|---|---|---|---|---|---|---|---|---|---|---|---|---|---|
| | | | | La | Ce | Pr | Nd | Sm | Eu | Gd | Tb | Dy | Ho | Er | Tm | Yb | Lu | Y |
| 1 | XT-6608 | $E_3n$ | 辉石橄榄玄武岩 | 74.81 | 125.07 | 15.60 | 36.4 | 10.16 | 2.43 | 6.46 | 1.14 | 6.66 | 1.45 | 3.84 | 0.59 | 3.75 | 0.53 | 32.45 |
| 2 | XT-2 | | 碱性橄榄玄武岩 | 78.98 | 131.88 | 16.80 | 38.18 | 11.64 | 2.59 | 6.74 | 1.18 | 7.07 | 1.52 | 3.99 | 0.62 | 3.83 | 0.52 | 35.16 |
| 3 | XT-4 | | 碱性橄榄玄武岩 | 60.67 | 102.17 | 14.04 | 35.51 | 10.52 | 3.02 | 6.74 | 1.27 | 7.82 | 1.67 | 4.59 | 0.64 | 4.28 | 0.56 | 38.0 |
| 4 | SVI-XT1 | $K_1q$ | 角闪安山岩 | 23.93 | 51.08 | 5.31 | 22.25 | 4.23 | 1.55 | 4.56 | 0.53 | 2.85 | 0.55 | 1.62 | 0.24 | 1.57 | 0.21 | 16.48 |
| 5 | SVI-XT2 | | 角闪安山岩 | 41.55 | 78.67 | 7.27 | 30.38 | 6.20 | 1.46 | 6.70 | 0.82 | 4.27 | 0.90 | 2.63 | 0.39 | 2.32 | 0.35 | 30.28 |
| 6 | SVI-XT3 | | 角闪安山岩 | 42.10 | 86.16 | 7.05 | 27.97 | 5.01 | 1.20 | 5.22 | 0.61 | 3.10 | 0.67 | 2.05 | 0.27 | 1.93 | 0.30 | 23.56 |
| 7 | SVI-XT4 | | 安山岩 | 28.09 | 56.60 | 5.84 | 25.98 | 4.68 | 1.02 | 4.98 | 0.65 | 3.66 | 0.72 | 2.15 | 0.31 | 2.01 | 0.30 | 21.54 |
| 8 | SIV-XT8 | | 安山玢岩 | 45.58 | 75.98 | 8.91 | 37.54 | 6.16 | 1.19 | 6.62 | 0.81 | 4.48 | 0.92 | 2.79 | 0.4 | 2.60 | 0.39 | 26.55 |
| 9 | SI-XT1 | | 杏仁状安山玄武岩 | 44.13 | 86.97 | 7.29 | 30.53 | 6.16 | 1.64 | 6.81 | 0.78 | 4.10 | 0.93 | 2.76 | 0.37 | 2.37 | 0.37 | 30.23 |
| 10 | SI-XT2 | | 杏仁状安山玄武岩 | 42.46 | 87.97 | 7.61 | 28.20 | 5.51 | 1.42 | 6.12 | 0.89 | 4.02 | 0.89 | 2.73 | 0.44 | 2.20 | 0.32 | 29.95 |
| 11 | SI-XT3 | | 安山玄武岩 | 48.61 | 79.95 | 7.11 | 30.82 | 5.71 | 1.27 | 5.79 | 0.57 | 3.24 | 0.68 | 2.21 | 0.25 | 1.81 | 0.27 | 22.59 |
| 12 | SX-XT4 | $T_3n$ | 杏仁状玄武岩 | 30.47 | 61.55 | 6.95 | 34.27 | 6.89 | 2.18 | 8.3 | 1.12 | 6.94 | 1.48 | 3.57 | 0.47 | 2.88 | 0.39 | 38.96 |
| 13 | SX-XT5 | | 玄武岩 | 42.77 | 86.82 | 8.85 | 41.67 | 7.97 | 1.71 | 9.31 | 1.18 | 7.42 | 1.57 | 4.27 | 0.53 | 3.47 | 0.52 | 46.46 |
| 14 | SX-XT6 | | 玄武岩 | 21.76 | 44.95 | 5.41 | 25.42 | 5.77 | 2.00 | 6.83 | 1.04 | 5.88 | 1.31 | 3.22 | 0.44 | 2.65 | 0.41 | 35.82 |
| 15 | SX-XT7 | | 杏仁状玄武岩 | 30.68 | 60.59 | 6.81 | 29.28 | 6.38 | 1.87 | 7.10 | 1.25 | 7.00 | 1.52 | 3.70 | 0.48 | 3.36 | 0.45 | 42.37 |
| 16 | SX-XT1 | | 玄武岩 | 64.36 | 139.13 | 13.10 | 53.46 | 11.26 | 1.88 | 13.36 | 1.63 | 8.29 | 1.91 | 6.33 | 0.76 | 4.02 | 0.69 | 63.22 |
| 17 | SX-XT2 | | 杏仁状玄武岩 | 60.94 | 126.70 | 12.57 | 51.58 | 9.96 | 1.97 | 11.00 | 1.53 | 8.87 | 1.64 | 4.65 | 0.65 | 4.14 | 0.52 | 55.06 |
| 18 | SX-XT3 | | 玄武岩 | 32.00 | 62.94 | 6.96 | 34.87 | 6.60 | 1.91 | 7.70 | 1.08 | 6.98 | 1.42 | 3.24 | 0.42 | 3.0 | 0.42 | 35.56 |
| 19 | SXI-XT4 | | 蚀变玄武岩 | 43.16 | 89.60 | 9.05 | 36.88 | 7.46 | 1.77 | 8.49 | 1.25 | 7.23 | 1.52 | 3.80 | 0.50 | 3.23 | 0.52 | 42.31 |
| 20 | SXI-XT5 | | 玄武岩 | 45.64 | 97.20 | 9.57 | 42.36 | 8.38 | 1.97 | 9.81 | 1.38 | 7.93 | 1.65 | 4.50 | 0.59 | 3.71 | 0.54 | 50.39 |
| 21 | SXI-XT6 | | 玄武岩 | 27.66 | 59.61 | 6.48 | 27.80 | 6.08 | 1.76 | 6.83 | 1.10 | 6.16 | 1.26 | 3.11 | 0.42 | 2.59 | 0.35 | 34.17 |
| 22 | SXI-XT7 | | 玄武岩 | 48.30 | 97.82 | 10.06 | 41.85 | 8.08 | 2.04 | 9.76 | 1.53 | 8.50 | 1.79 | 4.71 | 0.60 | 3.96 | 0.56 | 48.78 |

**表 3－18　火山岩稀土元素及特征参数表**

| 顺序号 | 样品号 | 单元 | 岩石名称 | 特征参数 | | | | | | | | | |
|---|---|---|---|---|---|---|---|---|---|---|---|---|---|
| | | | | ΣREE | ΣCe | ΣY | ΣCe/ΣY | δEu | δCe | La/Yb | Ce/Yb | La/Sm | Gd/Yb |
| 1 | XT－6608 | $E_3n$ | 辉石橄榄玄武岩 | 321.34 | 264.47 | 56.87 | 4.65 | 0.86 | 0.84 | 13.45 | 8.63 | 4.63 | 1.39 |
| 2 | XT－2 | | 碱性橄榄玄武岩 | 340.70 | 280.07 | 60.63 | 4.62 | 0.82 | 0.83 | 13.90 | 8.91 | 4.27 | 1.42 |
| 3 | XT－4 | | 碱性橄榄玄武岩 | 291.48 | 225.93 | 65.55 | 3.45 | 1.03 | 0.81 | 9.56 | 6.17 | 3.63 | 1.27 |
| 4 | SVI－XT1 | $K_1q$ | 角闪安山岩 | 137.00 | 108.35 | 28.61 | 3.79 | 1.07 | 1.05 | 10.28 | 8.42 | 3.56 | 2.34 |
| 5 | SVI－XT2 | | 角闪安山岩 | 214.19 | 165.53 | 48.66 | 3.40 | 0.69 | 1.01 | 12.07 | 8.77 | 4.22 | 2.33 |
| 6 | SVI－XT3 | | 角闪安山岩 | 207.20 | 169.49 | 37.71 | 4.49 | 0.71 | 1.10 | 14.71 | 11.50 | 5.29 | 2.18 |
| 7 | SVI－XT4 | | 安山岩 | 158.53 | 122.21 | 36.32 | 3.36 | 0.64 | 1.01 | 9.42 | 7.28 | 3.78 | 2.00 |
| 8 | SIV－XT8 | | 安山玢岩 | 220.92 | 175.36 | 45.56 | 3.85 | 0.57 | 0.85 | 11.82 | 7.56 | 4.65 | 2.05 |
| 9 | SI－XT1 | | 杏仁状安山玄武岩 | 225.44 | 176.72 | 48.72 | 3.63 | 0.77 | 1.07 | 12.55 | 9.49 | 4.51 | 2.32 |
| 10 | SI－XT2 | | 杏仁状安山玄武岩 | 220.73 | 173.17 | 47.56 | 3.64 | 0.74 | 1.09 | 13.01 | 10.30 | 4.85 | 2.24 |
| 11 | SI－XT3 | | 安山玄武岩 | 210.88 | 173.47 | 37.41 | 4.64 | 0.67 | 0.92 | 18.11 | 11.40 | 5.36 | 2.58 |
| 12 | SX－XT4 | $T_3n$ | 杏仁状玄武岩 | 206.42 | 142.31 | 64.11 | 2.22 | 0.88 | 0.98 | 7.13 | 5.53 | 2.78 | 2.33 |
| 13 | SX－XT5 | | 玄武岩 | 264.52 | 189.79 | 74.73 | 2.54 | 0.61 | 1.02 | 8.31 | 6.47 | 3.38 | 2.17 |
| 14 | SX－XT6 | | 玄武岩 | 162.91 | 105.31 | 57.60 | 1.83 | 0.97 | 0.97 | 5.54 | 4.39 | 2.37 | 2.08 |
| 15 | SX－XT7 | | 杏仁状玄武岩 | 202.84 | 135.61 | 67.23 | 2.02 | 0.85 | 0.97 | 6.16 | 4.66 | 3.02 | 1.71 |
| 16 | SX－XT1 | | 玄武岩 | 383.40 | 283.19 | 100.20 | 2.83 | 0.47 | 1.09 | 10.79 | 8.95 | 3.60 | 2.68 |
| 17 | SX－XT2 | | 杏仁状玄武岩 | 351.75 | 263.72 | 88.03 | 3.00 | 0.57 | 1.05 | 9.92 | 7.92 | 3.85 | 2.14 |
| 18 | SX－XT3 | | 玄武岩 | 205.10 | 145.28 | 59.82 | 2.43 | 0.82 | 0.97 | 7.19 | 5.43 | 3.05 | 2.07 |
| 19 | SXI－XT4 | | 蚀变玄武岩 | 256.77 | 187.92 | 68.85 | 2.73 | 0.68 | 1.04 | 9.01 | 7.18 | 3.64 | 2.12 |
| 20 | SXI－XT5 | | 玄武岩 | 285.62 | 205.12 | 80.50 | 2.55 | 0.66 | 1.07 | 8.29 | 6.78 | 3.43 | 2.13 |
| 21 | SXI－XT6 | | 玄武岩 | 185.38 | 129.39 | 55.99 | 2.31 | 0.83 | 1.04 | 7.20 | 5.95 | 2.86 | 2.13 |
| 22 | SXI－XT7 | | 玄武岩 | 288.34 | 208.15 | 80.19 | 2.60 | 0.70 | 1.02 | 8.22 | 6.39 | 3.76 | 1.99 |

之间，平均值为 7.96，两数值均大于 1，属轻稀土富集型，反映轻稀土配分曲线上为右倾（图 3－56）。La/Sm 介于 2.37～3.85 之间，平均值为 3.24；Gd/Yb 介于 1.71～2.68 之间，平均值为 2.14。从两比值上看，前者大于后者，说明轻稀土比重稀土分馏好。

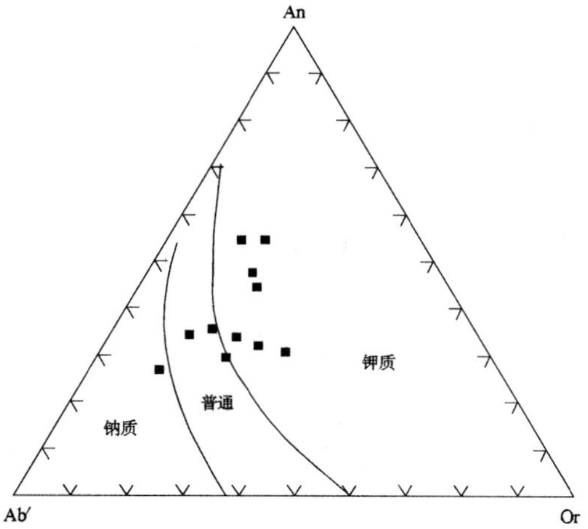


图 3－55　弄佰组火山岩 Ab′－An－Or 图

（Irvine，1971）

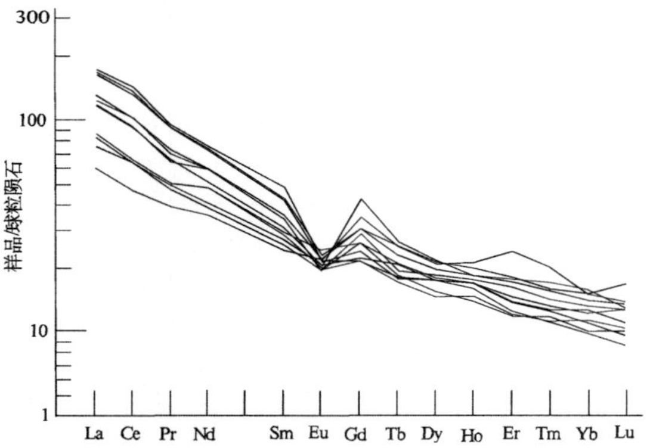


图 3－56　弄佰组火山岩稀土元素配分模式图

（after Coryell，1963）

（2）微量元素特征

该单元火山岩微量元素（表 3－19），具以下特征：

① 与 1962 年维诺格拉夫的同类岩石比较

Sc 元素：含量变化范围小，介于 44.01～58.58 之间，平均值为 51.04，高出维氏值 1 倍。

V 元素：含量变化范围不大，介于 211.20～270.00 之间，平均值为 230.37，与维氏值相近。

Cr 元素：含量变化范围大，介于 64.87～219.99 之间，平均值为 141.14，低于维氏值 0.3 倍。

Co 元素：含量变化范围大，介于 14.31～118.90 之间，平均值为 58.99，高出维氏值 0.3 倍。

Ni 元素：含量变化范围大，介于 14.31～118.90 之间，平均值为 58.48，低于维氏值 0.6 倍。

Rb 元素：含量变化范围大，介于 48.07～319.64 之间，平均值为 165.38，高出维氏值 2.6 倍。

Sr 元素：含量变化范围较大，介于 458.50～996.29 之间，平均值为 683.31，高出维氏值 0.5 倍。

Zr 元素：含量变化范围不大，介于 139.73～232.46 之间，平均值为 161.69，高出维氏值 0.6 倍。

Nb 元素：含量变化范围不大，介于 8.85～15.61 之间，平均值为 12.86，低于维氏值 0.3 倍。

Ba 元素：含量变化范围较大，介于 198.64～575.72 之间，平均值为 460.14，高出维氏值 0.5 倍。

Hf 元素：含量变化范围不大，介于 3.94～7.38 之间，平均值为 5.26，高出维氏值 5 倍。

Ta 元素：含量变化范围不大，介于 1.22～2.47 之间，平均值为 1.76，高出维氏值 2.6 倍。

Th 元素：含量变化范围较大，介于 4.56～16.69 之间，平均值为 10.48，高出维氏值 2.5 倍。

U 元素：含量变化范围较大，介于 1.57～5.66 之间，平均值为 3.28，高出维氏值 5.5 倍。

② 元素对比值特征

Rb/Sr 变化范围较大，介于 0.12～0.45 之间，平均值为 0.25。

Nb/Ta 变化范围小，介于 6.31～8.46 之间，平均值为 7.36。

Zr/Hf 变化范围小，介于 31.33～37.07 之间，平均值为 31.20。

U/Th 变化范围小，介于 0.22～0.36 之间，平均值为 0.32。

**6. 构造环境分析**

弄佰组火山岩所处大地构造位置为龙木错-双湖结合带南侧的朋彦错-雅根查错晚三叠世断隆。$SiO_2$ 含量 49.05～57.06，$Na_2O>K_2O$，岩石类型为玄武岩，属亚碱性系列。

表 3-19　火山岩微量元素表

| 顺序号 | 样品号 | 单元 | 岩石名称 | 微量元素含量($\times10^{-6}$) | | | | | | | | | | | | | |
|---|---|---|---|---|---|---|---|---|---|---|---|---|---|---|---|---|---|
| | | | | Sc | V | Cr | Co | Ni | Rb | Sr | Zr | Nb | Ba | Hf | Ta | Th | U |
| 1 | WL-6608 | $E_3n$ | 辉石橄榄玄武岩 | 16.00 | 120.30 | 214.00 | 27.00 | 50.60 | 164.80 | 1152.00 | 315.70 | 35.54 | 522.00 | 7.77 | 2.11 | 11.61 | 2.71 |
| 2 | WL-2 | | 碱性橄榄玄武岩 | 15.10 | 128.90 | 122.00 | 24.10 | 45.80 | 147.00 | 1117.00 | 365.10 | 38.83 | 535.00 | 8.50 | 2.31 | 11.41 | 2.38 |
| 3 | WL-4 | | 碱性橄榄玄武岩 | 20.20 | 134.30 | 204.00 | 31.60 | 96.50 | 83.50 | 1249.00 | 295.00 | 28.19 | 485.00 | 6.60 | 1.79 | 7.09 | 1.39 |
| 4 | SVI-WL1 | $K_1q$ | 角闪安山岩 | 12.89 | 79.10 | 104.76 | 9.30 | 7.53 | 3.46 | 376.59 | 118.01 | 8.95 | 1795.70 | 3.40 | 1.07 | 9.64 | 2.34 |
| 5 | SVI-WL2 | | 角闪安山岩 | 27.75 | 146.10 | 20.88 | 12.85 | 9.16 | 58.98 | 751.06 | 94.30 | 6.81 | 389.74 | 3.07 | 0.62 | 7.57 | 2.53 |
| 6 | SVI-WL3 | | 角闪安山岩 | 17.43 | 40.73 | 65.12 | 11.36 | 7.21 | 10.98 | 578.04 | 139.34 | 10.03 | 249.32 | 3.80 | 1.16 | 9.65 | 1.45 |
| 7 | SVI-WL4 | | 安山岩 | 11.29 | 46.24 | 306.73 | 4.67 | 24.32 | 78.85 | 295.30 | 206.12 | 9.64 | 466.01 | 5.94 | 1.14 | 14.35 | 2.59 |
| 8 | SIV-WL8 | | 安山玢岩 | 5.99 | 33.02 | 239.93 | 4.97 | 4.98 | 354.99 | 259.05 | 348.06 | 25.30 | 751.48 | 9.69 | 1.79 | 48.11 | 4.58 |
| 9 | SI-WL1 | | 杏仁状安山玄武岩 | 31.30 | 153.00 | 271.78 | 12.88 | 27.36 | 30.10 | 801.18 | 142.77 | 7.50 | 1088.10 | 3.78 | 1.00 | 10.59 | 4.20 |
| 10 | SI-WL2 | | 杏仁状安山玄武岩 | 33.41 | 154.50 | 186.32 | 17.15 | 25.76 | 62.64 | 853.07 | 149.22 | 8.78 | 496.36 | 4.85 | 0.98 | 10.70 | 5.12 |
| 11 | SI-WL3 | | 安山玄武岩 | 19.61 | 80.20 | 212.00 | 9.84 | 12.91 | 97.08 | 762.83 | 115.34 | 7.02 | 460.32 | 3.01 | 0.66 | 11.17 | 3.42 |
| 12 | SX-WL4 | $T_3n$ | 杏仁状玄武岩 | 50.82 | 212.20 | 159.97 | 84.24 | 84.24 | 319.64 | 708.98 | 163.50 | 11.76 | 834.23 | 4.41 | 1.66 | 7.93 | 2.36 |
| 13 | SX-WL5 | | 玄武岩 | 47.45 | 233.30 | 64.87 | 30.70 | 28.13 | 160.73 | 462.20 | 178.75 | 13.18 | 381.68 | 5.03 | 1.80 | 11.40 | 3.78 |
| 14 | SX-WL6 | | 玄武岩 | 55.75 | 259.70 | 142.47 | 118.90 | 118.90 | 174.28 | 762.74 | 139.73 | 8.85 | 575.72 | 3.94 | 1.22 | 4.56 | 1.57 |
| 15 | SX-WL7 | | 杏仁状玄武岩 | 58.58 | 216.40 | 167.10 | 60.47 | 60.47 | 48.07 | 590.97 | 163.95 | 11.40 | 198.64 | 4.48 | 1.46 | 5.50 | 1.95 |
| 16 | SX-WL1 | | 玄武岩 | 57.82 | 211.20 | 219.99 | 29.61 | 26.76 | 203.13 | 996.29 | 232.46 | 14.98 | 595.39 | 7.38 | 2.05 | 16.69 | 3.62 |
| 17 | SX-WL2 | | 杏仁状玄武岩 | 49.78 | 211.50 | 144.46 | 30.47 | 32.22 | 100.97 | 908.51 | 225.88 | 17.09 | 356.76 | 7.21 | 2.02 | 15.39 | 4.35 |
| 18 | SX-WL3 | | 玄武岩 | 49.40 | 218.60 | 183.00 | 92.28 | 92.28 | 270.30 | 608.90 | 161.41 | 11.65 | 493.26 | 4.57 | 1.58 | 8.51 | 2.46 |
| 19 | SXI-WL4 | | 蚀变玄武岩 | 44.01 | 231.70 | 82.36 | 14.31 | 14.31 | 130.91 | 458.50 | 176.36 | 13.73 | 371.87 | 5.17 | 2.05 | 11.74 | 4.31 |
| 20 | SXI-WL5 | | 玄武岩 | 48.22 | 235.60 | 88.65 | 34.92 | 33.01 | 141.80 | 716.39 | 192.85 | 11.66 | 451.46 | 5.58 | 1.58 | 11.72 | 3.97 |
| 21 | SXI-WL6 | | 玄武岩 | 52.09 | 270.00 | 202.87 | 105.10 | 105.10 | 93.16 | 772.47 | 143.26 | 11.53 | 224.96 | 4.09 | 1.51 | 6.11 | 2.02 |
| 22 | SXI-WL7 | | 玄武岩 | 47.52 | 233.90 | 96.80 | 47.87 | 47.87 | 176.27 | 530.42 | 198.26 | 15.61 | 577.60 | 5.96 | 2.47 | 15.77 | 5.66 |

（1）岩石化学

在里特曼-戈蒂尼图（图 3-57）上，11 个点均落在 B 区（消减带）。在 $TiO_2$-10MnO-$10P_2O_5$ 图（图 3-58）上，5 个点落在岛弧拉斑玄武岩区，3 个点落在洋中脊玄武岩区，2 个点落在大洋岛屿碱性玄武岩区，1 个点落在大洋岛屿拉斑玄武岩区。在 FeO/MgO-$TiO_2$ 图（图 3-59）上，11 个点全部落在岛弧拉斑玄武岩区。

（2）地球化学

该单元火山岩的稀土配分模式图，呈轻稀土富集型 Eu 弱亏损的配分形式，与洋岛（夏威尼）拉斑玄武岩十分相近。在微量元素比值蛛网图（图 3-60）中，曲线呈现出强不相容元素富集，而 Ta，Nb，P，Ti，Cr 亏损的特征。与 Pearce 的不同构造背景下形成的各种玄武岩的微量元素比值蛛网图中的岛弧玄武岩里的钙碱性玄武岩-过渡类型玄武岩十分相似。

综上所述，弄佰组火山岩为岛弧区构造岩浆作用之产物。

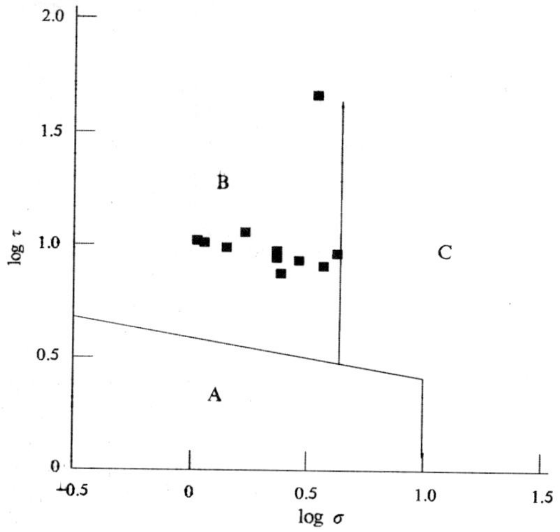


图 3-57　弄佰组火山岩 logτ-logσ 图

（Rittmann，1970）

A. 板内稳定区火山岩；B. 消减带火山岩；

C. 由 A-B 区演化的碱性火山岩

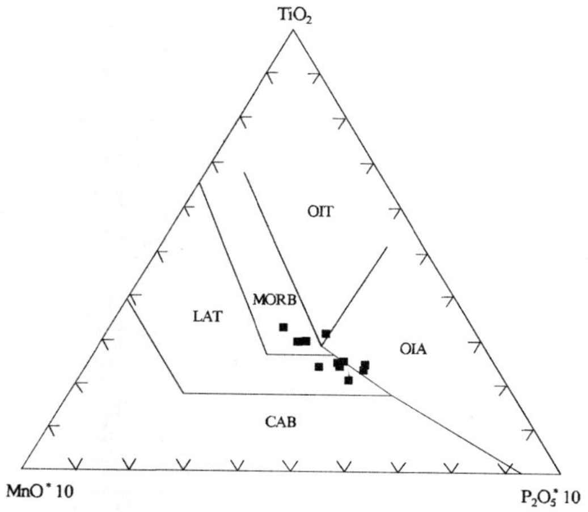


图 3-58　弄佰组火山岩 $TiO_2$-10MnO-$10P_2O_5$ 图

（Mullen，1983）

OIT. 大洋岛屿拉斑玄武岩；

OIA. 大洋岛屿碱性玄武岩；MORB. 洋中脊玄武岩；

LAT. 岛弧拉斑玄武岩；CAB. 钙碱性玄武岩

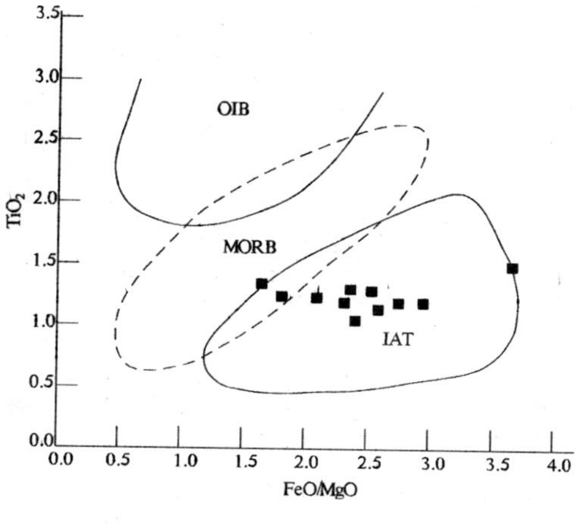


图 3-59　弄佰组火山岩 FeO/MgO-$TiO_2$ 图

（Migashiro，1974，1975）

LAT. 岛弧拉斑玄武岩；

MORB. 洋中脊玄武岩；OIB. 洋岛玄武岩

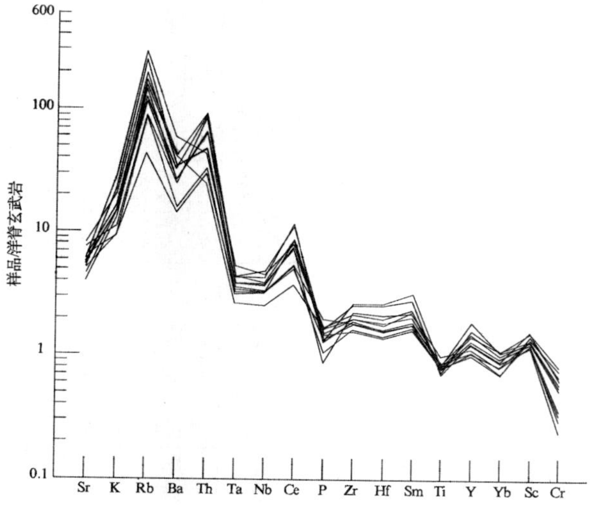


图 3-60　弄佰组火山岩微量元素比值蛛网图

（Pearce，1982）

## 三、侏罗纪火山岩

该单元火山岩沿班公湖-怒江缝合带分布呈岩块或岩片赋存于侏罗纪木嘎岗日岩群内，与木嘎岗日岩群呈断层接触。喷发形式以海相裂隙式或喷溢式为主，岩石类型为深灰色枕状玄武岩、灰绿色辉石橄榄玄武岩。为班公湖-怒江洋洋壳的残余，代表了盆地扩张阶段的火山活动。图幅内仅在南部的阿瓦日、索秋鄂玛两处有出露，呈近东西向展布，详细特征见第三章第一节蛇绿岩。

## 四、早白垩世火山岩

### ——早白垩世去申拉组火山岩

去申拉组火山岩，仅在图幅南部的日阿果勒、加也蒙日有零星出露，面积 150km$^2$。

#### 1. 地质特征

该单元受班公湖-怒江缝合带控制，总体呈近东西向展布，呈层状产出。与晚侏罗世沙木罗组呈断层接触，在昂达尔错幅呈角度不整合覆盖于早白垩世洋岛型玄武岩之上；与新近纪康托组呈角度不整合接触。以陆相裂隙式喷溢为主，局部有爆发现象。在日阿果勒火山作用以喷溢为主，出露的岩性为灰紫色杏仁状多斑状安山岩；而在加也蒙日却以爆发作用为主，岩层产状为 50°∠49°。一个火山喷发韵律从下到上依次出露的岩性为石英粗安岩、安山质凝灰火山角砾岩、安山质凝灰岩，层厚 400 余米。次火山相呈脉状产出，岩性为次玄武安山岩，脉宽 0.5～1m，产状为 70°∠52°。

综上所述，去申拉组火山岩从西向东火山作用增强，由喷溢相向爆发相过渡；岩性上，从安山岩变为粗安岩，有向碱性过渡的趋势。

#### 2. 岩石学特征

幅内出露的去申拉组火山岩岩石类型主要由喷溢相紫红色杏仁状多斑安山岩、紫色石英粗安岩，爆发相紫色安山质凝灰火山角砾岩、安山质凝灰岩，及次火山相次安山岩组成。具体岩石特征如下：

（1）喷溢相

① 灰紫色石英粗安岩

岩石呈灰紫色，具斑状结构，斑杂状构造。斑晶由透长石、石英及黑云母组成。透长石：灰白色，半自形，板状，常见其中包嵌石英及黑云母小晶体。边部具熔蚀结构，粒度 0.1～0.6mm，含量 10%。石英：无色透明，粒状，熔蚀现象发育，边部圆滑，呈港湾状，粒度 0.1～2mm，含量 20%。黑云母：棕色，半自形片状，粒度 0.05～0.4mm，含量 5%。基质：微晶—隐晶质结构，由正长石、黑云母及隐晶质矿物组成，含量 65%。

② 紫红色杏仁状多斑安山岩

岩石呈紫红色，具多斑结构、块状构造。斑晶：由斜长石与黑云母组成。斜长石：灰白色，自形晶长板状，粒度 2～3mm，含量 18%。黑云母：棕色，半自形片状，粒度 1～2mm，含量 2%。基质：具玻基交织结构，由针状斜长石与黑褐色火山玻璃组成，含量 60%。杏仁：为浑圆和椭圆状，长轴粒径 0.5～1mm，其充填物为方解石，含量 20%。

（2）爆发相

① 紫色安山质凝灰火山角砾岩

岩石呈紫色，具火山角砾结构，斑杂状构造。火山角砾：紫红色，棱角状、次棱角状，岩性为粗安岩，砾径为 2～20mm，含量 80%～85%。填隙物为晶质与火山灰，分布于火山角砾孔隙中，含量 15%～20%。

② 紫色安山质凝灰岩

岩石呈紫色，具凝灰质结构，块状构造。由岩屑、晶屑与火山灰组成。岩屑：紫色、棱角状，岩性为安山岩，粒度 1～3mm，含量 10%。晶屑：灰白色，棱角状，成分为长石，粒度 0.05～2mm，含量 25%。火山灰：灰褐色，粒度小于 0.05mm，含量 65%。

（3）次火山相——次玄武安山岩

岩石呈灰绿色，具斑状结构，块状构造。斑晶由辉石、角闪石、透长石，石英（偶见）组成，含量 5%。辉石：无色，半自形短柱状，熔蚀结构发育，粒度 0.5～0.1mm。角闪石：绿色，半自形长柱状，粒度 0.2～0.5mm。透长石：灰白色，半自形板状，粒度 0.5～2mm。石英偶见，具熔蚀现象。基质：具玻基交织结构，由显微长板状斜长石微晶杂乱分布，其间隙充填褐色火山玻璃，含量 95%。

**3. 岩石化学特征**

由于本区去申拉组出露较少，且岩石多蚀变较强。因此，未对其进行岩石化学、岩石地球化学的研究，这里借用本项目昂达尔错幅的岩石化学、地球化学资料，介绍岩石化学、岩石地球化学特征如下：

昂达尔错幅共采集了 8 个样品，其中 5 个安山岩、3 个玄武安山岩，其岩石化学、CIPW 值及特征指数（表 3－15、表 3－16）具以下特征：

（1）岩石化学分类定名

我们选用 1984 年李兆鼐等编制的火山岩化学定量分类图解，将 8 个样品分析结果投影到化学定量分类图（图 3－61）上，有 4 个点落在安山岩区，2 个点落在英安岩区，2 个点落在安粗岩区。室内定名为玄武安山岩、安山岩，两者存在差异。是由于岩石中有气孔，充填物有石英、绿泥石等矿物，致使岩石化学定名偏酸性，故采用室内镜下定名。

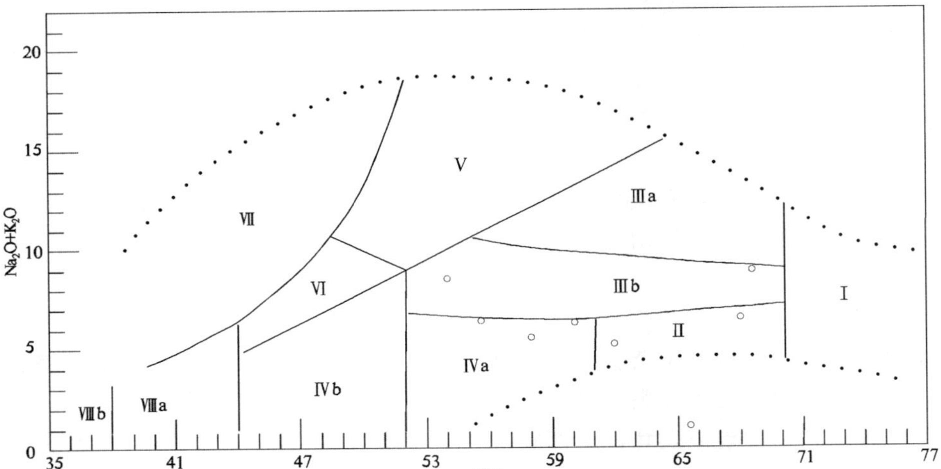


图 3－61　去申拉组火山岩化学定量分类图

（李兆鼐等，1984）

I. 流纹岩类；II. 英安岩类；IIIa. 粗面岩类；IIIb. 安粗岩类；

IVa. 安山岩类；IVb. 玄武岩和碱性玄武岩类；V. 响岩类；

VI. 碱玄岩类；VII. 副长石岩类；VIII. 超镁铁质岩类

（2）氧化物特征

主要氧化物及与 1962 年黎彤、饶纪龙编制的中国主要岩浆岩类平均化学成分表中的同类岩石比较，特征如下：

$SiO_2$：含量变化范围不大，介于 54.05%～68.44%之间，平均值为 61.50%，略高于同类岩石。

$TiO_2$：含量变化范围较大，介于 0.38%～0.78%之间，平均值为 0.72%，略高于同类岩石。

$Al_2O_3$：含量变化范围不大，介于 14.37%～17.39%之间，平均值为 15.96%，略低于同类岩石。

$Fe_2O_3$：含量变化范围大，介于 1.91%～7.27%之间，平均值为 4.32%，略高于同类岩石。

FeO：含量变化范围较大，介于0.36%～3.06%之间，平均值为1.85%，低于同类岩石。

MnO：含量变化范围大，介于0.02%～0.14%之间，平均值为0.08%，低于同类岩石。

MgO：含量变化范围较大，介于0.30%～1.75%之间，平均值为1.05%，远低于同类岩石。

CaO；含量变化范围较大，介于1.29%～6.06%之间，平均值为3.92%，低于同类岩石。

$Na_2O$：含量变化范围大，介于0.22%～6.90%之间，平均值为3.77%，高出同类岩石0.3倍。

$K_2O$：含量变化范围大，介于0.92%～6.00%之间，平均值为2.23%，高出同类岩石0.7倍。

$P_2O_5$：含量变化范围较大，介于0.07%～0.28%之间，高出同类岩石0.3倍。

(3) 成因指数特征

该单元火山岩的成因指数（表3-16），具以下特征：

里特曼指数（$\sigma$）：变化范围大，介于0.06～6.66之间，除一个为6.66外，均小于4，平均值为2.66，属钙碱性系列。

分异指数（DI）：变化范围不大，介于56.92～86.31之间，平均值为67.10，高于同类岩石。

固结指数（SI）：变化范围较大，介于4.92～14.54之间，平均值为7.48，低于同类岩石。

氧化率（OX）：变化范围小，介于0.44～0.63之间，平均值为0.54，与同类岩石接近。

(4) 岩石系列与类型的确定

该单元8个火山岩样品分析结果投影到硅-碱图（图3-62）上，7个点落在亚碱性系列区。而在Ab′-An-Or图（图3-63）上，5个点落在普通区，3个点落在钠质区。在A-F-M图（图3-64）上，有6个点落在拉斑玄武岩区，2个点落在钙碱性系列，组合指数为2.66，属钙碱性系列。

综合上述资料，该火山岩为拉斑玄武岩系列普通型。

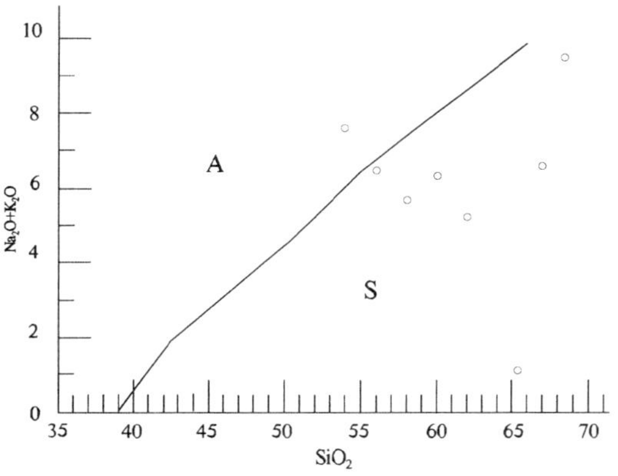


图3-62　去申拉组火山岩硅-碱图

(Irvine，1971)

A. 碱性系列；S. 亚碱性系列

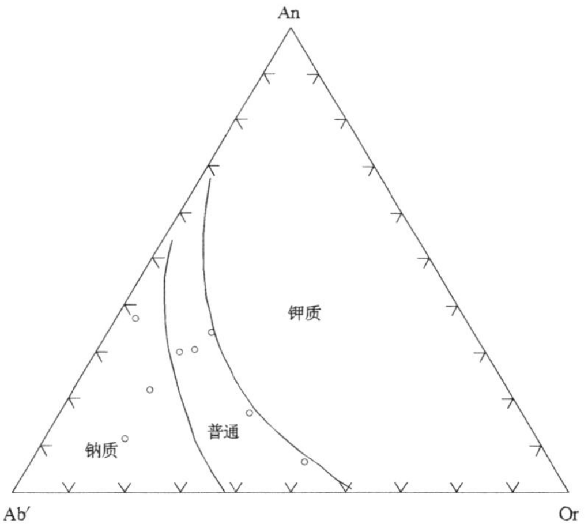


图3-63　去申拉组火山岩Ab′-An-Or图

(Irvine，1971)

**4. 地球化学特征**

(1) 稀土元素

早白垩世去申拉组火山岩稀土元素丰度及特征参数（表3-18），具以下特征：

$\sum$REE介于137.00～225.44之间，平均值为199.36，稀土总量偏高型。$\delta$Eu介于0.57～1.07之间，平均值为0.73，显负异常。$\sum Ce/\sum Y$介于3.36～4.49之间，平均值为3.85。La/Yb介于9.42～18.11之间，平均值为12.75，两者平均值远大于1，属轻稀土富集型，反映在稀土配分曲线上为右倾（图3-65）。La/Sm介于3.78～5.36之间，平均值为4.52。Gd/Yb介于2.00～2.58之间，平均值为2.14。从两比值上看前者大于后者，说明轻稀土比重稀土分馏程度高。

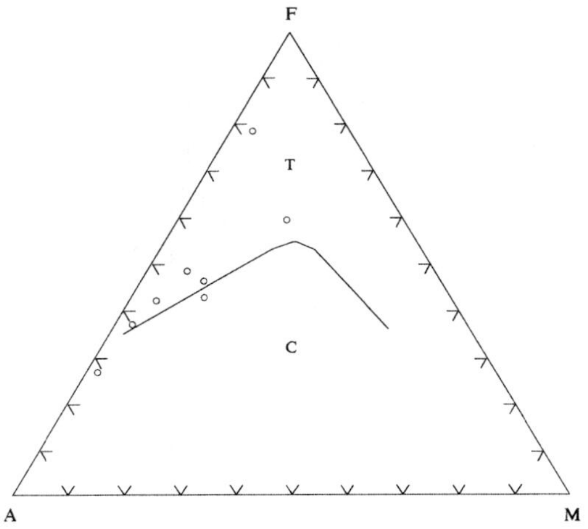


图 3－64　去申拉组火山岩 A－F－M 图

（Irvine，1971）

T. 拉斑玄武岩系列；C. 钙碱性系列

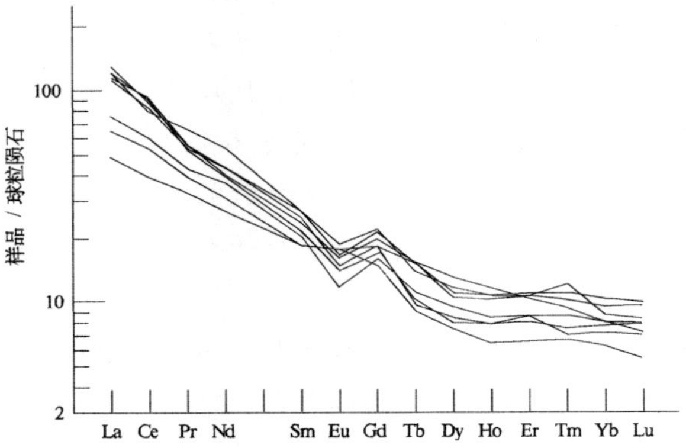


图 3－65　去申拉组火山岩稀土元素配分模式图

（after Coryell，1963）

（2）微量元素

该单元微量元素丰度（表 3－19），与 1962 年维诺格拉夫的同类岩石比较，各元素特征如下：

Sc 元素；含量变化大，介于 5.99～33.41 之间，平均值为 19.96，高出同类岩石 7 倍。

V 元素：含量变化大，介于 40.73～154.50 之间，平均值为 81.58，略低于同类岩石。

Cr 元素：含量变化特别大，介于 20.88～306.73 之间，平均值为 149.44，高出同类岩石 3 倍。

Co 元素：含量变化较大，介于 4.67～17.15 之间，平均值为 10.38，与同类岩石相近。

Ni 元素：含量变化较大，介于 4.98～25.76 之间，平均值为 14.90，远低于同类岩石。

Rb 元素；含量变化特别大，介于 3.46～354.99 之间，平均值为 76.14，低于同类岩石。

Sr 元素：含量变化较大，介于 259.05～853.07 之间，平均值为 547.73，低于同类岩石。

Zr 元素：含量变化较大，介于 94.30～348.06 之间，平均值为 164.15，低于同类岩石。

Nb 元素：含量变化大，介于 6.81～25.30 之间，平均值为 10.50，低于同类岩石。

Ba 元素：含量变化大，介于 249.32～1795.71 之间，平均值为 712.13，略高于同类岩石。

Hf 元素：含量变化不大，介于 3.01～9.69 之间，平均值为 4.69，高出同类岩石。

Ta 元素：含量变化不大，介于 0.62～1.16 之间，平均值为 1.05，略高于同类岩石。

Th 元素：含量变化较大，介于 7.57～48.11 之间，平均值为 15.22，高出同类岩石 1 倍。

U 元素：含量变化较大，介于 1.45～5.12 之间，平均值为 3.28，高出同类岩石 163 倍。

**5. 构造环境分析**

该单元火山岩分布于班公湖-怒江缝合带之上，$SiO_2$介于 54.05%～68.44%，$Al_2O_3$介于 14.37%～17.39%，$Na_2O>K_2O$，里特曼指数（$\sigma$）为 2.66，属钙碱性系列。

在 $TiO_2-K_2O-P_2O_5$图（图 3－66）上，8 个点全部落在大陆拉斑玄武岩区。而在 $\log\tau-\log\sigma$ 图（图 3－67）上，7 个点落在消减带火山岩区，1 个

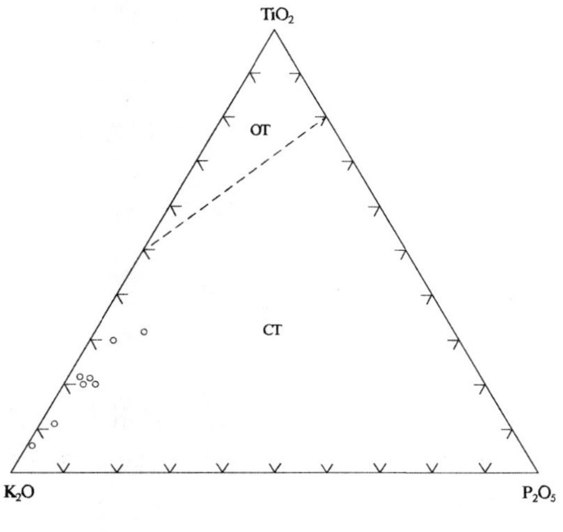


图 3－66　去申拉组火山岩 $TiO_2-K_2O-P_2O_5$图

（Pearce，1975）

CT. 大陆拉斑玄武岩；OT. 大洋拉斑玄武岩

点落在A、B区演化的碱性火山岩区。在微量元素比值蛛网图（图3-68）上，曲线特征为强不相容元素富集型分配模式。Ba、Nb、P、Ti亏损型，与大陆拉斑玄武岩曲线形态相似。上述资料说明，早白垩世去申拉组火山岩是发育于板块边缘消减带上的大陆拉斑玄武岩系列火山岩。

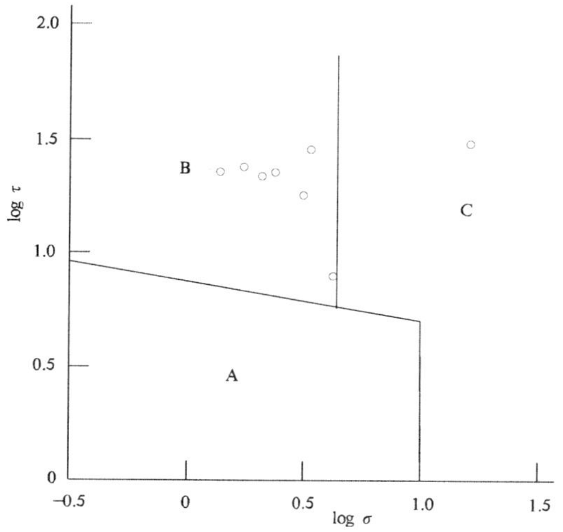


图3-67　去申拉组火山岩 logτ-logσ 图
（Rittmann，1970）
A. 板内稳定区火山岩；B. 消减带火山岩；
C. 由A-B区演化的碱性火山岩

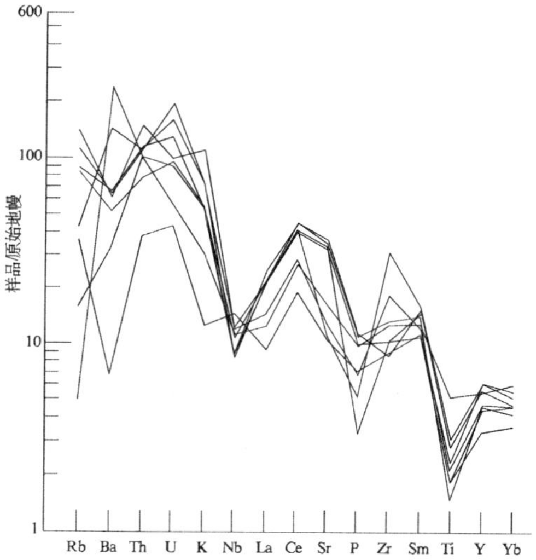


图3-68　去申拉组火山岩微量元素比值蛛网图
（Pearce，1982）

## 五、始新世火山岩

始新世纳丁错组火山活动不甚强烈，表现为中心式或裂隙式喷发。火山岩分布范围较小，仅在图幅的玛迁扎纳勒、虾日玛北两处有出露，面积为11km$^2$。

### 1. 地质特征

在玛迁扎纳勒出露的该单元火山岩，为中心式喷发的产物。出露范围呈北西向展布的椭圆型，长轴长4km，短轴长1.5km。岩石呈层状产出，产状为20°～352°∠40°～50°，岩石类型为辉石橄榄玄武岩、含角砾辉石橄榄玄武岩。该火山岩与中侏罗世色哇组呈角度不整合接触；北部与新近纪康托组呈角度不整合接触。

虾日玛北出露的火山岩，为裂隙式喷溢产物。呈东西向条带状展布，东西长7km，南北宽0.7km，岩层产状195°∠70°。岩石类型为辉石橄榄玄武岩，局部含少量火山角砾。该火山岩北部与中侏罗世布曲组呈角度不整合接触；南部与新近纪康托组呈角度不整合接触。

### 2. 岩石学特征

该单元火山岩岩石类型单一，只有灰紫色含火山角砾辉石橄榄玄武岩、辉石橄榄玄武岩两种（见图版XIV，7，8），特征如下：

（1）灰紫色含火山角砾辉石橄榄玄武岩

岩石呈灰紫色，斑状结构，斑杂状构造。斑晶：由橄榄石、辉石、斜长石组成。橄榄石：无色，高突起，呈半自形柱状，完全伊丁石化，保留橄榄石假象，粒度1～1.5mm，含量10%。辉石：无色，半自形短柱状，大部分已纤闪石化，呈辉石假象，粒度0.5～1.5mm，含量5%。斜长石：灰白色，半自形，长板状，有绢云母化，可见聚片双晶，粒度0.5～2 mm，含量5%～10%。基质：具间粒结构，由长条状斜长石杂乱分布，孔隙被他形粒状橄榄石、辉石、磁铁矿充填，含量60%～65%。火山角砾：紫色，棱角状、次棱角状，熔蚀圆状。岩性为玄武岩，砾径大小不等，在5～20mm之间，含量5%～

10%。杏仁：呈不规则状、次圆状。充填物为石英、方解石等，粒度1～3mm，含量5%～10%。

(2) 紫色辉石橄榄石玄武岩

岩石呈紫色，具斑状结构，块状构造。斑晶：由橄榄石、辉石、斜长石组成。橄榄石：无色，半自形短柱状，已全部被伊丁石取代，粒度0.5～1mm，含量10%。辉石：无色，半自形短柱状，已全部被纤闪石取代，粒度0.5～1mm，含量5%～10% 。基质：具间粒结构，由斜长石、辉石、磁铁矿、橄榄石等矿物组成，含量75%。局部见有少量杏仁，填充物为石英、方解石。

**3. 岩石化学特征**

始新世纳丁错组火山岩中采集了3个辉石橄榄玄武岩，其岩石化学、CIPW值及特征指数（表3-15、表3-16），具以下特征：

(1) 岩石化学分类定名

我们选用了1984年李兆鼐等编制的火山岩化学定量分类图解，将3个样品分析结果投影到化学定量分类图（图3-69）上，有2个点落在玄武岩和碱性玄武岩区，1个点落在安山岩区。室内镜下定名为碱性辉石橄榄玄武岩，两者差异较小，其中投到玄武安山岩的样品中有气孔，气孔充填物有石英，致使岩石化学定名偏中性。

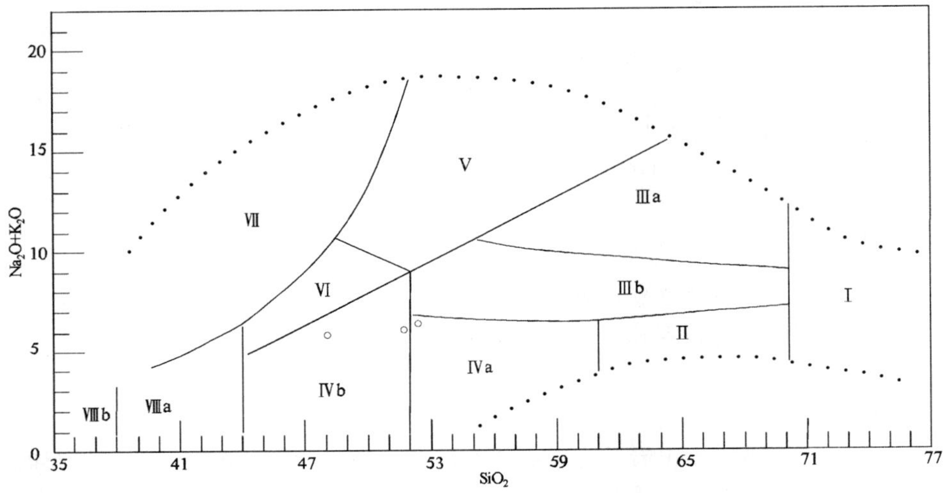


图3-69　纳丁错组火山岩化学定量分类图

（李兆鼐等，1984）

I. 流纹岩类；II. 英安岩类；IIIa. 粗面岩类；IIIb. 安粗岩类；

IVa. 安山岩类；IVb. 玄武岩和碱性玄武岩类；V. 响岩类；

VI. 碱玄岩类；VII. 副长石岩类；VIII. 超镁铁质岩类

(2) 主要氧化物特征

该单元火山岩主要氧化物及与1962年黎彤、饶纪龙编制的中国主要岩浆岩类平均化学成分表中的同类岩石比较，具以下特征：

$SiO_2$：含量变化范围小，介于48.70%～52.98%之间，平均值为51.23%，略高于同类岩石。

$TiO_2$：含量变化范围较大，介于0.60%～1.44%之间，平均值为1.02%，略低于同类岩石。

$Al_2O_3$：含量变化范围不大，介于16.01%～17.14%之间，平均值为16.61%，略高于同类岩石。

$Fe_2O_3$：含量变化范围不大，介于6.80%～9.28%之间，平均值为7.65%，高出同类岩石0.8倍。

FeO：含量变化范围小，介于1.88%～2.16%之间，平均值为1.97%，远低于同类岩石。

MnO：含量变化范围小，介于0.11%～0.14%之间，平均值为0.12%，低于同类岩石。

MgO：含量变化范围不大，介于3.67%～5.58%之间，平均值为4.65%，略低于同类岩石。

CaO：含量变化范围小，介于7.79%～8.38%之间，平均值为8.06%，与同类岩石不一致。

$Na_2O$：含量变化范围小，介于3.35%～3.68%之间，平均值为3.54%，略高于同类岩石。

$K_2O$：含量变化范围不大，介于1.65%～2.55%之间，平均值为2.19%，略低于同类岩石。

$P_2O_5$：含量变化范围小，介于0.49%～0.66%之间，平均值为0.56%，略低于同类岩石。

（3）成因指数特征

该单元成因指数特征如下：

里特曼指数（$\sigma$）：变化范围小，介于3.64～4.98之间，平均值为4.13，属碱性系列。

分异指数（DI）：变化范围小，介于41.54～46.58之间，平均值为43.96，高出同类岩石0.3倍。

固结指数（SI）：变化范围不大，介于19.80～25.30之间，平均值为23.09，低于同类岩石。

氧化率（OX）：变化范围小，介于0.57～0.61之间，平均值为0.59，略低于同类岩石。

（4）岩石系列、类型的确定

该单元在硅-碱图（图3-70）上，3个点落在碱性系列区。在Ab′-An-Or图（图3-71）上，3个点全部落在钾质区。该火山岩组合指数为14.13，亦属碱性系列。

综上所述，始新世火山岩为碱性系列钾质类型。

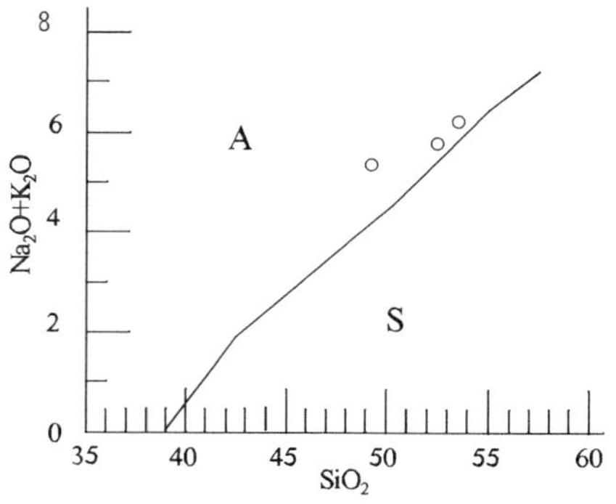


图3-70　纳丁错组火山岩硅-碱图

（Irvine，1971）

A. 碱性系列；S. 亚碱性系列

**4. 地球化学特征**

（1）稀土元素特征

始新世纳丁错组火山岩稀土元素丰度及特征参数（表3-17、表3-18），具以下特征：

$\sum$REE介于291.48～340.70之间，平均值为317.80，为稀土总量偏高型。$\delta$Eu介于0.82～1.03之间，平均值为0.92。而$\delta$Ce介于0.81～0.84之间，平均值为0.83，两者均呈弱负异常。$\sum Ce/\sum Y$介于3.45～4.65之间，平均值为4.24。La/Yb介于9.56～13.90之间，平均值为12.30，两者平均值远大于1，属轻稀土富集型，反映在稀土分配曲线上为右倾（图3-72）。La/Sm介于3.63～4.63之间，平均值为4.18。Gd/Yb介于1.27～1.42之间，平均值为1.36。从比值上看前者远大于后者，说明轻稀土比重稀土分馏程度好。

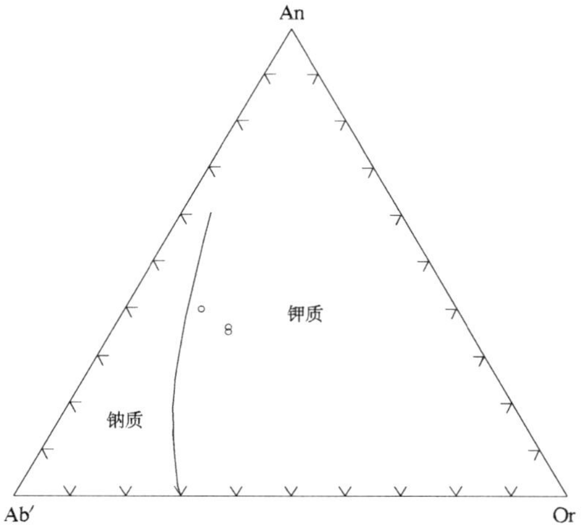


图3-71　纳丁错组火山岩Ab′-An-Or图

（Irvine，1971）

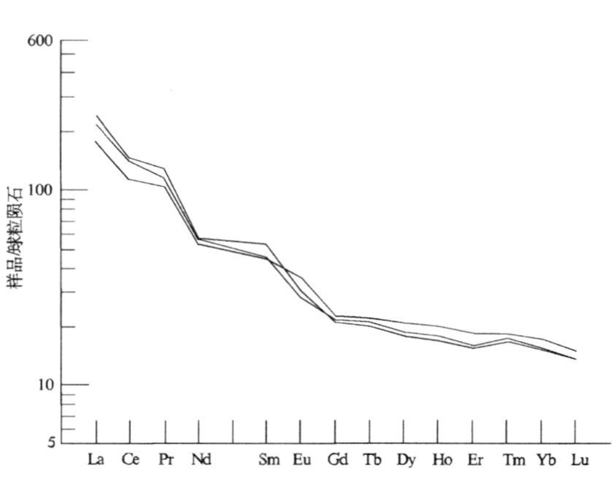


图3-72　纳丁错组火山岩稀土元素配分模式图

（after Coryell，1963）

（2）微量元素特征

该单元微量元素丰度（表3-19），与1962年维诺格拉夫的同类岩石比较，各元素特征如下：

Sc 元素：含量变化范围不大，介于 15.10～20.20 之间，平均值为 17.03，略低于同类岩石。

V 元素：含量变化范围小，介于 120.30～134.32 之间，平均值为 127.83，低于同类岩石。

Cr 元素：含量变化范围较大，介于 122.00～214.00 之间，平均值为 180.00，略低于同类岩石。

Co 元素：含量变化范围不大，介于 24.10～31.60 之间，平均值为 27.57，低于同类岩石。

Ni 元素：含量变化范围较大，介于 45.80～96.50 之间，平均值为 64.30，远低于同类岩石。

Rb 元素：含量变化范围较大，介于 83.50～164.80 之间，平均值为 131.37，高出同类岩石 1.9 倍。

Sr 元素：含量变化范围较小，介于 1117.00～1249.00 之间，平均值为 1172.00，高出同类岩石 1.6 倍。

Zr 元素：含量变化范围不大，介于 295.00～365.00 之间，平均值为 325.27，高出同类岩石 2.2 倍。

Nb 元素：含量变化范围不大，介于 28.19～38.83 之间，平均值为 34.19，高出同类岩石 0.7 倍。

Ba 元素：含量变化范围不大，介于 485.00～535.00 之间，平均值为 514.00，高出同类岩石 0.7 倍。

Hf 元素：含量变化范围小，介于 6.60～8.50 之间，平均值为 7.62，高出同类岩石 6.6 倍。

Ta 元素：含量变化范围小，介于 1.79～2.31 之间，平均值为 2.07，高出同类岩石 3.3 倍。

Th 元素：含量变化范围不大，介于 7.09～11.61 之间，平均值 10.01，高出同类岩石 2.3 倍。

U 元素：含量变化范围不大，介于 1.39～2.71 之间，平均值为 2.16，低于同类岩石。

**5. 构造环境分析**

始新世纳丁错组火山岩位于近东西向分布的次衣查库-日阿卓大断裂南。$SiO_2$ 含量 48.70%～52.98%，$Al_2O_3$ 含量 16.01%～17.14%，$Na_2O>K_2O$ 与大陆裂谷碱性岩十分接近。岩石属碱性系列钾质类型。

在 $TiO_2-K_2O-P_2O_5$ 图（图 3-73）上，3 个点全部投在大陆拉斑玄武岩区，在各种大陆玄武岩微量元素比值蛛网图（图 3-74）上，呈强不相容元素富集型，Ba、Nb、P、Ti 亏损。与大陆拉斑玄武岩曲线形态相近。

综上所述：该单元火山岩构造环境为板内大陆裂谷。

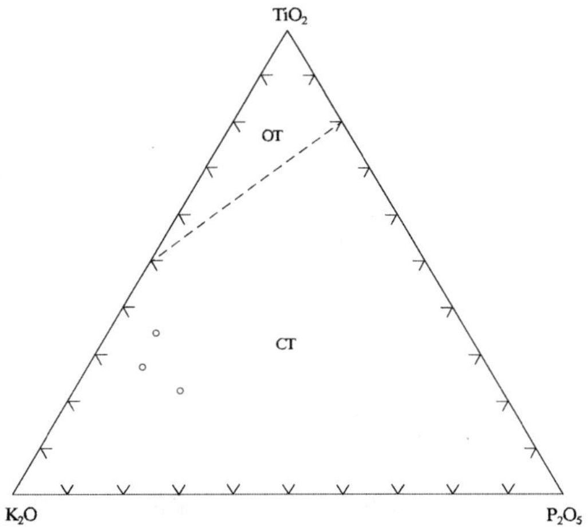


图 3-73　纳丁错组火山岩 $TiO_2-K_2O-P_2O_5$ 图

(Pearce，1975)

CT. 大陆拉斑玄武岩；OT. 大洋拉斑玄武岩

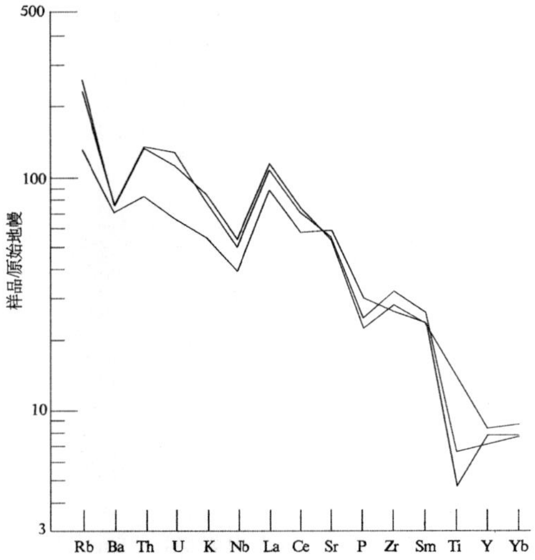


图 3-74　纳丁错组火山岩微量元素比值蛛网图

(Pearce，1982)

# 第四章　变质岩

测区内变质岩不甚发育。可划分为区域变质岩、接触变质岩、气-液变质岩和动力变质岩 4 大类。区域变质岩多以浅变质为主，变质地层为晚石炭世—早二叠世擦蒙组、中二叠世鲁谷组、早三叠世孜狮桑组、晚三叠世弄佰组、姜钟组、角木日茶卡组、扎那组和早—中侏罗世木嘎岗日岩群、晚侏罗世沙木罗组、吐卡日组。接触变质岩主要受岩浆侵入作用的影响，在侵入体边界或周围形成带状或环状热变质带；气-液变质岩主要分布在超基性岩体边部、中基性岩体内部及各个时期构造带上；动力（碎裂）变质岩呈带状或线状分布见图 4－1。

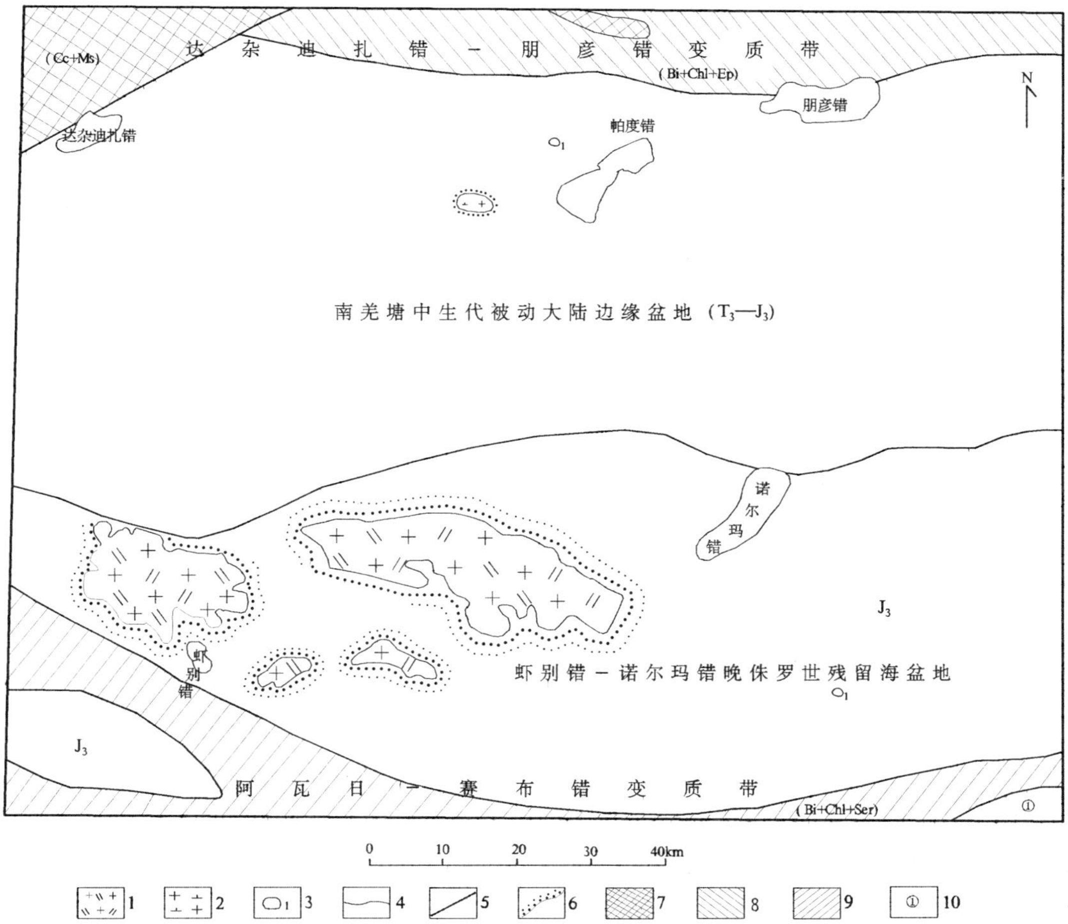


图 4－1　测区变质岩地质略图

1. 二长花岗岩；2. 花岗闪长岩；3. 矽卡岩；4. 地质界线；
5. 断层；6. 角岩化；7. 印支早期变质期；8. 燕山早期变质期；
9. 燕山中期变质期；10. 伦坡拉新生代盆地（$E_{1-3}$）

# 第一节 区域变质岩及变质作用

测区内区域变质岩分布在测区的南北两侧，北侧为达杂迪扎错-朋彦错变质带，南侧为虾别错-诺尔玛错变质带。

## 一、达杂迪扎错-朋彦错变质带

该带出露于测区北缘堆弄当玛、得卫加足、玛日果当玛一带，呈东西向带状展布，长约 140km，宽约 4～20km。两端及北侧延伸出图外。出露的变质岩为晚石炭世—早二叠世擦蒙组、中二叠世鲁谷组、早三叠世孜狮桑组、晚三叠世弄佰组、姜钟组、角木日茶卡组、扎那组；变质级别为低绿片岩相，与上覆新近纪地层呈角度不整合或断层接触，并不同程度经受了动力变质作用的改造。

**1. 变质岩石类型及特征**

该变质带出露的变质岩为结晶灰岩、变质碎屑岩、变质玄武岩（表 4 - 1）。原岩成分及组构基本保留。

**2. 变质作用**

可划分两期，即印支早期变质作用和燕山早期变质作用。

（1）印支早期区域变质作用

本期变质作用仅局限于达杂迪扎错-朋彦错变质带的西段即测区西北角的中央隆起带，使区内的晚石炭世—早二叠世擦蒙组、中二叠世鲁谷组、早三叠世孜狮桑组发生了变质。变质作用类型为区域低温动力变质作用。使晚石炭世—早二叠世擦蒙组的碎屑岩胶结物发生重结晶，出现蚀变矿物高岭土、水云母；中二叠世鲁谷组灰岩重结晶及大理岩化，早三叠世孜狮桑组灰岩重结晶、玄武岩发生变质而形成石英、高岭土、水云母等矿物。上述变质矿物共生组合属于贺高品划分的低绿片岩相，相当于温克勒的低变质级。

早三叠世末，测区以北龙木错-双湖古特提斯洋关闭，碰撞造山作用使地壳抬升形成中央隆起带，并在龙木错-双湖一线形成高压变质带和构造混杂岩带，本期变质作用即是在这一构造背景下发生的。

（2）燕山早期区域变质作用

本期变质作用使达杂迪扎错-朋彦错变质带内的晚三叠世地层发生变质，使晚石炭世—早二叠世、中二叠世、早三叠世地层发生再变质。变质作用类型为区域低温动力变质作用。蚀变及变质矿物为绿泥石、绿帘石、方解石、石英等。上述变质矿物共生组合属于贺高品划分的低绿片岩相，相当于温克勒的低变质级。其形成的变质温压为 0.1～1.0GPa，350～500℃，结合该带变形构造组合属于浅构造层次。

该带内晚石炭世—早二叠世、中二叠世、早三叠世地层经历了两次区域变质作用，但由于两期变质作用的变质级别均较低，因此，无明显叠加痕迹。

早侏罗世，测区以北龙木错-双湖古特提斯洋彻底关闭，碰撞造山作用加剧，致使测区北部隆升成陆遭受剥蚀，缺失早侏罗世地层，并使晚三叠世地层发生变质，使晚石炭世—早三叠世地层发生再变质。

## 二、虾别错-诺尔玛错变质带

出露于测区南部虾别错-祝曲错-诺尔马错-赛布错一带，呈东西向展布，两端及南部延伸出图外；测区内出露长度约 140km，宽约 35～55km。该带属于日土-怒江变质地带的一部分，处于班公湖-怒江板块结合带内，除普遍发生区域变质作用外，动力（碎裂）变质也有发生。该带出露的变质岩为早-中侏罗世木嘎岗日岩群中的变质碎屑岩、枕状玄武岩、超镁铁质岩；晚侏罗世沙木罗组、吐卡日组；二叠系结晶灰岩（早期的构造岩块），与上覆的白垩系、古-新近系地层呈角度不整合和断层接触。

**表 4-1 达杂迪扎错-朋彦错变质岩带主要岩石类型及特征**

| 单元代号 | 岩石类型 | 结构 | 构造 | 变质矿物共生组合 | 变质特征 | 备注 |
|---|---|---|---|---|---|---|
| $T_3\hat{z}$ | 变质碎屑岩类（变质长石、石英、岩屑砂岩、变质粉砂岩） | 变余砂状结构<br>微粒变晶结构 | 层状构造 | 绿泥石<br>黑云母<br>纤闪石<br>方解石<br>石英<br>次闪石 | 泥质重结晶→绿泥石<br>纤闪石、次闪石<br>钙质重结晶→方解石<br>石英呈镶嵌状，具再生边，可见压力影 | 原岩结构基本保留 |
| $T_3j$ | 结晶灰岩（结晶生物碎屑灰岩、结晶鲕粒灰岩、含白云质） | 不等粒变晶结构<br>微晶结构<br>变余生物碎屑结构<br>变余鲕粒结构<br>变余砂屑结构 | 斑杂状构造<br>层状构造 | 方解石<br>白云石 | 方解石（白云石）重结晶，呈镶嵌状 | 原岩结构基本保留 |
| $T_3j\hat{z}$ | 变质碎屑岩类（变质长石、石英、岩屑砂岩、变质粉砂岩） | 变余砂状结构<br>微粒变晶结构<br>显微粒状鳞片变晶结构<br>显微鳞片变晶结构 | 层状构造 | 方解石<br>石英<br>水云母 | 泥质重结晶→水云母<br>钙质重结晶→方解石<br>硅质重结晶→石英 | 原岩结构基本保留 |
| $T_3n$ | 变质玄武岩 | 变余斑状结构<br>潜晶—隐晶结构 | 杏仁斑杂状构造 | 绿泥石<br>绿帘石<br>石英<br>绢云母 | 气孔充填物：<br>绿泥石、石英、绿帘石<br>斜长石→绢云母<br>呈斜长石假像<br>辉石→绿泥石<br>斜长石→绿帘石 | 原岩结构基本保留 |
| $T_1z$ | 结晶灰岩（亮晶砂屑生物灰岩、细晶白云质灰岩） | 细晶嵌晶结构<br>细晶结构<br>生物碎屑结构<br>镶嵌结构<br>砂屑结构 | 斑杂状构造<br>层状构造 | 方解石<br>白云石 | 方解石重结晶<br>呈镶嵌状<br>砂屑（砾屑）<br>具再生边结构 | 原岩结构基本保留 |
|  | 强硅化角砾状玄武岩 | 潜晶—隐晶结构<br>交代残留结构 | 角砾斑杂状构造 | 石英<br>高岭土<br>水白云母 | 岩石被硅质交代玄武岩→动力破碎→角砾岩→硅质交代→强硅化角砾状玄武岩 | 原岩结构基本消失 |
| $P_2l$ | 结晶灰岩（大理岩化灰岩、含白云质） | 变余碎屑结构<br>粒状变晶结构<br>碎裂结构<br>角砾状结构 | 层状构造 | 方解石<br>白云石 | 方解石重结晶<br>砾屑具再生边结构<br>方解石粒状、镶嵌状<br>岩石局部碎裂<br>呈角砾状 | 原岩结构基本保留 |
| $C_2P_1c$ | 变质碎屑岩类（变质砂岩、变质粉砂岩） | 变余砂状结构<br>微粒变晶结构 | 层状构造<br>局部为千枚状构造 | 高岭土<br>水云母<br>方解石<br>石英 | 钙质重结晶→方解石硅质重结晶→石英 | 原岩结构基本保留 |

### 1. 变质岩石类型及特征

测区内出露的变质岩主要为变质的沉积碎屑岩—碳酸盐岩、变质的基性火山岩、变质的超镁铁质岩等（表 4-2）。

**表 4-2　虾别错-诺尔玛错变质岩带主要岩石类型及其特征**

| 单元代号 | 岩石类型 | 结构 | 构造 | 变质矿物共生组合 | 变质特征 | 备注 |
|---|---|---|---|---|---|---|
| $P_2ls$<br>（岩块） | 结晶灰岩<br>（大理岩化灰岩） | 不等粒变晶结构<br>变余细晶结构 | 层状构造 | | 方解石重结晶<br>岩石碎裂<br>后期方解石脉发育 | 原岩结构<br>基本保留 |
| $J_{1-2}M$ | 变质碎屑岩类<br>（变质石英砂岩、变质长石石英砂岩、变质岩屑砂岩、变质粉砂岩） | 变余砂状结构 | 变余层状构造 | 方解石<br>黑云母<br>绿泥石<br>绢云母<br>石英<br>纤闪石 | 方解石重结晶，<br>镶嵌状<br>石英重结晶，<br>具再生边<br>泥质→绿泥石、<br>黑云母、绢云母、<br>纤闪石矿物定向<br>有压力影构造 | 原岩结构<br>基本保留 |
| | 结晶灰岩<br>（大理岩化灰岩） | 不等粒变晶结构 | 变余砂屑构造 | | 方解石重结晶 | 原岩结构<br>基本保留 |
| Σ | 变质（辉石）<br>橄榄岩 | 鳞片变晶结构<br>变余细粒结构<br>纤状一叶片状<br>变晶结构 | 块状构造 | 蛇纹石<br>金红石<br>纤闪石<br>绿泥石 | 橄榄石→蛇纹石<br>辉石→纤闪石<br>角闪石→绿泥石、<br>纤闪石 | 原岩为<br>辉石橄榄岩<br>原岩结构<br>基本保留 |
| $\beta_b$ | 变质玄武岩 | 变余斑状结构<br>变余间粒结构 | 杏仁状、枕状构造 | 黝帘石<br>绿泥石<br>方解石 | 斑晶：<br>辉石→绿泥石化<br>斜长石→黝帘石化、<br>绿泥石化<br>斑晶被碳酸盐取代，<br>无残留<br>气孔中充填玉髓、<br>碳酸盐<br>基质：<br>斜长石呈黝帘石化<br>辉石呈绿泥石化<br>暗色暗物→碳酸盐取代，<br>无残留 | 原岩为<br>辉石玄武岩、<br>辉石橄榄<br>玄武岩、<br>枕状玄武岩<br>原岩结构<br>基本保留 |

**2. 变质作用**

燕山中期发生的区域变质作用在本区使虾别错-诺尔玛错变质带内的早-中侏罗世木嘎岗日岩群和基性火山岩、超镁铁质岩发生了变质。变质作用类型为区域低温动力变质作用。蚀变及变质矿物为绿泥石、黑云母、绢云母、纤闪石、方解石、石英、蛇纹石等。该变质矿物组合属于贺高品划分的低绿片岩相，相当于温克勒的低变质级。

晚侏罗世早期，班公湖-怒江洋即开始闭合，使早-中侏罗世木嘎岗日岩群及蛇绿岩变质变形，在相邻地区见到晚侏罗世沙木罗组呈角度不整合覆盖于早-中侏罗世木嘎岗日岩群及蛇绿混杂岩之上，说明这一时期部分地区以抬升出水面遭受剥蚀。

## 第二节　与岩浆有关的变质岩及变质作用

本区内出露的与岩浆有关的变质岩为接触变质岩和气-液变质岩。

### 一、与中酸性花岗岩有关的热接触变质岩

接触变质作用主要见于燕山期走日岩体边部和虾别错-木嘎岗日岩体边缘两处，变质程度较浅，在岩体周围发生接触变质，一般形成角岩、角岩化岩石、变质碎屑岩。按岩体将接触变质岩分述如下：

**1. 走日岩体热接触变质岩**

燕山中期细粒黑云母花岗闪长岩侵位于早侏罗世曲色组中，使周边地层发生了热接触变质作用，形成了角岩及角岩化岩石。变质岩石类型及特征具以下特征：

（1）角岩化钙质粉砂岩

岩石呈变余粉砂质结构、角岩结构，斑点状构造。雏晶透辉石集合体呈斑点状，粒径 0.1mm，含量约 55%；方解石、石英，粒径 0.01～0.02mm，含量约 45%。

（2）变质粉砂岩

岩石呈变余砂状结构，条带状构造。石英：粒状，粒径 0.02～0.05mm，含量约 90%。黑云母：片状，粒径 0.01～0.05mm，含量约 10%。

（3）变质泥岩

岩石呈变余泥质结构—鳞片变晶结构，条带状构造，由黑云母组成，鳞片状黑云母定向排列。

（4）十字石蓝晶石黑云母角岩

岩石呈变斑结构、显微粒状鳞片变晶结构，层状构造，由斑晶和基质两部分组成。斑晶约 25%，以放射状、平行柱状的蓝晶石集合体为主，偶见十字石。基质约 75%，以显微鳞片状黑云母为主，次为微粒石英，少量尖点状磁铁矿。黑云母、石英均呈定向分布。

（5）黑云母角岩

岩石呈变余细砂状结构、显微鳞片变晶结构，变余层状构造。由黑云母、石英及白云母、长石组成。黑云母为鳞片状变晶，含量约 50%；石英为粒状变晶，粒度 0.1～0.2mm，少量的保持棱角—尖棱角状，含量约 40%；长石和白云母含量约 10%。

上述岩体接触带矿物主要分布于曲色组中，沿岩体边部分布，指示矿物为黑云母、透辉石、蓝晶石、十字石，变质温压 0.3～0.8GPa，575～640℃，属低角闪石相。

**2. 虾别错-木嘎岗日岩体热接触变质岩**

燕山晚期中细粒似斑状黑云母二长花岗岩侵位于晚侏罗世沙木罗组，使围岩发生角岩化；与晚侏罗世吐卡日组和上覆新近纪康托组主要呈断层和角度不整合接触。变质岩石类型主要为粉砂质角岩（角岩

化粉砂岩)，具以下特征：

岩石呈变余粉砂质结构、变斑状结构，块状构造、条带状构造。矿物成分由堇青石、长石和石英、黑云母组成。堇青石为粒状，可见三连晶，含量约15%，长石和石英含量约65%～70%，黑云母含量约15%～20%。

上述岩体接触带矿物见于沙木罗组中，沿岩体外围分布，指示矿物为堇青石、黑云母。反映接触变质温压条件为：0.3～0.8GPa，575～640℃。应为低角闪岩相。

## 二、与中酸性花岗岩有关的接触交代变质岩

接触交代变质作用主要见于燕山期达攻闪长玢岩脉和康琼黑云母花岗闪长岩脉两处，被侵位的地层为早侏罗世曲色组和晚侏罗世沙木罗组，两处岩脉与碳酸盐类围岩发生接触交代变质作用而形成了矽卡岩，矽卡岩中见金铜矿化，接触交代变质岩分布在接触带上（表4-3)。

根据岩体的同位素年龄及地质体之间的接触关系，确定与岩浆有关的变质岩及变质作用主要形成于早白垩世。

**表4-3　矽卡岩岩石类型及特征**

| 岩脉名称 | 岩石类型 | 结构 | 构造 | 特征 | 备注 |
|---|---|---|---|---|---|
| 达攻闪长玢岩脉 | 绿帘石、石榴石矽卡岩 | 粒状变晶结构 | 块状构造 | 绿帘石：含量约占40%<br>石榴石：含量约占50%<br>方解石：含量约占10%<br>具黄铁矿化、黄铜矿化、孔雀石化 | 见铜矿化 |
| | 石榴石矽卡岩 | 粒状变晶结构 | 块状构造 | 石榴石：约占95%<br>绿帘石少量 | |
| 康琼黑云母花岗闪长岩脉 | 含磁铁矿透辉硅镁矽卡岩 | 微粒变晶结构 | 块状构造 | 由微粒柱状透辉石、<br>粒状硅镁石等组成，<br>并见有磁铁矿 | 见金铜矿化 |
| | 金云硅镁矽卡岩 | 显微鳞片柱状变晶结构 | 块状构造 | 主要由金云母、硅灰石、透辉石组成<br>金云母约占40%<br>硅灰石、透辉石约占60% | |

## 三、与超镁铁质岩浆活动有关的气-液变质岩

气-液变质作用形成的变质岩为蛇纹岩、石英菱镁岩、菱镁岩（表4-4)。前者在超镁铁质岩中普遍存在，后两者多分布在超镁铁质岩岩体的边部。

表 4-4　气-液变质岩石类型及特征

| 岩石类型 | 结构 | 构造 | 变质矿物 | 特征 | 备注 |
|---|---|---|---|---|---|
| 蛇纹岩 | 鳞片变晶结构 | 块状、网格状构造 | 蛇纹石 | 辉石：<br>呈不规则粒状，粒度 0.2～1.5mm<br>蛇纹石：<br>片状，平行消光，粒度 0.2～0.3mm<br>辉石→绢石：<br>保留辉石外形，含量 10%～15%<br>蛇纹石：<br>网格状，含量 85%～90% | 原岩结构部分保留 |
| 菱镁岩 | 不等粒变晶结构<br>交代残余结构 | 块状构造 | 菱镁石 | 粒度 0.05～0.4mm；<br>局部残留蛇纹石网格阴影 | 原岩结构完全消失 |
| 石英菱镁岩 | 变晶结构 | 块状构造 | 菱镁石石英 | 石英：<br>他形粒状，粒度 0.5～1mm，含量 20%～30%<br>菱镁矿：<br>柱面体，粒度 1～2.5mm，含量 70% | 原岩结构完全消失 |

# 第三节　动力变质岩

该套岩石主要分布在各个时期的构造带上，以矿物的变形、破碎和重结晶为主，主要受断裂带控制，呈狭窄带状展布，发育的动力变质岩有构造角砾岩、碎裂岩、糜棱岩等。其中糜棱岩主要分布于班公湖-怒江结合带和中央隆起带中。动力变质岩石类型及特征具以下特征：

（1）构造角砾岩（角砾岩化岩石）

岩石呈角砾斑杂状构造，呈压碎角砾结构、角砾状结构、碎粒结构、粒状（微粒）变晶结构、变余纤状-叶片状结构。角砾大小不一，呈棱角状—次圆状不等。角砾内部见裂纹，角砾定向不明显。角砾成分和原岩基本一致，普遍具硅化和碳酸盐化，重结晶作用明显，原岩的结构、构造基本保留，可恢复原岩。

张性构造角砾大小不等，呈棱角状，排列杂乱无章，压性（压扭性）构造角砾多呈次圆状。个别角砾成分为糜棱岩（张性角砾、棱角状）经历了韧性变形—脆性变形的演化过程。

（2）碎裂岩（碎裂岩化岩石）

测区内常见的碎裂岩为碎裂碎屑岩、碎裂灰岩、碳酸盐化碎裂泥屑灰岩、硅化碎裂中细晶白云质灰岩、钾硅质交代碎裂二长花岗岩、碎裂蚀变辉长岩。碎裂岩呈角砾状构造，斑杂状构造，粉砂质结构、压碎结构、变余中粗粒砂状结构、碎裂结构、中粗粒变晶结构、交代残留变余中粗粒结构。岩石受应力作用，岩石矿物发生碎裂，但碎块无大的位移，具可拼性、近对性。沿裂隙充填石英脉和方解石脉。发育有绢云母化、硅化和碳酸盐化。石英晶体内有裂纹，斜长石双晶弯曲，钾长石交代斜长石形成净边。沿碎裂部位铁淋滤较为发育。次生矿物为次闪石、黝帘石、石英、方解石等。

（3）糜棱岩化岩石（糜棱岩、初糜棱岩、超糜棱岩）

测区内见有糜棱岩化碎屑岩、灰岩质初糜棱岩、灰岩质糜棱岩、钙质超糜棱岩、糜棱岩化灰岩等（表 4-5）。

**表 4-5　糜棱岩（糜棱岩化）岩石类型及特征**

| 岩石类型 | 结构 | 构造 | 特征 | 备注 |
|---|---|---|---|---|
| 糜棱岩化中粗粒泥质岩屑砂岩 | 变余中粗粒砂状结构<br>显微鳞片粒状变晶结构 | 定向构造 | 砂屑定向，泥质岩屑定向拉长，泥质胶结物被集中、拉长，呈拔丝状 | 原岩结构有所保留 |
| 灰岩质初糜棱岩 | 糜棱结构<br>原岩砂屑结构 | 条带状、眼球状构造 | 碎斑：<br>亮晶灰岩，呈透镜状、眼球状，含量85%<br>碎基：<br>由塑性方解石集合体、硅质条带组成，绕碎斑分布，含量15% | |
| 灰岩质糜棱岩 | 糜棱结构 | 眼球状构造 | 碎斑：<br>眼球体定向明显，在定向长轴两端见拖尾和压力影，含量45%<br>碎基：<br>由0.005mm的方解石构成的条带集合体，含量55% | |
| 钙质超糜棱岩 | 糜棱结构 | 眼球状、透镜状构造 | 碎斑：<br>眼球状、透镜状，长轴定向（方解石）并拖尾，大小为0.1～0.5mm，含量5%<br>碎基：<br>为0.02mm的方解石，长轴方向一致，呈镶嵌状，含量95% | |
| 糜棱岩化粉屑泥质灰岩 | 粉屑-泥屑结构 | 层状（略呈定向）构造 | 碎屑略呈定向，个别粉屑有旋转特征，受剪切应力改造 | 原岩结构构造基本保留 |

# 第五章　地质构造与构造发展史

## 第一节　区域地质构造特征

青藏高原是环球纬向特提斯造山系的东部主体，具有复杂而独特的巨厚地壳和岩石圈结构，是一个由泛华夏陆块西南缘和南部冈瓦纳大陆北缘不断弧后扩张、裂解、又经小洋盆萎缩消减，弧-弧、弧-陆碰撞的复杂构造域，经历了漫长的构造变动历史，呈现南北分带，明显的条块镶嵌格局，地表显现由缝合带分隔的多个微陆块相互拼合的结构特征。测区位于班公湖-怒江缝合带与喀喇昆仑-南羌塘-左贡陆块的交接部位（图 5－1），是特提斯构造演化的一部分，集中地反映了中特提斯洋开合演化的历史特征。

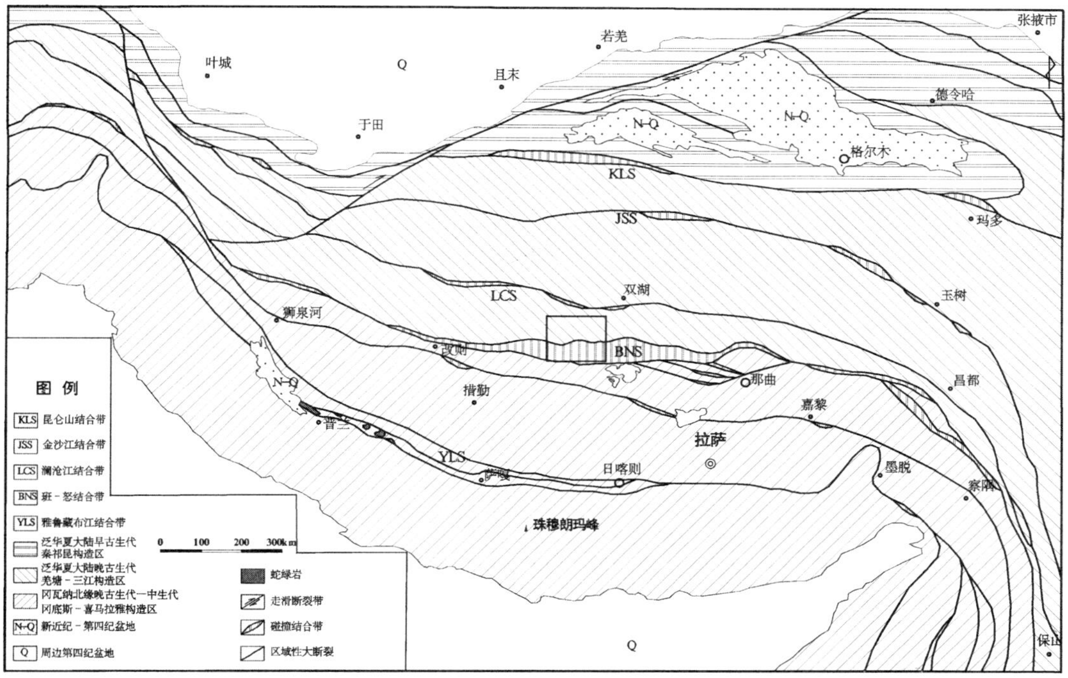


图 5－1　测区大地构造位置图

### 一、大地构造单元的划分

#### 1. 大地构造单元的划分原则

依据板块构造的理论，岩石圈构造演化分为大陆岩石圈和大洋岩石圈两种构造演化体制，两种构造体制演化通过大洋岩石圈俯冲消减，和大陆岩石圈拉伸裂离两种机制实现的两者互相转化中形成的构造单元体一并划出，测区内以板块结合带和夹持其间的陆块作为次级构造单元的基本骨架。进一步以建造和改造两条主线进行详细划分。大洋体制的板块结合带进一步划分为记录洋壳俯冲消减乃至碰撞造山作用的构造混杂岩带和代表大洋闭合末期的残留海盆地。大陆构造体制的陆块进一步划分为被动大陆边缘和断隆带。

**2. 测区构造单元划分**

测区构造单元可划分为 2 个二级构造单元和 5 个三级构造单元（表 5－1）（图 5－2）。其中班公湖-怒江结合带为大洋岩石圈构造体制，其余为大陆岩石圈构造体制。

**表 5－1　构造单元划分表**

| 二级构造单元 | | 三级构造单元 | |
|---|---|---|---|
| 代号 | 名称 | 代号 | 名称 |
| $Ⅰ_1$ | 喀喇昆仑-南羌塘-左贡陆块 | $Ⅰ_{1-1}$ | 中央隆起 |
| | | $Ⅰ_{1-2}$ | 朋彦错-雅根查错断隆 |
| | | $Ⅰ_{1-3}$ | 南羌塘中生代被动大陆边缘 |
| $Ⅱ_1$ | 班公湖-怒江结合带 | $Ⅱ_{1-1}$ | 虾别错-诺尔玛错晚侏罗世残留海盆地 |
| | | $Ⅱ_{1-2}$ | 阿瓦日-赛布错构造混杂岩带 |

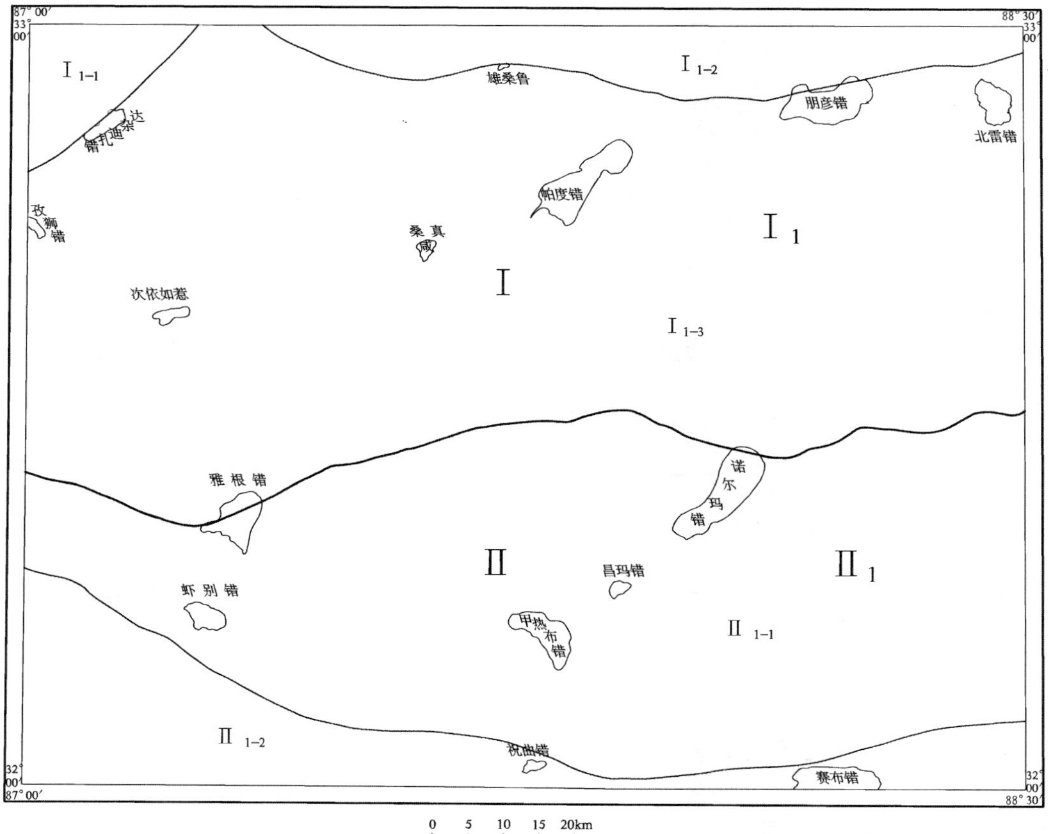


图 5－2　测区构造单元划分图

$Ⅰ_1$. 喀喇昆仑-南羌塘-左贡陆块；$Ⅰ_{1-1}$. 中央隆起；$Ⅰ_{1-2}$. 朋彦错-雅根查错断隆；$Ⅰ_{1-3}$. 南羌塘中生代被动大陆边缘；$Ⅱ_1$. 班公湖-怒江结合带；$Ⅱ_{1-1}$. 虾别错-诺尔玛错晚侏罗世残留海盆地；$Ⅱ_{1-2}$. 阿瓦日-赛布错构造混杂岩带

测区的东南角有古近纪古-始新世牛堡组分布，面积较小，为东部昂达尔错幅伦坡拉古近纪断陷盆地（$Ⅱ_{1-3}$）的西延部分，由于在本区出露面积较小，故未作为单独的构造分区进行介绍。

**3. 构造单元边界断裂**

测区内二级构造单元边界断裂有1条，三级构造单元边界有3条，它们将各级构造单元分划，界线清楚现依构造单元级别大小依次叙述。

（1）佣钦错-诺尔玛错东西向走滑斜冲断裂（$F_1$）

该断裂是班公湖-怒江结合带的北界断裂亦是与南羌塘中生代被动大陆边缘的分界断裂（超壳断裂）。区域上属于佣钦错-安多-索县断裂西段的一部分。

测区内呈近东西向展布，延长140km，横贯测区东西，走向上构造带呈疏缓波状，断裂带宽几十至几百米不等，断层面向北、北北西、北北东倾斜，倾角一般为40°～50°，最陡处达76°。断层带内岩石破碎、角砾岩化、劈理化、糜棱岩化构造岩显示韧脆性复合性质，断层上盘为晚三叠世日干配错群，地层受构造作用形成次级牵引褶皱，下盘岩层为晚侏罗世沙木罗组被拖曳形成复杂牵引褶皱，样式多为轴面北倾的同斜紧密褶皱，从断裂带内的构造特征及上下盘次级构造组合特点（图5-3），确定该断层为一走滑斜冲韧脆性复合断裂。

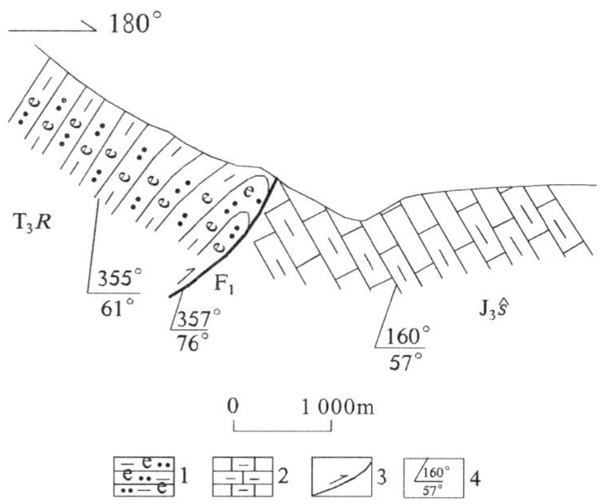

图5-3　$F_1$断裂构造剖面图
（诺尔玛错东俄绒垩玛）
1. 生物碎屑泥质粉砂岩；2. 泥质灰岩；
3. 断层及运动方向；4. 产状；
$T_3R$. 日干配错群；$J_3\hat{s}$. 沙木罗组

（2）雄桑错-北雷错东西向逆冲断裂（$F_2$）

该断裂为南羌塘中生代被动大陆边缘的北界断裂，以北为朋彦错-雅根查错断隆。隶属于依布查卡-鄂雅错断裂的一部分。

断裂带呈近东西向展布，总体呈疏缓波状，主断裂带北倾15°～36°，倾角60°～71°，宽5～10m，带内由挤压变形糜棱岩的岩石透镜体及填于其间的碾细物组成。成分主要为晚三叠世角木日茶卡组残块，主断面见有泥化碳化线分割着构造透镜体。

断层上盘为晚三叠世地层，主要为角木日茶卡组、扎那组，岩层节理发育，碳酸盐充填，劈理产状与主断面相近，下盘为中侏罗世色哇组、莎巧木组砂岩、粉砂岩、泥岩及布曲组灰岩，变形挤压发育片理化、糜棱岩化，岩层见有小拖曳褶皱。

依据构造形迹特征（图5-4），该断裂早期为一逆冲断层，表现为上盘（北盘）向南（下盘）逆冲。晚期叠加张性构造并有化学流体（碳酸盐脉、钙华、硅华）充填。

晚期北东向断裂对断裂有所错动，断层仅在查嘎日-才地包一段出露较清楚，其余隐伏于第四系松散沉积物之下。

（3）达杂迪扎错北东向走滑逆冲断裂（$F_3$）

位于测区西北隅，为中央隆起带与南羌塘中生代被动大陆边缘的分界断裂，断裂西北为中央隆起带，南西为南羌塘中生代被动大陆边缘。

断裂呈隐伏状，达杂迪扎错及其附近的小型现代盐湖的长轴展布方向与该断裂方向一致，沿断裂带分布有钙华堆积物，在卫星照片上呈明显的线性构造影像特征。

依据断裂两侧的岩层新老关系及断层控制的第四纪钙华的良好的线性及清晰的边界推测，断裂性质为逆冲兼走滑性质。

（4）查巫夺石颠一赛布错逆冲断裂（$F_{3-1}$）

为班公湖-怒江结合带中的三级构造单元分界断裂，该断裂以北为虾别错-诺尔玛错残留海盆地，以

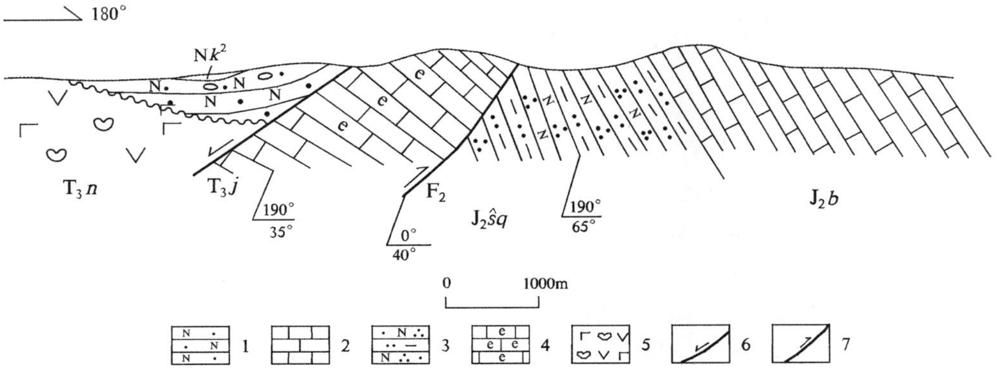


图 5-4　$F_2$逆冲推覆构造剖面图（查布）

1. 长石砂岩；2. 灰岩；3. 长石石英砂岩；4. 生物碎屑灰岩；
5. 杏仁状玄武岩；6. 正断层；7. 逆冲推覆断层；$T_3n$. 弄佰组；
$T_3j$. 角木日茶卡组；$J_2\hat{s}q$. 莎巧木组；$J_2b$. 布曲组；$Nk^2$. 康托组上段

南为阿瓦日-赛布错构造混杂岩带。

西起佣钦错南的查巫夺石颠，向南东至祝曲错，再向东经甲日阿布错、赛布错东延至图幅外，总体呈近东西向弧状展布，全长157km。断层产状：倾向10°±，倾角变化大，46°～80°，主断裂宽几十至百余米，由角砾岩化及强劈理化透镜体及碾细物组成，上盘为晚侏罗世沙木罗组（$J_3\hat{s}$）角岩化泥质粉砂岩，下盘为早-中侏罗世木嘎岗日岩群（$J_{1-2}M$），断层上下盘岩层强劈理化，破劈理发育。依据构造形迹及断层上下盘岩层新老关系，确定该断层性质为逆冲断层。

## 二、各构造单元地质构造特征

### （一）喀喇昆仑-南羌塘-左贡陆块

该二级构造单元南北分别以班公湖-怒江结合带和龙木错-双湖-查吾拉断裂为界（图幅北侧）。测区进一步划分3个三级构造单元：$I_{1-1}$中央隆起；$I_{1-2}$朋彦错-雅根查错断隆；$I_{1-3}$南羌塘中生代被动大陆边缘。基底由古生代-早三叠世浅变质岩系构成，出露有中石炭世-早二叠世擦蒙组、中二叠世鲁谷组、早三叠世孜狮桑组，在班公湖-怒江结合带中见有茅口期的灰岩岩块。与上覆中生代盖层呈角度不整合接触，中生代盖层主要为晚三叠世—晚侏罗世的海相沉积，其次为晚白垩世的陆相火山-碎屑岩沉积；新生代盖层主要为新近纪—第四纪的陆内断陷沉积。

#### 1. 中央隆起带构造特征

（1）建造特征

晚石炭世一早二叠世在欧亚大陆南部被动边缘上，受拉张作用在龙木错-双湖一线形成了裂谷盆地，并逐渐形成具一定规模的洋盆，沉积了海底基性火山熔岩及台地碳酸盐岩建造，为本区古特提斯演化留下了印记。区内出露面积较小，仅分布于测区的西北角，出露面积300km²，主要由中二叠世鲁谷组（$P_2l$）和早三叠世孜狮桑组（$T_1z$）构成，前者岩性主要为黑色内碎屑灰岩、泥晶灰岩、结晶灰岩、枕状玄武岩等，后者岩性为角砾状灰岩、硅质灰岩、结晶灰岩等。晚三叠世洋盆发生闭合——形成中央隆起。

（2）构造变形形迹特征

测区该构造单元出露面积小，构造样式显得简单，褶皱构造不发育，地层仅显示单斜构造特征，岩石碎裂、角砾岩化较发育。断裂构造发育两组：东西向断裂显示压性逆冲推覆性质、断层破碎带发育；北东向断裂形成较晚切割东西向断裂显示走滑性质，沿着断层两侧岩石劈理化强烈。

## 2. 朋彦错-雅根查错断隆

（1）建造特征

晚三叠世地层构成了该构造单元的主体，主要包括4个岩石地层单元，由老到新依次为弄佰组、姜钟组、角木日茶卡组、扎那组。其中，弄佰组为一套基性—中性的钙碱性火山熔岩，主要岩性为气孔状玄武岩、杏仁状玄武安山岩、安山质角砾熔岩等，为古特提斯洋（龙木错-双湖洋盆）闭合碰撞中形成的具火山弧特征的同碰撞型火山岩。姜钟组为一套滨岸—三角洲相的碎屑岩沉积，主要岩性有紫色—灰绿色的含砾砂岩、长石砂岩、细砾岩等。弄佰组、姜钟组为同时异相的火山（沉积）产物。其上均整合覆盖了角木日茶卡组，该组为一套浅海碳酸盐岩沉积，主要岩性有生物碎屑灰岩、微晶灰岩、砂屑灰岩、泥晶灰岩等。角木日茶卡组之上的扎那组为一套近岸三角洲相—沼泽相的碎屑岩沉积，主要岩性为泥质粉砂岩、长石石英砂岩、含砾砂岩等，其中见较多的植物碎片。从上述地层单元的建造特征看，本区晚三叠世地层为一套陆源弧火山沉积建造。

在晚三叠世地层之下，不整合覆盖了晚石炭世-早二叠世的擦蒙组，为一套冰水杂砾岩沉积，具有明显的冈瓦纳相沉积特征。

（2）构造变形形迹特征

晚三叠世地层构成了该构造单元的主体，其中的变形特征即代表了该构造分区的构造样式，变形构造组合为断裂构造-褶皱构造。

1）断裂构造

①赖马日艾北西西向正断层（$F_{1-1}$）

断层呈北西西-南东东走向，北西延伸出图幅，向南东延伸后被第四纪断陷盆地断限。幅内长13.75km，断层产状180°～195°∠35°。上盘为新近纪康托组、下盘为晚三叠世弄佰组，断裂带宽几米至几十米，最宽35m，带内由构造角砾及胶结物组成，角砾成分为玄武岩、长石砂岩，角砾被脉石英、碳酸盐脉胶结，见有黄铜矿化。上下盘岩石较碎裂，裂隙发育并被硅质、碳酸盐脉充填“愈合”，依据上下盘新老关系及构造形迹特点，判定性质为正断层，南西盘（上盘）下降。

②得卫加足-磅赖东西向正断层（$F_{1-2}$）

位于朋彦错-雅根查错断隆边缘的北侧，近东西向展布，产状350°～355°∠35°～70°，断裂带长80km，宽5～40m，于得卫加足西与边界断裂雄桑错-北雷错断裂斜接，向东经磅赖-朋彦错第四纪盆地边部。西段沿着新近纪康托组与晚三叠世角木日茶卡组边界展布，东段进入新近纪康托组中，带内由灰岩、粉砂岩、长石砂岩破碎角砾及脉石英、碳酸盐脉胶结物组成。上下盘岩石产状不稳定，节理裂隙发育，断层在地貌上显示低负洼地，沿断层见有白色断层泥分布，性质为正断层，表现为北盘（上盘）下降，该断层于蒋庄日一带被北东向走滑断层切割。

2）褶皱构造

①克多残破向斜（$B_{1-1}$）

位于图幅北侧边部的克多一带，轴向110°～290°，核部由晚三叠世角木日茶卡组组成，两翼为晚三叠世弄佰组，褶皱北延出幅，南延及北翼被新近纪康托组覆盖。南翼产状45°∠35°，北翼产状210°～220°∠40°，晚期被北东向断层斜切褶皱，褶皱呈残破状。

②琼汝尼哇日、赖钦背斜（$B_{1-2}$）

位于朋彦错西北琼汝尼哇日、赖钦一带，近东西向展布，核部由晚三叠世姜钟组构成，两翼岩层为晚三叠世角木日茶卡组构成，南翼产状175°∠31°～32°，北翼被晚期近东西向断层肢解。产状混乱，褶皱西延被东西向张性断层切断，并被新近纪康托组覆盖，东延被第四纪断陷所断截。

## 3. 南羌塘中生代被动大陆边缘构造特征

（1）建造特征

南羌塘中生代被动大陆边缘介于朋彦错-雅根错断隆与班公湖-怒江结合带之间。位于测区中北部，为测区的主要构造单元，发育有中生代三叠纪、侏罗纪、白垩纪以及新生代地层。可划分为如下沉积建造：

1）中生代被动大陆边缘沉积建造

晚三叠世随着龙木错-双湖古特提斯洋的关闭，班公湖-怒江洋逐渐拉开。与之相毗邻的南羌塘地区陆壳开始沉降发生海侵，沉积了一套具有被动大陆边缘性质的碎屑岩—碳酸盐组合，充填的地层主要为晚三叠世日干配错群（$T_3R$）、晚三叠世-早侏罗世索布查组（$T_3J_1s$）、早侏罗世曲色组（$J_1q$）、中侏罗世色哇组（$J_2s$）、莎巧木组（$J_2\hat{s}q$）、布曲组（$J_2b$）、夏里组（$J_2x$）及晚侏罗世索瓦组（$J_3s$）。

2）远程陆内响应花岗岩建造

在帕度错的西侧，早白垩世黑云母花岗闪长岩呈岩株状侵入中侏罗世色哇组中，该岩体与侵入班公湖-怒江结合带北缘残留海盆地中的同期同类岩石相对比，在岩石学、岩石化学、地球化学方面特征极为相似，均显示消减带型花岗岩的岩石地球化学特征。因此，该花岗闪长岩体的侵入，可能是班公湖-怒江洋俯冲消减的远程陆内响应。

3）造山后山间裂陷盆地建造

班公湖-怒江洋盆的闭合后，碰撞造山作用使羌塘地区隆起成陆。古近纪渐新世时应力松弛，在伸展机制下发生陆内裂陷，沿东西向断裂喷发出偏碱性的基性火山熔岩——纳丁错组，继而在羌塘地区发生广泛的陆内断陷，沉积了新近纪康托组紫色的陆相碎屑岩沉积。

（2）构造变形形迹特征

南羌塘被动大陆边缘构造变形形迹主要代表了班公湖-怒江洋闭合后，其板块汇聚收缩以来的构造变形形迹，集中表现为南北向挤压作用构造特征，主要为东西、近东西向的褶皱群落，东西、北东向、北西向、南北向的断裂网络，它们共同铸成其主体的构造格架。

褶皱构造在南羌塘被动大陆边缘极为发育，是班公湖-怒江洋俯冲碰撞造山作用的结果，其形成时代为侏罗纪末期至白垩纪早期。由于局部受力状态、变形环境、岩层的变形行为有所差异，以及后期构造改造等诸因素的影响，导致现存的褶皱构造样式不尽完全一致。但其总体特征及所反映的主体力学机制是相一致的，即南北向的水平挤压作用，形成近东西向展布近于平行的纵弯褶皱群，组成同一褶皱的岩层厚度变化小，具等厚性，褶皱轴面以近直立为主，平面上呈线性褶皱特征（图 5 - 5）。

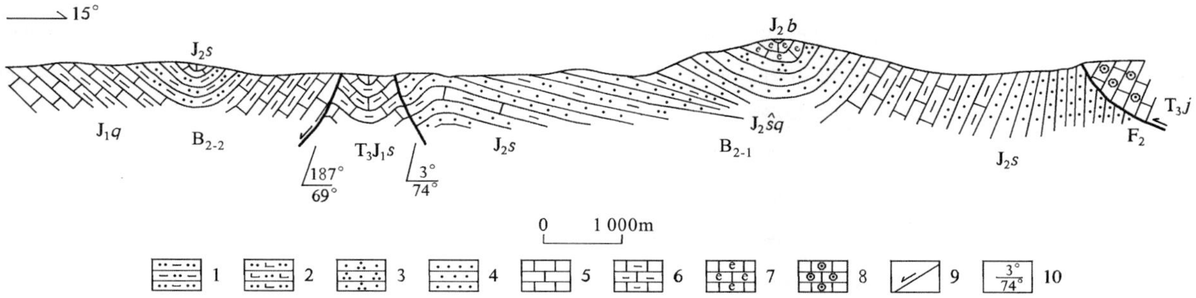


图 5 - 5　果被日艾-齐中莫包玛构造地质剖面图

1. 泥质粉砂岩；2. 钙质粉砂岩；3. 石英砂岩；4. 砂岩；5. 灰岩；6. 泥质灰岩；
7. 生物碎屑灰岩；8. 鲕粒灰岩；9. 正断层；10. 产状；$B_{2-1}$. 褶皱及编号；
$T_3j$. 角木日茶卡组；$T_3J_1s$. 索布查组；$J_1q$. 曲色组；$J_2s$. 色哇组；$J_2\hat{s}q$. 莎巧木组；$J_2b$. 布曲组

1）褶皱构造

①塔拉克日向斜（$B_{2-1}$）

位于帕度错北的塔拉克日一带，近东西向展布，长 20km，核部由中侏罗世布曲组构成，两翼岩层为中侏罗世莎巧木组。两翼产状：北翼 129°～170°∠60°～68°；南翼 10°～25°∠23°～31°。枢纽时有起伏，核部部分被新近纪康托组覆盖，轴面北倾，晚期北东断裂横向切割褶皱轴。

②果被日艾向斜（$B_{2-2}$）

位于帕度错东北的果被日艾，东西向展布，长 8km，核部为中侏罗世色哇组，两翼为晚三叠世-早侏罗世索布查组、早侏罗世曲色组，轴向东翘起。两翼产状：北翼 215°∠55°；南翼 5°∠23°。轴面北倾，北翼被东西向断层切错，地层出露不完整。

③查乌岗桑向斜（$B_{2-3}$）

位于帕度错北西查乌岗桑一带，东西延伸 18km，核部由早侏罗世曲色组构成，两翼为晚三叠世-早侏罗世索布查组。两翼产状分别为：南翼 175°∠40°；北翼 340°∠28°。褶皱西延被新近纪康托组覆盖，东延被第四纪断陷所断截。

④索东真背斜（$B_{2-4}$）

发育于帕度错西索东真一带，呈近东西向展布，延伸 40km，核部由晚三叠世-早侏罗世索布查组组成，两翼岩层为早侏罗世曲色组。南翼产状 170°∠45°；北翼产状 340°∠28°。褶皱东段北翼被新近纪康托组覆盖，西延被钙华掩盖。

⑤沙色朗弄巴向斜构造（$B_{2-5}$）

展布于帕度错西沙色朗弄巴一带，近东西向延伸，长 40km，核部为早侏罗世曲色组，两翼岩层为晚三叠世-早侏罗世索布查组。两翼产状：北翼 170°～175°∠45°；南翼 340°∠35°。轴面近直立，两翼较对称，在东段走日一带褶皱核部有具金铜矿化的早白垩世黑云母花岗闪长岩岩株侵入。西延被新近纪康托组覆盖，东延被第四纪松散堆积物覆盖。

⑥孔纳扎-走岗桑背斜（$B_{2-6}$）

呈东西向展布于帕度错西的孔纳扎-走岗桑一带，延长 35km，核部由晚三叠世-早侏罗世索布查组组成，两翼岩层为早侏罗世曲色组。两翼产状：北翼 5°∠45°；南翼 185°∠30°。褶皱西延被康托组掩盖，东延被北东向断裂所截切。

⑦乔余代包背斜（$B_{2-7}$）

位于朋彦错与北雷错间的乔余代包一带，呈北西-南东向展布，核部为中侏罗世莎巧木组，两翼为中侏罗世布曲组。南翼产状 190°～220°∠20°～25°；北翼产状 335°∠35°。褶皱北翼被北东-南西走向断层切割，两翼大部分被新近纪康托组掩盖呈残破背斜。

⑧跌布聂鲁残破背斜（$B_{2-8}$）

位于朋彦错南跌布聂鲁-日阴由洛姜一带，轴向 150°～330°方向，延伸 20km，核部中侏罗世莎巧木组构成，两翼岩层为中侏罗布曲组。南翼产状 210°∠50°；北翼产状 355°～10°∠28°～51°。北翼被纵向正断层切错，两延长方向均被第四纪断陷盆地断截。

⑨卓包日尕日包-加日登残破背斜（$B_{2-9}$）

位于朋彦错南卓包日尕日包-加日登一带，西段轴向为近东西向，两翼产状：南翼 180°∠15°；北翼 355°∠21°。东段轴向为北西-南东走向，330°～150°，两翼产状：北翼 35°∠46°；南翼 215°∠50°。核部由中侏罗世布曲组构成，两翼岩层为莎巧木组。中段在姜多一带被第四纪断陷断掉，并被松散堆积物所覆盖，褶皱呈残破状。

⑩卓包达个陇-折汝卡木果残破背斜（$B_{2-10}$）

位于朋彦错南卓包达个陇-折汝卡木果一带，轴向自西向东由近东西向转为北西-南东向（330°～160°），断续延长 32.5km，核部由中侏罗世莎巧木组构成，两翼为中侏罗世布曲组。东段两翼产状：南翼 185°∠55°；北翼 350°∠57°。西段两翼产状：南翼 205°∠21°；北翼 45°∠23°。褶皱两翼对称，轴面直立，中段于姜多一带被第四纪断陷所断截，并被松散堆积物所覆盖。

⑪卓包日尕日包-吉陇塔切尔破背斜（$B_{2-11}$）

位于朋彦错南卓包日尕日包-吉陇塔切尔一带，轴向近东西，延伸 33km，核部由中侏罗世布曲组构成，两翼为中侏罗世莎巧木组。东段两翼产状：北翼 360°∠35°；南翼 185°∠43°。西段两翼产状：北翼 360°∠45°；南翼 230°∠29°。两翼对称性较好，转折端圆滑，中段被第四纪断陷盆地断掉，并被松散堆积物所覆盖。

⑫东姜东向斜（$B_{2-12}$）

分布于朋彦错南东姜东一带，卷入褶皱的地层为新近纪康托组。轴向东西，南翼产状：355°～360°

∠21°～23°；北翼产状：175°～176°∠18°～21°。两翼对称，宽缓开阔，两翼地层以角度不整合覆盖于中晚侏罗世地层之上。

⑬孜狮错残破向斜（$B_{2-13}$）

位于孜狮错-布古绒一带，为一残破向斜，走向北西西-近东西向，延伸40余千米，核部由中侏罗世布曲组构成，两翼为中侏罗世莎巧木组。北翼产状：190°∠45°；南翼产状：0°～20°∠35°～45°。褶皱被北西西向正断层及北东向逆断层切错，东段的南翼、中段的核部、西段核部的大部分被第四纪断陷盆地断掉，并被松散堆积物所覆盖。

⑭次依查库残破背斜（$B_{2-14}$）

位于次依查库西，东西延伸长25km，核部为中侏罗世色哇组，两翼岩层为中侏罗世莎巧木组。北翼产状：36°∠45°；南翼产状：180°∠52°。褶皱东段的北翼、西段的核部及北翼均被第四纪断陷盆地断掉，并被松散堆积物所覆盖。

⑮麦多岗玛-依日布扎背斜（$B_{2-15}$）

位于次依如惹南的麦多岗玛、麦多张、依日布扎一带，呈近东西向展布，测区内断续长40km，核部为中侏罗世莎巧木组，两翼为中侏罗世布曲组。北翼产状：355°∠45°；南翼产状：155°∠45°。褶皱两翼较为对称，西延伸出测区。依日布扎一带褶皱被第四纪覆盖，北翼大部分缺失。

⑯叶立邦绒-依给日残破向斜（$B_{2-16}$）

位于次依如惹-雅根错间的叶立邦绒-依给日一带，呈近东西向展布，长25km，核部为晚侏罗世索瓦组，两翼为中侏罗世夏里组。南翼产状：180°∠40°；北翼产状：350°∠52°。褶皱轴向西翘起，东段被北西向斜向走滑断层斜切，使褶皱顺时针南西移2.5km，东延被第四纪断陷盆地断陷。

⑰巩邦叶-柯绒勒残背斜（$B_{2-17}$）

位于次夹哪-多不次北部的巩邦叶-柯绒勒一带，近东西向弧状展布，延长25km，核部为中侏罗世布曲组，两翼为夏里组。北翼产状：350°∠52°；南翼产状：170°∠45°。在次夹哪一多不次北一带，南翼被第四系掩盖。在柯绒勒褶皱被北西向走滑断层斜切，并向南西平移2.5km。

⑱次夹哪-叶日那残破向斜（$B_{2-18}$）

位于次夹哪-多不次-叶日那一带，轴向北西-东西，延长30km。东段褶皱轴翘起，核部由中侏罗世夏里组构成，两翼为布曲组，西段核部为晚侏罗世索瓦组。两翼产状分别为，北翼：230°～170°∠40°～45°；南翼：20°～50°∠45°～53°。在次夹哪南-多不次-叶日那褶皱被第四纪断陷盆地断掉，并被松散堆积物所覆盖。

⑲罗央勒-多美勒背斜（$B_{2-19}$）

位于帕度错南罗央勒-多美勒一带，轴向东西，延伸16km，核部由晚三叠世—早侏罗世索布查组构成，两翼岩层为早侏罗世曲色组，两翼产状分别为，南翼：175°∠55°；北翼350°∠45°。南翼劈理构造发育，产状东西走向，近直立，褶皱东西延伸被第四纪松散堆积物所覆盖。

⑳扎虾勒向斜（$B_{2-20}$）

褶皱发育于帕度错南扎虾勒一带，东西延伸18km，核部岩层为早侏罗世曲色组，两翼由晚三叠世—早侏罗世索布查组组成。北翼产状：175°∠55°；南翼产状355°∠48°。两翼岩层中层间次级从属褶皱发育。

㉑弄当玛背斜（$B_{2-21}$）

位于抗日伯鲁东的弄当玛一带，轴向北东东-南西西，核部岩层为晚三叠世日干配错群，翼部岩层为晚三叠世—早侏罗世索布查组、早侏罗世曲色组。北翼产状：355°∠45°；南翼产状：150°∠37°。翼部层间次级褶皱发育，南翼被东西向断层断掉，北翼部分被新近纪康托组掩盖，为一残破背斜。

㉒抗日伯鲁向斜（$B_{2-22}$）

位于诺尔玛错西北抗日伯鲁一带，卷入褶皱的岩层为晚三叠世日干配错群，北东-南西展布，轴向35°～215°。南翼产状：320°∠21°；北翼产状：150°∠30°～37°。两翼对称性差，层间从属褶皱发育，褶皱北东延被第四纪断陷盆地断错，南延被$F_2$断层所截。

㉓康容向斜（$B_{2-23}$）

位于诺尔玛错北东康容一带，褶皱岩层为晚三叠世日干配错群，轴向近东西。北翼产状：150°～155°∠25°；南翼产状：340°～350°∠27°。西延靠近第四纪断陷盆地边部两翼地层产状变化大，岩层层间次级褶皱发育，两翼对称性差。

㉔索木纳俄皱赖背斜（$B_{2-24}$）

位于诺尔玛错北东的索木纳俄皱赖-色洛来夏一带，东西向展布，延长35km，卷入褶皱构造的岩层为晚三叠世日干配错群。北翼产状：360°∠21°～48°；南翼产状：140°∠57°。靠近班公湖-怒江结合带边界断裂附近南翼产状部分反倾，层间褶皱发育。

2）断裂构造

断裂构造是区内主要构造形式之一，其形成机制与褶皱构造一致，主要反映了中特提斯洋关闭后，在碰撞造山机制下特征为：南北向强烈挤压作用的构造形迹，主要是浅表层次的脆性断裂；东西向、北东向断裂发育，北西向、南北向断裂不甚发育；时间演化上，东西向断裂较早，北东、北西向断裂稍晚，南北向更晚；演化上具有长期活动性质，寄生性构造表现尤为突出．部分为基底构造的叠置继承；在力学性质上，东西向断裂主要为逆冲或斜冲断层，北东向及北西向断裂多显示剪切走滑性质。

现就主要断裂介绍如下，其余见测区断裂一览表（表5－2）。

①次依如惹-罗央勒-索巴跌萨近东西向逆冲断裂（$F_{2-1}$）

断裂近东西走向，横贯全区，西起于次依如惹西部的麦多张向东经罗央勒至索巴跌萨出图幅，断续长140km，大部分呈隐伏断裂形式，在罗央勒-杂地久沙及索巴跌萨有所出露。断层产状355°∠60°，断层上盘为早侏罗世曲色组，下盘为晚三叠世日干配错群、早侏罗世曲色组、晚三叠世-早侏罗世索布查组。上下盘地层牵引褶皱及劈理发育，膝折、揉皱普遍，构造置换较重，断裂带内岩石表现为糜棱岩化、角砾岩化特征，反映多期次、多层次构造混杂特征，从次级构造形迹反映运动学指向为北盘向南西斜冲（图5－6）。

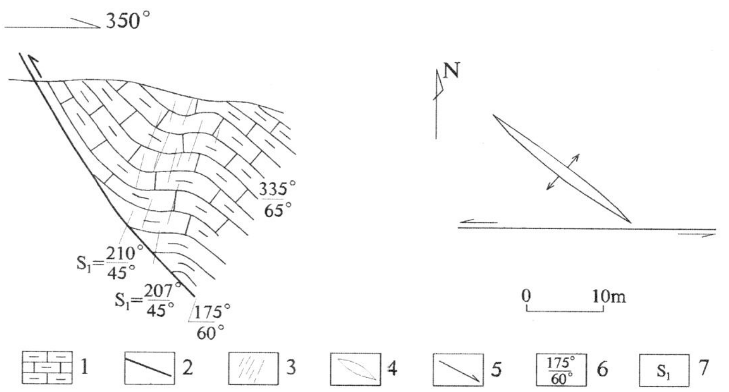


图5－6 $F_{2-1}$断裂上盘牵引褶皱（罗央勒）

1. 泥质灰岩；2. 断层；3. 劈理；4. 褶皱轴；5. 受力方向；6. 产状；7. 劈理

②麦多张-帕度错北东向左行剪切走滑断裂（$F_{2-2}$）

断裂西南起自依次如惹西的麦多张，经依次如惹、桑真、帕度错，向北东延伸呈隐伏断裂，总体走向70°～250°方向，延伸75km，产状330°∠45°。断层切割了中侏罗世布曲组、莎巧木组、色哇组、早侏罗世曲色组、晚三叠世-早侏罗世索布查组及晚三叠世日干配错群。同时切割和限制了近东西断层，断裂带岩石破碎、劈理化，断层上下盘拖曳褶皱发育，走日岩体的侵入受其构造控制，构造形迹显示为左行剪切走滑性质。区域上属于洞错-土错北东向断裂的中段。

### （二）班公湖-怒江结合带构造特征

班公湖-怒江结合带位于欧亚板块和冈瓦纳板块的结合部位，是中特提斯洋闭合的产物，从其裂解离散造洋至汇聚碰撞造山，以其丰富的地质内容记录了中特提斯洋的演化历程。其特点：建造成分混杂，变形样式多变、构造层次多样。

依据建造及构造特征从北至南划分为两个三级构造单元，即虾别错-诺尔玛错晚侏罗世残留海盆地和阿瓦日-赛布错构造混杂岩带。

以查巫夺石颠-赛布错断裂为界，以北至班公湖-怒江结合带北界断裂 $F_1$，其间挟持的范围为虾别错-诺尔玛错残留海盆地，以南为阿瓦日-赛布错构造混杂岩带。

**1. 虾别错-诺尔玛错晚侏罗世残留海盆地**

（1）建造特征

1）残留海盆地沉积建造

晚侏罗世随着班公湖-怒江洋的逐渐闭合，大量海水退出，构造体制发生了重大转变，开始由大洋体制逐渐向大陆体制转化。在班公湖-怒江结合带北缘形成局部的残留海盆地，其分布范围为从虾别错—昂达尔错幅中部的瀑赛尔错，在盆地中沉积了晚侏罗世沙木罗组和吐卡日组，沙木罗组为一套浅海相的砂岩、粉砂岩、灰岩韵律层沉积，该韵律组合反映沙木罗组所代表的构造环境为相对稳定持续沉降的构造环境，为一套沉积厚度巨大的类复理石建造，部分粉砂岩中可见毫米级的韵律层。在测区东部的兹格塘错幅发现沙木罗组不整合覆盖于木嘎岗日岩群和蛇绿混杂岩之上，该不整合的性质应为伸展不整合，它应代表班公湖—怒江洋闭合过程中的一次伸展事件。吐卡日组为一套浅海相的碳酸盐岩沉积组合，岩性有泥晶灰岩、鲕状灰岩、砾屑灰岩、生物碎屑灰岩等，其中含有丰富的双壳类、珊瑚、有孔虫等化石，在昂达尔错幅吐卡日组中还夹有基性火山岩，与上下岩层（灰岩）呈整合接触。火山岩为钙碱性岩石系列，具岛弧火山岩的岩石地球化学特征，并且在吐卡日组中还见有木嘎岗日岩群呈构造残块，说明在吐卡日组、沙木罗组之下应为以木嘎岗日岩群为基质的混杂岩带基底。

2）同碰撞期花岗岩建造

晚侏罗世—早白垩世为班公湖-怒江洋的闭合阶段，是大洋构造体制向大陆构造体制转化的洋陆转化阶段。晚侏罗世沉积了代表残留海盆地沉积的沙木罗组、吐卡日组。

早白垩世发生了大规模的深成岩浆作用，先后有5期深成岩浆侵入，成分为黑云母花岗闪长岩—似斑状二长花岗岩，为消减带-同碰撞型花岗岩，侵入晚侏罗世沙木罗组、吐卡日组。与此同时在昂达尔错幅早白垩世塔仁本洋岛型玄武岩在大洋板块边部喷发形成，代表了班公湖-怒江结合带收缩消减岩浆作用产物。早白垩世末期去申拉组陆相火山-沉积建造的角度不整合沉积，标志着班公湖-怒江洋的彻底关闭和造山作用的开始，上述岩浆事件记录了班公湖-怒江洋俯冲消减—碰撞造山的演化过程。

晚白垩世闪长玢岩的侵入应为造山作用的岩浆产物。

（2）构造变形形迹特征

构造变形组合为纵弯褶皱-断裂构造。断裂构造主要为东西向、北东向、北西向3组，东西向为逆冲断裂，而北东、北西向断裂多为剪切走滑断裂。褶皱构造主要类型为水平直立开阔褶皱，在边界断裂附近褶皱多为斜歪水平褶皱，轴面多为北倾。

1）褶皱构造

①佣钦错向斜（$B_{3-1}$）

分布于佣钦错西的石块地、东棱若勒一带，卷入褶皱变形的岩层为晚侏罗世沙木罗组。轴向东西，南翼产状：0°～2°∠25°～30°；北翼产状：181°∠23°。两翼对称，中间地段被第四纪断陷盆地断截，并被第四纪松散堆积物所覆盖，西延被早白垩世二长花岗岩体吞蚀。

②查巫夺石颠背斜（$B_{3-2}$）

出露于佣钦错南查巫夺石颠一带，轴向东西，褶皱岩层为晚侏罗世沙木罗组。南翼产状：180°∠42°；北翼产状：0°∠30°。翼部层间从属褶皱发育，褶皱东延被早白垩世二长花岗岩体吞蚀，岩层轻微变质。

③隔巴纳波向斜（$B_{3-3}$）

分布于虾别错南的隔巴纳波至夺加俄玛一带，卷入褶皱的地层单元为新近纪康托组。核部出露的为紫色长石砂岩，两翼为含砾长石砂岩、紫色砾岩。南翼产状：337°～15°∠20°～35°；北翼产状：207°∠20°。褶皱开阔，两翼对称，两翼部分被第四纪松散沉积物掩盖。

④祖果那勒向斜（$B_{3-4}$）

位于诺尔玛错西祖果那勒-俄绒恶玛一带，卷入褶皱的地层单元为晚侏罗世沙木罗组，轴向近东西，褶皱东段被俄绒恶玛断裂切错。轴向转向北东-南西走向，南翼产状：324°～335°∠21°～45°；北翼产状：123°～145°∠23°～62°。褶皱两翼层间褶皱、劈理较发育。

⑤俄绒勒背斜（$B_{3-5}$）

位于诺尔玛错西的俄绒勒-给达一带，轴向北东-南西走向，褶皱发育于晚侏罗世沙木罗组。南翼产状：141°～165°∠55°～71°；北翼产状：320°～335°∠32°～45°。层间褶皱多呈“W”形，少量“N”形，发育于薄层泥质粉砂岩，粉砂层韵律层中，褶皱延伸方向被东西向断层截限，中段被北西向断层右旋剪切错动。

⑥拖个朋向斜（$B_{3-6}$）

位于雅根错东拖个朋一带，卷入褶皱的岩层为晚侏罗世沙木罗组。轴向近东西向，南翼产状：340°∠40°；北翼产状：157°∠47°。两翼较为对称，轴向近直立，翼部薄层细碎屑岩中层间褶皱劈理较发育。

⑦莫格岗穹背斜（$B_{3-7}$）

位于雅根错—甲日阿布错间的莫格岗穹一带，轴向近东西，北翼产状：6°∠30°；南翼产状：185°∠50°。核部为晚侏罗世沙木罗组泥质粉砂岩、细粒长石石英砂岩，两翼为晚侏罗世吐卡日组灰岩，北翼受 $F_{3-2}$ 断层切错仅残留一小部分，南翼被新近纪康托组覆盖或被早白垩世二长花岗斑岩吞蚀，显示残破背斜。

⑧圈外堵地背斜（$B_{3-8}$）

分布于诺尔玛错东圈外堵地一带，呈东西向展布，卷入褶皱的地层单元为晚侏罗世沙木罗组。北翼产状：357°～3°∠32°～35°；南翼产状：180°～186°∠25°～33°。两翼较对称，圈外堵地附近被北东向走滑断层左旋切割错动，翼部层间从属褶皱发育。

⑨扎地赖琼向斜（$B_{3-9}$）

发育于诺尔玛错东姜陇俄包赖节、扎地赖琼一带，轴向近东西向，褶皱地层单元为晚侏罗世沙木罗组。南翼产状：350°∠27°，353°∠40°；北翼产状：170°∠45°，190°∠34°。受北东走滑断层切错，姜陇俄包赖节以西延部分褶皱轴发生偏转呈北东-南西方向。

⑩波勒纳包赖背斜（$B_{3-10}$）

展布于诺尔玛错东波勒纳包赖一带，总体走向东西，受北东向走滑断层作用，波勒纳包赖以西轴向呈北东东-南西西向，卷入褶皱的地层单元为晚侏罗世沙木罗组。南翼产状：167°～180°∠33～40°；北翼产状：345°～355°∠21°～40°。两翼对称性差，南翼受纵向逆断层 $F_{3-7}$ 作用造成岩层产状倒转，形成复杂拖曳褶皱。

⑪若竹夏勒根向斜（$B_{3-11}$）

位于诺尔玛错东若竹夏勒根-曲汝昌赖一带，走向东西，褶皱岩层为晚侏罗世吐卡日组。南翼产状：353°～7°∠28°～31°；北翼产状：180°～210°∠35°～40°。北翼被东西向断裂切错，产状变化大，层间从属褶皱及劈理发育，劈理倾角一般在50°～70°间。

⑫崩索日俄崩背斜（$B_{3-12}$）

发育于诺尔玛错东崩索日俄崩一带，轴向东西，卷入褶皱的地层单元为晚侏罗世吐卡日组。南翼产状：190°～200°∠42°～43°；北翼产状：7°～25°∠22°～28°。轴向北倾，两翼对称性差，北翼层间褶皱、劈理发育，南翼东西向逆断层造成岩层产状变陡，轴向变化不大。

⑬加也蒙日-阿崩日向斜（$B_{3-13}$）

展布于甲日阿布错、昌玛错东的加也蒙日-阿崩日一带，轴向北东-南西，褶皱地层为晚侏罗世沙木罗组泥质粉砂岩、细粒长石石英砂岩、粉砂岩。北西翼产状：155°∠33°；南东翼产状：323°～325°∠25°～42°。南延被新近纪康托组掩盖，两翼均被北东向断层切错。

⑭达若江玛-夏勒根背斜（$B_{3-14}$）

位于昌玛错、诺尔玛错东南的达若江玛、夏勒根一带，轴向北东-南西，褶皱地层为晚侏罗世沙木罗组碎屑岩。南翼产状：170°∠23°；北翼产状：347°∠23°。两翼较为对称，北翼受北东向 $F_{3-9}$ 断裂影响，局部产状略有变化，断层附近发育小型拖曳褶皱（图5-7）。

⑮巴勒雅勒根向斜（$B_{3-15}$）

位于赛布错北巴勒雅勒根一带，呈东西轴向，褶皱地层为晚侏罗世吐卡日组。南翼产状：0°∠22°；北翼产状：186°∠22°。两翼较对称，在薄层粉砂岩韵律层中层间从属褶皱劈理发育普遍，北翼靠近东西向断层附近局部产状紊乱。

2）断裂构造

断裂构造主要有9条，其中东西向断裂显示逆冲或斜冲，北东、北西向则显示剪切走滑性质。规模较大$F_{3-1}$前已述之。其余见测区断裂一览表（表5-2）。

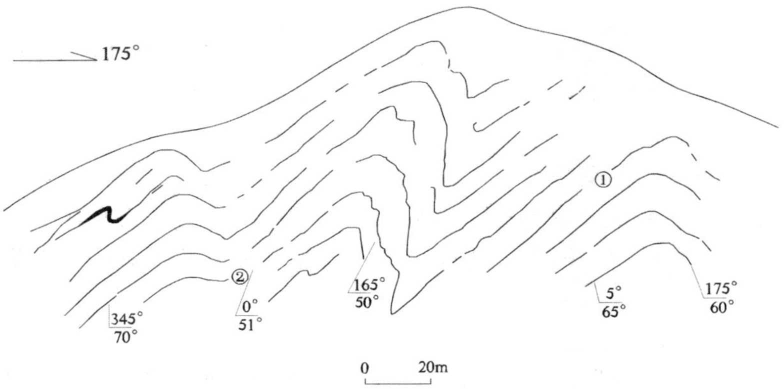


图5-7　$B_{3-14}$褶皱翼部从属褶皱

①. 吐卡日组灰岩；②. 地质产状

**2. 阿瓦日-赛布错构造混杂岩带**

（1）建造特征

为班公湖-怒江结合带的中心带，这里记录了班公湖-怒江洋发生—发展—闭合—消亡的全过程，主要由构造岩片（块）和混杂岩基质组成。其中，构造岩块有二叠纪灰岩岩块、蛇绿岩岩块（超镁铁质岩岩块、枕状玄武岩岩块、放射虫硅质岩岩块）等。混杂岩基质为早—中侏罗世木嘎岗日岩群，为一套由砂岩、粉砂岩组成的复理石建造，上述构造岩块多混杂于其中（图5-8）。此外，该带中还包括班公湖-怒江洋完全闭合后的同造山期火山岩建造（早白垩世去申拉组）和造山后的陆内裂陷山间盆地沉积建造（新近纪康托组）。主要建造特征如下：

1）蛇绿岩建造

蛇绿岩均以构造残片形式产出，其周边多为断裂所围限。受到强烈的构造变形改造，被肢解、破坏。测区没有完整的理想层序剖面，主要见有超镁铁质岩、枕状玄武岩、放射虫硅质岩，呈透镜状、岩片（块）状零星分布于构造混杂岩带的基质早—中侏罗世木嘎岗日岩群（$J_{1-2}M$）中，成为构造混杂岩带的一部分。

2）沉积混杂岩复理石建造

沉积混杂岩为早—中侏罗世木嘎岗日岩群（$J_{1-2}M$），由一套灰绿色变质石英砂岩、变质长石石英砂岩、变质粉砂岩、变质岩屑石英砂岩构成，发育有韵律层理、交错层理等沉积构造。其中见有同沉积的同生混杂岩块，如砂岩岩块、灰岩岩块等。为一套深水、斜坡相的复理石—类复理石建造，成为构造混杂岩带的基质。

3）同造山期火山-碎屑岩建造

早白垩世末期，班公湖-怒江洋完全闭合，去申拉组陆相火山-碎屑岩呈角度不整合覆盖于早—中侏罗世木嘎岗日岩群（$J_{1-2}M$）和蛇绿质构造混杂岩带之上，其中安山质火山岩为钙碱性岩石系列，具岛弧火山岩的岩石化学特征，为同造山作用的岩浆产物，紫色陆相碎屑岩（砂岩、砾岩）为同造山期的磨拉石建造。它们的沉积，标志着班公湖—怒江洋的彻底闭合和造山作用的开始。

**表 5-2 测区断裂一览表**

| 类型 | 名称 | 位置 | 性质 | 规模，断裂面产状 | 主要特征 |
| --- | --- | --- | --- | --- | --- |
| 壳型断裂 | $F_{2-3}$<br>次依查库<br>近东西向正断层 | 位于次依查库东西两侧 | 脆性 | 15°∠40° | 断层北西西-南东东走向，上盘为中侏罗世布曲组灰岩，下盘为中侏罗世色哇组，性质为正断层。层造成孜狮错向斜南翼及次依查库背斜北翼部分地层缺失，断层在次依查库一带隐伏于第四纪沉积物之下，东延被北东向断层切限 |
| | $F_{2-4}$<br>卓包、日尕日包<br>东西向正断层 | 帕度错南东扎地爵萨-卓包-日尕日包一带 | | 179°∠81° | 呈近东西向展布，是东姜东背斜、卓包-日尕日包向斜间的纵向断层。上盘为中侏罗世莎巧木组，下盘为中侏罗世布曲组，断裂上下盘发育羽状方解石脉。断裂带内由角砾岩化灰岩、粉砂岩组成，断裂边界参差不齐，断层性质为正断层，造成东姜东背斜南翼卓包-日尕日包向斜北翼地层缺失 |
| | $F_{2-5}$<br>果被日艾<br>东西向断裂 | 帕度错-朋彦错间的果被日艾 | 脆性 | 3°∠74° | 东西向展布，走向上呈“人”字形，分支复合，断层上盘为中侏罗世色哇组，下盘为早侏罗世曲色组、晚三叠世—早侏罗世索布查组，断裂带宽 15～10m。由角砾岩化灰岩、钙质粉砂岩组成，断层斜切果被日艾向斜北翼，使其部分地层缺失，断层性质为正断层 |
| | $F_{2-6}$<br>登琼北西向断裂 | 朋彦错南东登琼一带 | | 30°∠55°<br>30°∠52° | 北西-南东走向由一条正断层和一条逆断层呈“人”字复合而成：北侧正断层、上盘主要为新近纪康托组，下盘为中侏罗世布曲组，断裂带宽 10 余米由碎裂角砾岩化的长石砂岩、泥质粉砂岩组成；南侧逆断层、北倾倾角 52°，断层破碎带宽 5m，由灰岩质构造角砾及断层泥组成，擦痕阶步显示北盘上升，断层东西延伸被第四纪断陷所断截 |
| | $F_{2-7}$<br>客俄乃代吾-扎赖加纳日<br>北西向断裂 | 朋则错南东容俄乃代吾-扎赖加纳日一带 | | 22°∠73° | 北西-南东向，断裂带宽 10m±，由灰岩质构造角砾岩，断层碾细物组成，断层边界呈锯齿状。断层上下盘分别为布曲组泥晶灰岩及粉晶灰岩、节理裂隙发育，沿节理充填方解石脉，擦痕阶步显示北盘下降，断层性质为正断层 |
| | $F_{2-8}$<br>依宏-柯绒勒<br>北西向走滑断层 | 位于次依如惹—柯绒勒 | | 走向<br>325°～215° | 断层北倾，沿断裂地貌上显示构造断层崖，切割了中侏罗世夏里组、晚侏罗世索瓦组等。斜切 $B_{2-16}$ 向斜及 $B_{2-17}$ 背斜，断层性质为右旋斜切，断距 2.2km |

**续表 5-2**

| 类型 | 名称 | 位置 | 性质 | 规模，断裂面产状 | 主要特征 |
|---|---|---|---|---|---|
| | $F_{2-9}$<br>次夹哪<br>北西向断层 | 次夹哪-雅根错 | | 长 30km<br>走向 315°±<br>40°∠50° | 破碎带宽 10～15m，由破碎角砾岩化的灰岩组成。断层上下盘牵引褶曲发育，张性裂隙被后期方解石脉充填，切割了中侏罗世布曲组、夏里组，断层性质为左行走滑 |
| | $F_{3-2}$<br>格勒尕勒保<br>北东向走滑断层 | 赛布错东<br>格勒尕勒保 | 脆性 | 长 20km<br>走向 60° | 北东走向，地貌上显示负地形沟谷，切割了木嘎尚日岩群构造混杂岩，断层性质为右行走滑断裂，被切错的灰岩岩片位移达 500m，断层产状不详 |
| | $F_{3-3}$<br>俄绒恶玛<br>北东向走滑断裂 | 诺尔玛错西的俄绒恶玛 | 脆性 | 长 12.5km<br>45°∠45° | 呈北西走向，地貌上显示明显的沟谷，断层陡坎发育，切割晚侏罗世沙木罗组，断裂上下盘牵引褶皱发育，断层性质为右行走滑断层，北端被班公湖-怒江结合带北缘断裂截断 |
| | $F_{3-4}$<br>么娃各波-俄浪挡玛<br>东西向断裂 | 位于雅根错东的么娃各波-诺尔玛错西的俄浪挡玛 | 脆性 | 长 40km<br>5°∠68° | 呈东西向展布，切割晚侏罗世沙木罗组，断裂带在地貌上处于陡缓地形的交接部位，断裂破碎带宽 5～10m。断层上下盘劈理构造发育，断层性质为北盘上升，为逆冲断裂 |
| | $F_{3-5}$<br>雅根错-苏达勒<br>东西向断裂 | 雅根错至诺尔玛错西侧的苏达勒 | 脆性 | 长 45km<br>34°∠505°<br>∠65° | 东西向展布，断层带宽 5～10m，切割晚侏罗世沙木罗组及早白垩世二长花岗岩岩体，性质为左行斜冲断层，北盘向南东方向斜冲，断层向东西延长，后被第四纪沉积物掩盖 |
| | $F_{3-6}$<br>雅根错-甲日阿布错<br>近东西向断裂 | 西起雅根错东至甲日阿布错 | | 长 35km<br>342°<br>∠56°～56° | 总体走向为北西-南东，走向上具分支复合形态产出，切割早白垩世二长花岗岩岩体、晚侏罗世吐卡日组和沙木罗组。岩石破碎带宽 5～115m，断层上下盘拖曳褶皱发育，面理置换强烈，断层性质为上盘（北盘）向南逆冲的逆冲断裂 |
| | $F_{3-7}$<br>登琼-曲汝昌赖<br>东西向断裂 | 诺尔玛错东登琼、曲汝昌赖一带 | 脆性 | 长 35km<br>356°<br>∠70°～74° | 断层破碎带宽 5～10m 断层带内岩石已角砾岩化、透镜化，具定向性，边界平直，切割晚侏罗世沙木罗组，上下盘地层次级拖曳褶皱发育，断层性质为北盘（上盘）上升的逆冲断裂 |
| | $F_{3-8}$<br>若竹夏勒根-陇宋昌勒<br>西向断裂 | 位于诺尔玛错东，若竹夏勒根、陇宋昌勒 | 脆性 | 长 27.5km<br>6°∠57° | 走向东西，呈疏缓波状切割晚侏罗世吐卡日组及沙木罗组，断裂破碎带宽 3～15m，带内岩石角砾岩化、劈理化，上下盘岩石拖曳褶皱尤为发育，褶皱样式为紧密轴面北倾的同斜褶皱，断裂性质为逆冲断裂 |
| | $F_{3-9}$<br>说祖日—索木纳俄皱赖<br>北东向断裂 | 南起甲日阿布错东的说祖日北至诺尔玛错北东的索木纳俄皱赖。 | | 长 62.5km<br>347°∠4°<br>320°∠45° | 走向 45°～225°，以若竹夏勒根以南分支，以北复合，断层面平直，切割晚三叠世日干错群、晚侏罗世沙木罗组、吐卡日组，上盘牵引褶皱及劈理构造发育，劈理产状 240°∠65°，断层性质为左行走滑，切割近东西向断裂构造 |

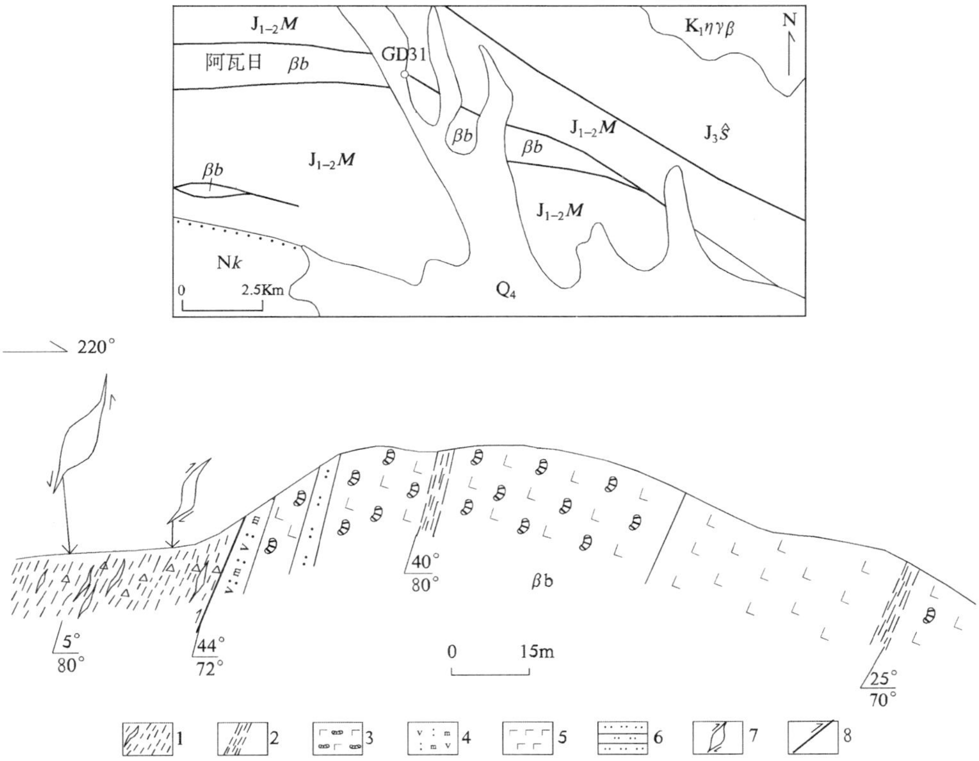


图 5-8　阿瓦日枕状玄武岩岩片构造剖面图

（GD31）

1. 韧脆性构造带；2. 韧性剪切断裂带；3. 枕状玄武岩；4. 安山质熔结凝灰岩；

5. 玄武岩；6. 粉砂岩；7. 构造布丁及运动方向；8. 脆性断裂及运动方向；

$J_3\hat{s}$. 索瓦组；$J_{1-2}M$. 木嘎岗日岩群；Nk. 康托组；$Q_4$. 第四纪松散堆积物；

βb. 玄武岩岩片；$K_1\eta\gamma\beta$. 早白垩世二长花岗岩；GD31. 构造点编号

4）造山后陆内裂陷山间盆地沉积建造

经历了强烈的挤压碰撞造山作用之后，古近纪早期，应力松弛，在伸展作用机制下发生陆内裂陷，在构造混杂岩带的南侧形成伦坡拉盆地，沉积了古近纪牛堡组。而混杂岩带内到新近纪早期才开始裂陷，形成广泛的山间断陷盆地，沉积了新近纪康托组，为一套陆相的紫色砂岩、砾岩沉积。

（2）构造变形形迹特征

构造混杂岩带中变形层次、构造样式趋于复杂多样，近东西向韧脆性断裂带将不同建造成分的岩石划分成规模不等的构造岩块（片），它们共同组成构造混杂堆积，而每一个岩块（片）内的变形层次、样式又复杂多样。

该带位于图幅的南部边缘，是班公湖-怒江结合带的中心带，由木嘎岗日岩群构成基质，枕状玄武岩、放射虫硅质岩、超镁铁质岩、二叠纪灰岩（少量早白垩世申拉组火山岩卷入）呈（外来）构造岩块或岩片的形式零星分布于木嘎岗日岩群之中。岩片的产出状态受控于围限的边界断裂，多呈东西向长条状、透镜状，长轴大者几千米至十几千米，小者几十至数百米。圈限断裂一般为东西向，疏缓波状、分支复合。围限断裂及构造岩片关系以阿瓦日一带最具代表性，该构造岩片由枕状玄武岩构成，受两条围限断裂挟持，岩片在图幅内呈半个豆荚状，近东西展布于木嘎岗日岩群内，岩片宽度最大 1 250m，延伸 13.5km。围限断裂的产状：北侧断裂 0°～44°∠70°～72°；南侧断裂：0°～355°∠70°。宽度几米至百余米，断裂带内的物质成分主要为木嘎岗日岩群的物质，变质石英砂岩、变质粉砂岩等，夹杂着少量玄武岩成分。带内岩石具糜棱岩化、劈理化、角砾岩化，大部分已强烈平行化，充分反映了围限断裂具多期次、多层次构造变形叠加的特点，从卷入最新的早白垩世地层成分推测，断裂形成于早白垩世以后。

现存的构造形迹指向为北盘向南西斜冲，呈左行走滑推覆性质。

构造岩片和木嘎岗日岩群基质其内部的构造特征更加复杂多样，由于位态发生了变化，故现存的构造变形特征仅记录构造样式、构造相，不具有变形世代的指向意义，主要的构造变形形迹有：

1）韧性剪切变形

受水平韧性剪切作用，区内形成尺度不等的褶叠层、塑性流变以及旋转碎斑等，变形岩层为木嘎岗日岩群，岩性以变质石英砂岩、变质粉砂岩居多（图 5－9、图 5－10、图 5－11）。

2）同斜褶皱

是发育于木嘎岗日岩群中的一种较为普遍的构造样式，两翼产状相近，枢纽尖棱和圆滑的皆有，以后者为主（图 5－12）。

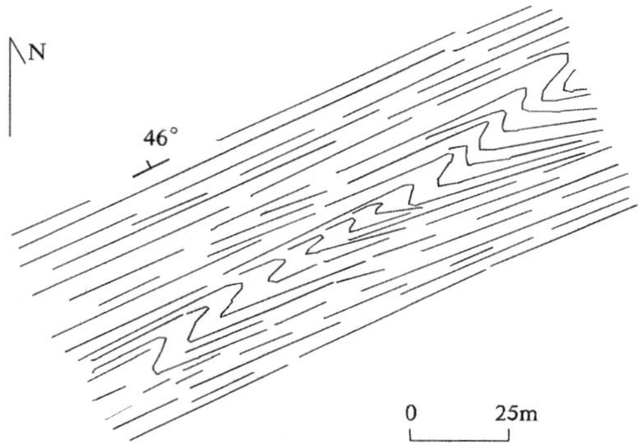


图 5－9　褶皱层构造
（勒央勒）

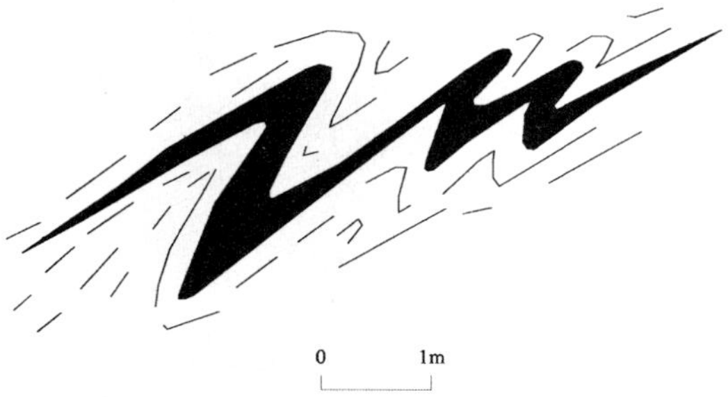


图 5－10　塑性流变的硅质脉
（节日阿勒）

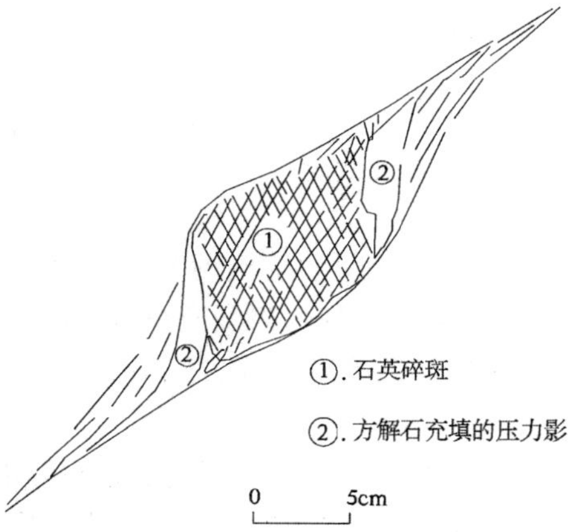


图 5－11　碎斑旋转和压力影构造
（阿瓦日）

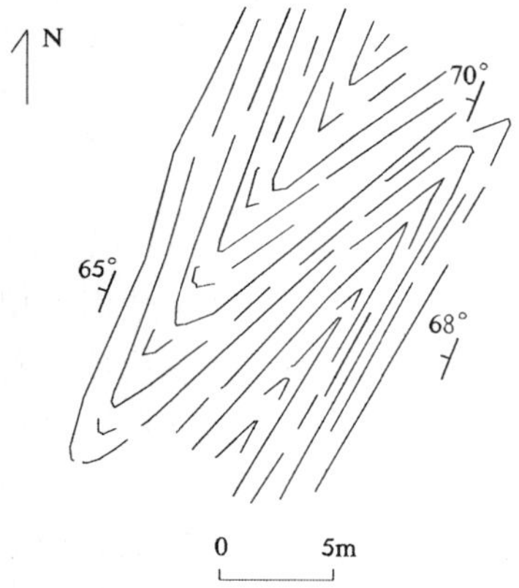


图 5－12　木嘎岗日岩群中同斜褶皱

3）面理置换

岩石中一种构造对另一种构造的替代现象，木嘎岗日岩群构造面理置换表现为劈理、片理对原始成分层理的置换，其可辨、可恢复性取决于岩性成分层性质的差别，以及后期面理的发育强度（图 5－13）。

## 三、新构造运动特征

从新近纪中新世晚期开始，青藏高原开始进入高原隆升阶段，即新构造运动的开始时期。新构造断裂是在叠加不同时期构造带基础上而发展的，既有新生的一面，又有继承性的一面。新构造运动的构造形迹主要表现为第四纪断陷盆地的生成；中新世后岩浆、热液活动、地热（钙华、温泉）活动、地震活动等方面。高原地貌、活动断裂、第四纪堆积物的抬升直观地反映了高原新构造活动的特点及规律，是研究和确定新构造运动发生与发展的依据。

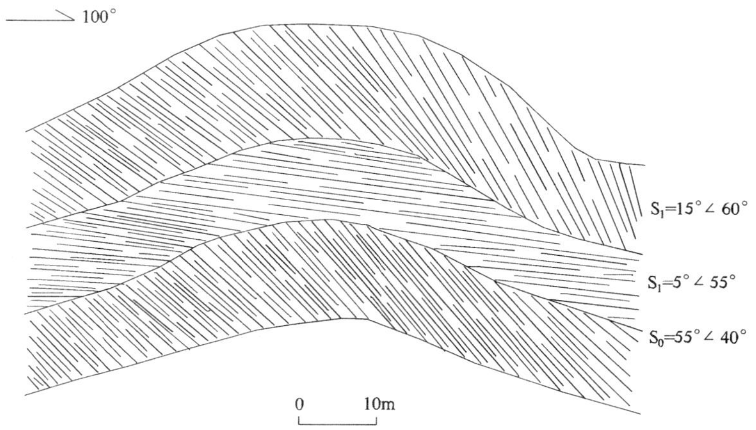


图 5－13　劈理 $S_1$ 对层理 $S_0$ 构造置换
（阿瓦日）

**1. 新构造单元划分**

新构造单元划分的依据：新构造活动带总体宏观展布方向、生盆构造的力学机制、内部断陷盆地的性质、充填物特点以及现代湖泊的展布方向、水系流向（图 5－14）等。

**2. 新构造运动特征**

测区内主要新构造带如下：

（1）达杂迪扎错北东向新构造活动带

位于测区东北角达杂迪扎错一带，受控于北东向断裂，第四纪断陷盆地呈北东、北东东向展布，它是寄生于新近纪断陷盆地边缘发育的。

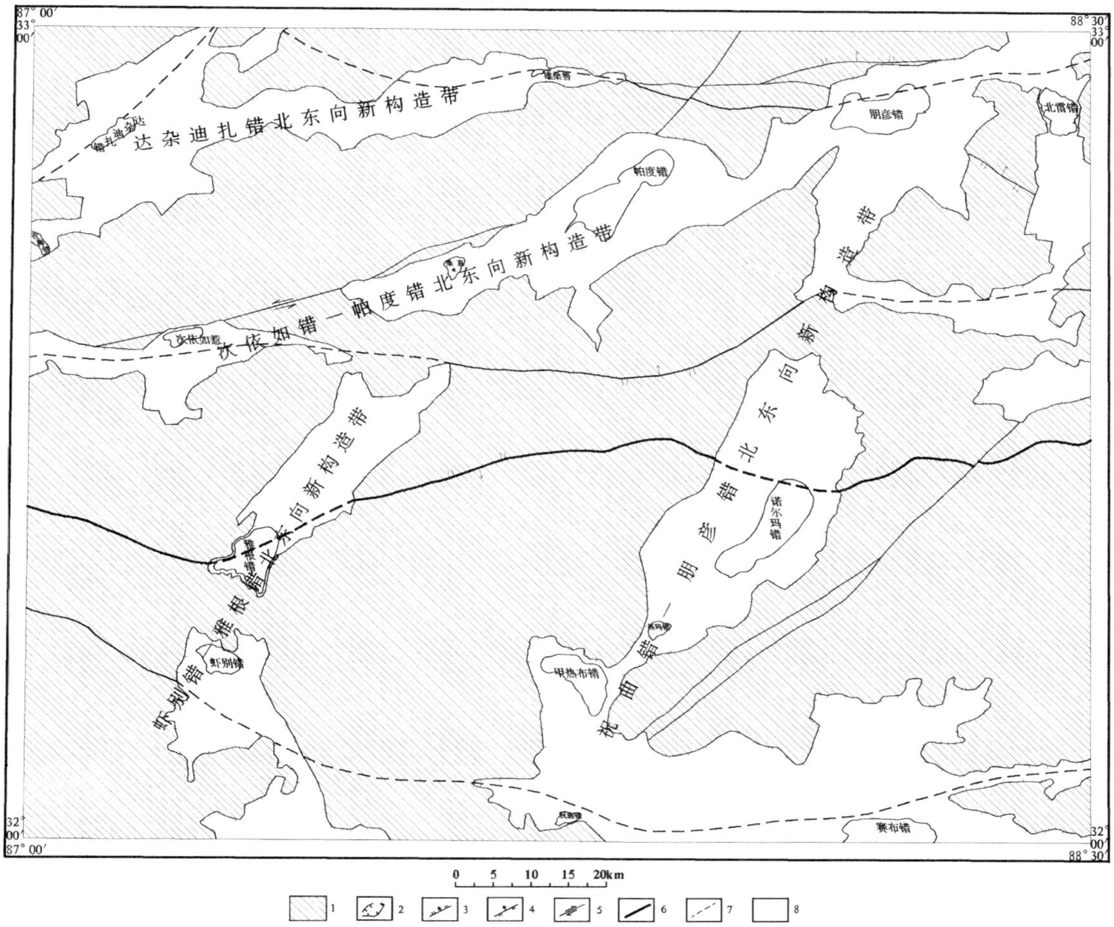


图 5－14　帕度错幅新构造地质略图
1. 隆起区；2. 第四纪断陷盆地；3. 正断层；4. 逆断层；
5. 平移断层；6. 一级断层；7. 隐伏及推测断层；8. 新生代褶皱

断陷盆地内发育有4个现代湖泊，分别是孜狮错、达杂迪扎错、雄桑错和嘎木桑顶嘎。断陷盆地展布方向与现代湖泊长轴方向、湖泊间连线方向与河流走向相吻合，盆地内沉积有全新世冲积、湖积、冲洪积、沼泽沉积，沿断陷盆地边部及活动断裂有上升泉和温泉分布。

地势上，从第四纪断陷盆地，新近纪沉积盆地在边缘山地呈3级台阶状，平均高程分别为4 700～4 800m，4 900～5 000m，5 000～5 400m，相差明显，为第四纪构造抬升作用的结果。

（2）次依如惹—帕度错北东向新构造活动带

该带由次依如惹、帕度错两个断续分布的第四纪走滑拉分性质的断陷盆地组成，呈北东向展布。长95km，宽5～15km，受控于北东向剪切走滑断裂，走向40°～45°，断陷边界平直。盆地长轴方向及盆地内的现代河流流向、湖泊长轴方向与边界断裂走向一致，盆地内沉积物为全新统湖泊相沉积。

在虾别错和诺尔马错第四纪断陷盆地边部见有新近纪上新世花岗斑岩（$N_2$）侵入，为高原隆升过程中深部构造岩浆作用的结果。

在第四纪断陷盆地南缘，新近纪康托组边界与盆地边界走向相近，具有一定寄生联系。

（3）虾别错-雅根错北东向新构造活动带

该带由虾别错第四纪断陷盆地和雅根错第四纪断陷盆地构成，它们总体构成北东向新构造活动带。

带宽7.5～11.5km，延长58km，受控于近南北向张性和北东向走滑剪切性质的断裂，盆地内沉积有全新世冲积、湖积、冲洪积、沼泽沉积，盆地内的河流走向与断陷边界走向相同。

盆地海拔高度4 700～5 000m，两侧山地高度5 000～6 300m。由中生代地层构成的断块山孤立于盆地中，两侧断层三角面断层崖发育。

（4）祝曲错-朋彦错北北东向新构造活动带

该带分3段组成：南段，祝曲错-甲热布错南北向断陷盆地；中段，昌玛错-诺尔玛错北北东向断陷盆地；北段，朋彦错断陷盆地。总体呈北北东向展布，宽7.50～17km，断续长120km±，南北段盆地边界呈不规则锯齿状，中段盆地边界呈折线状，反映出边界构造的性质差异。

盆地高程多在4 800m±，两侧山地高程在5 000～5 700m，地势高差悬殊。

盆地内主要为全新世湖河相沉积，并见有由新近纪和侏罗纪地层构成的断块山分布于盆地中。

该活动带新构造岩浆活动强烈，在昌玛错与甲热布错盆地边缘断裂的转折部位见有新近纪上新世花岗斑岩（$N_2$）沿其侵入。

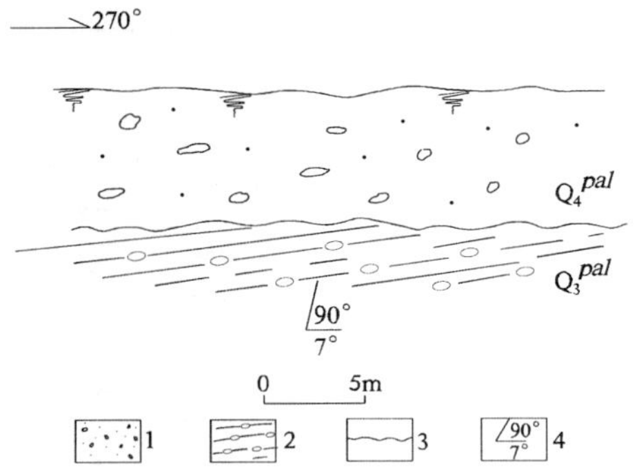


图5-15　全新世洪冲积层与晚更新世洪冲积层不整合面（诺尔玛错）

1（$Q_4^{pal}$）．全新世洪冲积层；2（$Q_3^{pal}$）．晚更新世洪冲积层；3．不整合面；4．产状

甲日阿布错西岸，新构造作用造成全新世和晚更新世沉积物的角度不整合（图5-15）。

## 第二节　地质构造发展史

区域地质构造发展史，主要就是区域陆壳建造和改造以及特提斯的演化和发展的历史。我们根据不同时期陆壳的形成与演化特点将本区划分以下几个发展阶段。

### 一、古特提斯阶段

本区古特提斯洋的演化从晚石炭世—早二叠世开始，最古老的地层为晚石炭世—早二叠世擦蒙组及产于班公湖-怒江构造混杂岩带中的中二叠世灰岩岩块。其中所产的丰富的生物化石，说明当时为稳定的浅海环境。区域资料表明，二叠纪中期为古特提斯洋演化中最大的海泛期之一，从喜马拉雅地区—冈底斯地区—羌塘地区均有分布。同时，这一时期古特提斯洋由成熟期开始转入衰退期。羌塘陆块的南缘由被动大陆边缘转变为活动大陆边缘。在陆表海及陆缘海的环境下，接受了碎屑岩-碳酸盐的沉积。由于古特提斯洋向北消减而伴有岛弧拉斑玄武岩的水下喷溢及少量硅质岩沉积，这一时期羌塘陆块可能尚处于南半球中纬度区，为冈瓦纳冰期冷水偶尔可达的范围内，导致冷热水型动物交替出现的现象，但特提斯动物仍占优势。

晚二叠世洋盆开始收缩，海水逐渐退却，直到早三叠世末期，古特提斯洋才完全关闭，发生碰撞造山，使区内的古生代地层发生绿片岩相变质变形，地壳抬升上升为陆，遭受剥蚀。综上所述，本区古特提斯阶段只记录了其衰退和闭合阶段的演化过程。

## 二、中特提斯阶段

### 1. 离散扩张阶段（$T_3$-$J_2$）

中特提斯的演化从晚三叠世早期开始，这时班公湖—怒江洋拉开，羌塘陆块整体下降，海水超覆了羌塘陆块的大部分地区。在本区表现为南深北浅的特点：南羌塘地区开始进入被动大陆边缘的演化阶段，沉积了浅海相的碎屑岩-碳酸盐岩沉积；北部朋彦错-雅根查错（昂达尔错幅）一带沉积了一套海陆交互相煤系地层，其中下部夹浅海相的碳酸盐岩沉积和中基性钙碱性岛弧火山岩。这套地层与左贡地层分区的上三叠统甲丕拉组-夺盖拉组可以对比，显示陆缘弧的发育特征，它们是龙木错-双湖古特提斯洋消减-碰撞的衍生物，可以说，龙木错-双湖乃至金沙江古特提斯洋的消亡与班公湖-怒江洋的拉开几乎是同时的。古特提斯洋碰撞造山作用使分布于测区西北部蚂蚁岗日地区古生代地层发生高压变质，并构造隆升形成“中央隆起”，测区北部的朋彦错-雅根查错（昂达尔错幅）地区发生构造隆升遭受剥蚀，使晚三叠世地层发生绿片岩相变质变形，同时缺失早-中侏罗世地层。

早、中侏罗世班公湖-怒江洋开始全面扩张，在班公湖-怒江结合带沉积了具深海—半深海相特征的木嘎岗日岩群类复理石建造，其中夹有远洋沉积的放射虫硅质岩，沉积混杂有二叠纪的灰岩岩块，在盆地的中心有洋中脊型的大洋拉斑玄武岩喷溢，其上沉积有远洋放射虫硅质岩。其中枕状玄武岩的同位素年龄为167.5Ma，放射虫硅质岩中放射虫的时代为侏罗纪。

早侏罗世，毕洛错一带的曲色组为由钙质粉砂岩、泥晶灰岩夹油页岩、石膏组成的泻湖—潮坪沉积，该套含海螂蛤的黑色含油岩系与欧美等地含油岩系均可对比，为重要的含油气和油页岩层位，其中还夹一层枕状玄武岩显示陆缘活动区的特点。在该套地层中我们还发现了辐鳍鱼类化石，也证明这里的水体相对较浅，而南部色哇一带则没有出现膏岩，说明具有南深北浅的沉积特征。这一时期北部的朋彦错-雅根查错地区为水上岛链遭受剥蚀，而南羌塘仍为被动大陆边缘，在色哇一带沉积了具半深海相类复理石特征的碎屑岩夹碳酸盐岩建造。其中含有大量的反映还原环境的缺氧双壳类化石，部分岩层中含黄铁矿。显示水体相对较深的沉积环境，此时应为班公湖-怒江洋扩张最为强烈的时期。

中侏罗世—晚侏罗世早期南羌塘沉积了浅海相碎屑岩建造。其中多层碎屑岩中见有植物碎片，并见有波痕等沉积构造，说明水体相对较浅。色哇组之上依次为莎巧木组、布曲组、夏里组、索瓦组，其中布曲组为中侏罗世最大的海泛期，分布最为广泛，为稳定的浅海沉积，海水平静、生物繁茂，在隆鄂尼—昂达尔错地区发育有大量的生物礁灰岩，其中夹有众多的藻礁灰岩、含沥青的颗粒状白云岩，是南羌塘盆地中重要的生油层和储油层。

### 2. 挤压汇聚（洋陆转化）阶段（$J_3$～$K_1$）

晚侏罗世，班公湖-怒江结合带发生了一次剧烈的构造运动，使班公湖-怒江洋迅速关闭。但关闭的时间较为短暂。这次构造运动使班公湖-怒江结合带的主体木嘎岗日岩群发生绿片岩相的变质变形。并快速抬升遭受短暂的风化剥蚀，在相邻地区发现晚侏罗世沙木罗组不整合覆盖在褶皱变形的木嘎岗日岩群之上。该不整合的性质应为伸展不整合。由于这次构造抬升作用导致南羌塘地区海水逐渐退却，到晚侏罗世末期海水基本上全部退出。造成南羌塘缺失白垩纪地层。

沙木罗组不整合覆盖在木嘎岗日岩群之上，说明在短暂的关闭之后，班公湖-怒江结合带再次发生伸展，拉出一个残余海盆，该海盆主要沿班公湖-怒江结合带北缘分布，应为局部的小洋盆。从区域资料看，班公湖-怒江结合带及其南部的永珠蛇绿岩带在晚侏罗世确实发生了一次伸展或拉张，在不同地段形成多个局部的小洋盆，这些小洋盆具有规模小、拉张不充分、演化历史较短等特点。一般在晚侏罗世拉开，早白垩世末期就已经关闭，而且这种小洋盆的构造属性为具有弧后、弧间或边缘残留海盆地的性质。这也是班公湖-怒江结合带多岛弧系的具体体现。

本区班公湖-怒江结合带闭合阶段的地质记录较为丰富（晚侏罗世—早白垩世），首先沉积了晚侏罗世沙木罗组为一套由泥质粉砂岩—石英细砂岩—泥晶灰岩，组成韵律层反复出现，沉积厚度大于几千米的巨厚复理石沉积，其中粉砂岩中有时可以见到毫米级的复理韵律层理，但从整套岩石组合看沙木罗组的沉积环境总体不深，应为浅海相，但波动较大，在某一时段可能水体相对较深。其沉积特点反映应为相对稳定但持续匀速沉降的沉积过程。沙木罗组之后，沉积了浅海相吐卡日组，主要为反映水体动荡的鲕粒灰岩、砾屑灰岩、生物碎屑灰岩的碳酸盐岩沉积组合。在尕阿错、陇阿鄂冒一带其中还夹有具岛弧火山岩特征的钙碱性玄武岩，说明这一时期地壳已开始抬升，洋盆又开始逐渐收缩。

到早白垩世，俯冲碰撞作用开始加剧，在洋底和深部发生剧烈的构造岩浆作用。在虾别错、甲热阿布错、赛布错等地（帕度错幅）有钙碱性的消减带型—同碰撞型的黑云母花岗闪长岩—黑云母似斑状二长花岗岩（K－Ar 年龄 129.2～108.7Ma）侵入晚侏罗世沙木罗组。其中规模较小的具Ⅰ型花岗岩特征的黑云母花岗闪长岩与金铜矿化关系密切，岩体周围发生矽卡岩化或角岩化。规模较大的虾别错和甲热阿布错岩体具Ⅰ型和S型过渡类型的特征，从包体等特征看，具浆混花岗岩和富钾钙碱性花岗岩的一些特征，显示洋陆转换构造体制下的岩浆岩特点。在塔仁本、其浪董格、色哇南等地发现了规模较大结构完整的洋岛型玄武岩石组合，由枕状玄武岩、玄武质火山角砾岩、放射虫硅质岩、生物礁灰岩、灰岩质玄武质简单成分砾岩组成。其中枕状玄武岩的岩石化学、稀土、微量元素特征显示具有大洋板内碱性玄武岩的特征，强烈富集轻稀土元素和高场强元素，显示来源于富集型的地幔源区。其中枕状玄武岩的锆石 SHRIMP 年龄为 107～191Ma；K－Ar 全岩年龄为 120.1Ma；放射虫硅质岩中放射虫经中国地质科学院王乃文研究员鉴定为巴列姆-阿普特期。另外在生物礁灰岩中采集的珊瑚经中科院南京地质古生物研究所廖卫华研究员鉴定为日月等星珊瑚和剑鞘珊瑚，时代为晚侏罗世。综上所述确定塔仁本洋岛玄武岩的形成时代为早白垩世。

晚侏罗世—早白垩世的沉积岩浆事件，记录了班公湖-怒江结合带从闭合俯冲→碰撞造山的洋陆构造体系转换的全过程。

### 3. 碰撞造山阶段（$K_1$末—$K_2$）

早白垩世晚期—晚白垩世为碰撞造山期，早白垩世晚期班公湖-怒江结合带在本区完全闭合，冈底斯陆块与羌塘陆块发生碰撞造山，使早中侏罗世木嘎岗日岩群、晚侏罗世沙木罗组、吐卡日组、早白垩世塔仁本洋岛型玄武岩褶皱变质，变质级别为低绿片岩相。羌塘陆块向冈底斯陆块上仰冲形成一系列北倾的叠瓦状逆冲断层系。同时根据班公湖-怒江结合带边界断裂中一些灰岩块体剪切“布丁”的特点和拉断“石香肠”的不对称形态判断这一时期的逆冲断层具有左行走滑的特点。由于强烈的挤压碰撞作用，在地壳深部发生岩浆作用，并喷出地表，形成一套陆相火山岩去申拉组，岩石化学、地球化学特征显示为消减带型钙碱性中性—酸性火山岩（K－Ar 年龄为 103Ma）。火山岩中夹陆相红层，呈角度不整合覆盖于塔仁本洋岛玄武岩之上，证明当时班公湖-怒江洋已全部闭合上升为陆。

晚白垩世碰撞造山作用继续加积，在班公湖-怒江结合带中有同碰撞-板内型中性—中酸性的浅成岩侵入，其中灰白色花岗闪长斑岩的 K－Ar 年龄为 68.87Ma。在南羌塘有近东西向串珠状分布的阿布山组钙碱性—拉斑玄武岩系列消减带型陆相中性火山岩喷出，其中夹陆相紫色碎屑岩——代表造山期的磨拉石建造。该时期除在部分山前盆地形成陆相火山碎屑岩建造之外，其他地区皆遭受风化剥蚀。至此，中特提斯的演化全部结束。

## 三、陆壳改造—高原隆升发展阶段

### 1. 造山期后崩塌裂陷阶段（$E_1$—$E_3$）

本区早白垩世晚期洋壳完全闭合，海水退出后，完全结束了海相沉积史，开始接受陆相沉积。古近纪伊始，随着雅江带的由南向北俯冲，冈底斯岩浆弧主体形成，并大幅抬升，受其影响，冈底斯-念青唐古拉板片北缘的班公湖-怒江结合带活化发生伸展断陷，形成了包括班戈盆地和伦坡拉盆地在内的一系列近东西向延伸的内陆湖泊盆地。即《西藏自治区地质志》上称之为"'班公湖-怒江带'的第三系"，主要以深湖—半深湖相粗砂、页岩沉积为主，含油页岩。从湖相沉积厚度大、分布范围广的特征看，显示了这一时期的湖泊已具有相当大的规模，并且湖水温度适宜，生物繁盛。水中生长着真菌、藻类、介形虫、有孔虫、鱼虾等淡水生物。同时在湖岸和山地还生长着森林灌木、杂草等。从丁青湖组孢粉分析亦可看出，古近纪末期，已有适应山坡、丘陵生长的松、栎、榆等，亦有平原地带所见桦、芸菁、木兰及柳等。表明当时的地形起伏已经比较明显，推测当时山地高度已达 1 500m 从植物群的特征看，反映了热带和亚热带的气候环境。这一时期南羌塘陆块也相对活跃，在始新世末期发生了偏碱性的基性—中性火山喷发，K－Ar 年龄为 32.60Ma，岩石化学、地球化学特征显示为大陆板内碱性玄武岩。由于在古近纪末期地壳的快速抬升，湖水大幅度萎缩以至结束沉积。

### 2. 高原隆升阶段（N－$Q_4$）

新近纪是青藏高原整体隆升速度较快的阶段。区内主要表现为东西向构造的继承活化、北东向剪切走滑和南北向张性裂陷形成。出现近东西向、北东向、近南北向的山间断陷盆地，沉积了康托组陆相的碎屑岩建造，均以紫色为特征。含少量生物化石，表现其生成环境为干燥炎热的山间盆地。新近纪末期构造岩浆作用加剧，沿东西向构造有中酸性浅成岩株侵入康托组，并使康托组、牛堡组等地层发生褶皱。

进入第四纪，在青藏高原整体大幅度快速隆升的背景下，受新近纪晚期构造格局的影响，本区以差异性升降为基本特征。区内湖泊多受北东向和近南北向构造控制。湖泊的演化明显受高原隆升幅度、差异性升降幅度及气候环境等因素控制。据有关资料，青藏高原在近 120 万年以来，每千年以 2.042m 的速度向上抬升。其中在中更新世每千年抬升 2.233m，晚更新世则达到每千年抬升 4.200m 之多，全新世后半期的抬升速度每千年高达 48m。第四纪时期，除前述高原巨幅抬升外，气候波动也相当频繁。在近 260 万年以来，曾出现过 6 次冰期和 5 次间冰期。每次冰期和间冰期均对湖水面积产生明显的影响，在中更新世大冰期之后，中更新世后期到晚更新世早期的间冰期，气候转暖，植被发育，雨量充沛，冰川溶化，湖水面积激增。许多湖泊在当时都是连在一起的，在西藏的地质历史上称之为"大水湖时期"。但晚更新世中晚期，由于青藏高原和喜马拉雅山的强烈抬升，后者已变成阻挡潮湿气团进入本区的屏障，致使本区日趋干旱，湖面分割萎缩，普遍发育了盐湖，全新世以来的地势仍不断升高，气候日益干旱，致使许多湖泊趋于消亡。

# 第六章　经济地质

## 第一节　矿产

### 一、矿产工作概述

矿产调查工作是在1∶25万区域地质填图过程中同步进行的，首先对区内1∶100万地质资料、1∶100万航磁资料及已知矿产资料进行了系统收集和综合研究，在遥感解译中重视了矿化信息的提取，针对各区带成矿地质条件的差异，确定了有找矿潜力的遥感异常，确定了找矿远景区，制订了不同的找矿目标。其中，对已知矿点进行勘查，充分了解其矿化类型及成矿地质条件，以指导区域找矿。对航磁异常进行勘查，研究引起异常的地质因素，并对异常做出地质解释。对本次工作中新发现的矿（化）点，均进行重点勘查，针对有一定远景的矿（化）点除进行1∶5万地质草测、1∶1万地质草测、1∶5千地质草测、1∶2千地质草测外，还进行了少量地表工程揭露，光薄片、重砂、化学分析等，测试工作由吉林省地质研究所等单位完成（表6-1）。

**表6-1　主要工作量一览表**

| 工作项目 | 单位 | 数量 | 备注 |
|---|---|---|---|
| 1∶50 000地质草测 | $km^2$ | 87.51 | |
| 1∶10 000地质草测 | $km^2$ | 9.60 | |
| 1∶5 000地质草测 | $km^2$ | 19.25 | |
| 1∶2 000地质草测 | $km^2$ | 4.52 | |
| 1∶5 000地质草测（砂金） | $km^2$ | 21 | |
| 化学基本分析 | 件 | 155 | |
| 野外快速分析 | 件 | 66 | |
| 岩石光谱分析 | 件 | 17 | |
| 光薄片分析 | 件 | 33 | |
| 重砂样品分析 | 件 | 115 | |
| 槽探 | $m^3$ | 1 550.70 | |
| 浅井 | m | 33.70 | |

## 二、区域矿产特征

至目前为止区内共发现各类矿产共16处，其中，金矿化点5处，铜矿点3处，金铜矿点2处，砂金矿点3处，锑矿点1处，石棉矿点1处，硼矿化点1处。其中具有进一步工作价值的矿点有走岗桑金铜矿点、师湖错矽卡岩型金铜矿点、蒋庄日锑矿点、走岗桑砂金矿点。

工作区南部为班公湖-怒江结合带，地层属木嘎岗日地层分区，构造岩浆活动极为复杂，因而也具备了良好的成矿条件。矿种以金-多金属及现代沉积的盐类矿产，古近纪沉积的油页岩矿远景区（在图幅右下部），属昂达尔错幅油页岩远景区一小部分。工作区中部为南羌塘盆地，地层属多玛地层分区，构造岩浆活动微弱。属南羌塘盆地油气、油页岩成矿远景区西延部分，矿种主要有现代沉积的盐类矿产等。工作区中北部为羌塘中央隆起南缘断裂带，该带具有切割较深、活动时间长的特点，带内可见中—新生代岩浆活动，矿种以锑-金及多金属为主（表6-2）。

## 三、矿产各论

### （一）岩浆热液型矿产——走岗桑金铜矿点

#### 1. 地质特征

地层主要为早侏罗世曲色组—中侏罗世色哇组。岩性为灰色—深灰色薄层状砂岩、粉砂岩、泥灰岩。

岩浆岩为早白垩世呈岩株状产出的灰色细粒黑云母花岗闪长岩，为赋矿岩体。脉岩主要为灰色—灰紫色闪长玢岩脉、灰色石英闪长岩脉、灰色石英斑岩脉等，宽0.2～20m，延长几米至几百米不等，走向近东西，北东向，近直立。

在岩浆岩外接触带周围，地层岩石变质主要为深灰色变质砂岩，堇青石角岩、透辉石角岩。

断层呈近东西向和北东向，切割了石英闪长岩体及周围地层，南倾55°～75°，为主要控矿构造。

#### 2. 航磁特征

矿区处于近东西走向高磁异常及梯度带上（△T25～89nt），推测为较深断裂通过部位，亦为岩体的反映。

#### 3. 矿（化）体特征

主矿体共有4条，矿化蚀变带共有2条，均具有分支复合特征。矿体总厚度3.6m，单层厚0.2～1.00m。矿体全部分布在石英闪长岩岩株体中，分布面积1.5km$^2$，矿体呈近东西向平行分布，局部呈北东向，矿体间距10～100m，延长40～1 000m，产状南倾、倾角50°～80°。其主矿体特征如下：

（1）1号矿体

矿体长大于320m，宽0.2～1.00m，产状170°∠80°，为孔雀石化黄铜矿化石英脉，沿走向矿化较好，Au品位$2.7\times10^{-6}$，Cu品位$0.018\times10^{-2}$，矿体连续性较好。

（2）2号矿体

矿体长1 000m，宽0.5～1m，产状180°∠55°，为孔雀石化黄铜矿化石英脉，沿走向矿化向东较好，向西较差，Au品位$0.1\times10^{-6}$～$2.08\times10^{-6}$，Cu品位$0.01\times10^{-6}$～$0.56\times10^{-2}$，矿体连续性差。

（3）2—1号矿体

矿体长80m，宽0.7m，产状200°∠75°，为孔雀石化黄铜矿化石英脉，沿走向矿化好，矿体连续，Au品位$1.75\times10^{-6}$，Cu品位$0.36\times10^{-2}$。

（4）2—2号矿体

矿体长200m，宽0.2m，产状190°∠60°，为孔雀石化、黄铜矿化石英脉，沿走向矿化较好，矿体连续性一般，Au品位$1.80\times10^{-6}$，Cu品位$0.36\times10^{-2}$。

**表 6-2　矿产一览表**

| 编号 | 矿产地名称 | 矿种 | 成矿作用 | 地质特征 | 矿石类型 | 品位 | 时代 | 资料来源 | 备注 |
|---|---|---|---|---|---|---|---|---|---|
| 1 | 查拉木金矿化点 | 金 | 岩浆热液 | 地层为晚三叠世弄佰组安山玄武岩。断层近东西向，矿化为构造蚀变岩 | 蚀变岩 | Au $0.9\times10^{-6}$ Ag $2.6\times10^{-6}$ | 喜山期 | 路线踏勘 K212 点 | |
| 2 | 色扎加布陇铜矿化点 | 黄铜矿 | 岩浆热液 | 地层为晚三叠世弄佰组安山玄武岩。断层近东西向，矿化为构造蚀变岩，矿化：孔雀石化、黄铜矿化、方铅矿化 | 构造蚀变岩 | Cu $17.0\times10^{-2}$ Ag $99\times10^{-6}$ | 喜山期 | 矿产调查 K155～K158 | |
| 3 | 磅赖金矿化点 | 金 | 热液 | 地层新近纪康托组砾岩、砂岩、粉砂岩。断层近东西向 | 构造蚀变岩 | Au $0.74\times10^{-6}$ | 喜山期 | 矿点检查 K210 | |
| 4 | 蒋庄日锑矿点 | 辉锑矿 | 岩浆热液 | 地层为晚三叠世角木日茶卡组长石石英砂岩。断层近东西向，宽 5～50m，硅化强。岩浆岩为断层内分布的闪长岩脉。矿化：构造角砾岩不均匀锑矿化 | 构造角砾岩 | Sb $0.63\times10^{-2}$～$3.02\times10^{-2}$ | 喜山期 | 1：25 万 D3110 点 | |
| 5 | 朋彦错硼矿 | 硼盐 | 化学沉积 | 地层主要为第四纪砂、泥层 | | | $Q_4$ | | |
| 6 | 索达攻铜矿化点 | 黄铜矿 | 接触交代 | 地层为中侏罗世色哇组砂岩、粉砂质泥岩。岩浆岩为石英闪长岩脉，闪长斑岩脉侵入地层中。矽卡岩：岩浆岩遍布地层中，主要为石榴石矽卡岩 | 孔雀石化矽卡岩 | | 燕山期 | 地质调查 K315 点 | |
| 7 | 走岗桑金铜矿点 | 黄铜矿、金 | 岩浆热液 | 地层为中侏罗世色哇组砂岩、粉砂岩、灰岩。岩浆岩为石英闪长岩呈岩株侵入地层中，脉岩发育。变质岩：岩浆岩周围地层角岩化。矿体赋存在岩株内，近东西构造内，呈脉状产出。蚀变为硅化、碳酸盐化、高岭土化。矿化为孔雀石化、黄铜矿化、斑铜矿化、金矿化等 | 石英脉型，蚀变岩型 | Au $0.19\times10^{-6}$～$10.7\times10^{-6}$ Cu $0.02\times10^{-2}$～$6.4\times10^{-2}$ | 燕山期 | 矿点初查 | 槽探揭露 |
| 8 | 走岗桑砂金矿点 | 砂金 | 冲积洪冲积 | 岩性主要为第四纪河床（二级阶地）砾石、砂砾石层。洪冲积扇：砾石、砂砾石层。矿化：砂金矿化 | 松散砂砾石 | 砂金 $0.05\ g/m^3$～$0.07 g/m^3$ | $Q_4$ | 矿点初查 | 浅井剥土控制 |

**续表 6-2**

| 编号 | 矿产地名称 | 矿种 | 成矿作用 | 地质特征 | 矿石类型 | 品位 | 时代 | 资料来源 | 备注 |
|---|---|---|---|---|---|---|---|---|---|
| 9 | 赤勒<br>金矿化点 | 金 | 岩浆热液 | 岩浆岩：花岗斑岩体。矿化：花岗斑岩中，金矿化蚀变岩 | 蚀变岩 | Au<br>$0.75\times10^{-6}$<br>Ag<br>$10\times10^{-6}$ | 燕山期 | 1∶25 万<br>K205 | |
| 10 | 诺尔玛错<br>硼矿点 | 硼盐 | 化学沉积 | 第四纪泥层、硼盐层 | | | $Q_4$ | | |
| 11 | 达松<br>铜矿化点 | 黄铜矿 | 热液 | 岩石：早侏罗世枕状玄武岩。<br>构造：主要为韧性剪切构造。<br>矿化：玄武岩枕间构造裂隙发育孔雀石化。<br>蚀变：碳酸盐化 | 蚀变岩 | Cu<br>$17.50\times10^{-2}$ | 燕山期 | 1∶25 万<br>G31 构造点 | |
| 12 | 狮湖错<br>金铜矿点 | 黄铜矿银金矿 | 接触交代 | 地层为晚侏罗世沙木罗组，粉砂岩、细砂岩、灰岩，地层产状 350°∠35°。<br>变质岩：在岩浆岩附近有变质砂岩、角岩、大理岩。<br>蚀变岩：透辉石矽卡岩、硅灰石矽卡岩。岩浆岩：黑云母花岗闪长岩岩脉、闪长玢岩脉，呈近东西向。<br>矿化：孔雀石化、黄铜矿化、斑铜矿化、金矿化等 | 矽卡岩 | Au<br>$0.15\times10^{-6}$～<br>$11.3\times10^{-6}$<br>Cu<br>$0.02\times10^{-2}$～<br>$3.66\times10^{-2}$ | 燕山期 | 矿产调查<br>K330～K348 点 | |
| 13 | 克西<br>砂金矿点 | 砂金 | 冲积 | 地层为第四纪河床砂砾砾石层 | 砂金 | | $Q_4$ | | 采空 |
| 14 | 空弄勒<br>砂金矿点 | 砂金 | 冲积 | 地层主要为早—中侏罗世木嘎岗日岩群变质粉砂岩、砂岩。第四纪河床砂砾、砾石层 | 砂金 | | $Q_4$ | | 已开采 |
| 15 | 拉嘎<br>金矿化点 | 金 | 热液 | 地层为早—中侏罗世木嘎岗日岩群变质粉砂岩、砂岩、夹枕状玄武岩、硅质岩、灰岩。构造：断层由灰黄色蚀变构造角砾岩组成，宽 50m，产状 355°∠65°<br>蚀变：硅化、褐铁矿化 | 蚀变构造角砾岩 | Au<br>$0.85\times10^{-6}$<br>Sb<br>$0.11\times10^{-2}$ | 燕山期 | 1∶25 万<br>K213 点 | |
| 16 | 俄绕塘卡石棉<br>矿化点 | 石棉 | 热液蚀变 | 地层为早—中侏罗世木嘎岗日岩群变质粉砂岩、砂岩。<br>岩浆岩：辉石橄榄岩。<br>石棉：产在辉石橄榄岩蚀变岩中 | 纤维状 | | 燕山期 | 1∶25 万<br>遥感调查点 | |

(5) 2—3 号矿体

矿体长 80m，宽 0.2m，产状 10°∠65°，为孔雀石化、黄铜矿化石英脉，矿化较好，矿体连续，Au 品位 $10.75\times10^{-}$，Cu 品位 $0.25\times10^{-2}$。

(6) 3 号矿体

矿体长 420m，宽 0.2～1.00m，产状 150°～170°∠70°～75°，为孔雀石化、黄铜矿化石英脉和孔雀石化、黄铜矿化蚀变岩型，矿化较好，矿体连续性较好，Au 品位 $1.28\times10^{-6}$～$5.40\times10^{-6}$，Cu 品位 $0.23\times10^{-6}$～$1.82\times10^{-2}$。

(7) 3—1 号矿体

矿体长 700m，宽 0.2～1.00m，产状 170°∠75°，为孔雀石化、黄铜矿化石英脉和孔雀石化、黄铜矿化蚀变岩，矿化一般，矿体连续性差，矿体西部差，东部好，且有分支，Au 品位 $0.32\times10^{-6}$～$1.71\times10^{-6}$，Cu 品位 $0.32\times10^{-6}$～$6.40\times10^{-2}$。

(8) 6—1 号矿体

矿体长 50m，宽 0.6m，走向 180°，直立，为黄铁矿化、黄铜矿化花岗细晶岩脉，金铜矿化较差，Au 品位 $0.32\times10^{-6}$，Cu 品位 $0.33\times10^{-2}$。

(9) 6—2 号矿体

矿体长 90m，宽 0.5m，产状 160°∠75°，为孔雀石化、黄铜矿化石英脉，金铜矿化较差，Au 品位 $0.37\times10^{-6}$，Cu 品位 $0.88\times10^{-2}$。

#### 4. 矿石特征

氧化带矿石主要是孔雀石化、黄铜矿化石英脉，矿石呈显微粒状镶嵌结构，网格状构造，矿物成分主要由 0.02～0.06mm 石英组成。

矿石中矿物主要为孔雀石、黄铜矿、铜蓝、辉铜矿、褐铁矿，共生矿物主要为辰砂，粒度 0.005～0.015mm，分布不均，含量 0.5%±。铜矿物呈细脉浸染状，金呈微粒状存在矿石中。

矿物生成顺序为辰砂、黄铁矿、黄铜矿、毒砂、自然金—铜蓝、辉铜矿—孔雀石—褐铁矿。

矿石中主要有用组分：Au 为 $0.1\times10^{-6}$～$10.75\times10^{-6}$，Cu 为 $0.01\times10^{-2}$～$6.40\times10^{-2}$，Ag 为 $115.0\times10^{-6}$，Sb 为 $0.24\times10^{-2}$，Hg 为 $4400\times10^{-9}$，Bi 为 $80.56\times10^{-6}$，Pb 为 $30\times10^{-6}$，Zn 为 $60\times10^{-6}$，W 为 $200\times10^{-6}$，Mo 为 $2\times10^{-6}$。有害组分：As 为 $75.3\times10^{-6}$。

岩石蚀变为硅化、碳酸盐化、高岭土化，金属矿化为孔雀石化、黄铜矿化、褐铁矿化、黄铁矿化。

#### 5. 控矿因素讨论及找矿标志

该区位于羌塘盆地中央隆起南缘构造带上，矿床成因主要是早白垩世岩浆岩侵入地层之后，岩浆期后热液沿构造裂隙运移，在有利部位沉淀，富集成矿，矿石主要为石英脉型—蚀变岩型，以石英脉型成矿为主要特征，其次蚀变岩型。岩体内小裂隙两侧花岗闪长岩具细脉状、浸染状、团快状孔雀石化黄铜矿，研究深部能否形成斑岩型矿对扩大矿体规模具有重要意义。

本区岩株外围脉岩发育，并发现矿化石英脉。但对岩株内矿化体深部及脉岩与成矿关系了解不够，所以今后应结合物化探等手段，对深部及面上成矿规律进行深入调查研究，以便掌握成矿规律。

找矿标志主要是构造破碎带，区内水系重砂中含砂金和沿构造带分布的中酸性侵入岩也是找矿标志。矿化主要以孔雀石化、黄铜矿化为特征，蚀变以硅化、碳酸盐化、绿泥石化为特征。

### （二）岩浆热液型矿产——蒋庄日锑矿点

#### 1. 地质特征

矿点位于羌塘地块中生代断陷盆地中部，走岗桑-姜钟-多涌褶皱带中。该褶皱带走向近东西。

（1）地层

地层由晚三叠世弄佰组、姜钟组、角木日茶卡组构成。

弄佰组（$T_3n$）岩性为玄武岩、安山玄武岩。

姜钟组（$T_3j\check{z}$）岩性为长石（石英）砂岩—粉砂岩。

角木日茶卡组（$T_3j$）岩性为粉晶灰岩夹生物灰岩、粉砂岩。

上述地层之间均为整合接触。

在构造带北部新近纪康托组上段岩性为紫红色薄层状岩屑石英砂岩。

（2）岩浆岩

在姜钟组细碎屑岩中发育近东西向构造破碎带，沿构造带有石英斑岩脉侵入，石英斑岩呈浅肉红色，斑晶矿物主要为石英，基底呈隐晶—微晶。岩石具斑状结构，块状构造。岩脉具绢云母化、硅化、褐铁矿化等蚀变现象，沿构造带侵入。

（3）构造

在姜钟组细碎屑岩和新近纪康托组上段紫红色岩屑石英砂岩之间发育断层，形成近东西向构造破碎带。构造破碎带长 21km，近东西向延伸出本区，倾向北，倾角 30°～70°，该断层控制了姜钟锑矿化的分布。

**2. 航磁特征**

该成矿构造带位于高值异常区中呈近东西向低值区（△T 0～25nt），其低值区是构造带的反映。

**3. 矿化体特征**

矿化体为蚀变石英斑岩和灰色构造角砾岩，角砾成分为蚀变石英斑岩、石英砂岩，呈棱角状，胶结物为灰色硅质，辉锑矿主要呈浸染状分布在胶结物中，矿化构造角砾岩带中西段 3～4km 范围内断续见黄铁矿化、辉锑矿化，矿化不均，局部富集，Sb 品位 $0.63\times10^{-2}\sim3.02\times10^{-2}$，东段至朋彦错西露头矿化较弱。

区内该赋矿构造带长 15km，宽 5～40m，产状 355°∠70°。

构造带内有石英斑岩脉、闪长岩脉侵入，脉岩产状与构造带产状相一致。

**4. 矿石特征**

矿石类型为灰色强硅化构造角砾岩型，角砾状结构，角砾状构造，角砾占 50%，成分为石英砂岩，呈棱角状—次棱角状，砾径多在 0.5～2.0mm 之间，大者可达 5.0mm，胶结物占 50%，成分为硅质，呈显微粒状变晶结构，隐晶结构。

金属矿物呈浸染状分布在胶结物中，辉锑矿呈粒状、放射状，可见黄色斑状锑华，镜下呈不规则粒状集合体，页片状结构，粒径 0.01～0.15mm，以 0.05～0.15mm 为主。其他矿物有黄铁矿、白铁矿、褐铁矿。

矿物生成顺序：辉锑矿—黄铁矿—白铁矿—褐铁矿。

矿石中主要元素（YD3110～1 角砾岩型）：Au 为 $0.15\times10^{-6}$，Sb 为 $0.63\times10^{-2}\sim3.02\times10^{-2}$，Hg 为 $23.0\times10^{-6}$，Bi 为 $0.39\times10^{-6}$，Cu 为 $0.009\times10^{-2}$，Pb 为 $20.0\times10^{-6}$，Zn 为 $0.01\times10^{-2}$，W 为 $57.32\times10^{-6}$，Sn 为 $2.26\times10^{-6}$，Mo 为 $7.78\times10^{-6}$，As 为 $714.20\times10^{-6}$。

**5. 控矿因素讨论及找矿标志**

（1）控矿因素讨论

该区位于羌塘盆地中央隆起南缘构造带上，金铜、锑汞成矿带东段。受喜山期强烈构造岩浆活动的影响，在深部形成的含矿硅质热液沿构造带移动、沉淀，富集成矿，石英斑岩与成矿关系较为密切，可能为成矿提供了热源和矿源。

镜下薄片反映并结合邻区锑矿化特征，硅化呈多期次性，锑矿化具多期成矿特征，因此该区具有成矿前景。

（2）找矿标志

① 强硅化构造角砾岩带。

② 锑、金地球化学异常。

### （三）接触交代型矿点——狮湖错矽卡岩型金铜矿点

#### 1. 地质特征

该区位于班公湖-怒江构造带中段，地层为晚侏罗世沙木罗组浅海相石英砂岩、粉砂岩、钙质页岩、生物碎屑灰岩，地层总体产状 320°～350°∠350°～70°。

岩浆岩主要是灰色中细粒花岗闪长岩脉，灰—灰紫色闪长玢岩脉，岩脉产状基本与地层产状一致，部分不一致。岩石呈浅肉红色，矿物由长石（钾长石、斜长石）、石英、黑云母、少量的角闪石构成，岩石呈半自形晶，局部具斑状结构，块状构造。岩脉与地层的边部多具绢云母化、褐铁矿化现象。

地层在侵入岩附近均已变质，砂岩角岩化或已形成了角岩，灰岩大理岩化或已形成大理岩。矽卡岩主要为硅灰石矽卡岩、含磁铁矿透辉硅镁矽卡岩，总体呈近东西展布的透镜状，发育在早白垩世花岗闪长岩侵入体一侧的碎屑岩—泥晶灰岩韵律层中。

含磁铁矿透辉石矽卡岩：呈浅灰色，主要矿物为透辉石、方解石及少量石英，岩石呈交代结构，局部具残余特征。

硅灰石矽卡岩：呈浅灰色，主要矿物为硅灰石、方解石及少量石英。

在矽卡岩中多矿化蚀变，局部富集形成工业矿体。

区内受班公湖-怒江构造带影响，地层形成复杂褶皱，次一级断层发育，主要呈近东西向展布。

#### 2. 航磁特征

该区处在相对低值异常区，异常宽缓，反映出以正常沉积岩为主的特点。同时该异常的低中高特征，也反映出该区处在构造及岩浆岩活动区带上。

#### 3. 矿（化）体特征

该区矿体有 6 条，主要矿体有 4 条，地表反映部分矿化不连续，多赋存在石英闪长岩脉与地层接触带上或脉岩附近，其特征如下：

（1）1 号矿体

矿体长 320m，宽 0.2～0.5m，矿体断续。Cu 品位：$0.76\times10^{-2}\sim1.74\times10^{-2}$，Au 品位：$2.55\times10^{-6}\sim13.5\times10^{-6}$。

（2）2 号矿体

矿体长 150m，宽 2.0m，矿体连续。Cu 品位：$0.80\times10^{-2}$，Au 品位：$7.25\times10^{-6}$。

（3）3 号矿体

矿体长 150m，宽 0.5m，矿体连续。Cu 品位：$1.11\times10^{-2}$，Au 品位：$2.05\times10^{-6}$。

（4）4 号矿体

矿体长 220m，宽 0.2～7.0m，矿体基本连续。Cu 品位：$1.38\times10^{-2}\sim2.80\times10^{-2}$，Au 品位：$0.2\times10^{-6}\sim2.60\times10^{-6}$。

#### 4. 矿石特征

矿石类型属矽卡岩型，为含磁铁矿透辉硅镁矽卡岩，脉石矿物主要为微粒状透辉石、硅镁石。

矿石矿物为黄铜矿、蓝辉铜矿、银金矿、孔雀石、磁铁矿、褐铁矿等。

矿物生成顺序：黄铜矿、蓝辉铜矿、银金矿、孔雀石、褐铁矿。

矿石中主要有用元素（YD3159～3，孔雀石化矽卡岩）：Au 为 $10.40\times10^{-6}$，Ag 为 $20.40\times10^{-6}$，Sb 为 $15.48\times10^{-6}$，Hg 为 $0.13\times10^{-6}$，Bi 为 $2.01\times10^{-6}$，Cu 为 $2.31\times10^{-2}$，Pb 为 $270.0\times10^{-6}$，Zn 为 $0.01\times10^{-2}$，W 为 $49.11\times10^{-6}$，Sn 为 $20.03\times10^{-6}$，Mo 为 $8.31\times10^{-6}$。有害元素：As 为 $26.55\times10^{-6}$。

**5. 控矿因素讨论**

该区位于班公湖-怒江结合带北缘中段，受其深大断裂带影响，深部岩浆侵入到含碳酸盐岩地层中，形成了矽卡岩，伴随矿液运行，富集成矿。

该区矿体基本赋存在岩体与地层接触界线上及距岩体一定距离的地层中的外矽卡岩，由于岩体侵入产状与地层走向基本一致，矿体的空间形态多呈似层状。

从矿体露头分析，矿化普遍强，金铜比较富集，该区具有很好成矿前景。

### （四）冲积型砂矿——走岗桑砂金矿点

**1. 地质特征**

该区由 5 个第四纪洪冲积扇体组成，总体走向呈北东向展布，长 22.5km，宽 4km，厚度最厚可达 50m，面积 $90km^2$。

矿点南为帕度错，北为剥蚀区，其地层由晚三叠世—早侏罗世索布查组灰岩、早侏罗世曲色组细碎屑岩、泥灰岩组成，其走岗桑金铜矿点是砂金主要物源区。

**2. 矿体特征**

该矿点西部两个扇体（1 号、2 号），普遍含砂金，品位较低，由于工作程度较低，在 2 号扇二级阶地河道相砾石层中，只一个样够品位，现只在 1 号扇、2 号扇上二级阶地上查出两个矿体，其矿体特征如下：

（1）1—1 矿体

矿体长 625m，宽 30m，厚 0.5m，埋藏深度 0.5～1.0m，走向北西向，砂金品位 $0.05g/m^3$，估算储量 0.473kg。

（2）2—1 矿体

矿体长 385m，宽 70m，厚 0.5m，埋藏深度 0.5～1.5m，走向近南北，砂金品位：$0.06g/m^3$，单个样品最高品位 $0.07g/m^3$，估算储量 0.808kg。

**3. 矿石特征**

含砂金冲积扇沉积物主要由砂砾层、砾石层组成，砾石成分主要由灰岩、砂岩组成，次为石英闪长岩，少量脉石英等，砾径多在 0.5～10cm 之间。沉积物呈半固结状态。地表普遍含砂金，但达不到边界及工业品位。

含砂金河流相沉积物，主要由卵石层组成，卵石成分主要由灰岩、砂岩组成，次为石英闪长岩、脉石英等，砾径多在 0.5～15cm，大者可达 50cm±，沉积物呈松散混杂堆积。

**4. 重砂特征**

重砂组分主要为自然金、磁铁矿、褐铁矿、黄铁矿、角闪石、锆石、绿帘石与褐铁矿连体的长石、石英等，次为磷灰石、石榴石等。

**5. 砂金特征**

砂金以片状、厚片状为主，次为圆球状、针状及长条状，金粒度小于 0.1～1mm，以 0.3～0.1mm

级粒度为主。

#### 6. 控矿因素及矿源讨论

该区控矿是洪冲积相沉积物，金在物源区剥蚀、搬运及水化学条件共同作用下，沉积成矿。

该区砂金物源主要是北部 2km 处走岗桑金铜矿点中的矿化石英脉，次为变质砂岩、矿化构造蚀变岩及岩体中的微量金。

## 四、区域地球物理场特征

据 1∶100 万航磁成果，区内的磁场特征如下：

#### 1. 磁场分区

根据工区及附近的磁场特征，可大致分为 3 个场区，分述如下：

I 区

位于工区的北侧，分布于双湖-查桑贡日岗-拉马达一带，向西延伸出图幅，该场区的特征是异常强度大，呈线型或链型分布，正负磁场急剧变化，在平面图上呈现出磁力密集的梯度陡变带。

II 区

位于工区中部，在本区分布面积最大。场态平稳，且大多为负场，整个场区呈宽缓的带状沿东西向展布，向西延伸出工区。

III 区

位于工区的南缘。异常亦呈带状，北西西或东西向分布，场态特征与 I 区相似，但不及 I 区变化强烈。

结合地质资料看出，3 个场区分别对应于 3 个区域大地构造单元。

Ⅰ区对应中央隆起带，高磁异常主要由中-基性岩浆岩引起。

Ⅱ区对应于羌塘陆块。低缓的磁场反映出以正常沉积为主场态特点。

Ⅲ区的位置与班公湖-怒江结合带相吻合。根据该结合带的岩性组合，正异常是中-基性及超基性岩浆岩的反映。

#### 2. 推断构造

1∶100 万航磁（△T）基本显示出本区及附近的基底构造格架。推断构造依据如下：

（1）线性正异常

线性正异常是中-基性岩浆沿断裂带贯入或喷发充填到断裂而引起。因此，往往是深大断裂的反映。

（2）线型梯度带

线型梯度即呈线型分布的等值线密集带。在剖面图上，梯度带是磁场曲线拐点连线，而拐点大致指示磁性体的边界，因此梯度带是磁性界面的反映。磁性体的边界大都以断裂划分。

（3）狭长的线型磁场低值带（共轭负异常除外）

狭长的线型磁场低值带往往是挤压破碎带。

基于上述特征，推断构造（图 6－1）从图中可见，中央隆起带的构造最为发育，其次是班公湖-怒江结合带，而盆地构造不甚发育。

推断构造多呈弧状，显示出本区构造受板块碰撞挤压控制的特点。

## 五、区域成矿规律及成矿远景区划分

### （一）区域成矿规律及找矿方向

通过对区内各大地构造单元中不同矿产资料的综合分析，对区域成矿规律的总结如下：

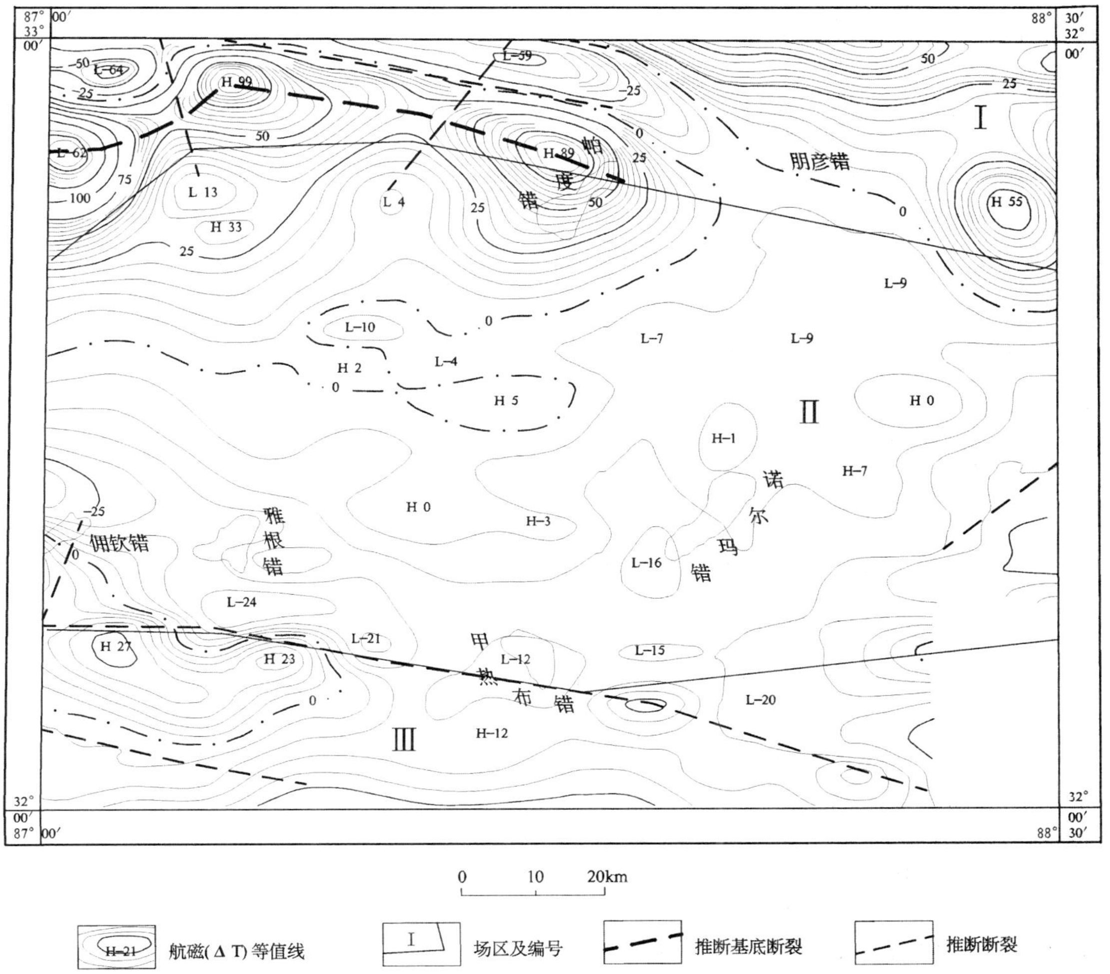


图 6－1　帕度错幅航磁（ΔT）等值线及构造推断图

**1. 沉积成矿作用与成矿作用**

（1）化学沉积作用与成矿

硼盐：区内的现代湖泊均为陆咸水湖，多有硼盐沉积。但因咸化程度有所不同，成矿规模亦有所区别。以朋彦错和诺尔玛错为代表，是寻找硼盐（含锂）的良好线索。

（2）机械沉积作用与成矿

砂金：区内砂金矿点较多，但规模较小。多沿金矿（化）体周边分布。从对地质地貌演化历史的研究出发，重点注意那些剥蚀程度相对较深的金矿（化）体周围的新生代砂（砾）体，区内以走岗桑砂金矿和空弄勒砂金矿点为代表。

**2. 岩浆热液作用与成矿**

（1）热液蚀变成矿作用与成矿

石棉为超基性岩经热液蚀变的产物，以超基性岩为主要找矿线索，区内为俄绕塘卡石棉矿化点。

（2）接触交代作用与成矿

接触交代型金铜矿产主要分布于构造岩浆活动频繁的班公湖-怒江结合带中，该带中的中—新生代侵入体与能源矿产组的接触带为寻找该类矿产的重点部位，区内以狮湖错矽卡岩型金铜矿点为代表。

**3. 构造岩浆热液成矿作用**

(1) 破碎蚀变岩型金铜-多金属矿

破碎蚀变岩型金铜-多金属矿在班公湖—怒江结合带及羌塘中央隆起南缘断裂带中均有发现，该类矿产以铜为主，亦见有铅矿化等，多沿近东西向展布的构造破碎带出现，区内以走岗桑金铜矿点为代表。

(2) 构造岩浆热液型金锑-多金属矿

构造岩浆热液型金锑-多金属矿主要见于羌塘中央隆起南缘断裂带，沿该断裂带断续出现的中新生代中酸性小岩株是寻找该类矿产的重要线索，区内以蒋庄日锑矿点为代表。

## (二) 成矿远景区的初步划分

依据区内构造岩浆活动的总体特征以及各类矿产分布的时空规律，可以划分如下 3 个特征鲜明的成矿远景区（见地质矿产图）。各成矿远景区特征如下：

**1. 中央隆起南缘锑金-多金属成矿远景区**

位于羌塘盆地中央隆起南缘，龙木错-双湖结合带的南侧，横跨朋彦错-雅根错断隆和南羌塘前陆盆地两个三级构造单元。

(1) 地层特征

区内地层主要为晚三叠世姜钟组、角木日茶卡组、扎那组、晚三叠世—早侏罗世索布查组、早侏罗世曲色组、中侏罗世色哇组、布曲组。

晚三叠世姜钟组、角木日茶卡组、扎那组、晚三叠世—早侏罗世索布查组岩性为砂岩、泥岩、灰岩、玄武安山岩、安山质角砾熔岩；早侏罗世曲色组、中侏罗世色哇组、布曲组岩性为砂岩、泥岩及碳酸盐岩。

(2) 岩浆岩特征

区内岩浆岩主要为早白垩世黑云母花岗闪长岩，呈岩株状侵入早侏罗世曲色组泥质粉砂岩、细砂岩中，岩体内部发育有石英脉型—蚀变岩型金铜矿化。

(3) 脉岩特征

脉岩主要为石英闪长岩、闪长玢岩、石英斑岩，其中石英斑岩与锑矿化关系密切。

(4) 构造特征

区内构造主要为北西和近东西向两组构造，并控制着岩浆岩和矿产的分布。航磁异常强度大、磁力密集，且梯度陡线型或链型分布，反映了深大断裂的特征。

(5) 矿产特征

区内矿产主要有与早白垩世黑云母花岗闪长岩有关的岩浆热液型——走岗桑金铜矿点、与新生代构造岩浆活动有关的岩浆热液型——蒋庄日锑矿点、接触交代型——达攻矽卡岩型铜矿化点、与构造蚀变岩有关的查拉木金化矿点、色加扎布陇铜矿化点、与表生作用有关的冲积型砂矿——走岗桑砂金矿点。

(6) 矿化特征

区内矿化主要有金矿化、黄铜矿化、蓝辉铜矿化、孔雀石矿化、方铅矿化、汞矿化、黄铁矿化、褐铁矿化等。

(7) 蚀变特征

区内蚀变主要有硅化、钾化、碳酸盐化、角岩化、大理岩化、矽卡岩化等。

综上所述，区内地层、岩浆岩、构造、矿化均具备成矿条件，并且多处已具备进一步工作前景的矿点，找矿潜力巨大，主攻矿种为锑、金、铜及多金属矿产。

**2. 班公湖-怒江金铜-多金属成矿远景区**

该远景区处于班公湖-怒江结合带内。

（1）地层特征

区内地层主要为早—中侏罗世木嘎岗日岩群、晚侏罗世沙木罗组、吐卡日组、早白垩世去申拉组。

早—中侏罗世木嘎岗日岩群岩性主要为变质砂岩、变质粉砂岩，其中含有超基性岩、枕状玄武岩以及二叠纪灰岩岩块，超基性岩、枕状玄武岩附近常见有基性岩脉穿插，沿构造裂隙见有孔雀石化；晚侏罗世沙木罗组岩性为砂岩、粉砂岩、灰岩，砂岩的高孔隙度和灰岩的强交换性使其成为有利的成矿围岩；晚侏罗世吐卡日组岩性为生物碎屑灰岩、鲕状灰岩、砾屑灰岩等；早白垩世去申拉组岩性为安山岩、安山质熔结凝灰岩等。

（2）岩浆岩特征

岩浆岩主要为分布于虾别错、甲日阿布错一带的早白垩世的中酸性深成侵入岩，岩性为黑云母花岗闪长岩—黑云母二长花岗岩。其中黑云母花岗闪长岩呈岩株状产出，具“I”型花岗岩特征，与金铜矿化关系密切，狮湖错金铜矿点即产于该岩体的外接触带上，喜山期花岗斑岩、石英斑岩在岩体边部侵入。

（3）构造特征

区内构造主要发育有近东西向、北西向和北东向3组构造，其中近东西向构造控制区内侵入岩、火山岩的分布，对金铜矿产亦有明显的控制作用。航磁异常呈强度较大、磁力密集且梯度较陡，带状分布，反映了结合带岩浆岩构造特征。

（4）矿产特征

区内矿产主要有与早白垩世黑云母花岗闪长岩有关的接触交代型——矽卡岩型狮湖错金铜矿点、与发育在枕状玄武岩中韧性剪切带有关的达松铜矿化点、与表生作用有关的冲积型砂矿——空弄勒砂金矿点、与热液蚀变有关的俄绕塘卡石棉矿化点。

（5）矿化特征

区内矿化主要有金银矿化、黄铜矿化、蓝辉铜矿化、孔雀石矿化、铬铁矿化、黄铁矿化、褐铁矿化等。

（6）蚀变特征

区内蚀变主要有硅化、钾化、碳酸盐化、角岩化、大理岩化、矽卡岩化等。

综上所述，区内具有长期而复杂的构造岩浆活动历程，区内各类矿点较多，尤其是本次工作在狮湖错发现了极具进一步工作价值的接触交代型金铜矿，说明该远景区的找矿前景极为可观。

尤需强调的一点是，在班公湖—怒江结合带及其毗邻的南羌塘地区，应注意寻找斑岩型（金）铜矿产。区域资料表明，班公湖—怒江结合带有望成为西南地区的又一条斑岩型铜矿带，多不扎大型斑岩型铜矿的发现，增强了人们对班公湖—怒江结合带斑岩型铜矿的找矿信心。

本次工作新发现的走岗桑金铜矿点和狮湖错金铜矿点，虽然处于不同的构造分区，但均与早白垩世黑云母花岗闪长岩有关，该期花岗岩与班公湖—怒江结合带闭合碰撞作用有关，具I型花岗岩特征，很可能为成矿提供了热源和矿源。走岗桑金铜矿点为岩浆热液型，矿化矿体均产于岩体内部，为石英脉—蚀变岩型，矿石结构为细脉状、斑点状和细脉浸染状，在矿体两侧的蚀变围岩中有细脉状和网脉状矿化蚀变。狮湖错金铜矿点为矽卡岩型，矿体主要产于岩体外接触带矽卡岩中，岩体内部具自蚀变特征，发育有轻微绢云母化和碳酸盐化。上述特征均说明该期花岗岩与成矿关系密切，具有一些斑岩型矿床的矿化蚀变特征，是发现和寻找斑岩型铜矿的重点地区。

**3. 南羌塘盆地油气、油页岩成矿远景区**

帕度错-毕洛错-昂达尔错一带，本区属南羌塘盆地油气、油页岩成矿远景区西部，是南羌塘盆地内油气生储盖组合条件最好的地区，长约234km，宽约33km，（本区长约70km）近东西向展布，广泛分布中生代地层。地层主要有晚三叠世日干配错群、早侏罗世曲色组、中侏罗世色哇组、布曲组、夏里组、晚侏罗世索瓦组。

晚三叠世日干配错群岩性为滨海陆屑滩相一碳酸岩台地相粉砂质泥岩、粉砂岩、生物碎屑灰岩、灰岩组合；早侏罗世曲色组细砂岩、粉砂质泥岩、粉砂岩、油页岩、膏岩组合；中侏罗世色哇组泥岩、灰岩、钙质页岩、含泥质粉砂岩组合；中侏罗世莎巧木组细砂岩、粉砂质泥岩、粉砂岩、灰岩、生物碎屑灰岩组合；中侏罗世布曲组生物碎屑鲕粒灰岩、灰岩、藻礁灰岩、生物碎屑白云石化粗晶灰岩、泥晶灰岩组合；中侏罗世夏里组细砂质粉砂岩、细砂岩、生物碎屑灰岩、鲕粒灰岩组合；晚侏罗世索瓦组含生物碎屑鲕粒灰岩、含生物碎屑砂屑灰岩、含生物碎屑灰岩组合。

区内已发现有隆鄂尼古油藏，具有极好的找油前景，是一个以日干配错群、曲色组、色哇组、布曲组、索瓦组为目的层的有利远景区。该区具有十分发育的泥灰岩、油页岩、泥岩等生油岩层，厚度大，且处于成熟—高成熟阶段。具有生物碎屑灰岩、核形石灰岩、鲕粒灰岩、礁灰岩等良好的储集层，分布稳定，厚度大，且为低孔低渗型—中低孔中渗型，同时侏罗系陆棚相薄层粉砂岩、泥岩、页岩、泥灰岩组合，又形成了很好的盖层。因此，该区的生储盖条件十分理想，加之处于南羌塘坳陷区又被古近纪、新近纪盆地沉积物所覆盖，保存条件良好。

综上所述，区内具有良好的生油层、储油层、盖油层地质特征和空间分布规律，是南羌塘寻找油气及油页岩重要地区，亦是石膏重要产区，具有深入地质调查工作的价值。

## 第二节　生态与环境地质

保护生态、保护环境，就是保护我们自己。藏北的生态环境极为脆弱，这里生存着众多的珍稀野生动植物，还有藏族同胞赖以生存的草场资源，保护好生态环境就显得尤为重要。

### 一、水资源

（一）地表水资源

**1. 河流**

区内河流为内流河，流入各个湖泊，流长 10～30km，流量小，主要靠降水及冰雪融化的冰水补给。较短的靠降水补给的河流，多为季节性河流。幅内分布面积 14 607.60km$^2$。

**2. 湖泊**

区内湖泊众多，多为咸水、盐水湖。

主要的湖泊如下：

①达杂迪扎错，面积 8.86km$^2$；

②帕度错，面积 56.85km$^2$±；

③朋彦错，面积 55.09km$^2$；

④北雷错，面积 21.60km$^2$；

⑤孜狮错，面积 1.84km$^2$；

⑥次依查库错，面积 0.92km$^2$；

⑦次依如惹错，面积 5.26km$^2$；

⑧拥钦错，面积 19.20km$^2$；

⑨雅根错，面积 43.50km$^2$；

⑩虾别错，面积 14.74km$^2$；

⑪甲热布错，面积 36.76km$^2$；

⑫诺尔玛错，面积 71.87km$^2$；

⑬昌玛错，面积 4.24km$^2$；

⑭祝曲错，面积 3.98km$^2$；

⑮阿只错，面积 2.10km²；

⑯赛布错，区内面积 35.30km²。

随着湖水面积的萎缩、咸水中盐分的析出，产生盐渍化，幅内分布面积 281.54km²。

**3. 冰雪**

区内常年积雪覆盖面积 281.54km²，主要分布于木嘎各波、莫格岗穹、莫娃各波、抗日伯鲁等高大山峰之上，是区内重要淡水补给源之一。

### （二）地下水资源

主要为潜水和承压水，分布于山麓、山间盆地、沼泽、河湖边，新构造运动产生的张性断裂及裂隙是控制其的主要通道，为当地主要的淡水资源之一。

### （三）地热水资源

虾别错西侧有一温泉，水温 40℃±。大小几十个泉眼，构成 0.3km²±的温泉群，该温泉依山傍湖，景色优美，每年的七八月份当地牧民在其中洗浴，建议政府将其开发为观光休闲的旅游景点。

## 二、动植物资源

### （一）动物资源

区内野生动物资源丰富。主要有野牦牛、野驴、盘羊、藏羚羊、岩羊、棕熊、猞猁等。帕度错以东、朋彦错以东、虾别错以南的大面积草场为野驴、藏羚羊等的重要栖息地，岩羊、盘羊多生活在陡峻的山岭上，野牦牛、棕熊则多出没于人迹罕至的深山之中，野牦牛主要分布在测区的西北角，棕熊主要见于诺尔玛错东西两侧的群山之中。

### （二）植物资源

主要为草场资源，从卫片上大致可以分为 4 类：

**1. 特级草场**

特级草场分布于湖边、河口、洪冲积扇前缘，草质较好，多与牧民的固定居住点距离较近，可作为四季草场，但建议当地政府将其规划为冬贮草场，以备越冬使用，幅内面积 15.38km²。

**2. 优等草场**

优等草场分布于湖盆区平原、山间低地、河谷。草较好，可作为四季草场，幅内面积 4 200.12km²。

**3. 一般草场**

一般草场分布于低山丘陵、山麓，草质一般，可作为夏、秋季草场，幅内面积 3 992.96km²。

**4. 劣等草场**

劣等草场分布于中低山、高山台地、山坡，草较稀疏，可在夏季放牧，幅内面积 2 546.03km²。

另外，本区的雪莲是一种珍贵的药材，主要分布于海拔 5 000～5 400m 相对较陡、碎石较多的山坡上。

# 第三节　旅游及灾害地质

## 一、旅游地质

测区地处西藏自治区北部高原羌塘国家自然保护区腹地。这里不仅是野生动、植物的天堂，同时也是一块具有丰厚积淀的文化沃土。高耸的雪山、静卧的神湖、碧蓝的天空、变幻的白云、迷人的晚霞、勤劳的人民、奇异的怪石、神秘的岩画石刻……，在那一望无际的草原上，到处是牧民赖以生存的牦牛和羊群，玛尼堆、经幡、古塔随处可见，为苍茫的草原增添了几分神秘的色彩。牧民们在这辽阔的草原上，创造了梦幻迷离、色彩斑斓的游牧文化。这里有数不尽的神山圣湖和奔流四方的大江大河，有数量众多、形态各异的雪山、冰川，温泉地热更是不胜枚举。

西藏自治区北部高原高保真的自然界与以雪域风情和宗教文化为代表的人文界融为一体，构成了世界上独一无二的羌塘牧区文化。它具有鲜明的地域性、宗教性、民族性和神秘性。无论是从自然资源还是人文价值来看，西藏自治区北部都是世上少有的宝地。

随着改革开放和西部大开发的深入，西藏自治区以具独特的宗教、哲学、历史、民族、语言、文化艺术等传统，越来越为世人所关注。西藏自治区北部地区的湖光山色以及草原儿女的风土人情近年来吸引了大批的国内外游客。

### （一）自然景观

#### 1. 湖泊

区内湖泊众多，星罗棋布，面积从十几平方米到几十平方千米的有几十个，是世界上湖面最高、范围最大、数量最多的高原湖区。

区内规模较大的湖泊有诺尔玛错、帕度错、朋彦错、雅根错、拥钦错、甲热布错、达杂迪扎错、虾别错、北雷错、赛布错等。诺尔玛错是测区中最大的湖泊，面积约 72km$^2$。

这些大大小小的湖泊点缀在宽阔的草原上，闪烁着粼粼的波光，宛如镶嵌在绿毯上的蓝宝石，湖中鱼类繁生，鸟类群集，岸边绿草茵茵，牛羊遍地，打破高原上的单调与荒凉，为寂寞的原野增添了天然情趣和勃勃生机，成为藏北旅游的一大特色。

#### 2. 河流

区内河流发育，纵横交错，形成以内陆湖泊为中心的独立的向心状水系，多为短小的时令河。

测区内规模较大的河流有萨嘎尔藏布、索龙藏布、那若曲岗、如藏布等。萨嘎尔藏布长 28km，发源于么娃各波冰川，下流汇入桑真错；索龙藏布长约 23km，主要水源为么娃各波冰川的融水，下流汇入甲热布错；那若曲岗，区内长约 22km，主要水源为木嘎各坡和莫格岗穹冰川的融水。

#### 3. 冰川

冰川是测区地表水体的重要组成部分，也是地表水和地下水的主要补给水源，呈岛状分布于区内各较高山峰顶部。区内较大的冰川共有 6 处，分布在测区的中部及西南部，规模较大的有目嘎日、木嘎各坡、莫格岗穹、么娃各波及岗日伯鲁冰川。其中目嘎日是测区内面积最大的冰川，分布在测区的西南边部，面积约 50km$^2$。

各种冰川形态各异，五光十色，千姿百态。有的在深山幽谷中曲折奔流，好像一条条飞舞的银龙；有的悬挂在峰峦重叠、角峰峥嵘的高山陡坡上，宛如一个个巨型的盾牌；有的安静地伏卧在山坡和山谷源头的洼地中，像一朵盛开的玉兰花……

木嘎各坡冰川是区内最高的冰川，主峰高 6 289m，面积约 25km$^2$，远远望去，云雾缭绕的皑皑雪峰在蓝天白云的映衬下熠熠生辉，巍峨雄伟，直插云霄，令人肃然起敬。

#### 4. 温泉

虾别错温泉位于尼玛县北东 50km，虾别错西岸，东经 87°15′，北纬 32°13′。

该泉从燕山期黑云母二长花岗岩的北西向裂隙中喷涌而出，水柱高达 3mm±，水温 45℃±，温泉周围云雾缭绕，热气腾腾，甚为壮观。因泉水源于花岗岩裂隙中，故水质优良，富含对人体有益的多种微量元素及矿物质，是沐浴疗养的理想天然场所。

#### 5. 喀斯特岩溶地貌

位于赛布错东北岸，东经 88°15′～88°30′，北纬 32°06′～32°08′，交通方便。

该景点为灰岩断块山地，正面陡起，比高大于 400m，北东向延伸约 30km，主峰恩节那日高 5 348m。由于长期接受冰水的侵蚀及风化作用而形成独特的喀斯特岩溶地貌。怪石嶙峋，山势伟岸，气势磅礴，犹如一尊巨形的雕刻艺术品。

### （二）人文景观

#### 1. 民居·帐篷·服饰·歌舞

西藏自治区北部的民居建筑，大多都是用土坯垒砌或是用土干打垒而成的，屋顶也是用 10～20cm 厚的优质黄土夯实而成。牧民们习惯在房屋的每个空间的块体四周，树立白色的经幡和神幢，随风吹动，幢幢飘舞，猎猎作响，飘忽飞腾，好似各种经文在低声祈颂，祝愿主人平安吉祥。另外，许多民宅或在屋顶、或在门楼上摆放石刻浮雕佛像、经文或牛头骨骼，充分体现了藏族人民的精神信仰和图腾崇拜，是对美好生活的向往和对邪恶的镇禁。

在辽阔的草原上处处可见牧民的栖息之所——帐篷，帐篷是这里的一大景致。除了古老的牦牛帐篷还有红、蓝、黄、绿、白五色相间的尼龙帐篷，五彩缤纷，形状各异，许多帐篷顶上飘挂着五颜六色的风马旗，有的帐篷在外边檐口处镶挂上蓝、红、绿等三色吉祥彩条，分别代表蓝天、护法神和江河水。色彩斑斓的帐篷与绿色的大草原构成了明快的色彩节奏。白天各种帐篷在蓝天白云的衬托下，犹如大海中扬帆的渔舟，在美丽明静的月光下，帐篷中半透明的灯光在大草原上时隐时现，朦胧幽静。帐篷点点，牛羊群群，晨曦晚霞，蓝天草地，相映成趣。

西藏自治区北部服饰既有汉地唐朝之遗风，也有元朝蒙人服装之变革。西藏自治区北部人民身居高寒缺氧地区，创造了独具一格的藏北服装，形成了自己的风格。藏装的基本特点是长袖、宽腰、搭襟、肥大，男女藏袍以粗纱毛呢为料，冬天穿的藏装以光板羊皮为面料，左襟大、右襟小，男式藏袍多为深色或各种颜色的绸缎，长度只到膝盖之下一点儿，领围、袖口、衣襟和底边镶上彩色布或绸缎边，也有用昂贵的水獭皮装边的，古朴浑厚。夏天或劳动时，一般只穿左袖，右袖从手臂上脱下从后边拉到胸前搭在肩上，也可左右袖均不穿，两袖束在腰间。女式藏袍比较长、长得拖地，盖住脚面，分为有袖和无袖两种。夏秋多穿无袖藏袍，里面衬有红、绿等色彩鲜艳的藏式衬衣。衬衣翻领在外，衣袖要长于胳膊一倍左右，长出的部分，平时卷起，舞蹈时放下，舒展飘逸，潇洒自如。最为引人注目的是牧民的节日盛装，特别是少女和中年妇女的穿着，她们大多着华丽昂贵的藏袍，头上、颈上、手上、腰间到处挂满了饰品，走起路来"叮叮当当"豪华气派。

藏族是个能歌善舞的民族，可能由于青藏高原的遗传基因，男男女女、老老少少只要能动弹的，就没有不会跳舞的，使西藏自治区成为名副其实的歌舞海洋。西藏自治区北部高原的民间舞蹈主要有"果谐"、"热巴"、"羌姆"等。区内常见的舞蹈为"果谐"，也叫"圆圈舞"，是一种手拉着手围成圆圈，分班唱台，载歌载舞，顿地为节，连臂踏歌的自娱性集体歌舞。西藏自治区北部高原上的牧民每逢过年过节、婚礼、迎送客人等喜庆日子，都要聚在一起唱歌跳舞。尤以每年一度的草原盛会——赛马艺术节最为热闹。白天跳晚上跳，燃上篝火接着跳，常常是从明月升起跳到黎明方才尽兴而散。

**2. 石刻·玛尼堆**

西藏自治区北部的石刻都集中在各处的玛尼堆上。藏北的玛尼堆无论是在大路、山口、庙堂、经塔或荒郊野外，随处可见。

区内的玛尼石刻在雕刻风格上，以线刻为主，剪底为辅，线条流畅，粗犷有力，其高超的手法和精美的造像令人叹为观止。测区内的石刻主要以石文为主，由于石文雕刻简单，选料方便，故分布更为普遍。石文又以石片文为主，其内容斑斓多彩，高深莫测，除最为多见的“庵、嘛、呢、叭、咪、吽”六字真言外，还有民间传说，历史故事和正规经文等。

纵观西藏自治区北部高原上玛尼堆的石刻艺术，无论是造像还是刻文，无论是古朴的还是雅丽的，无不充分地显示着丰实的宗教性、区域性文化内涵和悠久独特的地方风情及民俗特点，这些优秀的民族文化艺术的传承或创造，都来源于高原人民深厚的生活沃土之中，反映出西藏自治区北部人民大众的思想感情，表现着创造者们审美观念和艺术情趣，有着朴素、自然的雪域特色和极为可贵的艺术价值。堪称世界上最为独特的天然藏文石刻图书馆，它对外人将是一种挡不住的诱惑。

（三）生物景观

**1. 野生动物**

西藏自治区北部高原地形复杂、河湖众多，气候独特，草原辽阔，繁衍着各种各样的珍禽异兽，有许多是青藏高原特有的珍贵动物，也是世界上一些稀有动物产地。

区内常见的大型兽类动物有野牦牛、藏羚羊、藏野驴、岩羊、盘羊、黄羊等，它们常常几十只一群，多的可达百只以上为一群，通常都是结队活动。

(1) 野牦牛

野牦牛是西藏自治区北部高原最典型的动物，体格壮大，生命力强，角基粗大，牛角均向外，然后向上，呈一弧形伸出，全身黑色。额部耆甲部毛为淡黄色或白色，喜居住在较高的雪山附近有不冻泉的山沟里。野牦牛貌似家牦牛，但体格更魁梧健壮，身长可达 3 米，体重为家牦牛的 3 倍左右，野牦牛性格剽悍，极为凶猛，威胁着人们的生命安全。

(2) 藏羚羊

测区地处羌塘自然保护区腹地，是藏羚羊的主要产区，是青藏高原特有的国家重点保护动物。藏羚羊全身棕色，腹下、胸、四肢内侧为白色，腿外侧前部有黑色毛。雄性有竖立的角，是名贵的中药材。藏羚羊有很强的“纪律性”，无论在任何情况下转移或奔跑，总是成年羊在前，青壮年殿后，顺次而行，从不错乱。

(3) 藏野驴

藏野驴四肢细长，蹄正而坚实，尾上部毛短而光滑，下半段为黑色长毛，全身棕黄色，四肢内侧、腹下为白色，有明显的背线。善于奔跑，每小时可跑 40 多千米，群居性强，公路沿线比较常见，平时多为八九匹或二十多匹，多者一群可达 120 多匹。驹随母驴，约 3 岁后离开。测区内经常看到野驴群与公路上奔驰的汽车赛跑的壮烈场面，一路上跑起来浩浩荡荡，声势巨大。

帕度错-朋彦错生态旅游长廊：位于南措镇北 100km。从帕度错到朋彦错沿北东方向延伸约 80km，宽 15km 的开阔走廊地带。该地带地势平缓，水草丰美，人烟稀少。远处群山环抱，蓝天白云相映成趣，湖边绿草茵茵，牧歌相闻，是野生动物的天堂，到处可以见到成群的藏羚羊和藏野驴，是区内旅游的一大景点。

**2. 野生植物**

西藏自治区北部的高山植物很多，测区内常见的有垫状点地梅、苔状蚤缀、雪莲等。

雪莲：是名贵的中药材，生长在海拔 4 800～5 800m 的高山流石坡以及雪线附近的碎石间。有祛寒、壮阳、补血和暖宫之功效。特别是雪莲中所含的秋水仙碱，该成分是细胞有丝分裂的一个典型代表，能抑制癌细胞生长，临床用以治疗癌症，特别是乳腺癌，有一定疗效。对痛风急性发作有特异功效，可在 1～2 小时内减轻炎症并迅速止痛。

## 二、灾害地质

测区内由地质作用造成的灾害主要有崩塌、滑坡、泥石流、河流改道等。由于测区地处西藏自治区北部高原腹地，地广人稀，大多荒无人烟，上述地质灾害对人类的影响较小。对人类影响较大的自然灾害主要有：草地沙化、植被鼠害、雪灾以及冻土层的热融沉陷等。

### 1. 草地沙化

测区气候干燥，高寒缺氧，植被极不发育，加之风力又大，沙随风走，所以草地沙化现象较为普遍。高原鼠的存在对草场的沙化更是起到了推波助澜的作用。

### 2. 植被鼠害

测区内的高原鼠主要以啮齿类的鼠兔为主，形似内地的小老鼠。草场内到处可见鼠洞及洞口旁的小土丘，它们喜食植物根芽，造成草原植被、草甸植被及高山植被的大面积死亡。加剧了草原的沙化及水土流失，严重威胁着人类赖以生存的环境。

### 3. 雪灾

雪灾是西藏自治区北部常见的，也是危害极大的一种自然灾害。雪灾持续时间过长时，会给当地牧民赖以生存的牲畜以毁灭性的打击。

### 4. 冻土热融沉陷（冻融）

西藏自治区北部高原地高天寒，是我国最广大的多年冻土分布区之一，也是世界上中、低纬度地带海拔最高、面积最大的冻土区。西藏自治区北部冻土的季节融化厚度约 1～4m，每年 5 月上旬地表开始融化至 9 月上旬达到最大融化深度，9 月下旬地表可开始冻结。冻土区地下 1～4m 的季节融冻层冬冻夏融产生不均匀的冻胀融沉作用，造成地面沉陷，道路翻浆，冻胀丘时起时伏，四处乱窜，使地基变形，房屋倾斜，陷车现象更是屡见不鲜，给工程施工和交通运输造成很大危害。

由于测区地广人稀，地质灾害的直接危害主要集中在对公路等工程设施的危害，而公路作为西藏自治区北部最基本的生命线，地质灾害所造成的危害及影响程度相当严重。

# 第七章 结束语

## 一、取得主要地质成果及结论

(1) 合理选用 28 个正式组级、群级填图单位和 8 个正式段级和 7 个非正式填图单位。各地层单位和新建的地层组，地层划分合理，采集的化石较丰富。基本查明了顶底关系，厚度，古生物内容，岩石组合，岩性岩相，沉积构造，变形变质，含矿性，区域上的延展性等特征。

(2) 地层区划研究取得重大进展，首次将测区北部以含煤线为特征的海陆交互相晚三叠世地层分布区划归左贡地层分区；南部以浅海相为特征的晚三叠世—侏罗纪地层分布区仍划归多玛地层分区，使左贡地层分区延伸进入本区，修改了多玛分区的北界，提高了测区地层研究程度。

(3) 在中央隆起带南缘首次发现早三叠世牙形刺化石 *Neospathodus delicatulus*，*Neospathodus homeri* 等，新建孜狮桑组，对研究该地区古生代与中生代的构造体制转换及地史演化具有重要的意义。

(4) 在晚三叠世姜钟组中采集到南方型植物群的重要分子之一 *Otozamites nalajingensis*，为西藏自治区的首次发现，这对恢复该地区晚三叠世的大地构造格局具有重要的意义。

(5) 将原木嘎岗日群解体为四个岩石地层单元，即木嘎岗日岩群、沙木罗组、吐卡日组、塔仁本洋岛型玄武岩；将测区北部晚三叠世肖茶卡群解体为弄佰组、姜钟组、角木日茶卡组、扎那组 4 个岩石地层单元。

(6) 将早白垩世花岗岩解体为 5 个侵入岩填图单位，其构造环境为消减带型-同碰撞型，记录了班公湖-怒江洋俯冲消减—碰撞造山的构造演化过程。

(7) 新发现了一系列新生代火山岩（K－Ar 年龄 32.60Ma），为研究青藏高原隆升的深部岩浆作用过程提供了重要线索。

(8) 发现班公湖-怒江结合带及南羌塘盆地中呈岩株状分布的早白垩世石英闪长（斑）岩—花岗闪长（斑）岩小型斑岩体，与金铜、锑矿化关系较为密切，对指导该地区找矿具有重要意义。

(9) 初步确定了班公湖-怒江结合带的北界。并确定班公湖-怒江结合带的构造样式为由一系列对冲式、背冲式和叠瓦式逆冲断层组成的断层系；南羌塘盆地的构造样式为一系列近东西向展布的舒缓席状褶皱；新构造格局以一系列近南北向和北东向的断陷盆地和差异性升降为特征。

(10) 重视矿产调查工作，新发现金铜矿点 2 处、锑矿点 1 处、砂金矿点 1 处，各类矿化点 8 处，其中南措金铜矿点和走岗桑金铜矿点地表具有一定规模和矿化强度，剥蚀程度较浅，成矿远景可观，具有斑岩型铜矿的找矿潜力。初步划分出 5 个成矿远景区，对该地区找矿工作的部署具有重要的指导作用。

(11) 对帕度错-昂达尔错油气、油页岩远景区进行了专题调查，填绘了 1∶10 万地质图。并提出早侏罗世曲色组、中侏罗世布曲组为该地区最重要的含油气层位，对指导南羌塘凹陷带寻找油气、油页岩具有重要意义。

(12) 在全区开展了生态地质调查，对区内的水资源、动植物资源进行了调查，对区内的草场类型进行了划分，并提出了草场利用建议。

(13) 对区内的旅游资源进行了调查，为当地旅游资源的开发提供了依据。

## 二、存在的主要问题

早三叠世孜狮桑组与中二叠世吞龙共巴组未发现直接的接触关系，关系不清，有待在今后的工作中进一步调查，为恢复和研究本区古特提斯与中特提斯的地质构造演化史提供依据。

# 参考文献


邓晋福，罗照华，苏尚国，等．岩石成因、构造环境与成矿作用［M］．北京：地质出版社，2004.

地质矿产部直属单位管理局．沉积岩区 1：5 万区域地质填图方法指南［M］．武汉：中国地质大学出版社，1991.

地质矿产部直属单位管理局．花岗岩类区 1：5 万区域地质填图方法指南［M］．武汉：中国地质大学出版社，1991.

地质矿产部直属单位管理局．变质岩区 1：5 万区域地质填图方法指南［J］．武汉：中国地质大学出版社，1991

费琪，邓忠凡．西藏特提斯构造域海相油气前景．地球科学［J］，1996，21（2）：113～119.

冯德臣，李庆武，王永胜，等．藏北双湖地区帕度错一带发现纳拉箐耳羽叶［J］．地质通报，2004，23（12）：1 265～1 266.

吉林省地质调查院．1：25 万帕度错、昂达尔错幅成果与进展［J］．沉积与特提斯地质，2005，25（1－2）：67～70.

蒋忠惕．羌塘盆地区侏罗纪地层若干问题［G］．青藏高原地质文集：第 3 集，北京：地质出版社，1983：87～112.

李春昱，郭令智，朱夏，等．板块构造基本问题［M］．北京：地震出版社，1986.

李勇，王成善，伊海生，等．青藏高原中侏罗世—早白垩世羌塘复合型前陆盆地充填模式［J］．沉积学报，2001，19（1）：20～27.

李廷栋．青藏高原地质调查研究历史之回顾［J］．青海地矿科技信息，2000（2）：1～4.

李廷栋．青藏高原地质科学研究的新进展［J］．地质通报，2002，21（7）：370～376.

李学彬，张树岐，孙忠刚，等．西藏双湖区帕度错一带早—中侏罗世色哇组的发现及地质意义［J］．吉林地质，2005，24（2）：28～30.

李庆武，张树岐，李学彬，等．藏北达杂迪扎错中二叠世鲁谷组地层层序及沉积环境浅析［J］．吉林地质，2005，24（2）：31～34.

刘宝珺，曾允孚．岩相古地理基础和工作方法［M］．北京：地质出版社，1985.

刘宝珺，李文汉．层序地层学研究与应用［M］．成都：四川科技大学出版社，1994.

刘洲．青藏高原不同地质体的地层、生物区系及沉积构造演化史［M］．北京：地质出版社，1992.

刘增乾，徐农宪，潘桂棠，等．青藏高原大地构造与形成演化［M］．北京：地质出版社，1990.

刘世坤，吕荣敬．羌塘地区海相下侏罗统新知［J］．地层学杂志，1988，12（2）：133～135.

罗建宁，王小龙，李永铁，等．青藏特提斯沉积地质演化［J］．沉积与特提斯地质，2002，22（1）：7～15.

潘桂棠等．青藏高原及邻区大地构造单元初步划分［J］．地质通报，2002，21（11）：701～707.

全国地层多重划分对比研究（50）．西南区区域地层［M］．武汉：中国地质大学出版社，1999.

邱家骧，林景仟．岩石化学［M］．北京：地质出版社，1991.

沙金庚．青海可可西里地区古生物［M］．北京：科学出版社，1995.

谭富文，王剑，王小龙，等．西藏羌塘盆地——中国油气资源战略选区的首选目标［J］．沉积与特提斯地质，2002，22（1）：16～21［40］.

文世宣．西藏北部地层新资料［J］．地层学杂志，1979，3（2）：150～156.

王成善，伊海生，李勇，等．羌塘盆地地质演化与油气远景评价［M］．北京：地质出版社，2001.

王剑，谭富文，李亚林，等．青藏高原重点沉积盆地油气资源潜力分析［M］．北京：地质出版社，2004.

王永胜，曲永贵，吕鹏，等．西藏永珠蛇绿岩带地质特征［J］，吉林地质，2003，22（2）：1～14.

王永胜，曲永贵，王忠恒，等．藏北永珠席状岩墙群的发现——海底扩张的证据［J］．地质通报，2005，24（12）：1 150～1 156.

王成善，张哨楠．青藏高原含油气盆地分析及油气资源预测［J］．地球科学，1996，21（2）：120～129.

王忠恒，王永胜，谢元和，等．西藏班公湖-怒江缝合带中段塔仁本洋岛型玄武岩的发现及地质意义［J］．沉积与特提斯地质，2005，25（1－2）：155～162.

西藏自治区地质矿产局．西藏自治区区域地质志［M］．北京：地质出版社，1993.

西藏自治区地质矿产局．西藏自治区岩石地层［M］．武汉：中国地质大学出版社，1997.

叶和飞，罗建宁等．特提斯构造域与油气勘探［J］．沉积与特提斯地质，1999，20（1）：1～27.

朱筱敏．层序地层学［M］．山东东营：石油大学出版社，2000.

赵政璋，李永铁，叶和飞，等．青藏高原地层［M］．北京：科学出版社，2001.
赵政璋，李永铁，叶和飞，等．青藏高原大地构造特征及盆地演化［M］．北京：科学出版社，2001.
赵政璋，李永铁，叶和飞，等．青藏高原海相烃源层的油气生成［M］．北京：科学出版社，2000.
赵政璋，李永铁，叶和飞，等．青藏高原羌塘盆地石油地质［M］．北京：科学出版社，2001.
中国地层典编委会．中国地层典：二叠系［M］．北京：地质出版社，2000.
中国地层典编委会．中国地层典：三叠系［M］．北京：地质出版社，2000.
中国地层典编委会．中国地层典：侏罗系［M］．北京：地质出版社，2000.
中国地质调查局、成都地质矿产研究所．青藏高原及邻区地质图说明书（1∶150 万）［M］．成都：成都地图出版社，2004.
中国科学院南京地质古生物研究所．西藏古生物（第三分册）［M］．北京：科学出版社，1981.
中国科学院南京地质古生物研究所．西藏古生物（第四分册）［M］．北京：科学出版社，1981.
中国科学院南京地质古生物研究所．中国地层研究二十年（1979—1999）［M］．合肥：中国科学技术大学出版社，2000.
中华人民共和国国家标准．GB958－89 区域地质图图例（1∶50000）．
中华人民共和国国家标准．GB/T 17412.1—1998 岩石分类和命名方案——火成岩岩石分类和命名方案［S］．北京：中国标准出版社，1999.
中华人民共和国国家标准．GB/T 17412.2—1998 岩石分类和命名方案——沉积岩岩石分类和命名方案［S］．北京：中国标准出版社，1999.
中华人民共和国国家标准．GB/T 17412.3—1998 岩石分类和命名方案——变质岩岩石分类和命名方案［S］．北京：中国标准出版社，1999.
张旗，周国庆．中国蛇绿岩［M］．北京：科学出版社，2001：1～182.
张树岐，王洪双，冯德臣，等．西藏羌塘地区肖茶卡群与日干配错群层序及对比［J］．吉林地质，2005，24（2）：16～20.
张树岐，蒋丽杰，冯德臣，等．南羌塘孜狮桑地区早二叠世牙形刺化石新资料［J］．地质通报，2005，24（12）：1 173～1 174.
Bedard J H. Ocean crust as reactive filter. Synkinematic intrusion，hydridization，and assimilation in an ophiolitic magma chamber［J］. Western Newfoundland Geology，1993，21：77～80.

# 图版说明及图版

**图版Ⅰ**

1，2，5. *Hemigordiopsis* sp.

1. 中切面，×50。标本号：PXII 36。

2. 中切面，× 50；5. 中切面，×30。标本号：PXII 36－1。

产地及层位：尼玛县孜师加波中二叠统吞龙共巴组。

3，8. *Tabulipora* sp.

3. 弦切面，×10。标本号：PXII 22－1。

8. 纵切面，×10。标本号：PXII 22－2。

产地及层位：尼玛县孜师加波中二叠统吞龙共巴组。

4，7. *Fenestella* sp.

4. 弦切面，×10。标本号：PXII 22－3。

7. 弦切面，×10。标本号：PXII 22－6。

产地及层位：尼玛县孜师加波中二叠统吞龙共巴组。

6. *Fistulipora* sp.

纵切面，×10。标本号：PXII 21。

产地及层位：尼玛县孜师加波中二叠统吞龙共巴组。

**图版Ⅱ**

1，2，5. *Tabulipora* sp.

1. 纵切面，×10；2. 弦切面，×10。标本号：PXII 22－4。

5. 横切面，×10。标本号：PXII 22－5。

产地及层位：尼玛县孜师加波中二叠统吞龙共巴组。

3，4，7. *Fistulipora* sp.

3. 弦切面，×10；4，7. 纵切面，×10。标本号：PXII 21－2。

产地及层位：尼玛县孜师加波中二叠统吞龙共巴组。

6. *Fenestella* sp.

弦切面，×10。标本号：PXII 22－5。

产地及层位：尼玛县孜师加波中二叠统吞龙共巴组。

**图版 Ⅲ**

1. *Axosmilia*? sp.

横切面，×2。标本号：05－5－17。

产地及层位：诺尔玛错东 5020 地质点上侏罗统吐卡日组。

2. *Montlivaltia*? sp.

横切面，×2。标本号：05－5－35。

产地及层位：诺尔玛错东 5020 地质点上侏罗统吐卡日组。

3. *Montlivaltia*? sp.

横切面，×2。标本号：05—5—39。

产地及层位：诺尔玛错东 5020 地质点上侏罗统吐卡日组。

4. *Montlivaltia*? sp.

横切面，×2。标本号：05—5—29。

产地及层位：诺尔玛错东 5020 地质点上侏罗统吐卡日组。

5. *Montlivaltia*? sp.

横切面，×2。标本号：05—5—23。

产地及层位：诺尔玛错东 5020 地质点上侏罗统吐卡日组。

6. *Cladophyllia* ? sp.

横切面，×2。标本号：05—5—20。

产地及层位：诺尔玛错东 5020 地质点上侏罗统吐卡日组。

7. *Epistreptophyllum*? sp.

横切面，×2。标本号：05—5—43。

产地及层位：诺尔玛错东 5020 地质点上侏罗统吐卡日组。

8. *Epistreptophyllum*? sp.

横切面，×2。标本号：05—5—42。

产地及层位：诺尔玛错东 5020 地质点上侏罗统吐卡日组。

9. *Thecosmilis*? sp.

横切面，×2。标本号：05—8—1。

产地及层位：诺尔玛错西上侏罗统沙木罗组。

10. *Stylosmilia tanggulaensis* Liao et Li

横切面，×2。标本号：PXIX 12。

产地及层位：尼玛县南错乡康们垌勒纤上侏罗统沙木罗组。

11. *Thecosmilis*? sp.

横切面，×2。标本号：05—5—48。

产地及层位：诺尔玛错东 5020 地质点上侏罗统吐卡日组。

12. *Stylosmilia tanggulaensis* Liao et Li

横切面，×2。标本号：PXIX 12—8。

产地及层位：尼玛县南错乡康们垌勒纤上侏罗统沙木罗组。

**图版Ⅳ**

1，2，3，4. *Neospathodus homeri* (Bemeyi)

1. 侧视，×210。标本号：PⅩⅡ′WH—2。照片编号：05623。
2. 侧视，×200。标本号：PⅩⅡ′WH—2。照片编号：05622。
3. 侧视，×100。标本号：PⅩⅡ′WH—2。照片编号：05624。
4. 侧视，×90。标本号：PⅩⅡ′WH—2。照片编号：05625。

产地及层位：尼玛县维多乡孜师加波日下三叠统孜狮桑组。

5，8，10. *Prioniodella ctenoides* Tatge，

5. 侧视，×100。标本号：PⅩⅡ′WH—2。照片编号：05632。
8. 侧视，×95。标本号：PⅩⅡ′WH—2。照片编号：05631。
10. 侧视，×100。标本号：PⅩⅡ′WH—2。照片编号：05633。

产地及层位：尼玛县维多乡孜师加波日下三叠统孜狮桑组。

6. *Ellisonia* sp.

侧视，×120。标本号：PⅩⅡ′WH—2。照片编号：05629。

产地及层位：尼玛县维多乡孜师加波日下三叠统孜狮桑组。

7. *Ellisonia* Sa element

侧视，×130。标本号：PⅫ′WH－2。照片编号：05630，

产地及层位：尼玛县维多乡孜师加波日下三叠统孜狮桑组。

9. *Hibbardella tricornigera* Igo et Koike，

侧视，×120。标本号：PⅫ′WH－2。照片编号：05628，

产地及层位：尼玛县维多乡孜师加波日下三叠统孜狮桑组。

11，12，13. *Enantiognathus delicatulus* (Sweet)

11. 侧视，×120。标本号：PⅫ′WH－2。照片编号：05626。

12. 侧视，×120。标本号：PⅫ′WH－2。照片编号：05627。

13. 侧视，×100。标本号：PⅫ′WH－2。照片编号：05634。

产地及层位：尼玛县维多乡孜师加波日下三叠统孜狮桑组。

**图版** Ⅴ

1，2，3，4. *Holcothyris concave* Buckman

背、腹、侧、前，×1.5。标本号：PXI Hs 15－84。

产地及层位：双湖特别区朋彦错南登琼多中侏罗统布曲组。

5，6，7，8. *Rhyrchonelloidella trigonalis* (Muir－Wood)

背、腹、侧、前，×2。标本号：PXI Hs 53－3。

产地及层位：双湖特别区朋彦错南登琼多中侏罗统色哇组。

9，10，11，12. *Holcothyris concave* Buckman

背、腹、侧、前，×1.5。标本号：PXI Hs 15－97。

产地及层位：双湖特别区朋彦错南登琼多中侏罗统布曲组。

13，14，15，16. *Holcothyris delta* Buckman

背、腹、侧、前，×1.5。标本号：PXI Hs 15－106。

产地及层位：双湖特别区朋彦错南登琼多中侏罗统布曲组。

17，18，19，20. *Holcothyris rostrata* Buckman

背、腹、侧、前，×1.5。标本号：PXI Hs 15－107。

产地及层位：双湖特别区朋彦错南登琼多中侏罗统布曲组。

21，22，23，24. *Wattonithyris moquensis* (Jin，Sun et Ye)

背、腹、侧、前，×1.5。标本号：PXI Hs 15－67。

产地及层位：双湖特别区朋彦错南登琼多中侏罗统布曲组。

**图版** Ⅵ

1，2，3，4. *Holcothyris dubia* Buckman

背、腹、侧、前，×1.5。标本号：PXI Hs 15－38。

产地及层位：双湖特别区朋彦错南登琼多中侏罗统布曲组。

5，6，7，8. *Holcothyris trigonalis* Buckman

背、腹、侧、前，×1.5。标本号：PXI Hs 15－75。

产地及层位：双湖特别区朋彦错南登琼多中侏罗统布曲组。

9，10，11，12. *Moquella arcuata* Jin，Sun et Ye

背、腹、侧、前，×2。标本号：PXI Hs 51－3。

产地及层位：双湖特别区朋彦错南登琼多中侏罗统色哇组。

13，14，15，16. *Cererithyris lingularis* (Jin，Sun et Ye)

背、腹、侧、前，×1.5。标本号：PXI Hs 15－114。

产地及层位：双湖特别区朋彦错南登琼多中侏罗统布曲组。

17，18，19，20. *Cererithyris richardsoni*（Muir－Wood）

背、腹、侧、前，×1.5。标本号：PXI Hs 15－121。

产地及层位：双湖特别区朋彦错南登琼多中侏罗统布曲组。

21，22，23，24. *Holcothyris subovalis* Buckman

背、腹、侧、前，×1.5。标本号：PXI Hs 15－83。

产地及层位：双湖特别区朋彦错南登琼多中侏罗统布曲组。

**图版Ⅶ**

1，2. *Stephanoceras* cf. *boffmanni* Schmidtili

1. 侧视，×1；2. 腹视，×1。标本号：PXV Hs 12－30。

产地及层位：帕度错北中侏罗统色哇组。

3. *Stephanoceras* cf. *boffmanni* Schmidtili

侧视，×1。标本号：PXV Hs 12－25。

产地及层位：帕度错北中侏罗统色哇组。

4. *Fontannesia* sp.

侧视，×1。标本号：PXV Hs 12－6。

产地及层位：帕度错北中侏罗统色哇组。

5. *Fontannesia* sp.

侧视，×1。标本号：PXV Hs 12－8。

产地及层位：帕度错北中侏罗统色哇组。

6. *Sonninia* cf. *mesacantha* Waagen

侧视，×1。标本号：PXV Hs 12－4。

产地及层位：帕度错北中侏罗统色哇组。

7. *Callyphylloceras* cf. *disputabilis*（Zittel）

侧视，×1。标本号：PXV Hs 12－11。

产地及层位：帕度错北中侏罗统色哇组。

**图版Ⅷ**

1，2. *Stephanoceras* cf. *boffmanni* Schmidtili

1. 侧视，×1；2. 腹视，×1。标本号：PXV Hs 12－38。

产地及层位：帕度错北中侏罗统色哇组。

3. *Stephanoceras* cf. *boffmanni* Schmidtili

腹视，×1。标本号：PXV Hs 12－37。

产地及层位：帕度错北中侏罗统色哇组。

4. *Sonninia* cf. *adicra* Waagen

侧视，×1。标本号：PXV Hs 12－1。

产地及层位：帕度错北中侏罗统色哇组。

5. *Sonninia* cf. *adicra* Waagen

侧视，×1。标本号：PXV Hs 12－50。

产地及层位：帕度错北中侏罗统色哇组。

## 图版Ⅸ

1. *Stephanoceras* cf. *boffmanni* Schmidtili
   侧视，×1。标本号：PXV Hs 12－41。
   产地及层位：帕度错北中侏罗统色哇组。
2. *Sonninia* cf. *adicra* Waagen
   侧视，×1。标本号：PXV Hs 12－46。
   产地及层位：帕度错北中侏罗统色哇组。
3. *Stephanoceras* cf. *boffmanni* Schmidtili
   侧视，×1。标本号：PXV Hs 12－37。
   产地及层位：帕度错北中侏罗统色哇组。
4. *Callyphylloceras* cf. *disputabilis* (Zittel)
   侧视，×1。标本号：PXV Hs 12－21。
   产地及层位：帕度错北中侏罗统色哇组。

## 图版Ⅹ

1. *Otozamites nalajingensis* Tsao et Guo
   ×1.5，标本号：PXIV Hs 22－6。
   产地及层位：双湖特别区蒋庄日东上三叠统姜钟组。
2. *Otozamites nalajingensis* Tsao et Guo
   ×1.8，标本号：PXIV Hs 22－18。
   产地及层位：双湖特别区蒋庄日东上三叠统姜钟组。
3. *Otozamites nalajingensis* Tsao et Guo
   ×1，标本号：PXIV Hs 22－99。
   产地及层位：双湖特别区蒋庄日东上三叠统姜钟组。
4. *Otozamites nalajingensis* Tsao et Guo
   ×1，标本号：PXIV Hs 22－1。
   产地及层位：双湖特别区蒋庄日东上三叠统姜钟组。
5. *Otozamites nalajingensis* Tsao et Guo
   ×1.8，标本号：PXIV Hs 22－96。
   产地及层位：双湖特别区蒋庄日东上三叠统姜钟组。
6. *Otozamites nalajingensis* Tsao et Guo
   ×1.8，标本号：PXIV Hs 22－99。
   产地及层位：双湖特别区蒋庄日东上三叠统姜钟组。
7. *Otozamites nalajingensis* Tsao et Guo
   ×1.8，标本号：PXIV Hs 22－92。
   产地及层位：双湖特别区蒋庄日东上三叠统姜钟组。
8. *Otozamites nalajingensis* Tsao et Guo
   ×1.8，标本号：PXIV Hs 22－35。
   产地及层位：双湖特别区蒋庄日东上三叠统姜钟组。
9. *Otozamites nalajingensis* Tsao et Guo
   ×1，标本号：PXIV Hs 22－22。
   产地及层位：双湖特别区蒋庄日东上三叠统姜钟组。
10. *Otozamites* sp.
   ×1.8，标本号：PXIV Hs 22－20。

产地及层位：双湖特别区蒋庄日东上三叠统姜钟组。

11. *Otozamites nalajingensis* Tsao et Guo

×0.8，标本号：PXIV Hs 22－3。

产地及层位：双湖特别区蒋庄日东上三叠统姜钟组。

12. *Otozamites nalajingensis* Tsao et Guo

×1.8，标本号：PXIV Hs 22－36。

产地及层位：双湖特别区蒋庄日东上三叠统姜钟组。

13. *Otozamites nalajingensis* Tsao et Guo

×1.8，标本号：PXIV Hs 22－13。

产地及层位：双湖特别区蒋庄日东上三叠统姜钟组。

**图版Ⅺ**

1. *Otozamites nalajingensis* Tsao et Guo

×1.8，标本号：PXIV Hs 22－1。

产地及层位：双湖特别区蒋庄日东上三叠统姜钟组。

2. *Otozamites nalajingensis* Tsao et Guo

×1，标本号：PXIV Hs 22－94。

产地及层位：双湖特别区蒋庄日东上三叠统姜钟组。

3. *Otozamites nalajingensis* Tsao et Guo

×1.8，标本号：PXIV Hs 22－91。

产地及层位：双湖特别区蒋庄日东上三叠统姜钟组。

4. *Otozamites nalajingensis* Tsao et Guo

×1.8，标本号：PXIV Hs 22－17。

产地及层位：双湖特别区蒋庄日东上三叠统姜钟组。

5. *Otozamites nalajingensis* Tsao et Guo

×2，标本号：PXIV Hs 22－99。

产地及层位：双湖特别区蒋庄日东上三叠统姜钟组。

6. *Otozamites nalajingensis* Tsao et Guo

×3，标本号：PXIV Hs 22－6。

产地及层位：双湖特别区蒋庄日东上三叠统姜钟组。

7. *Otozamites nalajingensis* Tsao et Guo

×1.5，标本号：PXIV Hs 22－99。

产地及层位：双湖特别区蒋庄日东上三叠统姜钟组。

8. *Otozamites nalajingensis* Tsao et Guo

×2.5，标本号：PXIV Hs 22－12。

产地及层位：双湖特别区蒋庄日东上三叠统姜钟组。

9. *Otozamites nalajingensis* Tsao et Guo

×2.2，标本号：PXIV Hs 22－25。

产地及层位：双湖特别区蒋庄日东上三叠统姜钟组。

**图版Ⅻ**

1. *Otozamites* sp.

×3，标本号：PXIV Hs 22－20。

产地及层位：双湖特别区蒋庄日东上三叠统姜钟组。

2. *Otozamites nalajingensis* Tsao et Guo
   ×1.8，标本号：PXIV Hs 22－19。
   产地及层位：双湖特别区蒋庄日东上三叠统姜钟组。
3. *Otozamites nalajingensis* Tsao et Guo
   ×1.2，标本号：PXIV Hs 22－24。
   产地及层位：双湖特别区蒋庄日东上三叠统姜钟组。
4. *Otozamites nalajingensis* Tsao et Guo
   ×1.8，标本号：PXIV Hs 22－9。
   产地及层位：双湖特别区蒋庄日东上三叠统姜钟组。
5. *Otozamites nalajingensis* Tsao et Guo
   ×2，标本号：PXIV Hs 22－18。
   产地及层位：双湖特别区蒋庄日东上三叠统姜钟组。
6. *Otozamites nalajingensis* Tsao et Guo
   ×1，标本号：PXIV Hs 22－99。
   产地及层位：双湖特别区蒋庄日东上三叠统姜钟组。
7. *Otozamites nalajingensis* Tsao et Guo
   ×1.5，标本号：PXIV Hs 22－8。
   产地及层位：双湖特别区蒋庄日东上三叠统姜钟组。
8. *Otozamites nalajingensis* Tsao et Guo
   ×1.3，标本号：PXIV Hs 22－4。
   产地及层位：双湖特别区蒋庄日东上三叠统姜钟组。

**图版ⅩⅢ**

1. 石英细砂岩
   细粒砂状结构，颗粒支撑，石英砂屑呈次棱角状。
   薄片号：PⅩⅣ b2，10×4（＋）。
   产地：姜钟。地层单元：上三叠统角木日查卡组（$T_3j$）。
2. 变质石英细砂岩
   变余砂状结构，石英细砂屑再生长大，彼此呈镶嵌状。
   薄片号：PⅩⅣ b11，10×4（＋）。
   产地：姜钟。地层单元：上三叠统角木日查卡组（$T_3j$）。
3. 钙质石英砂岩
   细粒砂状结构，尖棱角状石英砂屑被钙质（方解石）胶结，胶结物重结晶。
   薄片号：PⅩⅣ b15，10×4（＋）。
   产地：姜钟。地层单元：上三叠统角木日查卡组（$T_3j$）。
4. 凝灰质细砂岩
   凝灰质结构，岩石由鸡骨状、尖棱角状长石石英晶屑和泥质组成，基底式胶结。
   薄片号：PⅩⅣ b20，10×4（－）。
   产地：姜钟。地层单元：上三叠统角木日查卡组（$T_3j$）。
5. 变质钙质石英砂岩
   变余砂状结构，石英砂屑再生长大，呈镶嵌状，其间隙的钙质胶结物已重结晶。
   薄片号：PⅩⅠ－34，10×4（＋）。
   产地：登琼多。地层单元：中侏罗统色哇组（$J_2s$）。
6. 钙质石英砂岩

砂状结构，砂屑主要由棱角状石英和少量长石组成，钙质胶结（轻微重结晶）。

薄片号：PⅩⅠ b15，10×4（+）。

产地：登琼多。地层单元：下侏罗统曲色组（$J_1q$）。

7. 泥质粉砂岩

粉砂质结构，由粉砂和泥质成分含量递变构成清楚显微韵律。

薄片号：D7121，10×4（+）。

产地：空弄曲果。地层单元：下中侏罗统木嘎岗日岩群（$J_{1-2}M$）。

8. 角岩化粉砂岩

变余粉砂质结构，斑点状构造。角岩化形成透辉石斑点。

薄片号：SⅩⅢ b3，10×4（+）。

产地：李岗弄巴。地层单元：上侏罗统索瓦组（$J_3\hat{s}$）。

**图版ⅩⅣ**

1. 生物碎屑泥晶灰岩

泥晶结构、生物碎屑结构，晚期方解石脉穿插岩石。

薄片号：PⅩⅡ20－1，10×4（－）。

产地：孜狮加波日。地层单元：中二叠统吞龙共巴组（$P_2t$）。

2. 含生物碎屑、砂屑泥晶灰岩

生物碎屑结构、砂屑结构，基底为泥晶方解石，生物碎屑多保存于次圆状砂屑中。

薄片号：PⅩⅨb－19，10×4（－）。

产地：康门洞。地层单元：上侏罗统索瓦组（$J_3\hat{s}$）。

3. 砂屑灰岩

砂屑结构，次圆状砂屑，被亮晶方解石胶结，含少量生物化石。

薄片号：PⅩⅡb－6，10×2（+）。

产地：孜狮加波日。地层单元：中二叠统吞龙共巴组（$P_2t$）。

4. 砂屑亮品晶灰岩

砂屑结构，次圆状砂屑，散布于亮晶胶结物上，胶结物重结晶，世代清楚。

薄片号：PXⅡb－8－1，10×2（+）。

产地：孜狮加波日。地层单元：中二叠统吞龙共巴组（$P_2t$）。

5. 鲕状砂屑亮晶灰岩

鲕粒，砂屑结构，亮晶胶结物可见2～3个世代。

薄片号：bD7077，10×4（－）。

产地：雅根木狮勒。地层单元：上三叠统日干配错群（$T_3R$）。

6. 变形砾砂屑灰岩

砾屑、砂屑结构，砾屑、砂屑呈豆荚状被亮晶方解石（少量白云石）胶结。

薄片号：bD7082，10×4（－）。

产地：布古弄。地层单元：中侏罗统布曲组（$J_2b$）。

7. 气孔状碱性橄榄玄武岩

斑状结构，气孔构造，斑晶斜长石，基质由长条骸晶斜长石和玻璃质构成间隙结构。

薄片号：b2，10×4（+）。

产地：俄弄拉。地层单元：古近系渐新统纳丁错组（$E_3n$）。

8. 碱性橄榄玄武岩

斑状结构、基质间粒（隐）结构，斑晶为橄榄石、斜长石，基质由骸晶斜长石、辉石、玻璃质成分构成。

薄片号：b6，10×10（+）。
产地：俄弄拉。地层单元：古近系渐新统纳丁错组（$E_3n$）。

**图版XV**

1. 杏仁状枕状玄武岩
斑状结构，杏仁状构造。杏仁体由方解石（内核）和绿泥石（外环）组成，
斑晶或基质中的斜长石均呈空晶骸晶，反映快速结晶特点。
薄片号：SXb－11－1，10×4（－）。
产地：香钦。地层单元：上三叠统弄佰组（$T_3n$）。
2. 杏仁玄武岩
斑状结构，杏仁状构造。斑晶主要为基性斜长石，杏仁由方解石组成，基质由斜长石骸晶、不透明物质及玻璃质组成。
薄片号：SⅪb－2－4，10×4（－）。
产地：节拉日。地层单元：上三叠统弄佰组（$T_3n$）。
3. 玄武安山岩
斑状结构，斑晶由中基性斜长石及少量辉石组成，基质由斜长石微晶和玻璃质组成。
薄片号：SⅪb－2－1，10×4（－）。
产地：节拉日。地层单元：上三叠统弄佰组（$T_3n$）。
4. 玄武质角砾熔岩
角砾状结构，玄武质角砾被熔岩胶结。
薄片号：SⅪb－2－4，10×4（－）。
产地：节拉日。地层单元：上三叠统弄佰组（$T_3n$）。
5. 绿泥石化碳酸盐化枕状玄武岩
斑状结构，斑晶由斜长石组成，基质由长条状骸晶斜长石和玻璃质组成。
薄片号：D5659，10×4（+）。
产地：日阿色。岩石单元：枕状玄武岩（$\beta b$）。
6. 碳酸盐化紫色枕状玄武岩
斑状结构，斑晶为斜长石（除碳酸盐化），基质为长条状斜长石和少量玻璃质组成。
薄片号：D5658，10×4（+）。
产地：日阿色。岩石单元：枕状玄武岩（$\beta b$）。
7. 绿泥石化安山质熔结凝灰岩
凝灰质结构，假流动构造，安山质岩屑呈浑圆状和长石晶屑被安山质熔岩（绿泥石交代）胶结。
薄片号：bG31－5，10×2（－）。
产地：日阿色。岩石单元：枕状玄武岩（$\beta b$）。
8. 熔结凝灰岩
凝灰结构，假流动构造，斜长石晶屑、安山质岩屑被安山质熔岩胶结。
薄片号：bG31－2，10×4（+）。
产地：日阿色。岩石单元：枕状玄武岩（$\beta b$）。

**图版XVI**

1. 不等粒黑云母二长花岗岩
不等粒花岗结构，黑云母分布于长石石英的间隙中。
薄片号：SXⅡb6－4，10×2（+）。
产地：目嘎日。岩石单元：早白垩世灰白色中粒似斑状黑云母二长花岗岩 $K_1\eta\gamma\beta_4$。

2. 似斑状细粒二长花岗岩

似斑状结构，长石呈似斑状，石英黑云母粒度较小，长石表面补丁状绢云母化。

薄片号：SⅫb6－4，10×2（＋）。

产地：目嘎日。岩石单元：早白垩世灰白色中粒似斑状黑云母二长花岗岩 $K_1\eta\gamma\beta_4$。

3. 细粒二长花岗岩

细粒花岗结构

半自形长石颗粒间隙中分布石英和黑云母矿物。

薄片号：SⅫb6－4，10×2（＋）。

产地：目嘎日。岩石单元：早白垩世灰白色细粒黑云母二长花岗岩（$K_1\eta\gamma\beta_1$）。

4. 细粒二长花岗岩

细粒花岗岩结构，二长结构，岩石粒度均匀，斜长石自形程度高于钾长石。

薄片号：SⅫb5－3，10×2（＋）。

产地：目嘎日。岩石单元：早白垩世灰白色中细粒似斑状黑云母二长花岗岩（$K_1\eta\gamma\beta_3$）。

5. 似斑状二长花岗岩

似斑状结构，似斑晶为钾长石内包含斜长石晶体。

薄片号：SⅫb6－1，10×4（＋）。

产地：目嘎日。岩石单元：早白垩世灰白色中粒似斑状黑云母二长花岗岩（$K_1\eta\gamma\beta_4$）。

6. 黑云母花岗细晶岩

花岗结构，岩石由细粒自形-半自形的斜长石、黑云母及他形石英组成，部分斜长石呈似斑晶。

脉岩薄片号：SⅫb5－10，10×2（＋）。

产地：李岗弄巴。岩石单元：早白垩世灰白色中细粒似斑状黑云母二长花岗岩（$K_1\eta\gamma\beta_3$）。

7. 黑云母石英闪长岩（包体）

不等粒结构，石英分布于自形-半自形晶钾长石、斜长石的间隙中，自形黑云母叠置于浅色矿物晶体上。

包体薄片号：SVⅢb2－13，10×2（＋）。

产地：多目阿。岩石单元：早白垩世灰白色中细粒似斑状黑云母二长花岗岩（$K_1\eta\gamma\beta_3$）。

8. 细粒石英二长岩（包体）

二长结构，岩石由自形-半自形钾长石、斜长石、黑云母及他形石英组成，斜长石具纳化净边。

包体薄片号：SVⅢb3－20，10×2（＋）。

产地：查个勒。岩石单元：早白垩世灰白色中粒似斑状黑云母二长花岗岩（$K_1\eta\gamma\beta_4$）。

**图版ⅩⅦ**

1. 蚀变闪长玢岩

斑状结构，斑晶为中长石，基质为微细粒斜长石和角闪石。岩石绿泥石化、绢云母化蚀变。

薄片号：3161－1，10×4（＋）。

产地：布扎纳敖矛。岩石单元：晚白垩世粉红色闪长玢岩（$K_2\delta\mu$）。

2. 花岗细晶岩

花岗结构，他形石英分布于自形-半自形斜长石、钾长石的晶体间隙中，黑云母自形散布于浅色矿物之上，钾长石具钠化净边。

包体薄片号：SXⅢb5－3，10×4（＋）。

产地：李岗弄巴。岩石单元：早白垩世灰白色中细粒似斑状黑云母二长花岗岩（$K_1\eta\gamma\beta_3$）。

3. 潜流纹岩

斑状结构，斑晶主要为石英，少量钾长石，基质为微细粒长英质矿物。

薄片号：bD5050，10×4（＋）。

产地：昌玛勒。岩石单元：新近纪上新世灰白色花岗斑岩（$N_2\gamma\pi$）。

4. 石英斑岩

斑状结构、球粒结构，斑晶为石英呈自形晶（轻微熔蚀），基质为长英质球粒。

薄片号：bD7099－4，10×4（＋）。

产地：沙色朗弄巴。岩石单元：新近纪上新世灰白色花岗斑岩（$N_2\gamma\pi$）。

5. 花岗质碎斑岩

碎斑结构，棱角状的石英、长石构成碎斑，消光异常，碎斑间隙被小于0.5mm的碎基充填。

薄片号：3085－1，10×1.25（＋）。

产地：补阿。岩石单元：早白垩世灰白色中粒似斑状黑云母二长花岗岩（$K_1\eta\gamma\beta_4$）。

6. 角砾状硅化蚀变岩

细粒微细粒变晶结构，角砾状构造，由微晶粒石英组成的角砾被细粒石英胶结。

薄片号：3128－1，10×4。

产地：琼汝姜陀。岩石单元：上三叠统角木日茶卡组（$T_3j$）。

7. 角砾状硅化碳酸盐化蚀变岩

角砾状结构，斑杂状构造。晚期微细粒状的石英沿早裂隙交代早期碳酸盐化（不等粒方解石）。

薄片号：bk154－2，10×4（＋）。

产地：香饮。地层单元：上三叠统弄佰组（$T_3n$）。

8. 角砾状孔雀石化硅化蚀变岩

交代结构，角砾状构造。沿早期角砾状硅化基底上的裂隙孔雀石矿化。

薄片号：bk157，10×2（－）。

产地：赖玛日艾。地层单元：上三叠统弄佰组（$T_3n$）。

**图版ⅩⅧ**

1. 早侏罗世曲色组浅灰色中薄层状泥质灰岩，发育有风化溶蚀化洞。
   产地：帕度错西（PⅩⅤ剖面）
2. 斑公湖-怒江结合带中二叠世灰岩岩块，产于下中侏罗统木嘎岗日岩群中。
   产地：狮湖错东索秋柱玛
3. 晚侏罗世沙木罗组（$J_3\hat{s}$）中薄层状细粒长石石英砂岩中波痕层面构造。
   地点：诺尔玛错西侧沟谷中
4. 新近纪康托组，紫色中薄层状砂岩、砾岩宏观特征。
   产地：甲日阿布错东查根勒
5. 晚三叠世角木日茶卡组（$T_3j$）底部含砾生物碎屑砂质灰岩与下伏晚三叠世姜钟组（$T_3j\hat{z}$）呈整合接触。
   产地：姜钟（PⅩⅣ剖面）
6. 晚三叠世角木日茶卡组（$T_3j$）中，灰色中层状生物碎灰岩，其中产大化石，如珊瑚等。
   产地：朋彦错西琼汝尼哇日赖钦
7. 中侏罗世布曲组（$J_2b$）中见壳灰岩
   地点：朋彦错东南（PⅩⅠ剖面）
8. 中侏罗世布曲组（$J_2b$）中灰黑色中薄层状藻粒灰岩
   产地：朋彦错东南（PⅩⅠ剖面）

**图版ⅩⅨ**

1. 上更新统冲洪积层，浅褐色砂砾石层，与上覆地层全新世洪积层呈角度不整合接触。
   产地：诺尔玛错西侧沟谷中。

2. 上更新统钙华堆积层，出露面积近 $30km^2$，厚度达 180 余米。
   产地：尕日艾麦日空
3. 班公湖—怒江结合带北界附近，上更新统浅褐色砂砾石层，呈角度不整合覆盖于上侏罗统沙木罗组之上。
   产地：诺尔玛错西侧沟谷中
4. 班公湖—怒江结合带北界，强烈挤压变形的上侏罗统沙木罗组砂岩、粉砂岩，挤压片理走向近东西向，倾角近直立。
   产地：诺尔玛错西组小沟谷中
5. 朋彦错—雅根查错晚三叠世断隆南缘断裂（$F_2$）边部，顺层剪切压扁的中侏罗世色哇组砂岩、粉砂岩韵律层。
   产地：齐钟莫包
6. 朋彦错—雅根查错晚三叠世断隆南缘断裂（$F_2$）边部，早侏罗世曲色组灰岩中，面理置换现象，陡倾斜为原始层理被新生的缓倾斜面理所置换。
   产地：齐钟莫包

**图版ⅩⅩ**

1. 枕状玄武岩，灰紫色—浅绿色，粒玄结构-隐晶质结构，枕状构造、气孔状构造。岩枕呈椭圆形，直径一般为 30×50cm，岩枕之间为浅灰色灰岩。
   产地：日阿色北西沟西
2. 枕状玄武岩，灰紫色—浅灰绿色，粒玄结构-隐晶质结构，枕状构造、气孔状构造。岩枕呈椭圆形—圆形，直径一般为 20～40cm，岩枕之间为浅灰色灰岩。
   产地：日阿色北西沟西
3. 玄武质火山角砾岩，灰紫色，角砾状结构，角砾状构造，产于枕状玄武岩之上。
   产地：日阿色北西沟西
4. 被拉长压扁的枕状玄武岩，灰黑色，间粒结构，枕状构造。岩枕直径 30×90cm。
   产地：日阿色北西沟东
5. 安山质熔结凝灰角砾岩，熔结凝灰质结构，角砾状构造。角砾成分为安山质，角砾之间为安山质火山灰，岩石具假流动构造。
   产地：日阿色北西沟东
6. 安山质角砾熔结凝灰岩，熔结凝灰质结构，流动构造。角砾具熔蚀现象，岩石遭受韧性变形改造，角砾具定向拉长。
   产地：日阿色北西沟东
7. 安山质角砾熔结凝灰岩。
   产地：日阿色北西沟东
8. 灰岩砾石被安山质熔岩胶结，韧性变形使其定向拉长。
   产地：日阿色北西沟东

**图版ⅩⅪ**

1. 早白垩世灰白色中粒似斑状黑云母二长花岗岩（$K_1\eta\gamma\beta_4$）侵入上侏罗统沙木罗组中，围岩发生角岩化。
   产地：虾别错北岸，巴勒普
2. 晚白垩世闪长玢岩（$K_2\delta\mu$）侵入上侏罗统吐卡日组中。
   产地：昌玛错西
3. 早白垩世灰白色中细粒似斑状黑云母二长花岗岩（$K_1\eta\gamma\beta_3$）中黑云母条带。

产地：柯多勒

4. 早白垩世灰白色中细粒似斑状黑云母二长花岗岩（$K_1\eta\gamma\beta_3$）中细粒闪长质包体特征。

包体呈次棱角状—次圆状，其中见有钾长石交代斑晶。

产地：柯多勒

5. 早白垩世灰白色，中细粒似斑状黑云母二长花岗岩（$K_1\eta\gamma\beta_3$）中包体特征。

产地：柯多勒

6. 早白垩世灰白色，中细粒似斑状黑云母二长花岗岩（$K_1\eta\gamma\beta_3$）中包体特征，包体中见钾长石交代斑晶。

7. 早白垩世灰白色中粒似斑状黑云母二长花岗岩（$K_1\eta\gamma\beta_4$）与早白垩世灰白色中细粒似斑状黑云母二长花岗岩（$K_1\eta\gamma\beta_3$）侵入接触关系，接触处见黑云母条带。

产地：虾别错北

8. 早白垩世灰白色中细粒似斑状黑云母二长花岗岩（$K_1\eta\gamma\beta_3$）中石英闪长质包体。

产地：甲热布错北字孟

**图版ⅩⅫ**

1. 上三叠统弄佰组玄武岩层状喷发韵律特征。

产地：玛日果当玛

2. 上三叠统弄佰组气孔状玄武岩特征。

产地：玛日果当玛

3. 上三叠统弄佰组角砾状玄武岩特征。

产地：节拉日

4. 上三叠统弄佰组角砾状玄武岩特征。

产地：节拉日

5. 班公湖-怒江结合带下白垩统去申拉组火山岩特征，呈构造岩片产出。

产地：甲热布错东拿弱勒

6. 下白垩统去申拉组安山质熔结凝灰岩。

产地：甲热布错东拿弱勒

7. 下白垩统去申拉组安山质熔结凝灰岩。

产地：甲热布错东拿弱勒

8. 下白垩统去申拉组安山质熔结角砾凝灰岩。

产地：甲热布错东拿弱勒

**图版ⅩⅩⅢ**

1. 走岗桑金矿点1号矿体，孔雀石化石英脉。

样号：$2H_4$，品位：Au为$1.38\times10^{-6}$，Cu为$0.04\times10^{-2}$

2. 走岗桑金矿点6—1号矿化体，黄铁矿化、黄铜矿化、钾化花岗细晶岩。

样号：$2H_{17}$，品位：Au为$0.32\times10^{-6}$，Cu为$0.33\times10^{-2}$

3. 走岗桑金矿点6—2号矿体，孔雀石化、黄铁矿化蚀变岩。

样号：$2H_{18}$，品位：Au为$0.37\times10^{-6}$，Cu为$0.88\times10^{-2}$

4. 走岗桑金矿点3号矿体，孔雀石化、黄铜矿化石英脉。

样号：TC04，H1，品位：Au为$5.4\times10^{-6}$，Cu为$0.34\times10^{-2}$

5. 走岗桑金矿点3号矿体，孔雀石化、黄铜矿化石英脉。

样号：$2H_8$，品位：Au为$4.17\times10^{-6}$，Cu为$0.12\times10^{-2}$

6. 走岗桑金矿钾化花岗细晶岩，其中发育有网脉状铁白云石—褐铁矿化蚀变。

样号：$2H_{22}$，品位：Au 为 $0.22\times10^{-6}$

7. 狮湖错铜矿点 3 号矿体，孔雀石化、黄铜矿化矽卡岩。

样号：HK340，品位：Au 为 $2.05\times10^{-6}$，Cu 为 $1.11\times10^{-2}$

8. 包扎加布陇铜矿化点，孔雀石化、黄铜矿化、方铅矿化构造蚀变岩。

样号：HK156，品位：Ag 为 $99\times10^{-6}$，Cu 为 $17.0\times10^{-2}$

图版 I

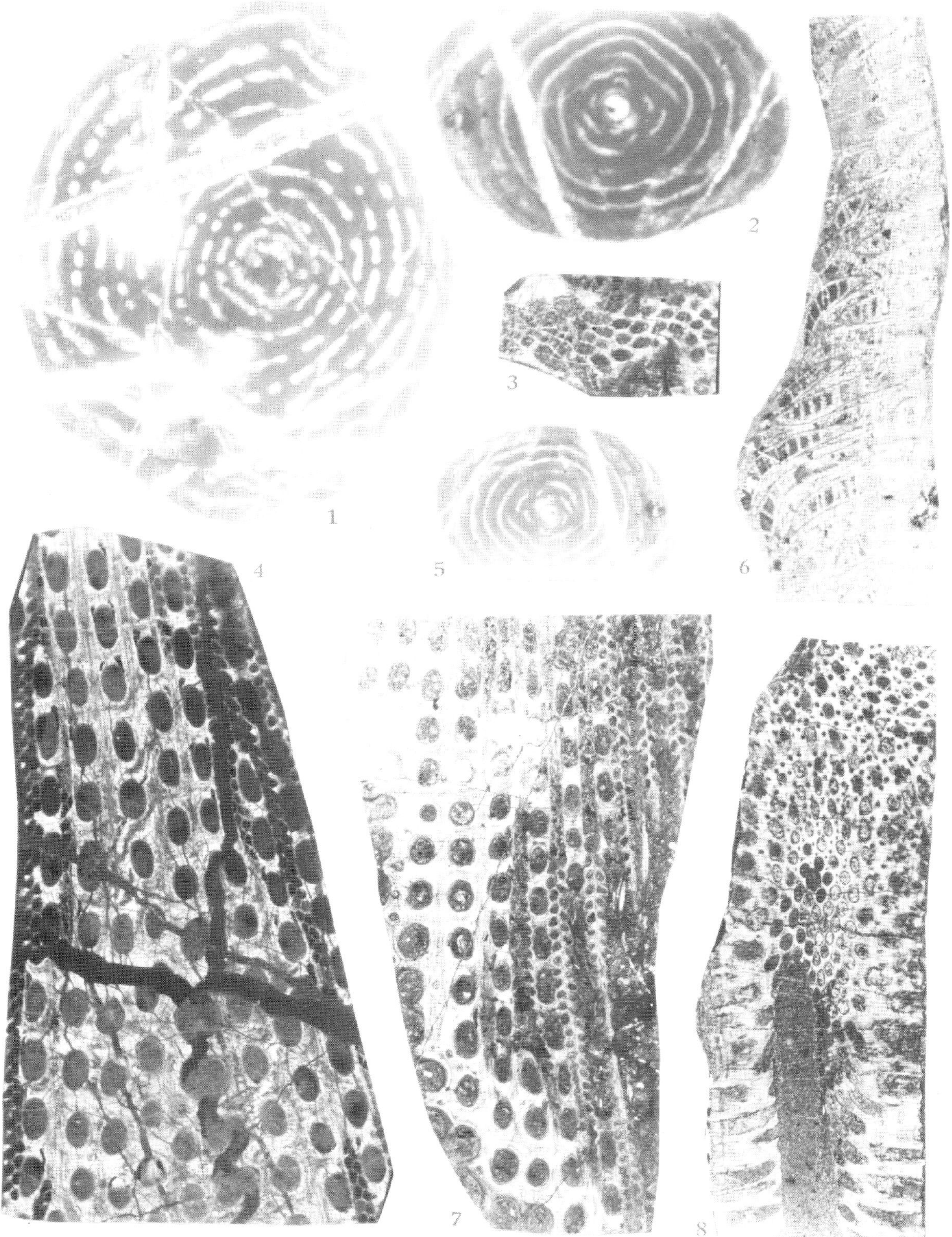

## 图版 II

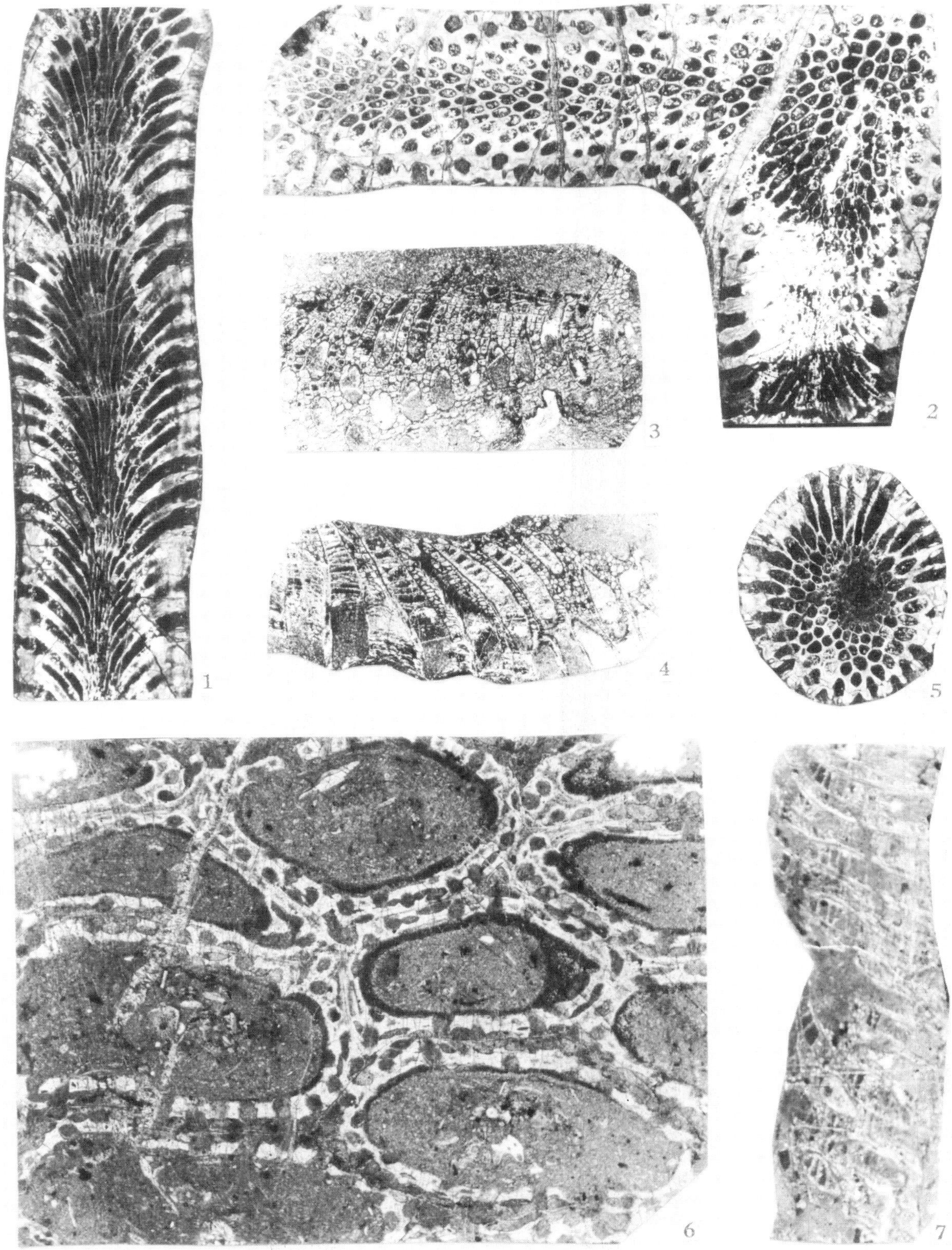

图版 III

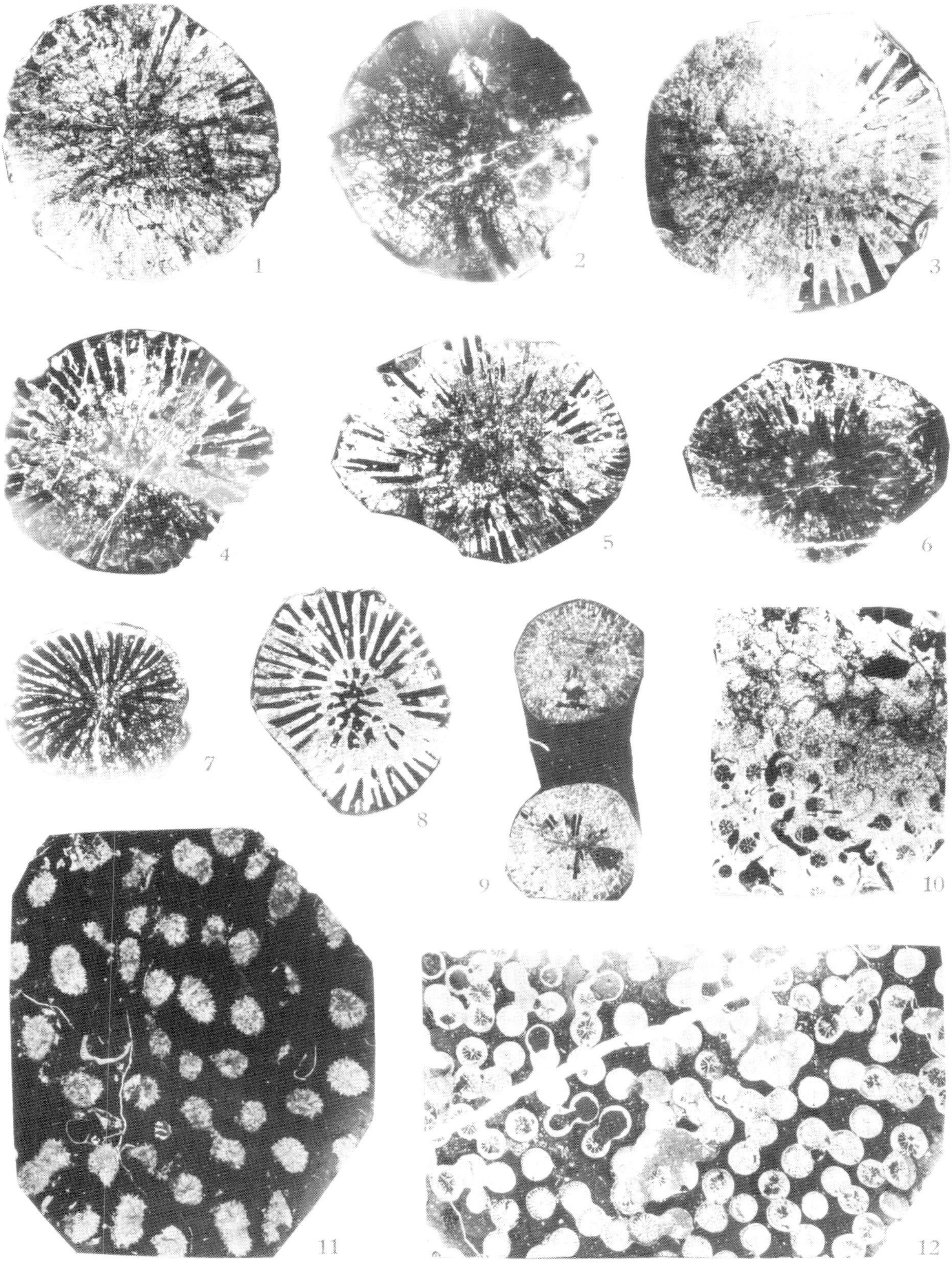

图版 IV

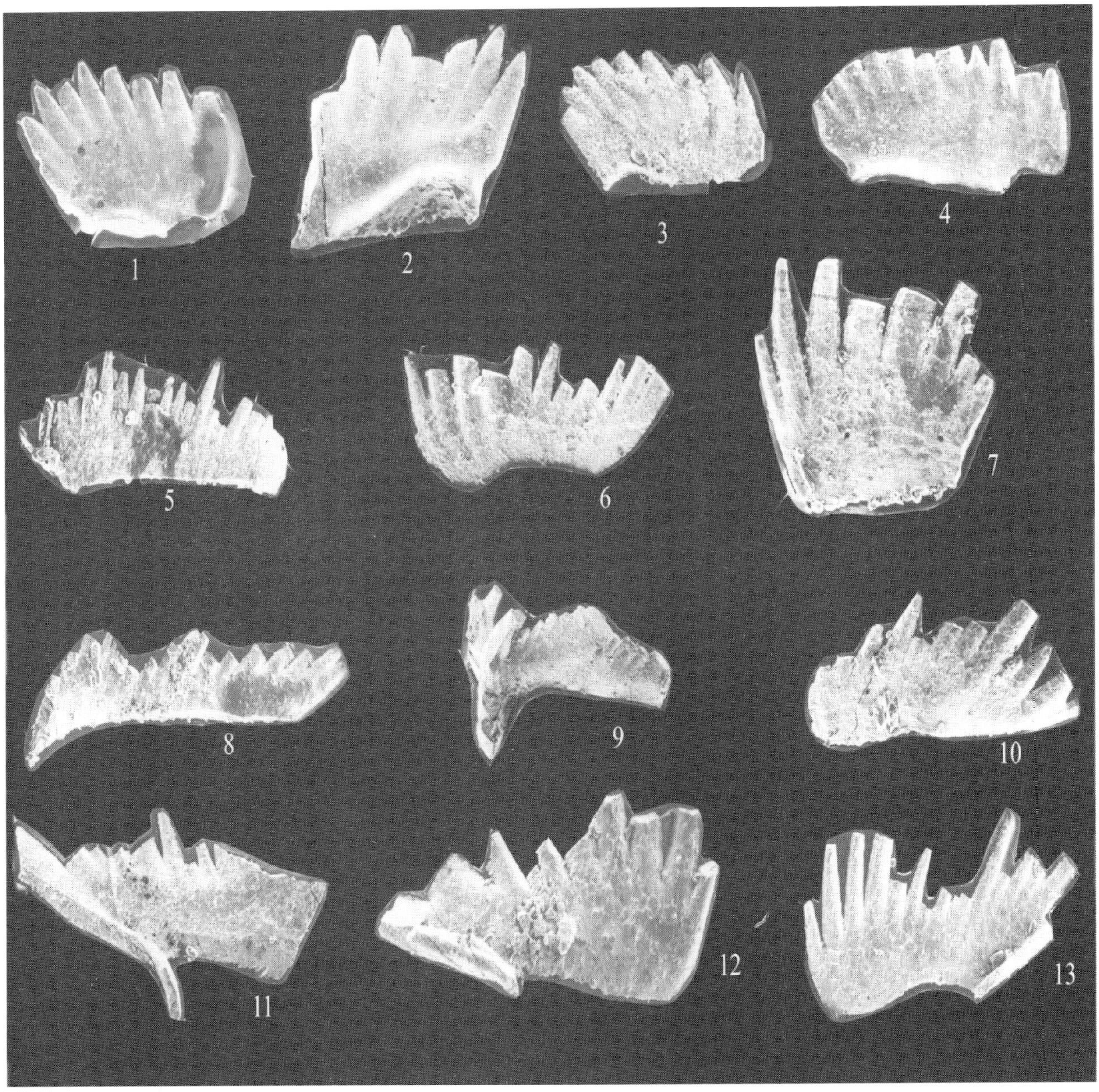

# 图版 V

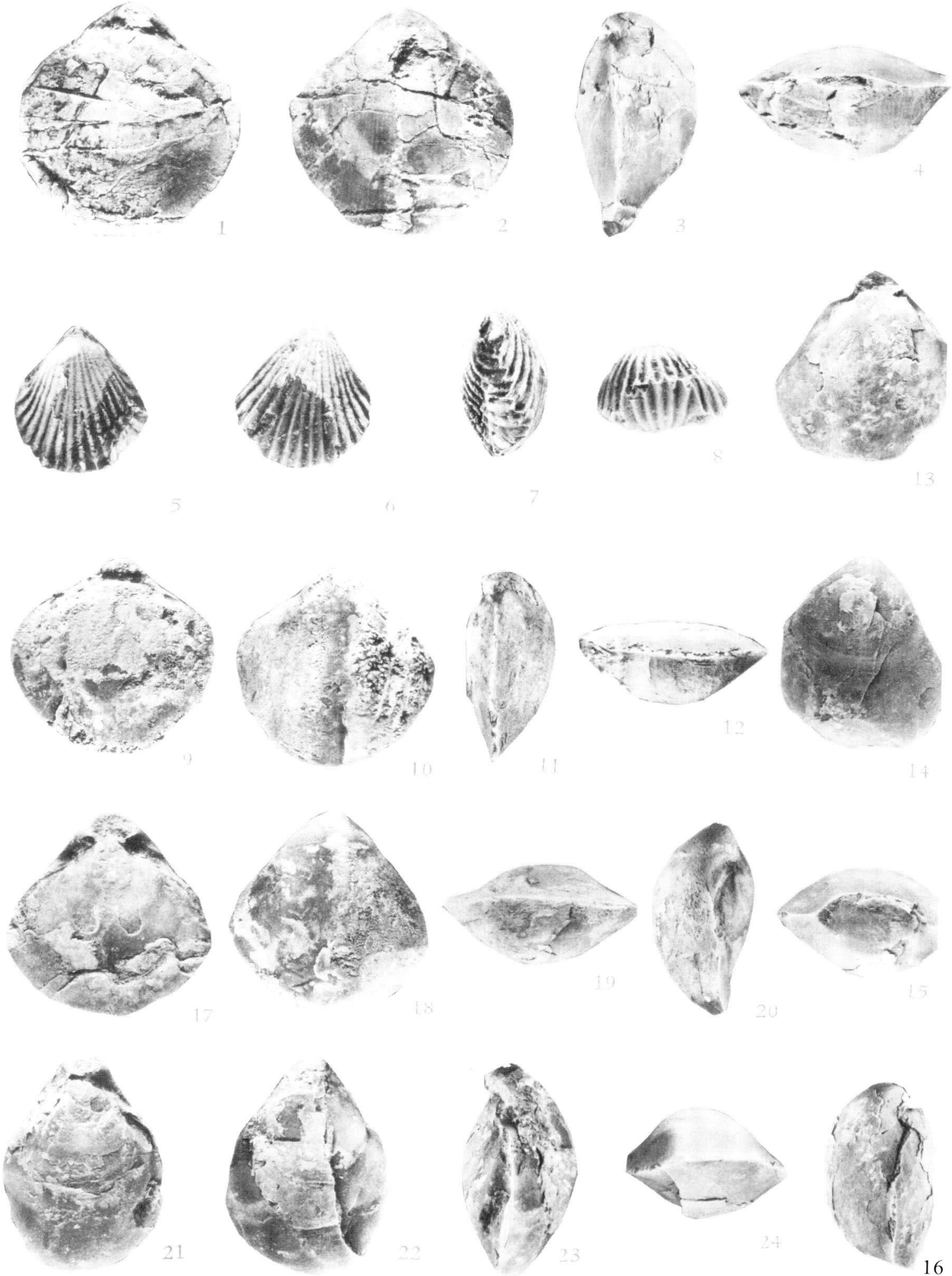

图版 VI

# 图版 VII

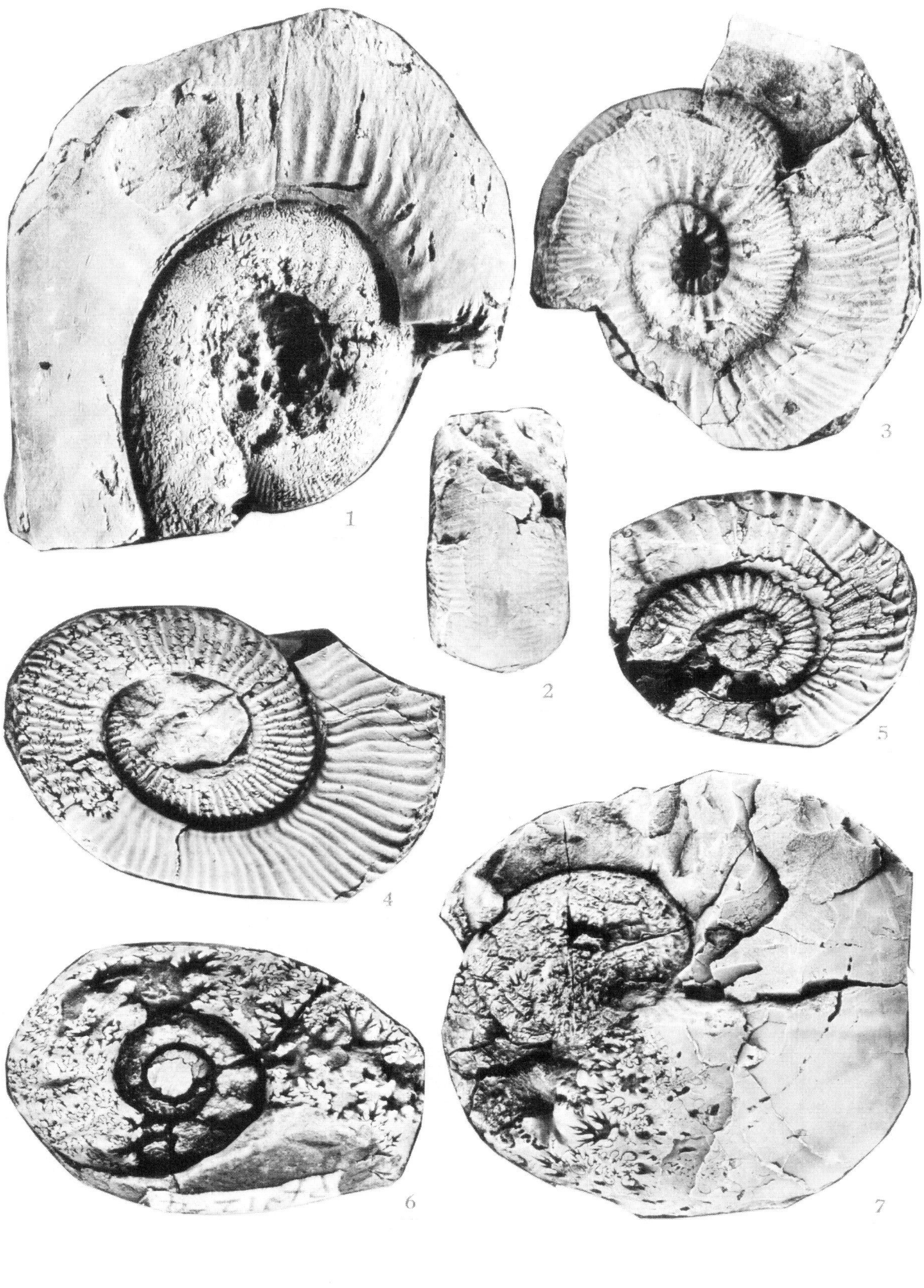

图版 VIII

1

2

3

4

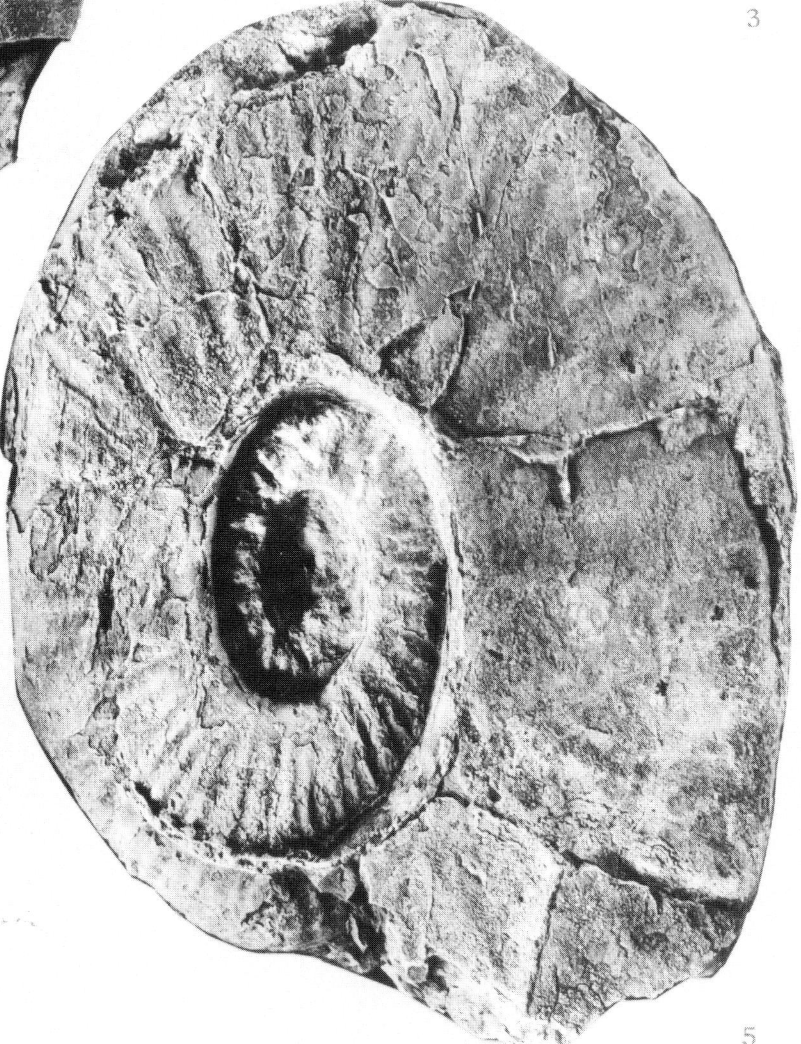
5

图版 IX

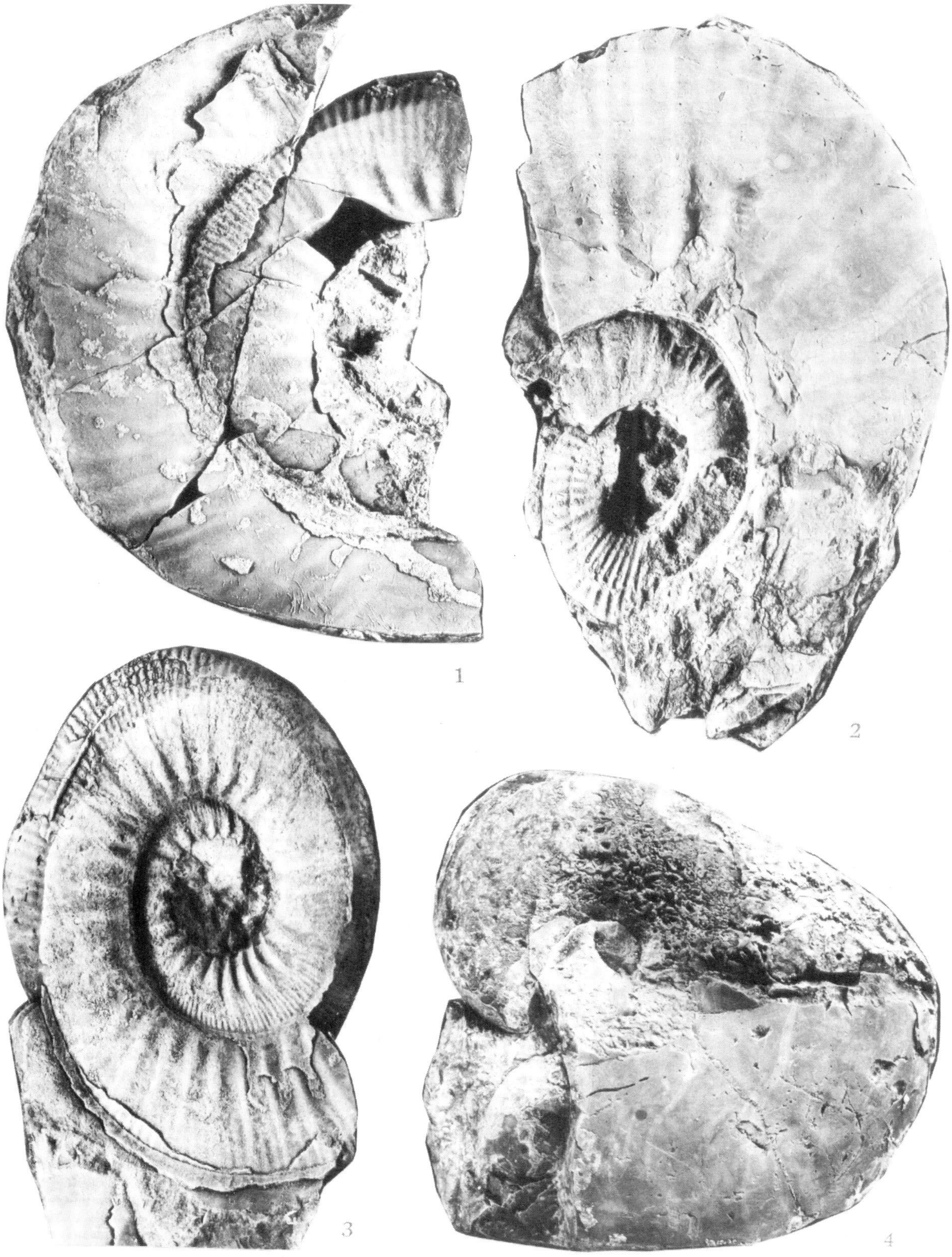

图版 X

# 图版 XI

图版 XII

图版 XIII

图版 XIV

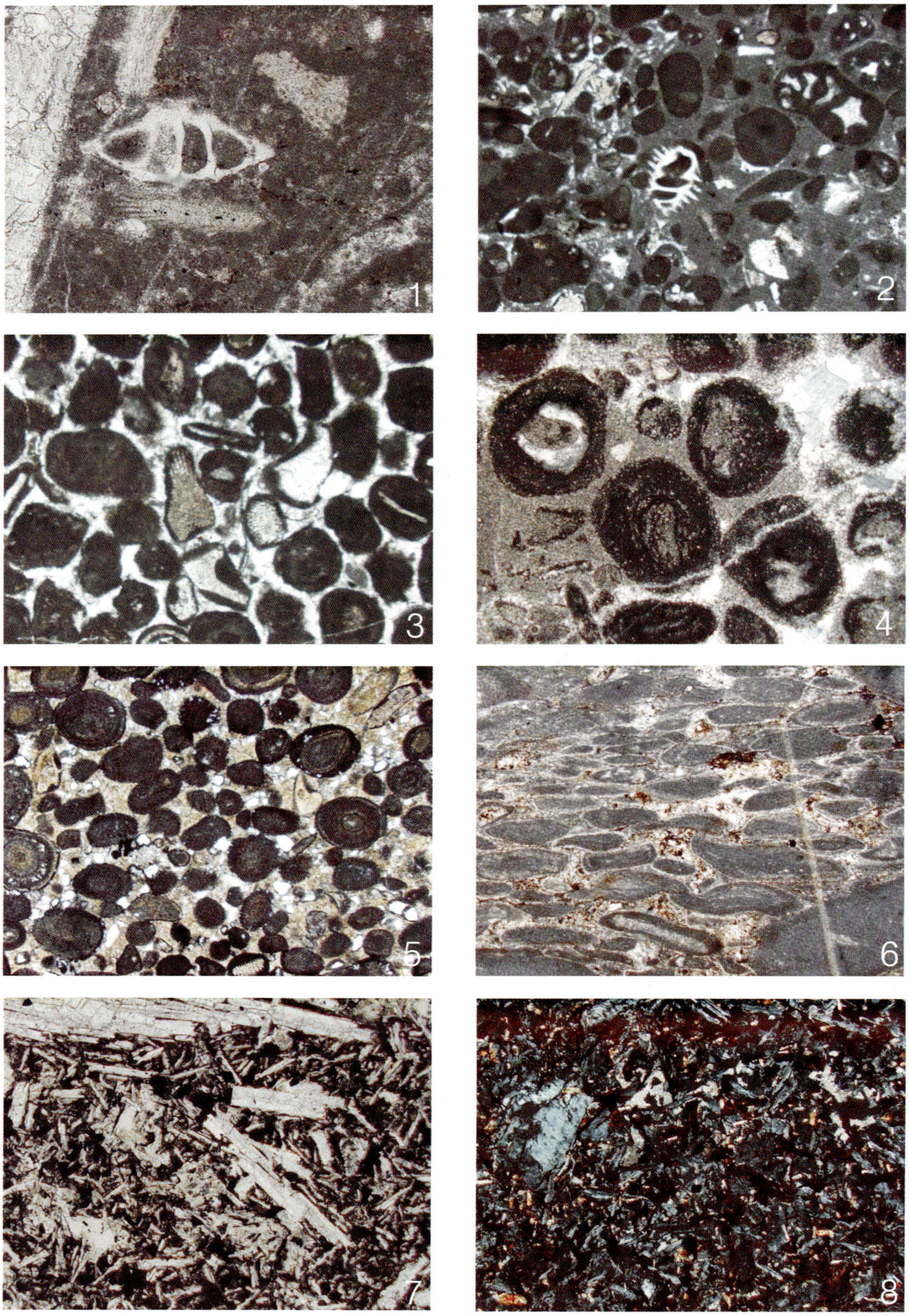

图版 XV

# 图版 XVI

# 图版 XVII

图版 XVIII

# 图版 XIX

# 图版 XX

图版 XXI

# 图版 XXII

图版 XXIII